Thomas Schauer | Claus & Stefan Caspari

Der illustrierte Naturführer Alpen

Bayerischer Landwirtschaftsverlag

Die Tierwelt der Alpen 272

Zum Buch

Die ausgezeichneten Pflanzen- und Tierbilder von Claus und Stefan Caspari sprechen für sich, ergänzt noch durch Angaben der wichtigsten Bestimmungsmerkmale der Arten oder der Gruppen. Der Alpenführer ist jedoch nicht nur als »Bilderbuch« gedacht, das man durchblättern kann. Es ist zwar erfreulich, wenn man anhand des Buches auf einer Wanderung in etwa die Zugehörigkeit eines Tieres, beispielsweise zu Rüsselkäfer, Schwebfliege oder Wanze, erkennen kann. Ähnliches gilt auch für die Pflanzenwelt. Interessant wird es dagegen erst, wenn man sich über die Lebensweise und die Überlebensstrategien der einzelnen Arten und deren Populationen kundig macht.

Es werden zwar spektakuläre Berichte im Fernsehen über exotische Tiere und Pflanzen aus fernen Ländern frei Haus geliefert. Kenntnisse über die Lebensweise der Pflanzen- und Tierwelt der Alpen fallen im Allgemeinen recht bescheiden aus.

Als Vorgeschmack oder als »Appetitanreger« zu den Kapiteln »Lebensweise« oder »Biologie« sollen hier einige wenige Arten in Kurzform als Beispiele aus dem Reich der Tier- und Pflanzenwelt vorangestellt werden.

Der **Gletscherfloh**, an extreme Minustemperaturen angepasst, hat schon vor vielen Jahrmillionen ein Frostschutzmittel erfunden, um den Gefrierpunkt seiner Körperflüssigkeit zu senken. Noch bei -15 °C ist er fit. Allerdings kommt er bei +12 °C in Atemnot. Ein Gletscherfloh, in die warme Hand genommen, stirbt sehr rasch.

Libellen haben als ausgezeichnete Flieger und Jäger in der Luft die Gleitsichtbrille erfunden. Ihre Komplexaugen bestehen aus 10.000 bis 30.000 Einzelaugen, wobei für die Ferne der obere und seitliche Bereich der kugelrunden Augen dient und der untere Bereich der Augen auf Nahsicht eingestellt ist.

Die Erfindungsgabe der Gliederfüßer, insbesondere der Insekten, ist fast unerschöpflich, wenn es um Beutefang, Verteidigung gegen Angreifer oder um Anlockung eines Weibchens geht.

Der Leser erfährt auch, dass nicht nur viele Vogelarten im Herbst die Alpen überqueren und den Mittelmeerraum oder sogar Afrika ansteuern und im Frühjahr wiederum die Flugreise über die Alpen in Richtung Norden antreten, sondern dass auch einige Schwebfliegen oder der Distelfalter ähnliche Flugleistungen aufbringen.

Lange Zeit war nur das Meer von Lebewesen erfüllt. Es dauerte eine Weile, bis die ersten grünen Pflanzen vor etwa 470 Millionen Jahren das trockene Land eroberten. Moose gelten als die ältesten Landpflanzen. Danach entwickelten sich die Vorläufer der heutigen Bärlappe, Farne und Schachtelhalme. Fast 100 Millionen Jahre später wagten sich auch die Lurche oder Amphibien als erste Wirbeltiere an Land. In ihrer Jugendphase sind sie auch heute noch ans Wasser gebunden. Nur der **Alpensalamander,** der schwarze Geselle unter den Amphibien, wird seinen Artgenossen untreu und verzichtet als einzige mitteleuropäische Amphibienart auch in der Jugendphase auf ein offenes Gewässer.

Aus den amphibischen Vorfahren entwickelten sich die Reptilien, aus deren Vorfahren wiederum entwickelten sich in zwei stammesgeschichtlichen Linien die Vögel und zum anderen die Säugetiere und schließlich auch der Mensch.

Der **Steinbock**, unter den höheren Säugetieren der Alpen die attraktivste Art, war vor allem im Mittelalter als lebende Apotheke begehrt. Zudem hatte das fanatische Jagdfieber der Jäger das Aussterben des Steinbockes in den Alpen beinahe herbeigeführt. Zwar ist die Wiedereinbürgerung und die Vermehrung, ausgehend von einer kläglichen Restpopulation von kaum 100 Individuen, gelungen, aber die einstige genetische Vielfalt der ursprünglichen Population der Alpen-Steinböcke ist unwiederbringlich verloren gegangen.

Der Alpenraum, ein **botanischer Garten**, wartet mit extrem unterschiedlichen Lebensräumen auf. Entsprechend vielfältig und unterschiedlich ist die Pflanzenwelt dieser Biotope, beginnend mit den Wäldern in der montanen Stufe (siehe Höhenstufe der Alpen, Seite 24) bis zu den Pflanzengesellschaften an der Schneegrenze und an der Zone des »ewigen« Eises. Eine erfolgreiche Besiedlung dieser extremen Standorte erforderte von den Pflanzenarten eine reiche »Fantasie«, die jeweils geeigneten Überlebensstrategien zu entwickeln. Diese erwarben sie in einem langen Entwicklungsprozess (Evolution) und in einem harten Ausleseverfahren (Selektion). Viele Widrigkeiten des rauen Alpenlebens »lernten« die Alpenpflanzen und auch die Alpentiere zu überwinden. Gegen die »Allmacht« des Menschen mussten und müssen sie immer wieder kapitulieren. Die Vielzahl von gesetzlichen Verordnungen der Alpenländer zum Arten- und Biotopschutz nützen der Pflanzen- und Tierwelt nur wenig, wenn »höherwertige« Interessen im Vordergrund stehen.

Der Alpenraum als Urlaubs- und Erholungsraum gewinnt immer mehr an Beliebtheit und Bedeutung. Dadurch eröffnet sich für den Besucher die Möglichkeit, zu einem unmittelbaren Bezug zur Artenvielfalt in den unterschiedlichsten Landschaftsräumen zu kommen.

Auf die Eigenart und auf die Besonderheiten mancher unscheinbarer »Alpenbewohner« aufmerksam zu machen, ist das besondere Anliegen des Buches. Damit soll auch das Verständnis für die Probleme und Aufgaben des Naturschutzes geweckt werden, dessen Forderungen von vielen nur als Beschränkung des Menschen betrachtet werden - nach dem Schlagwort: Die Natur ist für den Menschen als beliebig nutzbarer Raum da. Die Alpen werden dadurch zum Spekulationsobjekt für Kapitalanlagen von Investoren degradiert.

Dank

Danken möchte ich besonders meinem Freund Stefan Caspari für seine endlose Geduld, die Pflanzen, die ich ihm gebracht habe, in monatelanger Arbeit mit allen Details zu malen. Er übernahm auch die meisterlichen Darstellungen der noch fehlenden Tierarten. Nicht zuletzt möchte ich mich bei meiner Frau bedanken für die kritische Durchsicht des Manuskriptes und für die Geduld bei vielen Exkursionen bei der Suche nach weiteren Pflanzenarten.

Thomas Schauer

Die Alpen – ein einzigartiger Naturraum

Entstehung und geologischer Bau der Alpen

Der Stoff, aus dem die Alpen bestehen: die Gesteine

Nach der Art der Entstehung unterscheidet man drei Gruppen:

- Sedimentgesteine
- magmatische Gesteine und
- metamorphe Gesteine.

Die **Sediment-** oder **Absatzgesteine** entstanden durch Einschwemmungen und Ablagerung (Sedimentation) von Verwitterungsprodukten vom Festland wie Sand oder Geröll in den Meeresboden. Auch Reste von toten Organismen wie Muschel- und Schneckenschalen oder Schalen von Kieselalgen (Diatomeen) und Radiolarien sowie Kalkskelette von Algen und Kalk abscheidenden Organismen, wie Algen, Schwämme und Korallen, waren dabei. So bestehen die Dolomiten aus Korallenriffen und Kalkabscheidungen von Algen. In einer Umwandlung, die über viele Millionen Jahre dauerte, wurden diese Sedimente zum Festgestein oder Fels. Gebirgsstöcke, die aus Kalk- oder Dolomitgestein bestehen, zeichnen sich durch wild zerklüftete Grate mit hohen Türmen, steilen Wänden und am Wandfuß mit riesigen Schuttfeldern aus hellem Gestein aus.

Magmatische Gesteine oder **Schmelzflussgesteine** entstanden in der Tiefe der Erdkruste als Gesteinsschmelze. Nach der Abkühlungsdauer unterscheidet man zwei Gruppen:

- Die Tiefengesteine (Plutonite) entstehen oder entstanden durch langsame Abkühlung in der Tiefe (beispielsweise Granit).
- Die Ergussgesteine (Vulkanite) gelangten als flüssiges Magma an die Erdoberfläche und erstarrten dort sehr rasch (beispielsweise Basalt).

Metamorphe oder **Umwandlungsgesteine** sind durch Druck und hohe Temperatur umgewandelte Sedimente und magmatische Gesteine, die wieder in die Tiefe der Erdkruste gelangten. Charakteristisch sind eine schieferige Anordnung und blättrige Textur (beispielsweise Gneise, kristalline Schiefer).

Die magmatischen Gesteine und teilweise auch die metamorphen Gesteine werden vereinfacht als **Silikatgesteine** oder **kristalline Gesteine** bezeichnet. Sie sind aus den kieselsäurehaltigen Mineralien Feldspat, Quarz und Glimmerschiefer zusammengesetzt. In der Regel sind sie dunkel gefärbt und meist wenig zerklüftet. Jedoch gibt es zwischen Kalk- und Dolomitgestein einerseits und dem Silikatgestein andererseits Übergänge. Beispielsweise haben die Kieselkalke, aufgebaut von fossilen Radiolarien, einen hohen Anteil an Kieselsäure. Säureliebende Pflanzen bevorzugen diese Standorte.

Vom »Urpazifik« zu den Alpen

Die Heraushebung der Alpen als hohes Faltengebirge begann erst vor etwa 40 bis 30 Millionen Jahren. Die Prozesse oder Vorgänge, die zur Entstehung der Alpen führten, liegen viele Millionen Jahre zurück. Hier können die höchst komplizierten Abläufe und der Werdegang, bis es zu der Ausbildung des heutigen Alpenraumes kam, nur in stark vereinfachter und verkürzter Form gebracht werden. Die Kontinente Europa, Asien, Afrika, Amerika, Australien, Antarktis, wie wir sie heute kennen, unterlagen im Lauf der Erdgeschichte einem ständigen Wandel. So waren vor etwa 450 bis 300 Millionen Jahren alle heutigen Kontinente zu einem

Schroffe Wände und zerklüftete Grate sind charakteristisch für die Kalkalpen. Im Hintergrund die schneebedeckten Gipfel der Hohen Tauern (Zentralalpen).

riesigen Kontinent zusammengeschweißt, genannt Pangäa, der von einem einzigen großen »Urpazifik« oder »Urmeer«, genannt Panthalassa, umflossen war. Dieser Superkontinent begann vor etwa 240 Millionen Jahren nach und nach in Teilkontinente, wie wir sie heute kennen, zu zerfallen. Noch vor 60 Millionen Jahren, zu Beginn des Tertiärs, war das Bild der Erde anders als heute. Der Grund für diese Wanderungen der Kontinente liegt im Aufbau der Erdkruste, die aus vielen einzelnen Platten besteht.

Vereinfacht ausgedrückt, schwimmen diese Platten der festen Erdkruste, der Lithosphäre, auf der darunter liegenden zähflüssigen Schicht, der Asthenosphäre. Nach heutiger Vorstellung ist dieses heiße, weiche Material auch heute noch ständig in sehr langsamen Bewegungen. Heißes Material steigt aus der Tiefe bis nahe an die Erdoberfläche und kühleres sinkt wieder in das Erdinnere. Dabei gibt es auch zur Erdoberfläche parallele Bewegungen. Ursache hierfür ist die ungleichmäßige Wärmeverteilung im Erdinneren, die zu Konvektionsströmungen führt. Durch aufsteigendes, heißes Material aus der Tiefe wurde die Kruste des Superkontinentes vor etwa 240 Millionen und folgenden Jahrmillionen gedehnt und zunächst in zwei große Teilkontinente zerlegt. Der zusammenhängende Großkontinent hatte die Form eines Halbmondes oder eines Kipferls. Zwischen Eurasien, dem nördlichen Teil, und dem südlichen Teil mit Afrika und Amerika bestand eine tiefe, nach Osten offene Bucht mit dem Tethysmeer, kurz Tethys genannt. Zwischen 250 und 200 Millionen Jahren in der Triaszeit lagerten sich in dem breiten Tethysozean, dessen Boden ständig absank, eine 3000 m dicke Sedimentschicht aus Kalken, Dolomiten, Ton und Sandsteinen ab. Aus diesem gewaltigen Sedimentstock entstanden später die nördlichen Kalkalpen. Die Tethys drang weiter nach Osten, zwängte sich zwischen Afrika und das heutige Eurasien und zerlegte den Großkontinent in zwei Teile. Der nördliche Teilkontinent, genannt Laurasia, umfasste Nordamerika, Grönland und Eurasien, der südliche Teilkontinent, genannt Gondwana, bestand aus dem heutigen Afrika, Indien, Australien, Südamerika und der Antarktis. Das heutige Mittelmeer ist ein winziger Rest des einstigen großen Meeres.

Geologischer Bau der Alpen

Doch zurück zur Pangäa. Auch dort kam es zu einer Gebirgsbildung. So entstanden im Karbon vor etwa 320 Millionen Jahren in der sogenannten variszischen Gebirgsbildung die heutigen Mittelgebirge wie Böhmerwald, Schwarzwald, Vogesen und Zentralmassiv. Der Gesteinskomplex dieser variszischen Epoche besteht aus harten Graniten und Gneisen. Sie bilden das Grundgebirge oder den Sockel der Alpen. Bei der späteren Auffaltung und Heraushebung der Alpen wurden sie zu den höchsten Gipfeln in den Westalpen hoch gepresst. Zu nennen sind der Mont Blanc in den Savoyer Alpen, die Monte-Rosa-Gruppe in den Walliser Alpen, das Finsteraarhorn in den Berner Alpen, der Pelvoux in der Dauphiné, der Argentera in den Seealpen, der Piz Bernina in den Rätischen Alpen. Auch die Gipfel des Großvenedigers und des Sonnblicks stammen aus der variszischen Epoche.

Der andere große Gesteinskomplex bildet das jüngere Deckengebirge, dessen Hauptgesteine aus Kalken, Dolomiten, Ton- und Sandgesteinen bestehen.

Die nördlichen und südlichen Kalkalpen bestehen aus den Sedimenten des Tethysmeeres, die Zentralalpen werden von älteren Tiefen- und Ergussgesteinen aufgebaut.

Pangäa beginnt zu zerfallen

Am Ende der Triaszeit vor rund 200 Millionen Jahren hingen noch alle Kontinente zusammen. Dann begann der Superkontinent auseinanderzubrechen. Seine Teile drifteten nach und nach auseinander. Vor etwa 180 Millionen Jahren hingen im Norden Nordamerika und Europa noch zusammen, ebenso waren im Süden Südamerika und Afrika beisammen. Bei diesen Bewegungsvorgängen entstanden zwischen den Teilkontinenten Bruchzonen und Tiefseebecken wie der Penninische Ozean. Zudem führten diese plattentektonischen Vorgänge zu Dehnungsfugen im Meeresboden. In diese drangen vulkanische Schmelzen aus der Tiefe und ergossen sich über den neu entstandenen Ozeanboden. Erst vor etwa 100 Millionen Jahren zerfiel Pangäa vollständig und Eurasien löste sich von Nordamerika. Afrika löste sich von Eurasien, beide Kontinente drifteten zunächst noch weiter auseinander.

Der Bereich des künftigen Alpenraumes senkte sich ab und wurde teilweise von Meerwasser geflutet. Mit der Absenkung entstanden, zeitlich verschoben, tiefe, lang gezogene Tröge, Meeresbecken oder Ozeane, in die sich aus den Festländern Abtragsmaterial ergoss. Man unterscheidet - stark vereinfacht - vier Tröge oder Ablagerungsräume: im Norden und Westen den helvetischen Trog (Helvetikum), im zentralen westlichen Teil den penninischen Trog (Penninikum), im Osten

Die höchsten Gipfel der Westalpen mit Mt. Rosa und Mt. Blanc im Hintergrund stammen noch aus der variszischen Gebirgsbildung vor etwa 350 Millionen Jahren.

den ostalpinen Trog (Ostalpin) und im Süden den südalpinen Trog (Südalpin). Die abgelagerten Sedimente wurden zu festem Kalkgestein zusammengepresst, das eine Mächtigkeit bis zu 3000 m erreichte, da der Meeresboden ständig absank. Dadurch ergab sich der Deckenbau der Alpen. Die Alpen gliedern sich in vier tektonische Großeinheiten oder Deckensysteme, die im Lauf vieler Jahrmillionen durch die Kollision der afrikanischen Platte mit der europäischen Platte übereinander aufgeschoben und aufgefaltet wurden. Die Westalpen gehören in die tektonische Zone des Helvetikums und des Penninikums, die Ostalpen in die des Ostalpin und die Südalpen in die des Südalpin.

In der Kreidezeit vor etwa 130 Millionen Jahren kehrte sich die Bewegungsrichtung der Platten um. Afrika rückte gegen Europa. Die Ozeanische Kruste des Penninischen Ozeans tauchte unter und verschwand teilweise in einem Tiefseegraben vor Afrika. Die darauf liegenden mächtigen Sedimentgesteine aus der Trias- und Jurazeit wurden zusammengeschoben, zerstückelt und aufgefaltet. Dieser Deckenstapel kollidierte mit dem Südrand des europäischen Kontinentes, indem Afrika unaufhaltbar weiter nach Norden rückte und dabei die Adriatische Platte samt ihren darauf liegenden Sedimenten wie eine Schubraupe vor sich herschob und den Eurasischen Kontinent rammte. Dieser Vorgang wiederholte sich in mehreren Schüben. Die Gesteine wurden gestaucht und falteten sich wellenförmig auf oder schoben sich wie Dachziegel übereinander und bildeten sogenannte Gesteinsdecken.

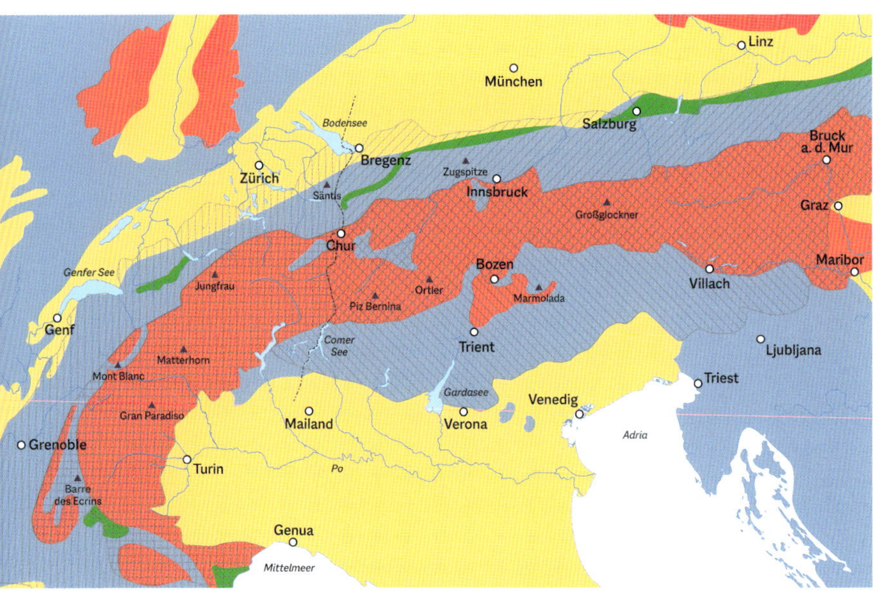

Stark vereinfachte geologische Karte der Alpen

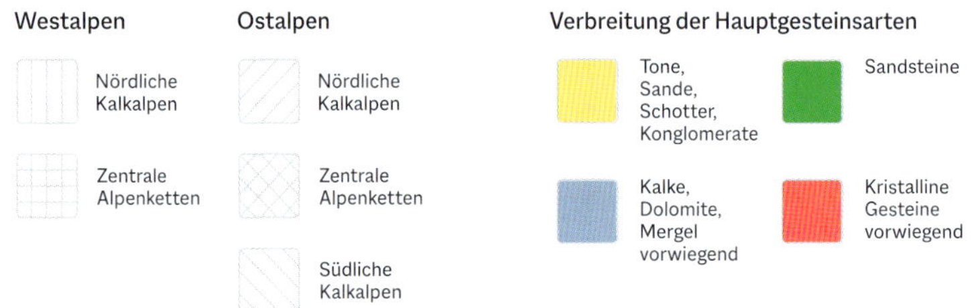

Weitere Phasen der Überschiebung und Abscherung wechselten sich ab. Es kam auch zu Absenkungen von Gesteinsmaterial bis in Tiefen von über 80 km. Das Gestein wurde unter hohem Druck und hoher Temperatur bis zu 700 °C umgewandelt. Vor etwa 90 Millionen Jahren wurde dieses metamorphe Gestein wieder hochgepresst. Zu einer eigentlichen Gebirgsbildung mit hohen Gipfeln kam es jedoch nicht, da sich das Gebiet in Ost-West Richtung streckte. Es entstand eine Landschaft aus von Meer umspülten Inselketten. Weitere Phasen mit Absenkung, Abscherung und Überschiebung sowie Auffaltung wechselten sich ab, begleitet vom Aufstieg heißer Schmelzen gegen die Erdoberfläche. Auch vulkanische Tätigkeit setzte ein. Es war eine sehr turbulente Zeit. Durch die Überschiebung der ehemaligen Sedimentationsbecken wurde der rund 1000 km breite Meeresboden auf eine Breite von etwa 200 km zusammengepresst. Es entstanden in weiteren komplizierten Phasen die jungen europäischen Decken-Falten-Gebirge wie die Pyrenäen, Karpaten, der Apennin und die Alpen.

Da sich die Afrikanische Platte teilweise unter den europäischen Kontinent geschoben hat, wurden die Alpen vor etwa 30 Millionen Jahren, vereinfacht ausgedrückt, hochgedrückt und zum Hochgebirge, dessen höchste Gipfel vermutlich eine Höhe von etwa 6000 m erreichten. Durch den Vorstoß der Adriatischen Platte gegen Norden im Bereich der Ostalpen vor etwa 20 Millionen Jahren wurden die Hohen Tauern zusammengestaucht und in die Höhe gepresst, verbunden mit einer starken Nord-Süd Verkürzung. Vor etwa 17 Millionen Jahren begann die Phase der Seitenverschiebung, Abschiebung und des Abtrages der oberen tektonischen Decken. Dadurch entstanden lokal sogenannte geologische Fenster, bei denen die untersten und ältesten Schichten heute zutage treten. Bekannte Beispiele sind das Unterengadiner Fenster (Graubünden/Tirol) und das Tauernfenster (Salzburg/Kärnten). Vor etwa 5 Millionen Jahren erfuhren die Alpen nochmals eine Anhebung bis zu 1000 m. Gleichzeitig senkte sich der Meeresspiegel des Mittelmeeres um fast 1000 m. Für eine Zeit von 500.000 Jahren trocknete das Mittelmeer fast aus. Die Flüsse der Südalpen, die sich in das tiefe, ausgetrocknete Meeresbecken ergossen, schürften die Becken der italienischen Seen aus (Garda- und Comersee sowie Lago Maggiore). Diese entstanden erst während der Eiszeiten vor etwa 1,5 Millionen Jahren. Auch heute ist die Zeit des Abtrages und der Sedimentation in den Alpen nicht beendet. Sie werden aber derzeit im Schnitt nicht niedriger, da die Heraushebung der Alpen auch heute noch nicht abgeschlossen ist und sich Abtrag und Hebung die Waage halten.

Die heutigen Alpen haben eine weite Reise hinter sich. Von den ersten Anfängen ihres Werdeganges bis zum heutigen Standort in Mitteleuropa legten sie auf ihrer Wanderung von Süd nach Nord eine Strecke von über 2000 km zurück. Letzten Schliff bekamen die Alpen in den letzten 2 bis 2,5 Millionen Jahren durch die großen Vereisungen, von der die Pflanzenwelt besonders betroffen wurde. Dazu mehr im nächsten Kapitel.

Feine Faltenbildung in Serpentingestein, die durch die Überschiebung zweier Landmassen entstanden ist.

Faltenbildung im Kalkgestein: Die Ursache ist gleich (siehe links), doch im Kalkgestein entstehen gröbere Falten.

Zur Geschichte und Herkunft der Alpenpflanzen

Die Alpen sind ein junges Gebirge. Eine bewegte Geschichte hat ihre Pflanzen- und Tierwelt hinter sich. Im frühen Tertiär, also vor etwa 70 Millionen Jahren und später, herrschte auf der Nordhalbkugel und im Bereich der entstehenden Alpen ein subtropisches, feuchtes Klima mit einer reichhaltigen Vegetation. Sie bestand aus artenreichen Wäldern mit Palmen, Baumfarnen, Lorbeergewächsen, Magnolien und Sumpfzypressen. Im Norden, in der heutigen Arktis, schloss sich ein Mischwald aus Laub- und Nadelbäumen an. Vor etwa 30 Millionen Jahren änderte sich allmählich die Situation. Die Jahresmitteltemperatur nahm langsam ab und damit auch das Ende der frostfreien Zeit. Gleichzeitig wurden die Alpen langsam herausgehoben. Wie man aus versteinerten Pflanzenfunden schließen kann, waren in der jüngeren Tertiärzeit, etwa vor 5 Millionen Jahren, die Arten der sommergrünen Laubwälder und Nadelwälder (verwandte Arten unserer heimischen Fichte, Tanne, Lärche, Föhre, Eiche und Buche) stärker vertreten als die einstigen Arten der subtropischen Wälder. Durch die weitere Heraushebung der Alpen entstanden neue Lebensräume mit anderen Lebensbedingungen. Um die neuen, noch von Konkurrenten freien Lebensräume erfolgreich zu erobern, mussten die künftigen Gebirgsarten (Oreophyten) lernen, sich in einem langen Prozess an die geänderten Umweltbedingungen anzupassen. Sie mussten lernen, wie sie mit den täglichen Temperaturschwankungen zurechtkommen und wie sie mit den Frösten fertig werden. Sie mussten auch lernen, dass es im Jahr Zeiten einer aktiven Phase gibt, in der sie wachsen, blühen und Samen bilden können, und dass es eine Phase winterlicher Ruheperiode gibt.

Die Zwerg-Alpenrose *(Rhodothamnus chamaecistus)* wanderte wohl im Tertiär aus Afrika ein.

Es war für die damalige Pflanzenwelt der Alpen, deren Heraushebung und Auffaltung sich über viele Millionen Jahre hinzog, eine turbulente Zeit. In dem jungen tertiären Gebirge kam es durch Kreuzungen (Hybridisierung) oder durch Mutationen zur Entstehung neuer Pflanzensippen. Damals in den Alpen entstandene Arten sind beispielsweise Kleines Alpenglöckchen *(Soldanella pusilla)*, Alpen-Akelei *(Aquilegia alpina)*, Steinröserl *(Daphne striata)*, Schweizer- und Alpen-Mannsschild (*Androsace helvetica* und *Androsace alpina*), Zwerg- und Felsen-Baldrian (*Valeriana supina* und *Valeriana saxatilis*) und Pyrenäen-Drachenmaul *(Horminum pyrenaicum)*. Zudem wanderten höhentaugliche Arten aus anderen Gebirgen und aus den Hochsteppen Asiens und auch aus Afrika in die Alpen ein und bildeten mit den übrigen Arten den tertiären Grundstock der Alpenflora.

Das winterliche Bild aus den Stubaier Alpen vermag in etwa eiszeitliche Verhältnisse zu vermitteln.

Zu den Einwanderern aus Zentral- und Ostasien – dem Zentrum der Gattung Enzian *(Gentiana)* – sind zu nennen: Alpenrose *(Rhododendron)*, Edelraute *(Artemisia)*, Mannsschild *(Androsace)* oder Steinbrech *(Saxifraga)*. Aus dem Mittelmeerraum wanderten unter anderem Arten oder deren Vorläufer der Gattungen Hauswurz *(Sempervivum)*, Kugelblume *(Globularia)*, Narzisse *(Narcissus)*, Lauch *(Allium)* oder Nelke *(Dianthus)* ein. Aus Afrika gesellte sich die Zwerg-Alpenrose *(Rhodothamnus chamaecistus)* hinzu.

Nach dem Tertiär folgte das Quartär mit einer weiteren Temperaturabnahme. In diesem Zeitabschnitt der letzten 2,5 Millionen Jahre fanden auf der Nordhalbkugel und somit auch in Europa die großen Vereisungen statt mit Unterbrechungen (Zwischeneiszeiten). Die Gletscher drangen mehrmals von Norden weit nach Mitteleuropa und aus den Alpen weit in das Vorland vor. Heute werden mindestens fünf große Eiszeiten unterschieden, die im Süden Deutschlands nach den Flussnamen Donau-, Günz-, Mindel-, Riss- und Würm-Eiszeit benannt werden und im Norden nach norddeutschen Flussnamen wie Hamburger-, Elbe-, Elster-, Saale- und Weichsel-Eiszeit.

Während dieser Eiszeiten wurde die artenreiche Flora nochmals verändert. Vor dem Einsetzen der Vereisungen hatten viele Arten im Alpenraum eine größere Ausdehnung und bildeten meistens zusammenhängende Areale. Mit zunehmender Vereisung der Alpen wurden die Verbreitungsgebiete vieler Arten und Gattungen in isolierte Teilareale zersplittert. Ein Genaustausch mit anderen Populationen war dadurch nicht mehr möglich. In den isolierten Populationen setzte meistens eine eigene Entwicklung ein, die allmählich zu größeren (auch genetisch fixierten) Unterschieden ihrer Merkmale führte. Auf diese Weise kam es zur Entwicklung neuer Sippen, die heute meistens als regional beschränkte Arten oder Unterarten unterschieden werden.

Der tertiäre Artenreichtum der Alpen wurde größtenteils durch die lang andauernden und mehrmals wiederkehrenden Vereisungsphasen ausgelöscht. Einige Arten fanden Zuflucht in klimatisch begünstigten Räumen, vor allem am Südrand der Alpen, die nach geomorphologischen Untersuchungen während der Vereisung unvergletschert blieben. Besonders begünstigt waren Areale in den westlichen Südalpen wie die Seealpen, Cottischen Alpen, Grajischen Alpen und die Dauphiné-Alpen. Dort finden wir heute noch viele Reliktarten wie Großblütiges Leimkraut *(Silene elisabethae)*, Berardie *(Berardia subacaulis)*, ein uraltes Tertiärrelikt, Westalpen-Glockenblume *(Campanula alpestris)*, Mt.-Cenis-Glockenblume *(Campanula cenisia)* oder die Pracht-Primel *(Primula spectabilis)*. Besonders reich an Reliktarten sind auch die Tessiner und Bergamasker Alpen, Dolomiten, Karawanken und die Julischen Alpen in den östlichen Südalpen. Hervorzuheben sind Schopf-Teufelskralle *(Physoplexus comosa)*, Blaues Mänderle *(Paederota bonarota)* und Gelbes Mänderle *(Paederota lutea)* und der Karawanken-Enzian *(Gentiana froelichii)*. Auch in den Nordalpen gab es offensichtlich unvergletscherte Gebiete. Beispiele sind die Monte-Baldo-Segge *(Carex baldensis)* und das Zwerg-Alpenglöckchen *(Soldanella minima)*. Beide Arten haben ihre Hauptverbreitung in den Südalpen und kommen isoliert noch in den Ammergauer Alpen (Oberbayern) als Glazialrelikte vor. Viele dieser Reliktarten verharren also auch heute noch, gleich aus welchem Grund, in ihren einstigen Refugien.

Diese Arten fanden während der Eiszeiten in den westlichen Südalpen Zuflucht: links Westalpen-Glockenblume *(Campanula alpestris)*, rechts Mont-Cenis-Glockenblume *(Campanula cenisia)*.

Die hart gesottenen, frostresistenten Arten, denen es gelang, an unvereisten Bergflanken oder an eisfreien Gipfeln und Graten (Nunataker) der Alpen zu überleben, nutzten die Chance, aus ihren eng begrenzten Räumen auszuwandern und sich wieder auszubreiten. Diese Überlebenskünstler trugen sicherlich dazu bei, dass es in einer relativ kurzen Zeit von etwa 12.000 Jahren nach der letzten Eiszeit wieder zu einer raschen Besiedlung der Alpen kam.

Auch die Pracht-Primel *(Primula spectabilis)* überlebte in den Südalpen die Eiszeiten.

Während des Höchststands der Vereisung blieb in Mitteleuropa nur ein tundraähnlicher eisfreier Raum mit einer Nord-Süd-Ausdehnung von etwa 300 bis 400 km. Dorthin wanderten die Arten aus dem Norden, aus Skandinavien und der Arktis, und wichen den nördlichen Eismassen aus. Eine weitere Wanderung nach Süden verwehrten ihnen die in Ost-West-Richtung quer liegenden Alpen. Auch die Pflanzen der nördlichen Gebirgsstöcke fanden ihre Zuflucht im eisfreien mitteleuropäischen Raum. Dort trafen sich die Klimaflüchtlinge aus dem Norden und dem Süden. Nach dem Rückgang des Eises traten sie wiederum ihre Heimreise an. Dabei zogen einige Individuen der ursprünglich arktischen Arten die Alpen als neue Heimat vor. Auch einige ursprünglich alpigene Arten wanderten gen Norden. Pflanzengeografisch kam es daher zu einer Vermischung. Man spricht von arktisch-alpinen oder boreo-alpinen Arten. Zu den Pflanzenarten, die ursprünglich aus den nördlichen Breiten stammten, gehören unter anderem Silberwurz *(Dryas octopetala)*, Weißer oder Sendtners Alpenmohn *(Papaver sendtneri)* und Bündner Alpenmohn *(Papaver rhaeticum)*, Gletscher-Hahnenfuß *(Ranunculus glacialis)*, Alpen-Azalee *(Loiseleuria procumbens)* und die zwergwüchsigen Kriech- oder Spalierweiden. Umgekehrt siedelten sich auch in den nördlichen Breiten ehemalige Arten des Alpenraumes an, so der Schnee-Enzian

Das Edelweiß *(Leontopodium alpinum)*, das Wahrzeichen der Alpen, stammt aus den Hochsteppen Asiens.

(Gentiana nivalis) und der Purpur-Enzian *(Gentiana purpurea)* sowie Arten aus dem Formenkreis des Frühlings-Enzians. Auch in der Tierwelt gibt es Beispiele für eine arktisch-alpine oder boreo-alpine Verbreitung. Zu nennen sind: Alpenschneehuhn, Dreizehenspecht und Alpen-Schneehase.

Vor der letzten großen Vereisung, der Würm-Eiszeit, gelangte die Zirbe *(Pinus cembra)* aus den Wäldern und Steppen Sibiriens in die Alpen. Im Postglazial, also nach den großen Eiszeiten, wagte es auch das Edelweiß *(Leontopodium alpinum)*, das Wahrzeichen der Alpen, aus den Bergsteppen Hochasiens und aus dem Altai kommend, sich in den Alpen anzusiedeln. Dort wurde es allerdings beinahe durch den Menschen ausgerottet, wenn nicht strenge Schutzmaßnahmen die Pflanzen vor dem Aussterben gerettet hätten.

Eine turbulente Geschichte erlebte die Pflanzen- und Tierwelt der Alpen im Laufe vieler Millionen Jahre. Trotz aller Widrigkeiten der Natur blieb die reiche Vielfalt des Lebensraumes Alpen weitgehend erhalten. Heute erleidet allerdings ihre Pflanzen- und Tierwelt in weit kürzerer Zeit eine Dezimierung durch den »Beutegreifer« Mensch, der die ursprünglichen und naturnahen Lebensräume der Flora und Fauna durch den »Fortschritt« der Technik nach und nach zunichte macht.

Naturschutz - Artenschutz - Biotopschutz

Angaben zum Schutzstatus einer Pflanzenart wurden hier nicht gemacht, da die Schutzbestimmungen in jedem Land und oft auch in den einzelnen Bundesländern recht unterschiedlich sind. Die Komplexität der Naturschutzgesetze und Verordnungen in den Ländern des Alpenraumes soll hier nur in gekürzter Form und auszugsweise angedeutet werden.

Für Deutschland und Bayern gibt es ein Bayerisches Naturschutzgesetz sowie ein Bundesnaturschutzgesetz mit Richtlinien zur Erhaltung der natürlichen Lebensräume wildlebender Tiere und Pflanzen. Darüber hinaus gibt es noch eine Bundesartenschutzverordnung.

In Österreich gibt es kein Bundesnaturschutzgesetz. Jedes der neun Bundesländer hat seine eigenen Landesnaturschutzgesetze.

Die Schweiz hat eine Verordnung über den Natur- und Heimatschutz, im Anhang mit einer Liste der schützenswerten Lebensraumtypen und einer Liste der geschützten Pflanzen.

Für Südtirol gibt es unter anderem eine Liste der vollkommen geschützten Pflanzenarten.

Als Lösung eines höchst uneinheitlichen Schutzstatus gefährdeter Pflanzen im Alpenraum bietet sich das seit 2002 geltende »Protokoll Naturschutz und Landespflege der Alpenkonvention« an (grenzüberschreitende Zusammenarbeit/Harmonisierung der Naturschutzgesetzgebung einschließlich der artenschutzrechtlichen Regelungen). Die gesetzlichen Grundlagen bestehen. Die Umsetzung steht jedoch noch aus. Soweit zu den gesetzlichen Grundlagen.

Zum Artenschutz: Ein Pflückverbot für attraktive Arten, die oft dem »Pflanzenfreund« zum Opfer fallen, ist sicherlich sinnvoll. Bei dem intensiven Freizeittourismus sind selbst Arten mit einer hohen Individuenzahl auf einer blütenreichen Bergwiese gefährdet. Zudem werden dabei auch viele andere Arten durch eine grasende, pflückwütige Menge geschädigt. Eine gefährdete Art wird jedoch durch den Einzelschutz weder gerettet noch in der Regel ausgerottet. Ein Handelsverbot einer besonders attraktiven Art, beispielsweise des Edelweißes, hat diese Art vor der Ausrottung gerettet. Heute ist ein Handelsverbot bei einigen Pilzen (zumindest mit starken Einschränkungen) noch durchaus sinnvoll.

Zum Biotopschutz: Pflanzen wachsen in einer eigenständigen Lebensgemeinschaft an charakteristischen Standorten oder Biotopen (und nicht in Gesetzesverordnungen). Die zahlreichen Gesetzesverordnungen, gleich welcher Art, können ein wertvolles Biotop nicht schützen, wenn der Umsetzung zur Rettung dieser Standorte »höherwertige«, wirtschaftliche Gründe im Weg stehen.

Begriffe wie »Die Alpen - ein Wirtschaftsraum« oder »Die Alpen - ein Erholungsraum« haben große politische Zugkraft. Gerade bei dem Begriff »Erholungsraum« sieht die Freizeitindustrie ein großes, wirtschaftliches Potenzial, das dann auch

Pistenplanierungen für den Skisport - die großflächigen Landschaftsfresser und Biotopzerstörer in den Alpen.

möglichst maximal ausgenutzt wird. Bei dem Begriff »Die Alpen - ein einzigartiger Naturraum«, den es in seiner Vielfalt zu erhalten gilt, ist das Verständnis recht dünn, wenn damit Nutzungseinschränkungen gefordert sind. In der Tat: Biotopschutz als Voraussetzung zum Artenschutz erfordert häufig Einschränkungen, denen wirtschaftliche Interessen entgegenstehen, auch wenn die erhofften Gewinne nur kurzfristig zu erwarten sind. Erschließung für Feriensiedlungen und Hotelanlagen in einem Berggebiet mit hohem Naturgefahrenpotenzial in Form von Lawinen, Hangrutschungen, Steinschlag, Muren und Hochwasser bringen den Staat in die Zwangssituation, hohe Summen zur Sicherung oder gar zur Sanierung des Gebietes auszugeben. Was von einem Investor als gewinnbringende Geldanlage gesehen wird, wird für die Allgemeinheit zu einer Belastung, auch wenn dabei Arbeitsplätze entstehen. Leidtragende ist in jedem Fall die Natur, da wiederum naturnahe Biotope und deren Inventar an Flora und Fauna unwiederbringlich verloren gehen.

Die Alpen - ein großes Fitnesscenter
Der Ausbau von Skizentren mit ständigen Erweiterungen der Abfahrtspisten sowie Verbund mit benachbarten Skigebieten nimmt immer größeres Ausmaß an. Dieser Flächenverbrauch von naturnahen Biotopen und Lebensräumen ist ein »Flächenbrand« im Naturraum Alpen. Der technische Ablauf mit großem Maschineneinsatz braucht hier nicht im Detail erläutert zu werden. Was von den Gemeinden als Gewinneinnahmen erhofft wird, entlarvt sich oft als Zeitbombe. Die breit angelegten Pistenplanien vernichten nicht nur den Lebensraum der bodenständigen Flora und Fauna, sondern sie zerstören nachhaltig den Boden in seiner Funktion als Wasserspeicher. Ein natürlicher, über viele Jahrhunderte gewachsener, gut durchwurzelter Boden nimmt bei einem Starkregen zunächst einen großen Teil der Niederschlagsmengen auf, die er nach und nach wieder abgibt. Bei einer flächenhaften Planie wird der Boden vielfach entfernt oder verschoben, der Rest wird durch den Maschineneinsatz stark verdichtet. Die Speicherkapazität dieser Flächen nimmt drastisch ab. Als Folge fließen bei Starkregen 80 Prozent des Niederschlages und mehr an der Oberfläche ab und ergießen sich in den nächsten Bach, die »Dachrinne« des Einzugsgebietes. In kurzer Zeit schwillt der Wildbach zu einem reißenden Sturzbach an, nimmt Geröll, Steine und Totholz auf und beliefert damit Talsiedlungen. Auch eine Wiederbegrünung dieser Flächen mit einer herkömmlichen, nicht standortgeeigneten Ansaatmischung aus überwiegend flachwurzelnden Gräsern und einigen Kleearten ist aus naturschutzfachlicher und ökologischer Sicht nur ein kosmetischer Akt. Die ursprüngliche Vegetation ist vernichtet und sie wird sich auch nach vielen Jahrzehnten in ihrer Vielfalt kaum noch einstellen.

Der Trend, die Alpen als Turngerät zu nutzen, erhöht die Zahl der Outdoor-Sportarten in den Alpen und nimmt unaufhaltsam zu. Canyoning, Rafting, Downhill, Mountainbiken, Crossgolf sind nur einige Beispiele. Verbunden sind diese Aktivitäten häufig mit Flächenverbrauch und Beeinträchtigung oder Schädigung der Vegetation und deren Tierwelt, auch wenn gut gemeinte Regeln zum schonenden Umgang mit der Natur aufgestellt werden.

Klimawandel - globale Erwärmung, ein Reizthema

Die globale Erwärmung der letzten 80 Jahre ist nicht mehr wegzudiskutieren. Die Erwärmung verläuft schneller als alle bekannten Erwärmungsphasen der Erdneuzeit, also seit 66 Millionen Jahren. Ursachen für die globale Erwärmung sind, wie allgemein bekannt und auch wissen-

Mithilfe der Technik ist die ursprüngliche Vegetation in wenigen Stunden vernichtet. Diese reiche Vielfalt ist kaum wieder herstellbar.

schaftlich bestätigt, die Anreicherung der Erdatmosphäre durch Treibhausgase wie Kohlendioxid, Methan und Distickstoff monoxid. Dies in Kurzform. Auf die weitreichenden Folgen kann hier nicht eingegangen werden. Es sollen nur einige Konsequenzen der Klimaerwärmung auf die Flora und Fauna im Alpenraum aufgezeigt werden. Besonders betroffen sind die Arten des Hochgebirges. Das Klima erwärmt sich schneller, als dass sich die Pflanzen anpassen könnten oder ihre Flucht nach oben schnell genug gelänge. Die Arten der tieferen Lagen ziehen schneller nach und bringen die Pflanzen der Hochlagen unter Konkurrenzdruck.

Besonders fatal wird die Situation für die charakteristischen Schneebodengesellschaften, die im Winter etwa 8 bis 9 Monate unter einer Schneedecke überleben. Werden diese von der winterlichen Schneedecke »befreit«, werden sie sehr rasch von anderen Arten verdrängt.

Den Tieren wie Schneehasen und Schneehühnern nützt ihr weißes, winterliches Tarnkleid wenig. Sie sind stärker den Greifvögeln ausgesetzt. Das ökologische Gleichgewicht zwischen Beutegreifer und Beutetiere ist gestört. Das gilt auch für andere Tiere mit einem optischen Schutzanzug in der Wintersaison.

Die Lebensräume der Alpen

Die Alpen, ein riesiger botanischer Garten mit einer Fläche von etwa 220.000 km^2, warten mit einer artenreichen und vielfältigen Vegetation auf. Über 4000 Pflanzenarten hat der Alpenraum zu bieten. Diese sind nicht willkürlich verstreut, sondern die meisten Arten sind auf kleine, spezielle Standorte oder Lebensräume konzentriert. Ursache sind vor allem die vielfältigen, oft extrem unterschiedlichen Standorteigenschaften. Diese Standortvielfalt ist in erster Linie durch die Höhenausdehnung bedingt. Ausgehend vom Talgrund bis zum Gipfel eines Viertausenders durchwandert ein Bergsteiger mehrere Klimazonen und er erlebt eine ständige Veränderung des Landschafts- und des Vegetationsbildes. Dies ist auch das Reizvolle für einen naturbegeisterten Menschen, der nicht nur als »Gipfelsammler« zum Gipfel hastet - der ihm oft nur einen vernebelten Blick gewährt.

Um einen ähnlichen Vegetationswandel auf einer Wanderung in der Ebene von Süden nach Norden zu erleben, müsste ein Wanderer fast 4000 km durchwandern, das wäre etwa vom 45. bis zum 80. Breitengrad.

Ausschlaggebend für das Pflanzenleben der Alpen ist die Dauer der Vegetationsperiode. In dieser kurzen Zeit muss eine Pflanze neue Triebe, Blätter, Blüten und Früchte bilden und zudem Reservestoffe für die übrigen Monate des Jahres produzieren. Dafür braucht sie eine Mindesttemperatur und eine jährliche Mindestanzahl an Tagen, an denen sie ihre grüne Fabrik, die Assimilationsorgane, in Gang setzen kann. Pro einhundert Höhenmeter sinkt die Durchschnittstemperatur um etwa 0,5 °C und die Vegetationszeit um 1-2 Wochen. Im Bereich der Waldgrenze bei etwa 1900 m in den Nordalpen und bei etwa 2400 m in den Zentralalpen verbleiben den Bäumen nur 100-120 Tage, an denen sie aktiv sein können. Die Gräser und Kräuter in den Hochlagen müssen sich mit einer Dauer von 60-70 Tagen begnügen, um das ganze Jahr zu überstehen und auch für weitere Generationen zu sorgen.

Die Zeit des Wachsens und der Energiespeicherung ändert sich also drastisch mit zunehmender Meereshöhe. Damit verändern sich schrittweise die Lebensbedingungen der Pflanzenbestände und der einzelnen Arten. Es ergeben sich Zonen, die sich durch eine charakteristische Zusammensetzung der Vegetation auszeichnen. Man nennt diese Zonen die Vegetationsstufen der Alpen. Natürlich verändert sich das Vegetationsbild von Stufe zu Stufe nicht schlagartig. Auch die Höhenausdehnung der einzelnen stock-

Die Alpen – ein riesiger botanischer Garten. Auf engem Raum kommen die unterschiedlichsten Lebensräume zusammen. Die blauschwarzen, als Tintenstriche bezeichneten Flächen an den Wänden stammen von Blaualgen (Cyanobakterien).

werkartigen Zonen oder Stufen variiert in den verschiedenen Teilen oder Regionen der Alpen. So endet die Waldgrenze in den Nordalpen etwa bei 1900 m, während in den Zentralalpen noch herrliche Lärchen-Zirben-Wälder in 2400 m Höhe zu bewundern sind, sofern sie nicht Alm- oder Alpflächen weichen mussten. Nutzungseingriffe, aber auch geologische, bodenkundliche und reliefbedingte Unterschiede führen zu höhenmäßigen Verschiebungen und Ausdehnungen der Vegetationsstufen.

Die Vielfalt der Lebensräume und damit auch die Vielfalt der Alpenflora und der Pflanzengesellschaften wird noch erhöht durch die Vielfalt der Gesteine oder der Geologie. Dem Bergsteiger bietet sich im Kalkfels beispielsweise des Karwendels eine völlig andere Flora als im Silikatgestein der Hohen Tauern oder der Stubaier Alpen. Es gibt nämlich viele Pflanzen, die ausschließlich auf basischem Gestein wie Kalk, Dolomit oder kalkreichem Mergel wachsen, und andere Arten, die nur auf saurem Gestein wie Granit, Gneis, Sandstein oder kalkfreiem Schiefer vorkommen. Die Mannigfaltigkeit der geologischen Verhältnisse gepaart mit den klimatischen Bedingungen in den unterschiedlichen Höhenstufen schaffen eine Vielfalt von kleinräumigen Lebensräumen mit unterschiedlicher Pflanzenzusammensetzung und charakteristischen Pflanzengesellschaften (s. ab S. 26). Hinzu kommt noch die geografische Lage. Die südlichen Kalkalpen, wie die Dolomiten, warten mit einer anderen und meist reichhaltigeren Flora auf als die nördlichen Kalkalpen.

Die Höhenstufen der Alpen

Die unterste Stufe bezeichnet man als **kolline Stufe (Hügelstufe)**. Sie reicht in den Nordalpen bis etwa 500 m, in den trockeneren Inneralpen, wie im Wallis, bis 800 m und in den Südalpen bis 800 oder 900 m. Kennzeichnend sind Laub- und Mischwälder und in den trockeneren Gebieten Föhrenwälder. Größtenteils werden die Flächen landwirtschaftlich genutzt (für Obst- und Weinanbau oder für Viehweiden). Ein beträchtlicher Teil ist auch in Siedlungs- und Industrieanlagen oder in forstliche Monokulturen umgewandelt. Die Vegetationszeit (Wachstumszeit) dauert über 250 Tage.

Die nächst höhere Stufe ist die **montane Stufe (Bergwaldstufe)**. Sie reicht in den Nordalpen bis etwas über 1300 m, in den Zentralalpen bis fast 1500 m und in den Südalpen bis knapp 1700 m. Charakteristisch sind in den randlichen niederschlagsreichen Bergketten Bergmischwälder, in den Zentralalpen Fichten-, Föhren- und Lärchenwälder. Die landwirtschaftliche Nutzung ist in der Bergwaldstufe als Almweiden oder Bergwiesen noch sehr stark ausgeprägt. Je nach Nutzungsintensität der Grünflächen durch Düngung oder starken Viehbesatz ist der Artenreichtum recht unterschiedlich. Wenn die Wälder nicht forstlich in Monokulturen umgewandelt sind, bieten sie meist eine artenreiche Krautschicht. Die Vegetationszeit beträgt etwa 200 Tage.

Über der montanen Stufe schließt sich die **subalpine Stufe (Gebirgsstufe)** an. Sie reicht in den Nordalpen bis etwa 1900 m, in den Zentralalpen bis 2400 m und in den Südalpen bis etwa 2000 m. Charakteristisch sind in den Nordalpen Fichtenwälder und in den Zentralalpen Lärchen-Zirben-Wälder. Die Lärche und die Zirbe halten die tiefsten Temperaturen und die stärksten Fröste aus. Vereinzelte Zirben kommen noch bei fast 2600 m Höhe vor.

Im oberen Bereich der subalpinen Stufe löst sich der Wald in einzelne Baumgruppen auf. Die Bäume erreichen nur eine geringe Wuchshöhe und werden krüppelhaft. In dieser Kampfzone des Waldes dringt die Latsche oder Legföhre ein. Almwirtschaft wurde und wird auf dieser Stufe noch großflächig betrieben. Um Weideflächen zu gewinnen, hat man in früheren Jahrhunderten die Waldgrenze

Höhenstufen der Alpen: Wiesen im Talgrund, an den Hängen montaner und subalpiner Bergwald, alpine Matten und noch verschneite Felsgipel. Oben rechts eine Verebnung der Lüsener Ferner als Rest der nivalen Stufe.

gebietsweise um 200 bis 500 m herabgedrückt. Die Vegetationszeit dauert etwa 100 bis fast 200 Tage.

Am Übergang zur nächst höheren (alpinen) Stufe schließt sich ein Zwergstrauchgürtel aus Latsche, Grünerle, Alpenrose und Zwerg-Wacholder an.

Die **alpine Stufe (Hochgebirgsstufe)** umfasst die Matten- und Felsregion oberhalb der Baumgrenze bis zu den Eis- und Firnfeldern der höchsten Gipfel. Die Vegetationszeit dauert etwa 60–70, maximal 100 Tage.

Bei etwa 3000 m beginnt die **nivale Stufe (Schneestufe)**, auch als klimatische Schneegrenze bezeichnet. Auf ebenen Flächen bleibt übers Jahr mehr Schnee liegen als abschmilzt.

Die Zusammensetzung der Vegetation, also die charakteristischen Arten in den einzelnen Stufen, die regional sehr verschieden sein kann, wird später erläutert.

Pflanzengesellschaften der Alpen

Jedem aufmerksamen Bergwanderer fällt auf, dass die Vielzahl der Pflanzenarten, beispielsweise in der alpinen Mattenregion, nicht wahllos verstreut ist. An kleinen Plätzen oder Standorten von wenigen Quadratmetern findet sich immer wieder die gleiche oder sehr ähnliche Artengarnitur ein. Einmal sind es grasreiche, feuchte Mulden, dann steinige, südexponierte Steillagen oder Nordhänge, an denen bis in den Frühsommer noch Schneereste liegen. Besonders spezifisch ist die Pflanzenzusammensetzung der Felsspalten und der Schuttkare. Nur wenige »auserwählte« Arten können sich dort erfolgreich niederlassen. Man sagt, sie sind an diese extremen Standorte angepasst. Das ist nur bedingt richtig. Menschlich ausgedrückt: Ein fetteres und gemütlicheres Plätzchen würde diesen anspruchslosen Arten auch »schmecken«, aber dort wachsen die Konkurrenten, denen sie nicht gewachsen sind. Umgekehrt sind die »starken« Konkurrenten den widrigen Umständen der unwirtlichen Standorte nicht gewachsen. Dadurch ergibt sich besonders in den Höhenlagen ein buntes, kleinräumiges Mosaik aus zahlreichen Pflanzengesellschaften. Denn die Standortbedingungen wie Bodenfeuchtigkeit, Angebot an Nährstoffen, Dauer der Schneebedeckung, Temperatur wechseln gleichsam Schritt für Schritt. Jeder Standort hat sein eigenes Mikroklima. Auch die Geologie, ob Kalk- oder Silikatgestein, wechselt oft sehr kleinräumig.

Jedes Plätzchen oder jeder Standort mit seinen besonderen Bedingungen beschränkt gleichsam die Auswahl, welche Pflanzen den speziellen Anforderungen gewachsen sind. Das Ergebnis dieser Selektion sind die charakteristischen Pflanzengesellschaften an den unterschiedlichen Habitaten. Konkurrenzdruck und Zeitpunkt der Ansiedlung (wer war zuerst da) erweitern die Palette der möglichen Artenzusammensetzung. Dieser Standortreichtum und die Vielfalt an Lebensräumen sind auch die Ursache für den Florenreichtum der Alpen.

Diese Vielfalt wird allerdings gestört oder zerstört durch brutale Eingriffe in Boden und Vegetation. Erschließungsmaßnahmen für Freizeit und Erholung, die oft noch mit staatlichen Zuschüssen gefördert werden, verbrauchen gerade in den noch intakten naturnahen Hochlagen riesige Flächen. Hier beißt sich der auch politisch strapazierte Naturschutzgedanke mit der realen Wirklichkeit des Wirtschaftsgedankens (s. ab S. 18).

Waldgesellschaften

Ein naturnaher Wald ist stockwerkartig aufgebaut. Die unterste Schicht ist die Kraut- oder Bodenschicht, dann folgt die Strauchschicht. Die Baumschicht besteht meistens aus mehreren Gehölzarten und aus Exemplaren unterschiedlichen Alters. Ein gepflanzter Gehölzbestand aus einer Baumart gleichen Alters ist ein Forst. Monokulturen wie Fichtenforste im Gebirge sind ein Paradies für den Borkenkäfer und ein Spielball für Stürme.

Die Alpen haben trotz mancherlei Eingriffe noch einen hohen Anteil an naturnahen, artenreichen Wäldern. Diese sind vor allem an Steilhängen und schwer zugänglichen Räumen erhalten, die nur mit aufwendigen, technischen Mitteln durch Forststraßen erschlossen werden können. Sie sind daher wirtschaftlich unrentabel. Ökonomische Zwänge werden zum ökologischen Gewinn und somit zum wirksamen Naturschutz.

Noch gibt es in den Alpen naturnahe Wälder mit reichem Anteil an Berg-Ahorn und Buche. Im Hintergrund die Laliderer Wände (Karwendel).

Aufgrund der Randlage haben die Nordalpen ein anderes Klima als die Zentral- oder Inneralpen. Von Westen und Nordwesten ankommende Regenfronten stauen sich am Alpenrand, werden hochgedrückt und regnen sich aus (Steigungsregen). Vor allem im Sommer sorgen sie für hohe Niederschläge, die viele sonnenhungrige Urlauber zur Flucht in den Süden veranlassen. Die Nordalpen zeichnen sich also durch relativ kühle, regenreiche Sommer und relativ milde Winter aus. Die Jahresniederschläge schwanken zwischen 1800 und 2500 mm, an manchen Orten erreichen sie sogar 3000 mm im Jahr. Man spricht von einem ozeanischen Klima. Weitaus weniger Niederschläge erhalten die Inner- oder Zentralalpen, da sie im Regenschatten liegen. Sie müssen sich mit Jahresniederschlägen zwischen 600 und 1000 mm begnügen. Allerdings genießen sie im Sommer eine höhere Anzahl von Sonnentagen. Der Winter dagegen wartet mit frostigen Temperaturen bis zu −40 °C auf. Die jahreszeitlichen Temperaturgegensätze sind weit stärker ausgeprägt. Das als kontinental bezeichnete Klima der Inneralpen, in denen auch häufigere Frühjahrs- und Herbstfröste auftreten, behagt den Laubbäumen nicht. Sie überlassen den kälteresistenten Nadelhölzern das Feld. Lediglich die Grauerlen entlang der Bachtäler sind die einzigen Laubhölzer der Inneralpen.

Bergwälder der montanen Stufe

Charakteristische Arten · Bäume und Sträucher: Tanne *(Abies alba)*, Buche *(Fagus sylvatica)*, Berg-Ahorn *(Acer pseudoplatanus)*, Fichte *(Picea abies)*, Alpen- und Schwarze Heckenkirsche (*Lonicera alpigena* und *Lonicera nigra*), Stechpalme *(Ilex aquifolium)*. Kräuter: Hasenlattich *(Prenanthes purpurea)*, Nesselblättriger Ehrenpreis *(Veronica urticifolia)*, Zwiebeltragende Zahnwurz *(Dentaria bulbifera)*, Wald-Sanikel *(Sanicula europaea)*, Goldnessel *(Lamium galeobdolon)*, Stinkender Hainsalat *(Aposeris foetida)*, Kahler und Grauer Alpendost (*Adenostyles glabra* und *Adenostyles alliariae*).

Der **Bergmischwald** mit Tanne, Buche und Fichte ist in den niederschlagsreichen Nordalpen in der montanen Stufe von Natur aus die vorherrschende natürliche oder naturnahe Waldgesellschaft. Altbäume, mittelhohe Exemplare und Jungwuchs wechseln sich ab. Im Halbschatten dieser meist lichten Bestände können sich auch Sträucher und Kräuter behaupten. Alte, zusammenbrechende Bäume schaffen kleine »Lichtinseln«, in denen die Bodenvegetation mit Hasenlattich, Zwiebeltragender und Finger-Zahnwurz, Wald-Sanikel, Stinkendem Hainsalat, um nur einige Kräuter zu nennen, besonders zur Entfaltung kommt. In den regenarmen, kontinental geprägten Inneralpen fehlt diese Waldgesellschaft.
In früheren Jahrhunderten, etwa vor 150–200 Jahren, als noch Bär und Luchs in den Bergwäldern für einen ausgewogenen Wildbestand sorgten, hatte die Fichte nur einen geringen Anteil. Heute hat die Fichte als verbissresistente Gehölzart einen Selektionsvorteil. Besonders die Tanne, aber auch die Laubbäume und viele Sträucher leiden am Verbiss ihrer Triebe durch Rot- und Rehwild, sodass die Fichte zur Vorherrschaft gelangt. Die natürlichen Standorte der Fichte in den Nordalpen sind kühle Schluchtwälder und Senken, in die die Kaltluft absinkt und einen Kältesee bildet. Ansonsten ist das Reich der reinen Fichtenwälder in den Nordalpen die subalpine Stufe etwa bei 1600–1900 m.

Der Hirschzungen-Schluchtwald

Charakteristische Arten · Bäume: Berg-Ahorn *(Acer pseudoplatanus)*, Buche *(Fagus sylvatica)*, Esche *(Fraxinus excelsior)*. Kräuter: Hirschzunge *(Asplenium scolopendrium)*, Wildes Silberblatt *(Lunaria rediviva)*, Wald-Geißbart *(Aruncus sylvestris)*, Goldnessel *(Lamium galeobdolon)*.

In steilen Schluchten oder schattseitigen Hängen mit gleichbleibend hoher Feuchtigkeit und ausgeglichenen Temperatur-

Ein Paradebeispiel für einen montanen Bergmischwald in den Nordalpen (links). Eine Reihe von schatten- und feuchtigkeitsliebenden Kräutern finden sich im Hirschzungen-Schluchtwald ein (rechts).

verhältnissen stocken die Schluchtwälder. Sie beherbergen eine Reihe von schattenliebenden Arten wie die Hirschzunge, ein Farn, das Wilde Silberblatt oder den Wald-Geißbart sowie weitere Farne. Die knorrigen, alten Stämme des Berg-Ahorns sind das Reich der Moose und des Tüpfelfarns. Häufig bereichern riesige Felsblöcke diese Märchenwälder, gleichsam als Sitz der Riesen und Zwerge. Diese oft Häuser großen Ungetüme stammen von Bergstürzen, die sich beim Rückgang des Eises nach der letzten Eiszeit von Gipfeln und Graten gelöst hatten. In den Felsritzen zwängen sich kleine Farne, wie der Braunstielige und der Grünstielige Streifenfarn. Dank der unrentablen Holznutzung dieser meist nur kleinflächig vorkommenden Waldgesellschaft konnten sich diese »Urwälder« vor Eingriffen schützen.

Ähnliche Bergsturzformen trifft man auch in anderen Waldgesellschaften im unteren Bereich der Steilhänge an. Geologisch bestehen diese Felsblöcke meist aus Wettersteinkalk oder aus Dolomitgestein.

In der Nagelfluhkette im Allgäu findet man ähnliche Landschaftsformen. Die Felsblöcke bestehen aus gerundetem, verbackenem Geröll (Konglomerat).

Während der Heraushebung der Auffaltung der jungen Alpen im Tertiär vor etwa 20–30 Millionen Jahren setzte bereits die Abtragung der eben neu entstandenen Bergketten ein. Dabei stürzten gewaltige Schutt- und Geröllmassen in ein Becken, das nordalpine Molassebecken, und wurden bis zu einer Mächtigkeit von 5000 m abgelagert. Kohlendioxidhaltiges Regenwasser löste aus den oberen Schichten der Schottermassen Kalziumkarbonat, das in den tieferen Schichten zu Kalzit auskristallisierte und die Zwickel oder Hohlräume zwischen den gerundeten Steinen ausfüllte. Aus dem Lockermaterial entstand das Felsgestein Nagelfluh.

Die Hirschzunge *(Asplenium scolopendrium)* gehört zu den Farnen.

Das Wilde Silberblatt *(Lunaria rediviva)*, ein Kreuzblütler, liebt schattige, luftfeuchte Hänge.

In der letzten Phase der Gebirgsbildung vor etwa 8 Millionen Jahren wurde dieser »Naturbeton« zu Steilwänden und Gipfeln wieder angehoben und aufgefaltet. Aus dem ehemaligen Verwitterungsschutt entstand dadurch eine neue Bergkette, aus der wiederum Felssturzmassen nach der letzten Vereisung zu Tale donnerten – ein Kreislauf der Gesteine. Alte, knorrige Stämme des Berg-Ahorns mit starkem Moosbewuchs charakterisieren diese felsigen Steilhangwälder.

Weitere buchenreiche Waldgesellschaften

Die **Blaugrasreichen Buchenwälder** stocken auf flach- bis mittelgründigen, trockenen Kalk- und Dolomitböden mit wenig Feinerde um 600–1000 m Höhe. Es sind straucharme Waldgesellschaften, da den meisten Sträuchern die Wasserreserven im Wurzelraum fehlen. Häufig treffen wir in den sonnseitigen Hängen wärmeliebende oder trockenheitsertragende Arten an, wie Ährige Graslilie, Rindsauge, Schmalblättriges Waldvögelein und die strauchige Felsenbirne.

Gelegentlich trifft man in Steilhängen zwischen 600 und 1200 m Höhe auf Kalk- und Nagelfluhstandorten Reste des **Eiben-Buchen-Waldes** an, begleitet von Mehl- und Vogelbeere, Stechpalme, Berg-Flockenblume, Hasenlattich, Kahlem Alpendost und vielen weiteren Kräutern. Das extrem harte und zähe Eibenholz fand seit Jahrtausenden Verwendung für Werkzeuge. Den ältesten Nachweis liefert eine Lanzenspitze aus Eibenholz aus der Holsteinwarmzeit vor etwa 300.000 Jahren. Auch der Bogen des berühmten »Ötzi« bestand aus Eibenholz. Vor dem Mittelalter war die Eibe eine wesentlich häufigere Baumart als heute. Der größte Raubbau an der Eibe wurde im frühen 16. Jahrhundert betrieben, als gigantische Mengen des Eibenholzes als Kriegsmaterial zur Fertigung von Bögen für die Bogenschützen des englischen Heeres ausgeliefert wurden. Schon damals wurde Handel mit

Ein Ahorn-Buchen-Steilhangwald in der Nagelfluhkette (Allgäu).

Schneeheide-Kiefernwald auf sehr trockenen, meist felsigen Südhängen der Nordalpen.

Waffenexporten betrieben. Um 1568 verfügte Bayern über keine schlagreifen Eiben mehr. Daraufhin verschaffte sich England das kriegstaugliche Eibenholz aus den Karpaten und dem nordöstlichen Baltikum. Die wenigen verbliebenen Restbestände der Eibe waren auch als Schnitz- und Drechslerholz begehrt. Wegen ihrer Giftigkeit für Pferde wurde sie an den Wegrändern abgehackt, und heute ist die Eibe durch Reh- und Rotwildverbiss an der Verjüngung gehindert (für Rehe und Hirsche ist die Eibe wenig giftig). Als seltene Baumart der Alpen fristet sie ihr Dasein meist nur an unzugänglichen, steilen Felshängen.

Die Schneeheide *(Erica herbacea)* ist die Charakterart des Schneeheide-Kiefernwaldes. Im zeitigen Frühjahr bildet sie ausgedehnte Blütenteppiche.

Kiefernwälder

An trockenen, steinigen oder felsigen, wasserdurchlässigen Hängen zwischen 600 und 1500 m Höhe kann sich die Waldkiefer oder Waldföhre behaupten. Anspruchsvolleren Arten bleibt der »Schnabel trocken«. Selbst in den regenreichen Nordalpen leben sie auf südseitigen Fels- und Schotterstandorten weitgehend frei von Konkurrenten. Lediglich einige Kümmerformen der Fichte schieben sich dazwischen. Am Boden wird diese als **Schneeheide-Kiefernwälder** bezeichnete Waldgesellschaft von ausgedehnten Teppichen der im zeitigen Frühjahr rotviolett blühenden Schneeheide charakterisiert. Als weitere Kräuter finden wir Ästige Graslilie, Schwarzviolette Akelei und Orchideen wie Mücken- und Wohlriechende Händelwurz sowie Rotbraune Ständelwurz. Am Nordrand der Alpen findet der anspruchslose Schneeheide-Kiefernwald in den trockeneren Föhntälern, wie Lech-, Isar- und Inntal, günstige Standorte und bildet dort ausgedehnte Bestände.

In den kontinentaleren, niederschlagsarmen Inneralpen muss sich die Waldkiefer nicht nur mit den Südhängen abfinden. Auch auf schattseitigen Blockschutt- und Geröllstandorten mit unterschiedlicher Bodenvegetation kann sie sich behaupten. Die Wälder auf bodensauren Silikatstandorten sind meist artenärmer: Preiselbeere, Heidelbeere, Echte Bärentraube sowie die Rentierflechte sind die häufigen Begleiter.

Wird das Klima noch trockener und niederschlagsärmer, wie im Vintschgau oder im Wallis, werden die Standorte selbst für die trockenresistente Föhre fast zu heiß. Dort kommt der **Steppen-Föhrenwald** vor, der hier die Waldgrenze zur Trockensteppe bildet. An zahlreichen, ansonsten seltenen trockenheitsresistenten (xerophilen) und wärmeliebenden Arten kann sich der Botaniker und Pflanzenfreund erfreuen. Zu nennen sind: Nickender und Stängelloser Tragant, Esparsetten-Tragant, Seidenzottiger Spitzkiel, Rundblättriger Hauhechel und Kleines Seifenkraut. Hinzu gesellen sich südlich verbreitete Baumarten wie Flaum-Eiche und Manna-Esche.

Flaumeichen-Hopfenbuchen-Buschwald

Charakteristische Arten · Flaum-Eiche *(Quercus pubescens)*, Hopfenbuche *(Ostrya carpinifolia)*, Felsen-Kreuzdorn *(Rhamnus saxatilis)*, Felsenbirne *(Amelanchier ovalis)*, Felsen-Kirsche

(Prunus mahaleb), Meergrüner Geißklee *(Cytisus sessilifolius)*, Stechender Mäusedorn *(Ruscus aculeatus)*, Ästige Graslilie *(Anthericum ramosum)*, Grannen-Meister *(Galium aristatum)*, Strauchige Kronwicke *(Coronilla emerus)*, Berg-Kronwicke *(Coronilla coronata)*, Stängelloser Tragant *(Astragalus exscapus)*.

Von den zahlreichen Wald- oder Buschgesellschaften der Alpen soll der Flaumeichen-Hopfenbuchen-Buschwald wegen seines Artenreichtums an südlichen Arten kurz dargestellt werden. Er gehört zur untersten Waldstufe der südalpinen Täler bis gegen 900 m, meist als Buschwald der Südalpentäler auf Kalk und Dolomit: so am Gardasee, im Vinschgau, im Eisacktal bis Brixen, um Bozen auf Quarzporphyr. Fragmentarisches Vorkommen gibt es in Österreich im Drautal und in den Seitentälern, in den Karawanken oder im mittleren Inntal.

Bevorzugt werden trockenwarme, südseitige Steilhänge, oft verzahnt mit Steppenrasen. Der Flaumeichen-Hopfenbuchen-Buschwald lebt meist an der Trockengrenze des Waldes. Er ist auch Lebensraum der Sandviper und der Smaragdeidechse. Vielfach sind diese Buschwälder, wo es das Gelände ermöglicht, in Kulturen (Wein oder Oliven) umgewandelt oder werden von Ziegen und Schafen beweidet.

Wälder der subalpinen Stufe

Hochmontaner und subalpiner Bergahorn-Buchenwald

Charakteristische Arten · Bäume und Sträucher: Berg-Ahorn *(Acer pseudoplatanus)*, Buche *(Fagus sylvatica)*, Vogelbeere *(Sorbus aucuparia)*, Berg-Ulme *(Ulmus glabra)*, Latsche *(Pinus mugo)*, Strauchweiden (*Salix* spec.), Alpen- und Schwarze Heckenkirsche (*Lonicera alpigena* und *Lonicera nigra*). Kräuter: Alpen-Milchlattich *(Lactuca alpina)*, Alpen-Ampfer *(Rumex alpinus)*, Hasenlattich *(Prenanthes purpurea)*, Wolliger und Platanenblättriger Hahnenfuß (*Ranunculus lanuginosus* und *Ranunculus platanifolius*), Rundblättriger Steinbrech *(Saxifraga rotundifolia)*, Quirlblättrige Zahnwurz (*Dentaria enneaphyllos)*, Blauer Eisenhut *(Aconitum napellus)*, Grauer Alpendost *(Adenostyles alliariae)*, Wald-Sternmiere *(Stellaria nemorum)*, Sumpf-Pippau *(Crepis paludosa)*.

In den relativ wintermilden und schneereichen Gebirgsketten der Nordalpen sowie in den nördlichen Westalpen hat sich auf Kalk und Flysch am Übergang von der montanen zur subalpinen Stufe bei etwa 1200 bis 1700 m Höhe ein Mischwald aus Berg-Ahorn und Buche eingestellt. Auch zahlreiche Strauchweiden und die Latsche machen sich breit. Mit zunehmender Höhe nehmen Buche und Berg-Ahorn Krüppelwuchs an und die Stämme zeigen oft säbelartig gekrümmte Formen. Die lange noch in den Sommer hinein durchfeuchteten, nährstoffreichen Böden haben ein reiches Bodenleben. Eine artenreiche Krautschicht aus hochwüchsigen Farnen und großblättrigen Hochstauden charakterisiert diese tiefgründigen, tonreichen Standorte. Infolge der hohen Luftfeuchtigkeit in diesen Höhenlagen mit häufiger Nebelbildung ist die epiphytische Moos- und Flechtenvegetation der Baumstämme besonders reichhaltig.

Karpatenbirken-Ebereschen-Blockwald

Charakteristische Arten · Bäume und Sträucher: Karpaten-Birke (*Betula pubescens* ssp. *carpatica*), Vogelbeere *(Sorbus aucuparia)*, Berg-Ahorn *(Acer pseudoplatanus)*, Grünerle *(Alnus viridis)*, Bäumchen- und Großblättrige Weide (*Salix waldsteiniana* und *Salix appendiculata*), Zwerg-Mehlbeere *(Sorbus chamaemespilus)*, Schwarze Heckenkirsche *(Lonicera*

Hochmontaner bis subalpiner Mischwald bevorzugt die wintermilden, schneereichen Gebirgszüge der Nordalpen.

nigra) und zahlreiche, meist feuchtigkeitsliebende Arten der Hochstaudenfluren.

Der Formenkreis der Karpaten-Birke ist durch Bastardierung der Moor-Birke *(Betula pubescens)* mit der Hänge-Birke *(Betula pendula)* und mehrmaligen Rückkreuzungen entstanden. Die Standorte der Karpaten-Birke sind einmal Hochmoorränder und Bruchwälder, zum anderen als Pioniergehölz im Karpatenbirken-Ebereschen-Blockwald. Dieser wächst in den Nord- und Ost-Alpen an schattseitigen Blockschutthalden mit kühler Luftströmung, in ehemaligen Bergsturzgebieten und in steilen Lawinengassen zwischen 1200 und 2000 m. Die säbelförmige Wuchsform entsteht durch abgehende Lawinen, die die Bäume meistens schadlos überleben. Gelegentlich tritt die Karpaten-Birke auch bestandsbildend auf.

Karpaten-Birken *(Betula pubescens* ssp. *carpatica)*: Der säbelartige Wuchs kommt von häufigen Lawinenabgängen.

Der subalpine Fichtenwald der Nordalpen

Charakteristische Arten · Bäume und Zwergsträucher: Fichte *(Picea abies)*, Vogel- und Mehlbeere (*Sorbus aucuparia* und *Sorbus aria*), Heidel- und Preiselbeere (*Vaccinium myrtillus* und *Vaccinium vitis-idaea*). Kräuter: Alpenlattich *(Homogyne alpina)*, Herz-Zweiblatt *(Listera cordata)*, Wald-Sauerklee *(Oxalis acetosella)*, Korallenwurz *(Corallorhiza trifida)*.

Die Fichtenwälder haben von Natur aus in den Nordalpen ihre hauptsächliche Verbreitung in der subalpinen Stufe bei etwa 1400–1900 m. Dort finden wir die schmalkronige, sehr schlanke, bis zum Boden beastete Hochlagenfichte vor. Sie ist gegen Wind und Schneebruch sehr widerstandsfähig und an die Extreme der Hochlagen gut angepasst. Allerdings vermehrt sich diese Hochlagenfichte nur sehr langsam, da gute Samenjahre recht selten sind. Da die Fichtennadeln eine saure Rohhumusauflage entstehen lassen, herrschen am Boden säureliebende Kräuter oder Zwergsträucher wie Heidelbeere, Preiselbeere und viele Moose vor. Zwischen den Moospolstern gibt es nach längerem Suchen das winzige Herz-Zweiblatt oder die Korallenwurz, eine Moderorchidee, zu entdecken.

Mit zunehmender Meereshöhe werden die Wuchsbedingungen auch für diese Hochlagenfichten ungünstig. Die Bestände werden locker und bizarre Wetterfichten mit kammartig nach einer Seite ausgerichteten Ästen erreichen oft nur eine Wuchshöhe von wenigen Metern. Wir nähern uns der Waldgrenze. Unter natürlichen Bedingungen löst sich der Wald nicht in einzelne, isoliert stehende Bäume auf, sondern in oft dicht gedrängten Gruppen aus 10–15 Bäumen unterschiedlichen Alters. Diese horstartigen Fichtengruppen gehören genetisch alle zusammen. Sie sind nämlich durch Wurzelausläufer einer Mutterpflanze entstanden, die oft nur noch als tote Wetterfichte im Bestand steht. In diesem Klein- oder Bestandsklima einer solchen Waldinsel hat auch eine Jungpflanze eine Chance hochzukommen.

Subalpiner Fichtenwald mit der Latsche im Unterwuchs und im Randbereich (links). Horstartige Fichtengruppe, entstanden durch Wurzelausläufer einer Mutterpflanze, die noch als tote Wetterfichte am Rand der Gruppe steht (rechts).

Nadelwälder aus Fichte, Zirbe und Lärche beherrschen die Inner- und Zentralalpen. Fast einziger Laubbaum entlang der Bachläufe ist die Grauerle *(Alnus incana)*.

Ein in Einzelstämmen aufgelöster Fichtenwald nahe der Waldgrenze (oft als Baumgrenze definiert) ist meistens auf den Einfluss des Menschen zurückzuführen. Rodungen, um Brennholz oder Weideland zu gewinnen, senkten die Waldgrenze um einige Hundert Meter ab.

Die Wälder der Inner- oder Zentralalpen

Fichte, Lärche und Zirbe, auch Arve genannt, sind die Hauptbaumarten der kontinentalen Zentralalpen. In etwas niederschlagsreicheren Regionen oder an schattigen, luftfeuchten Hängen kann sich auch noch die Tanne behaupten. Von den Laubbäumen säumen nur Grauerlenbestände die Bachufer der Bergtäler. Die Vogelbeere quetscht sich vereinzelt in die Bestände der Nadelhölzer. In der montanen und unteren subalpinen Stufe, etwa zwischen 900 und 1500 m, beherrschen Fichtenwälder das Bild, je nach Standorten in unterschiedlichen Ausbildungen oder Pflanzengesellschaften. Die Literatur der naturnahen oder vermeintlich naturnahen Fichtenwälder der Alpen ist kaum überschaubar. Eine Klassifizierung ist ja nur anhand der Bodenvegetation möglich. Diese, mal artenreich, mal artenarm, unterliegt vielfachen natürlichen und von Menschen gemachten Faktoren. Interessant für den Pflanzenfreund und Botaniker sind vor allem moos- und farnreiche Altbestände, die auch mit einer reicheren Bodenvegetation aufwarten wie Schattenblümchen, Wald-Sauerklee, Moosglöckchen, Europäischer Siebenstern, Herz-Zweiblatt oder Korallenwurz und Heidelbeere.

Lärchen-Zirbenwälder

Charakteristische Arten · Bäume und Sträucher: Europäische Lärche *(Larix decidua)*, Zirbel-Kiefer oder Arve *(Pinus cembra)*, Heidelbeere *(Vaccinium myrtillus)*, Blaue Heckenkirsche *(Lonicera caerulea)*, Rostblättrige Alpenrose *(Rhododendron ferrugineum)*, Rauschbeere *(Vaccinium uliginosum)*, Preiselbeere *(Vaccinium vitis-idaea)*, Waldsimse *(Luzula sylvatica)*.

Der Lärchen-Zirbenwald ist in den Alpen die höchst steigende Waldgesellschaft und bildet in den Zentralalpen die Waldgrenze. Ihre Höhenausdehnung liegt zwischen 1800 (selten tiefer) und bis zu 2600 m. Die Zirbe bricht in den Alpen den Höhenrekord. Nachgewiesen ist ein einzeln stehendes Zirbenstämmchen mit einer Wuchshöhe von 120 cm in einer Meereshöhe von 2850 m im Wallis. Auf sauren Silikatböden, in schattigen Wäldern mit dichtem Kronenschluss bildet die Heidelbeere einen dichten Unterwuchs. Lichtet sich der Wald, so kann sich auch die Rostrote Alpenrose breit machen. Auf Kalk- und Dolomitgestein wird der Lärchen-Zirbenwald von der Bewimperten Alpenrose begleitet.

Die Lärche ist als lichtliebender Baum eine Pionierart. Sie überwiegt in der Jugendphase des Lärchen-Zirbenwaldes und wird nach und nach von der Zirbe überwachsen und verdrängt, sodass in der natürlichen Bestandsentwicklung die Zirbe in der Altersphase das Waldbild beherrscht.

Die Vegetationsperiode in den Hochlagen ist sehr kurz. Nur wenige Monate verbleiben der Zirbe zum Wachstum. Nach 100 Jahren ist die Zirbe erst zu einem

Auf kargem Kalkfels und Blockschutt stellt sich die Lärche als lichtliebendes Pioniergehölz ein, begleitet von der Latsche im Unterholz.

bescheidenen Bäumchen von wenigen Metern herangewachsen. Ein 20 m hoher Baum hat mehr als 200 Jahre hinter sich. Eine Zirbe kann bis zu 1000 Jahre alt werden. Die Lärche bringt es nur bis zu 400 Jahren.

Zirbe und Lärche bevorzugen das kontinentale Klima der Inneralpen. Sie nehmen die winterlichen Kältegrade bis zu -40 °C in Kauf. Dafür genießen sie die vielen warmen Sommertage, die sie zur Nährstoffproduktion und zum Wachstum nützen.

Um die extremen winterlichen Fröste zu ertragen, hat die Zirbe eine besondere Strategie entwickelt. Mitte September hat sie nur eine bescheidene Frostresistenz von etwa -7 °C. Bis in die Wintermonate erreicht sie Schritt für Schritt, gesteuert durch die Frostwetterlagen und auch durch den Rückgang der Tageslängen, eine Frostresistenz bis zu -42 °C. Eine lichtabhängige Steuerung der Frostabhärtung ist schon nötig, sonst würde eine kurzfristige Erwärmung mitten im Winter die Kälteresistenz rückgängig machen. Erst im späten Frühjahr mit zunehmender Erwärmung und Zunahme der Tageslängen nimmt der Grad der Abhärtung wieder ab. Als weitere Maßnahme zur Überwindung der starken Fröste steigert die Zirbe den Zuckergehalt in den Nadeln. Damit steigt die Konzentration des Zellsaftes. Außerdem wird das Wasser der Zellen in die Hohlräume zwischen den Zellen verlagert. Eine Eisbildung in den Zellen wäre für die Pflanzen tödlich.

Um den existenzbedrohenden, winterlichen Frösten zu entgehen, wirft die Lärche rechtzeitig, von einem inneren Rhythmus gesteuert, ihre Nadeln ab. Das geschieht bei den Lärchen der Hochlagen eher als bei denen der Tieflagen. Werden Lärchen aus den Tallagen in höhere Regionen verpflanzt, verlieren sie dort zu spät ihre Nadeln und gehen meist ein.

Die lichtliebende Lärche wird nach und nach von der robusten Zirbe verdrängt, die dann das Waldbild beherrscht.

Einst beherrschte der Lärchen-Zirbenwald mehr oder weniger die Hochlagen der Inneralpen. Das Holz der Zirbe war schon immer ein begehrtes Bau- und Möbelholz. Zusätzlich wurden zur Gewinnung von Weideland viele Flächen gerodet. Ausgedehnte, baumfreie Bestände der Alpenrose unterhalb der Kampfzone des Waldes zeugen von der einstigen Verbreitung des Lärchen-Zirbenwaldes, in dem die Alpenrose die Strauchschicht bildete. Heute verbrauchen Anlagen für Skipisten und sonstigem technischem Zubehör weitere Flächen. In die unteren, von einem Straßennetz erschlossenen Lagen dieser urigen, romantischen Waldbestände fressen sich die Anlagen von Ferienwohnungen immer tiefer hinein.

Eine Wiederherstellung der Zirbenbestände, die durch Rodungen zu allerlei Zwecken verloren gegangen sind, gestaltet sich meist sehr schwierig, Die Zirbe benötigt in diesen Höhen die Hilfestellung einer Reihe von Pilzpartnern, mit denen sie in Symbiose lebt. Diese Mykorrhizapilze versorgen den Baum mit Wasser und Nährsalzen. Zudem fördern sie in dessen Wurzelraum das Wachstum stickstoffbildender Bakterien. Diese symbiotischen Pilze und Bakterien sind auf diesen degradierten Standorten meist verschwunden. Ohne sie ist die Zirbe vor allem in höheren Lagen nicht lebensfähig.

Die Latschen- oder Krummholzzone

Jeder Bergsteiger kennt beim Aufstieg, aus dem schattigen Bergwald heraustretend, den mühsamen, weiteren Weg durch ausgedehnte Latschenfelder. Heiße, stehende Luft wie in einem Backofen verwehrt ihm fast das Atmen. Dieser nicht enden wollende, breite Latschengürtel ist in seiner heutigen Ausdehnung in den meisten Fällen auf eine frühere Nutzung der Fichte zurückzuführen. Unter natürlichen, nicht vom Menschen verursachten Bedingungen bildete die Latsche die Strauchschicht im lichten Fichtenwald in der oberen subalpinen Stufe. Nur ein schmaler Gürtel der reinen Latschenbestände schob sich zwischen die Waldgrenze und die höher liegende, angrenzende Mattenregion.

Allerdings bildet die Latsche auf sehr flachgründigen Felsstandorten mit sehr geringer Humusauflage ausgedehnte Bestände. Bereits an weniger steilen Stellen oder in kleinen Mulden mit einer bescheidenen Humusansammlung finden sich die Fichte und die Lärche ein. In tieferen Lagen kommt die Latsche nur in Lawinengassen, auf Felsrippen und in Felsspalten, in tiefer reichenden Schutt- und Blockhalden sowie in Hochmooren vor.

Auf flachgründigen, felsigen Standorten in der subalpinen Stufe bildet die Latsche ausgedehnte Bestände. In Mulden mit Humusanreicherung schieben sich Fichten oder Lärchen dazwischen.

Zwergstrauchheide mit Bewimperter Alpenrose

Charakteristische Arten · Bewimperte Alpenrose *(Rhododendron hirsutum)*, Zwerg-Alpenrose *(Rhodothamnus chamaecistus)*, Zwerg-Mehlbeere *(Sorbus chamaemespilus)*, Schneeheide *(Erica herbacea)*, Steinröserl *(Daphne striata)*, Alpen-Bärentraube *(Arctostaphylos alpina)*, Brillenschötchen *(Biscutella laevigata)*.

Die Bewimperte Alpenrose ist auf die Kalkketten der Ostalpen bis zum Genfer See beschränkt. Sie bevorzugt sonnige, windgeschützte, steinige Hänge, oft als kleine Inseln zwischen den Latschen oder auf Felsbändern und in breiteren Felsklüften. Ausgedehnte zusammenhängende Bestände, wie die Rostrote Alpenrose, bildet sie selten. Regelmäßig ist die Bewimperte Alpenrose auch als Unterwuchs in den Latschenfeldern anzutreffen. Am Auslauf von Kalkschuttfächern gehört sie auch zu den ersten Pionierarten. Auf diesen kargen Böden braucht sie die Unterstützung von symbiotischen Mykorrhizapilzen, die sie mit Mineralstoffen versorgen. Auf diesen Ruhschuttstandorten kann man auch zwergenhafte Jungpflanzen der Latsche antreffen.

Gegen winterliche Kälte und Fröste ist die Bewimperte Alpenrose ziemlich empfindlich. Als Vorbereitung für den Winter hat sie eine besondere Strategie entwickelt. Sobald im Herbst längere Kälteperioden von -6 bis -10 °C auftreten, beginnt die Phase der Frostabhärtung, die sie im weiteren Verlauf bis zum Winter bis auf -27 °C steigern kann. Diese Frostresistenz nimmt im ausgehenden Frühjahr wieder ab. Im Mai oder später setzen ihr auftretende Fröste arg zu. Jungtriebe werden bereits bei -4 °C und ältere Triebe bei -6 °C zum Absterben gebracht. Die Pflanze treibt zwar aus ruhenden Knospen Ersatztriebe und Blütentriebe aus, aber bei dem langsamen Wachstum erreicht der kleine Strauch erst nach zwei oder drei Jahren wieder die volle Blütenpracht.

Die Bewimperte Alpenrose siedelt sich meist inselartig auf Felsbändern oder zwischen breiteren Felsklüften an.

Zwergstrauchheide mit Rostblättriger Alpenrose

Charakteristische Arten · Rostblättrige Alpenrose *(Rhododendron ferrugineum)*, Blaue Heckenkrische *(Lonicera caerulea)*, Krähenbeere *(Empetrum hermaphroditum)*, Heidelbeere *(Vaccinium myrtillus)*, Rauschbeere *(Vaccinium uliginosum)*, Herz-Zweiblatt *(Listera cordata)*.

Die lichtliebende Rostblättrige Alpenrose oder der Almrausch bildet von Natur aus den Unterwuchs oder die Strauchschicht lichter Lärchen-Zirbenwälder der Silikatgebirge. Der Almrausch ist also ein Strauch der subalpinen Bergwälder und übersteigt nur um 100–200 m die Waldgrenze. Ausgedehnte, fast baumfreie Bestände gehen auf Rodungstätigkeit oder Beweidung zurück. So schön und betörend von Juni bis Juli das blühende Alpenrosenmeer ist, so störend ist der Almrausch für den Almbauern, der ihn als Weideunkraut immer wieder mit der Sense oder maschinell schwendet. Zudem ist er auch für Wiederkäuer giftig.

Gelingt es dem Bergwald, sein ursprüngliches Territorium zurückzugewinnen und im Lauf etlicher Jahrzehnte einen geschlossenen, schattigen Wald auszubilden, dann muss der Almrausch weichen und den Beerensträuchern Rauschbeere und Heidelbeere den Platz im schattigen Unterholz überlassen. Dort finden auch viele Laubmoose ihren Lebensraum.

Blütenmeer der Rostblättrigen Alpenrose. So ausgedehnte, baumfreie Bestände sind meist durch Rodung für Weideland entstanden.

Im baumfreien Gelände oder oberhalb der Waldgrenze bevorzugt die Rostblättrige Alpenrose windgeschützte Mulden, die ihr auch im Winter mindestens 6–7 Monate Schneeschutz bieten. Auch sie durchläuft wie die Bewimperte Alpenrose im Herbst die Phase der Frostabhärtung, um sich für den Winter fit zu machen.

Im Gegensatz zur kalkliebenden Bewimperten Alpenrose auf steinigen Böden und Kalkfelsbändern ist die Rostblättrige Alpenrose eine Art der sauren, humusreichen Standorte. Man bezeichnet solche Artenpaare – die eine Art auf Kalk, die andere auf Silikat – als vikariierende Arten. Allerdings begegnet man auch in den Kalkketten der Alpen immer wieder der Rostblättrigen Alpenrose im Unterwuchs von Latschen. Die Nadelstreu der Latsche erzeugt eine saure, oft torfartige Rohhumusauflage. Das taugt auch einem »Silikatstrauch«, oft in enger Nachbarschaft zur kalksteten Bewimperten Alpenrose. Dabei kreuzen sich häufig beide Arten. Das Kreuzungsprodukt *Rhododendron intermedium* besitzt Merkmale, die zwischen denen der Eltern liegen. *Rhododendron intermedium* bildet auch keimfähige Samen aus. Es kommt auch zu Rückkreuzungen mit dem einen oder anderen Elternteil, die zu vielen Übergangsformen führen.

Steigen wir nun etwas höher in die untere alpine Stufe, da wird es der Rostblättrigen Alpenrose zu frostig. An ihre Stelle treten die Rauschbeere und die Krähenbeere und bilden als **Krähenbeeren-Rauschbeeren-Heide** über der Baumgrenze ausgedehnte Bestände. Aber auch diese Zwergstrauchgesellschaft hat noch eine schützende Schneedecke von 5–6 Monaten nötig. Geht die Dauer der winterlichen Schneedecke auf null, so hat nur noch die Gamsheide (s. S. 58) eine Chance.

Auf feuchten, tonig-lehmigen Steilhängen gedeiht Grünerlengebüsch, das auch Lawinenabgängen standhält. An flacheren Hängen wird die Grünerle oft als Weideunkraut geschwendet.

Grünerlengebüsch und Hochstaudenfluren

Grünerlengebüsch

Die Grünerle bildet ebenfalls eine Dauergesellschaft, oft an Bachläufen verzahnt mit den Hochstaudenfluren. Kräftige, hochwüchsige Hochstauden wie Alpen-Milchlattich oder Grauer Alpendost finden im Grünerlengebüsch einen Unterschlupf. Die Grünerle lebt mit Wurzelpilzen in Symbiose. Diese binden den Luftstickstoff und bauen ihn in organische Stickstoffverbindungen um. Der Boden wird dadurch zusätzlich gedüngt. Die Blätter der Grünerle haben eine sehr hohe Transpiration. Der Strauch kann daher nur dort gedeihen, wo ausreichender Wassernachschub gewährleistet ist. In steilen Lawinenbahnen kann kaum ein anderer Strauch oder Baum der Grünerle den Platz streitig machen. Ihre langen, biegsamen Äste halten herabdonnernden Schneemassen stand und schützen den Boden vor Erosion durch Schneeschurf.

Vielfach werden Grünerle und Latsche bezüglich der geologischen Unterlage als vikariierende Arten aufgeführt. Die Grünerle wird als vermeintlich säureliebende Art in die Silikatketten der Zentralalpen verbannt. Der Latsche werden nur die Standorte der Kalkalpen zugestanden. Die Standorteigenschaften der beiden Arten schließen sich fast aus. Die Grünerle verlangt tonig-lehmige, sehr feuchte, auch staunasse Böden, die ihr auch Kössener Mergel, Lias-Fleckenmergel oder Allgäuschichten in den Nordalpen bieten. Die Latsche bevorzugt trockene, steinige, wasserdurchlässige Standorte wie Blockhalden und Felsbänder, die sie in den Kalkalpen und auch in den Silikatketten vorfindet.

Hochstaudenfluren

Charakteristische Arten · Alpen-Milchlattich *(Lactuca alpina)*, Grauer Alpendost *(Adenostyles alliariae)*, Meisterwurz *(Peucedanum ostruthium)*, Blauer und

Gelber Eisenhut (*Aconitum napellus* und *Aconitum vulparia*), Weißer Germer *(Veratrum album)*, Rundblättriger Steinbrech *(Saxifraga rotundifolia)*, Wald-Storchschnabel *(Geranium sylvaticum)*, Alpen-Wachsblume *(Cerinthe glabra)*, Knotenfuß *(Streptopus amplexifolius)*, Eisenhutblättriger und Platanenblättriger Hahnenfuß (*Ranunculus aconitifolius* und *Ranunculus platanifolius*), Alpen-Glöckel *(Cortusa matthioli)*, Quirlblättriges Weidenröschen *(Epilobium alpestre)*, Hain-Sternmiere *(Stellaria nemorum)*, Gelbes Veilchen *(Viola biflora)*, Grünerle *(Alnus viridis)*.

Die Standorte dieser üppigen, bunten Pflanzengesellschaft mit saftigen, großblättrigen Stauden zwischen 1400 und 2300 m sind sehr vielfältig. Es sind dies Lawinenrinnen, wasserzügiger Hangschutt, nordseitige Schneemulden oder auch steile Blockschutthalden mit langer Schneebedeckung, kleine Plätze am Fuß von Felswänden, wo sich herabstürzende Schneemassen auftürmen. Diese Standorte sind für Bäume nicht besiedelbar. Dennoch bieten diese Standorte der Hochstaudenflur, einer vielgestaltigen Pflanzenformation mit zahlreichen bunt blühenden Arten und vielen Aspekten, große Vorteile und günstige Lebensbedingungen. Wassermangel ist kaum zu befürchten, und auch das Nährstoffangebot dieser stickstoffreichen Böden ist sehr günstig. Die Schneedecke sammelt den Staub und die Feinerde, die während des Winters angeweht wurden, und lässt beides nach der Schneeschmelze zurück. Gleichzeitig wird der Boden gut durchfeuchtet. In den Karawanken und in den Julischen Alpen, selten noch in Südkärnten, trifft man in den steinigen Hochstaudenfluren auf Kalk die prächtige Krainer-Lilie an.

Die Bedingungen dieser Sonderstandorte sind also auf die Hochstaudenfluren gleichsam wie zugeschnitten. Diese sind dort Dauergesellschaften.

Hochstaudenfluren sind eine bunte Pflanzengesellschaft mit kräftigen, großblättrigen Stauden.

Die prächtige Krainer-Lilie *(Lilium carniolicum)* ist eine Pflanze der steinigen Staudenfluren auf Kalk in den Südost-Alpen.

Typisch für Almweiden sind die quer zum Hang verlaufenden Treppen. Die »ökonomisch geschulten« Rinder grasen nicht steil bergwärts, sondern auf sanft ansteigenden Stufen.

Die Pflanzenwelt der Almen und Alpen

Die Alpen waren bereits in der Jungsteinzeit vor etwa 5000 Jahren besiedelt. Aus dieser Zeit gibt es Hinweise aus der Silvretta zu einer Almwirtschaft in 2000 m Höhe. Die Waldgrenze lag in der damaligen Wärmezeit bei etwa 2500 m. Während der Bronzezeit um 1700 bis 1200 v. Chr. begann bereits eine größere Rodungstätigkeit, da der Holzbedarf für den Bergbau kräftig anstieg. Die entstandenen Rodungsinseln wurden dann als Viehweiden genutzt – damit war die Entwicklung zur Almwirtschaft eingeleitet. Der größte Teil der Almen oder Alpen liegt unterhalb der Waldgrenze etwa zwischen 1200 und 2000 m. Bevorzugt sind mergelige, lehmige Schichten von leicht verwitterbarem Gestein, wie Allgäuschichten, Kössener Mergel, Lias-Fleckenmergel und andere geeignete geologische Einheiten. Um Almflächen zu gewinnen, hat man nicht an beliebigen Stellen den Wald gerodet. Voraussetzung für eine rentable Almbewirtschaftung waren und sind Flächen mit ausreichender Größe an ebenen oder schwach geneigten Hängen und nährstoffreiche Böden mit guter Wuchsleistung. In Notzeiten entstanden zwar auch an ungünstigeren Stellen kleine Almflächen, die aber wieder aufgegeben wurden.

Die großflächige Erschließung der Alpen für die Almbewirtschaftung begann im 12. und 13. Jahrhundert und somit auch die Rodungstätigkeit in der subalpinen Stufe im größeren Ausmaß.

Unterschiedliche Pflanzengesellschaften haben sich im Lauf der Jahrhunderte auf

Frühlings-Krokus *(Crocus albiflorus)*, gelegentlich auch mit blauen Blüten - Frühlingsaspekt der Almen und Alpen.

den gewonnenen Almflächen angesiedelt. Maßgebend waren und sind der geologische Untergrund, die Hanglage und auch die Intensität der Nutzung als Weide oder Mähwiese.

Alpenfettweide oder Milchkrautweide

Charakteristische Arten · Rauer Löwenzahn, auch Milchkraut genannt *(Leontodon hispidus)*, Gold-Pippau *(Crepis aurea)*, Alpen-Mutterwurz *(Ligusticum mutellina)*, Alpen-Rispengras *(Poa alpina)*, Alpen-Lieschgras *(Phleum alpinum)*, Frühlings-Krokus *(Crocus albiflorus)*, Berg-Hahnenfuß *(Ranunculus montanus)*, Alpen-Wegerich *(Plantago alpina)*, Gewöhnlicher Frauenmantel *(Alchemilla vulgaris)*, Braun-Klee *(Trifolium badium)* und Rasiger Klee *(Trifolium thalii)*.

Geomorphologie und Weidenutzung schaffen strukturreiche Biotope: Streifen von Weiderasen und Fichtenbewuchs wechseln einander ab. Nur auf den senkrecht verlaufenden Felsrippen blieb der Wald erhalten.

Die Alpenfettweide gehört zu den ertragreichsten Almgesellschaften der subalpinen Stufe. Nährstoffreiche, tiefgründige, lehmige Böden sind deren Standorte. Sofern sie nicht durch übermäßig hohen Viehbesatz bestoßen werden, erfreuen sie uns durch einen farbigen Blütenreichtum.

Auf lange Sicht können sich die gras- und krautreichen Almgesellschaften unterhalb der Waldgrenze nur bei Mahd oder Beweidung halten, da der Wald die freien Flächen wieder zurückerobern wird. Eine Wiederbewaldung geht allerdings auf Almflächen mit einer geschlossenen, intakten Rasendecke sehr langsam vor sich, da die Keimlinge der Bäume in dem dichten Wurzelfilz der Gräser und Kräuter kaum Fuß fassen können. Dagegen tritt auf stark zertretenen und erodierten Almflächen nach Aufhören einer Beweidung oder Mahd rasch eine Wiederbewaldung ein. Bild Seite 44 unten zeigt eine streifenweise entwaldete Weidefläche zwischen senkrecht verlaufenden, bewaldeten Felsrippen. Die Geomorphologie und die alpwirtschaftliche Nutzung schaffen strukturreiche Biotope.

Lägerfluren

Charakteristische Arten · Alpen-Ampfer *(Rumex alpinus)*, Alpen-Greiskraut *(Senecio alpinus)*, Große Brennnessel *(Urtica dioica)*, Hain-Sternmiere *(Stellaria nemorum)*, Gewöhnlicher Frauenmantel *(Alchemilla vulgaris)*, Alpen-Kratzdistel *(Cirsium spinosissimum)*.

Der Alpen-Ampfer *(Rumex alpinus)* ist eine Charakterart der Lägerfluren.

Die Alpen-Kratzdistel *(Cirsium spinosissimum)* bleibt vom Weidevieh ungeschoren.

Die Lägerfluren sind eine räumlich und artenmäßig eng begrenzte Pflanzengesellschaft. Sie entstehen auf ebenen Flächen, meistens in der Nähe von Almhütten, wo das Weidevieh regelmäßig lagert. Auch die Alpen-Kratzdistel kann sich im Bereich der Almhütten mit ihren äußerst stacheligen Blättern gut behaupten und bleibt vom Weidevieh ungeschoren. Es sind überdüngte, stickstoffreiche Flächen mit hohen, großblättrigen Stauden, die sich auch nach Aufgabe der Almbewirtschaftung über viele Jahrzehnte hartnäckig fast unverändert halten. Der dem Boden entnommene Stickstoff wird im Herbst mit den abfallenden Blättern wieder zurückgegeben. Dicht bewachsene Flächen, vorherrschend mit Alpen-Ampfer, Alpen-Greiskraut oder Brennnessel, zeugen oft von ehemaligen Almen, von denen oft nur die Reste der Grundmauern zu sehen sind.

Pflanzengesellschaften der alpinen Stufe

Die Bedingungen, die die Pflanzen in der alpinen Stufe vorfinden, sind sehr rau und unwirtlich. Sie wechseln auf ganz kurzen Strecken und hängen von verschiedenen Faktoren ab. Klima und Bodenverhältnisse sind die wesentlichsten Faktoren, die den Standort der alpinen Pflanzen bestimmen. Voraussetzung für eine Besiedlung durch Pflanzen ist ein Boden. Dieser ist, zumindest in der alpinen Stufe, während der letzten Eiszeit fast ganz verschwunden. Er musste erst in einem langwierigen Prozess wieder geschaffen werden, wie im Folgenden kurz skizziert wird.

Der Hauptdolomit verwittert zu würfelförmigen Bruchstücken, die weiter zu Gesteinsgrus zerfallen.

Verwitterung und Bodenbildung in der alpinen Stufe

Als sich am Ende der letzten Eiszeit die Gletscher- und Schneemassen zurückzogen, hinterließen sie eine karge, vegetationslose Fels- und Gesteinswüste. Für landhungrige Pflanzen eine Chance, sich neue Räume zu erobern. Allerdings waren diese Räume in diesen Höhen noch lebensfeindlich. Zum Lebensraum einer Pflanze gehört der Boden. Bodenbildung, anfänglich in sehr bescheidener Form, setzt eine Verwitterung des Gesteins voraus. In den Hochlagen knallt die Sonne auf das Gestein und erhitzt es oft auf über 50 °C. Während der Nacht sinkt die Temperatur gegen 0 °C oder auch tiefer. Dieser tägliche Temperaturwechsel erzeugt Spannungen im Gestein und macht es im Lauf von Jahrhunderten mürbe. Im Hauptdolomit entstehen meist würfelförmige Bruchstücke, die nach und nach weiter zu Gesteinsgrus zerfallen. Sinkt die Temperatur unter den Gefrierpunkt, sodass das Wasser in den Gesteinsspalten friert und sich ausdehnt, können Drücke bis zu 2000 bar auftreten, die das Gestein zum Zerbersten bringen. Es kommt zu Frostsprengungen, häufig an Granitfelsen zu beobachten. Je nach Gesteinsart entstehen grobkörnige, grusige oder feinsandige und lehmige Verwitterungsprodukte. Diesen Prozess nennt man **physikalische Verwitterung**. Eine erste Voraussetzung für die Entstehung eines »Urbodens« ist damit geschaffen.

Nun müssen sich die ersten Pionierpflanzen und Lebewesen, bestehend aus Flechten, Moosen und leistungsstarken Kräutern mithilfe von Mikroorganismen um die weitere Bodenbildung kümmern. Bei der Atmung der Pflanzen und der Mikroorganismen in den Felsritzen entsteht Kohlen-

In der alpinen Stufe ziehen sich nur noch Rasengesellschaften, niedrige Zwergsträucher, spärlich bewachsene Matten und fast vegetationsloser Fels bergwärts.

dioxid, das in Verbindung mit Wasser Kohlensäure ergibt. Diese und zahlreiche organische Säuren, die teils von Mikroorganismen gebildet werden, teils beim Abbau der pflanzlichen Reste entstehen, bewirken Lösungsvorgänge und Mineralumwandlungen im Gestein. Diese komplexen Prozesse nennt man **chemische Verwitterung**.

Einfach ausgedrückt, besteht der Boden aus anorganischen Verwitterungsprodukten und organischem Material mit abgestorbenen und zersetzten Pflanzenresten, genannt Humus. Eine Humusbildung schafft die Voraussetzung und Lebensgrundlage für ein Pflanzenwachstum. Umgekehrt hängt die Humusbildung davon ab, wie viel totes und zersetztes organisches Material die Pflanzen liefern.

Während der kurzen Vegetationsperiode produzieren die Pflanzen nur wenig organisches Material. Außerdem wird bei den niedrigen Jahresmitteltemperaturen nur wenig von den abgestorbenen Pflanzenteilen abgebaut und zersetzt. Humus- und Bodenbildung in den Alpen erfolgen daher sehr langsam und nehmen mit steigender Meereshöhe stark ab. Es ist daher ein Unding, mit einer Schubraupe oder einem Radlader hektarweise in den Hochlagen den Boden abzutragen und zu zerstören, der für seine Entstehungsgeschichte mehrere Jahrtausende hinter sich hat. Dies nur, um für den Massentourismus für Skipisten taugliche Flächen zu gewinnen. Der unwiederbringliche Verlust an vielseitigen Lebensräumen einer ursprünglichen Pflanzen- und Tierwelt ist die Folge.

Die wichtigsten Standortbedingungen in der alpinen Stufe

Der aufmerksame Bergwanderer wird sicher öfter beobachtet haben, dass er in den Kalkstöcken der Nordalpen, wie Wetterstein, Karwendel, Dachstein oder auch Dolomiten, eine andere Flora antrifft als in den zentralen Silikat- oder Urgesteinsbergen, wie Stubaier- oder Ötztaler Alpen. Die Gründe hierfür sind das unterschiedliche Gestein oder die Bodenverhältnisse. Es gibt Pflanzenarten, die ausschließlich auf basischem Gestein wachsen, wie Kalk, Dolomit und kalkreichen Mergeln, und solche Arten, die nur auf saurem Gestein leben, wie Granit, Gneis und kalkarmer Schiefer. Weitgehend unabhängig vom Ausgangsgestein sind die Bewohner einer dicken, sauren Rohhumusdecke. Vielfach kommt in einer Bergkette ein buntes Gemisch von verschiedenem Gestein mit recht unterschiedlichem Kalkgehalt und Säuregrad vor. Ein ähnliches mosaikartiges Nebeneinander von Kalk- und Kieselpflanzen findet man auch in der Vegetation.

Die Mannigfaltigkeit der Bodenverhältnisse wird noch erhöht durch den ständigen Wechsel der unterschiedlichen Bodenentwicklung und damit der Vegetationsstandorte. Felsspalten mit anhaftenden Moosen und kleinen Rosettenpflanzen in den Ritzen oder Schuttkare mit einer äußerst spärlichen Pflanzendecke sind kaum über die ersten Stadien der Bodenentwicklung hinausgekommen. Bei der geringen Stoffproduktion, vor allem in der oberen alpinen Stufe, wächst die Humusdecke äußerst langsam. In der unteren alpinen Stufe, also über der Waldgrenze, herrschen für Zwergsträucher, Gräser und Kräuter bessere Lebensbedingungen. Dort befinden sich meist ausgedehnte Matten oder sogenannte Urrasen. Die besten nährstoffreichen Böden liefern weiche Ausgangsgesteine, die leicht in erdig verwitternde Mergel zerfallen. Almwirtschaftlich genutzte Wiesen und bunte Rasengesellschaften finden sich dort ein. Die klassische Einteilung in Kalk- und Silikatstandorte lässt sich in den meisten Fällen anwenden.

Als weitere Faktoren kommen Dauer der Schneedecke, Länge der Vegetationszeit sowie Häufigkeit von Frost und Wind als zusätzliche Standortbedingungen der unterschiedlichen Pflanzengesellschaften hinzu. Unter Pflanzengesellschaften versteht man, einfach ausgedrückt, eine immer wiederkehrende, ähnliche Zusammensetzung von Arten unter ähnlichen Bedingungen.

Die Pflanzenwelt der Matten- und Felsregion

Hierher gehören die Pflanzengesellschaften der weitgehend geschlossenen Matten, Grasheiden und Zwergstrauchgesellschaften in der unteren alpinen Stufe, dann die Lebensräume der Polsterpflanzen in der oberen alpinen und nivalen Stufe sowie die Gesellschaften der Schuttkare und Felsspalten. Diese können auch in die Täler weit unter der Waldgrenze reichen. Des Weiteren kommen die Mulden mit extrem langer Schneebedeckung und ihren Schneeboden- oder Schneetälchengesellschaften sowie die windgefegten Grate hinzu. Deren Bewohner müssen ohne schützende Schneedecke auskommen. So verschieden die Bedingungen dieser vielgestaltigen Lebensräume sind, hinsichtlich der Gesteinsunterlage, der Dauer der Schneedecke, der Hanglage und der Hangneigung – die kurze Vegetationszeit und die geringe Jahresdurchschnittstemperatur haben sie gemeinsam.

Polsterseggenrasen

Charakteristische Arten · Polster-Segge *(Carex firma)*, Silberwurz *(Dryas octopetala)*, Immergrünes Hungerblümchen *(Draba aizoides)*, Blaugrüner Steinbrech

Unter den zahlreichen Rasengesellschaften gehört der Blaugras-Horstseggenrasen zu den blumenreichsten Pflanzengesellschaften.

(Saxifraga caesia), Zwerg-Mannsschild *(Androsace chamaejasme)*, Herzblättrige Kugelblume *(Globularia cordifolia)*, Bittere Schafgarbe *(Achillea clavenae)*, Alpen-Sonnenröschen *(Helianthemum alpestre)*, Stängelloses Leimkraut *(Silene acaulis)*, Steinschmückel *(Petrocallis pyrenaica)*.

Arten der Südostalpen · Karawanken-Enzian *(Gentiana froelichii)*, Dachziegeliger Enzian *(Gentiana terglouensis)*, Alpen-Federnelke (*Dianthus monspessulanus* ssp. *sternbergii*), Gelbes Mänderle *(Paederota lutea)*, Dolomiten-Fingerkraut *(Potentilla nitida)*.

Auf früh ausapernden, Wind und Kälte ausgesetzten, flachgründigen Kalk- und Dolomitböden, auf plattig verwitternden Felsschultern und auf gefestigtem Schutt (Ruhschutt) der alpinen und auch der subalpinen Stufe finden wir die Pioniergesellschaft des Polsterseggenrasens. Rasenbildende Arten fehlen dort fast ganz. Häufig gesellen sich Vertreter der Kalkfelsspalten hinzu. Oft kann man beobachten, dass Rasen der Polster-Segge und deren Begleiter, wie die Silberwurz, wie abgeschliffen aussehen. Bei winterlichen Stürmen wirken hart gefrorene Schneekörner wie ein Sandstrahlgebläse. Die halbkugelige Polster-Segge hat die Fähigkeit, in feine Felsritzen einzudringen und so auf nacktem Fels Halt zu finden. Sie ist gegen extreme Kälte sehr widerstandsfähig. Diesen extremen Bedingungen halten nur wenige Pionierarten stand, zu denen auch die Silberwurz zählt. Als zählebiger Kleinstrauch verankert sich die Silberwurz mit ihren bis zu 2 m langen Pfahlwurzeln tief in den Gesteinsspalten oder im Schuttkörper und überzieht diese spalierartig. Unter den extremen Bedingungen wächst sie nur sehr langsam und erreicht ein Alter von 50 Jahren und mehr. Der Zuwachs der kleinen, etwa 4–5 mm dicken verholzten Stämmchen beträgt nur 0,1–0,2 mm im Jahr. Im Lauf der Zeit nehmen die Spalierrasen der Silberwurz an Ausdehnung zu. Die absterbenden Blätter tragen zur Humusbildung bei. Auch angewehter Staub und Feinerde verfangen sich in dem Strauchwerk und verbessern die standörtliche Situation. Doch auf lange Sicht ist diese Verbesserung für die Gesellschaft des Polsterseggenrasens trügerisch. Denn nun können auch anspruchsvollere Arten in das gemachte »Nest« nachrücken. Die Arten des Polsterseggenrasens sind nicht mehr konkurrenzfähig. Bild unten rechts zeigt die Silberwurz im Pionierstadium auf erodiertem Kalkfels.

Die Polsterseggenrasen sind das Anfangsglied einer Sukzessionsreihe, das heißt einer Abfolge von Pflanzengesellschaften. Dies ist häufig am Fuß von Schutthalden der Fall, wo auf dem Ruhschutt der anfängliche Polsterseggenrasen vom Blaugras-Horstseggenrasen und später von Latschenbeständen abgelöst wird. Da der Polsterseggenrasen Ausgangspunkt von vielen anderen Pflanzengesellschaften ist, findet man hier, je nach Lage und Entwicklungsstadium, viele Arten anderer Gesellschaften. Vielfach geht aber die Bodenbildung und Humusanreicherung in der alpinen Stufe sehr langsam vor sich, sodass der Polsterseggenrasen über viele Jahrhunderte erhalten bleibt und somit eine Dauergesellschaft darstellt.

Ähnlich ist die Situation an südexponierten, waldfreien Felshängen innerhalb der Waldstufe. Diese als Felsheiden bezeichneten Standorte werden auch heute noch von Pflanzen und Tieren besiedelt, die sich im Lauf der nacheiszeitlichen Wiederbewaldung auf diesen waldfeindlichen Felsstandorten wie auf eine Insel zurückziehen konnten.

Blaugras-Horsteggenrasen

Charakteristische Arten · Blaugras *(Sesleria caerulea)*, Horst-Segge *(Carex sempervirens)*, Alpen-Wundklee *(Anthyllis alpestris)*, Alpen-Aster *(Aster alpinus)*, Stängelloser und Frühlings-Enzian (*Gentiana clusii* und *G. verna*), Geschnäbeltes und Quirlblättriges Läusekraut (*Pedicularis rostratocapitata* und *P. verticillata*), Gebirgsspitzkiel *(Oxytropis jacquinii)*, Alpen-Anemone *(Pulsatilla alpina)*.

Die Polster-Segge *(Carex firma)* findet auch in feinen Felsritzen Halt (links). Die Silberwurz *(Dryas octopetala)* im Pionierstadium, das heißt als Erstbesiedler von Schutt und Grus (rechts).

Arten der Südwest- und Südost-Alpen · Immergrüner Tragant *(Astragalus sempervirens)*, Schmalblättriger Enzian *(Gentiana angustifolia)*, Gift-Hahnenfuß *(Ranunculus thora)*, Gold-Primel *(Androsace vitaliana)*, Silber-Storchschnabel *(Geranium argenteum)*.

Unter den zahlreichen Rasengesellschaften gehört der Blaugras-Horstseggenrasen zu den blumenreichsten Pflanzengesellschaften.

Auf Fels und Stein durchsetzten Erosionsflächen treten zunächst die rasenbildenden Arten Blaugras und die Horst-Segge kaum in Erscheinung. Stattdessen finden sich in diesem Pionierstadium die Aurikel, auch Felsenprimel genannt, und Stängelloser Kalk-Enzian ein. Auch die hübsche, anspruchslose Stein-Nelke besiedelt die lückigen Steinrasen bald. In den bayerischen Alpen kommt sie nur im Allgäu auf Nagelfluh vor. Das Bild Seite 51 unten zeigt ein fortgeschrittenes Stadium der subalpinen Rasengesellschaften auf Kalkgestein mit dem Gelben Läusekraut *(Pedicularis foliosa)*.

Der Blaugras-Horstseggenrasen bildet über der Waldgrenze auf Kalk und Dolomit an warmen, sonnigen Hängen mit geringer Schneebedeckung ausgedehnte Urwiesen oder alpine Rasen mit einer reichhaltigen, bunten Blumenpracht. Urwiesen deshalb, weil sie nicht künstlich geschaffen sind wie die Wiesen unterhalb der Waldgrenze, die durch Rodung des Waldes entstanden sind. Insgesamt gehört der Blaugras-Horstseggenrasen zu den artenreichsten Lebensräumen der Kalkalpen. Er beherbergt zahlreiche geschützte Arten. An südexponierten Hängen mit einer Neigung von 25–40 Grad erhalten die Pflanzen eine intensive Sonneneinstrahlung. Wärme- und lichtbedürftige Arten finden hier die richtigen Standorte. Allerdings müssen sie sich vor allzu intensiver Bestrahlung und Austrocknung schützen. Dafür haben sie sich meistens eine dichte, zottige Behaarung zugelegt, wie das Zottige Habichtskraut oder das Edelweiß, das auf diesen leicht zugänglichen Biotopen vom Menschen fast ausgerottet wurde. Es hat sich auf unzugängliche Felsstandorte zurückgezogen.

Steinige Erosionsfläche mit der Aurikel *(Primula auricula)* und dem Stängellosen Kalk-Enzian *(Gentiana clusii)*.

Das Vielblättrige Läusekraut *(Pedicularis foliosa)* ist ein Halbschmarotzer in subalpinen Rasengesellschaften auf Kalk.

Das Blaugras hat am Grund eine sogenannte Strohtunika aus alten, abgestorbenen Blattscheiden am Halmgrund, die ein dichtes Paket aus vielen übereinanderliegenden Häuten bilden, in deren Zwischenräumen sich das Wasser wie in einem Schwamm hält. Zudem sind die Blätter bei Trockenheit der Länge nach zusammengefaltet, sodass die Verdunstung durch die Spaltöffnungen, die nur auf der Oberseite liegen, fast unterbunden ist. Auch die Horst-Segge hat am Grund eine wasserspeichernde Fasertunika. Bequemer machen es sich das Geschnäbelte und das Quirlblättrige Läusekraut. Sie zapfen die Wurzeln des Blaugrases an und decken so ihren Wasserbedarf.

Der Blaugras-Horstseggenrasen ist keine homogene, glatte Rasenfläche wie ein grünes Tischtuch oder ein artenarmer Golfrasen. Er ist reich strukturiert. Im fortgeschrittenen Stadium bilden die kräftigen Horste der Horst-Segge eine geschlossene Rasendecke und sie zeigen meistens eine charakteristische Treppenbildung. Diese quer zum Hang verlaufenden Stufen entstehen einmal durch häufigen Wechsel der Temperatur und der Bodennässe während der Schneeschmelze. Dabei rutschen einzelne Rasenstücke ab. Diese Erscheinung nennt man Bodenfließen oder Solifluktion. Häufig werden diese Rasentreppen von Gämsen oder auch vom Weidevieh genutzt, das kraftsparend lieber in einer horizontalen Bewegung einen Steilhang abweidet. Dabei entstehen öfter auf den Rasentreppen oder Bändern vegetationsfreie Erosionsstellen, die von Pionierarten wie der Silberwurz wieder besiedelt werden.

Rostseggenrasen

Charakteristische Arten · Rost-Segge *(Carex ferruginea)*, Gratlinse *(Astragalus frigidus)*, Alpen-Süßklee *(Hedysarum hedysaroides)*, Große Sterndolde *(Astrantia major)*, Fleischrotes oder Ähren-Läusekraut *(Pedicularis rostratospicata)*, Alpen-Berufkraut *(Erigeron alpinus)*, Berg-Pippau *(Crepis pontana)*, Berg-Flockenblume *(Centaurea montana)*, außerdem viele geschützte Arten wie: Alpen-Anemone *(Pulsatilla alpina)*, Narzissenblütiges

Das Quirlblättrige Läusekraut *(Pedicularis verticillata)* zapft wie alle Läusekräuter die Wurzeln anderer Pflanzen an, um seinen Durst zu löschen.

Die kräftige Horst-Segge *(Carex sempervirens)* verdient im fortgeschrittenen Stadium ihren Namen. Dazwischen ganz bescheiden der Frühlings-Enzian *(Gentiana vernalis)*.

Windröschen *(Anemonastrum (Anemone) narcissiflora)*, Alpen-Aster *(Aster alpinus)*, Kugelblütiges Knabenkraut *(Traunsteinera globosa)* und Schwarzes Kohlröschen *(Nigritella nigra* ssp. *rhellicani)*.

Der Rostseggenrasen gehört zu den farbigsten und blumenreichsten Rasengesellschaften der unteren alpinen Stufe zwischen 2000 und 2500 m sowie an waldfreien Flächen, die in der subalpinen Stufe zu Alm- und Weidebereichen umgewandelt wurden. Er bevorzugt tonige, mergelig verwitternde Kalke und Schiefer mit nährstoffreichen, tiefgründigen Böden mit hoher Wasserkapazität. Auf jeden Fall darf der Boden im Sommer nicht austrocknen. Das niederschlagsreiche ozeanisch getönte Klima der Randketten der Alpen, vor allem die Allgäuer und Lechtaler Alpen oder der Schweizer Jura, bieten optimale Bedingungen. Auf tonarmen Kalken und Dolomiten zieht sich der anspruchsvolle Rostsegenrasen auf schattige, feuchte Nordlagen zurück. Die Vegetation der Gesellschaft ist ziemlich kälteempfindlich und braucht eine schützende Schneedecke, solange keine scharfen Fröste mehr zu erwarten sind. In den kontinentalen Inneralpen fehlt die Gesellschaft fast ganz.

Am häufigsten findet man den Rostseggenrasen an schwach geneigten Hängen und Mulden. Ein buntes Bild bieten die vielen Schmetterlingsblütler mit dem purpurfarbenen Alpen-Süßklee, der gelbblütigen Gratlinse und dem Alpen-Tragant mit violett und weiß gescheckten Blütentrauben, ferner Vielblättriges Läusekraut. Dazwischen leuchten die goldgelben Blütenköpfe zahlreicher Habichtskräuter und Pippau-Arten, von denen sich das Blau der Alpen-Aster abhebt. Die Reihe wird noch durch viele seltene Arten wie die Straußblütige Glockenblume fortgesetzt.

Früher wurden diese Hänge mit hochwüchsigen Kräutern und Gräsern etwa alle zwei Jahre gemäht. Das Heu wurde in Ballen im Winter zu Tal gebracht. Heute findet sich fast niemand mehr, der mit der Sense die hochgelegenen, oft steilen Rasenhänge mäht. Das Ende einer regelmäßigen Mahd über viele Jahrhunderte blieb nicht ohne Folgen. Im Winter bieten nun horstartige, meist flachwurzelnde

Der Alpen-Süßklee *(Hedysarum hedysaroides)* ist eine Art der blütenreichen Rostseggenrasen.

Die Alpen-Aster *(Aster alpinus)* ist häufig in sonnigen Blaugras-Rostseggenrasen.

Gräser und hochwüchsige Kräuter im eingefrorenen Zustand dem hangabwärts gerichteten Schneekriechen einen hohen Widerstand, der bei kurz gehaltenem Gras durch Mahd wesentlich geringer war. Zunächst entstehen Risse in der Vegetationsdecke mehr oder minder quer zum Hang, in diese dringt bei Starkregen Wasser ein. Unter dem Wurzelhorizont der Vegetationsdecke entsteht ein Gleithorizont. Eine Haftung oder Verbindung der Rasendecke mit dem darunterliegenden Boden ist reduziert. Ausgelöst durch folgende Starkregen oder durch hohe Schneelasten im Winter gleiten Rasenstücke mit einer Größe von mehreren Quadratmetern ab. Diese als Plaiken oder Blattanbrüche genannten Erosionsformen kommen vor allem auf den an Feinerde reichen, mergeligen Böden vor.

Borstgrasrasen

Charakteristische Arten · Borstgras *(Nardus stricta)*, Arnika oder Bergwohlverleih *(Arnica montana)*, Bärtige Glockenblume *(Campanula barbata)*, Ungarischer Enzian *(Gentiana pannonica)*, Punktierter Enzian *(Gentiana punctata)*, Gold-Fingerkraut *(Potentilla aurea)*.

Ungedüngte, saure Böden über Granit und Gneis sind die Standorte der Borstgrasrasen. Auch in den Kalkalpen haben sie auf Böden, deren Kalkgehalt ausgewaschen wurde und oberflächig versauert ist, eine weite Verbreitung. Die Borstgrasrasen haben oft eine große Ausdehnung und reichen von den Tallagen bis zur unteren alpinen Stufe bei etwa 2600 m. Als natürlich sind nur wenige anzusehen, beispielsweise in hoch gelegenen, schneereichen

Durch starke Beweidung über lange Zeit auf sauren Böden verschwinden viele Arten. Zurück bleibt fast nur das vom Vieh verschmähte Borstgras, das sich dann ausbreitet.

Mulden innerhalb der Zwergstrauchgesellschaften, wo die Zwergsträucher, wie Heidelbeere oder Rauschbeere, eine längere Schneebedeckung nicht ertragen. Häufig sind die Borstgrasrasen als Degenerationsstadien verschiedener verarmter Gesellschaften zu betrachten. Sie können die Überreste ehemaliger Latschen- oder Alpenrosenbestände sein, die zur Gewinnung einer Weidefläche geschwendet wurden. Der Borstgrasrasen ist zwar nicht besonders artenreich, aber er wartet mit einer Reihe attraktiver und geschützter Arten wie Arnika, Ungarischem Enzian und Bärtiger Glockenblume auf.

Durch übermäßige Beweidung verschwinden in den artenreicheren Flächen die anspruchsvollen Gräser und Kräuter. Nur das Borstgras, vom Vieh verschmäht, bleibt übrig und gelangt zur Vorherrschaft. Höchstens in der Jugendphase wird das starrige Gras gefressen. Zufällig von Tieren ausgerupfte Grasbüschel werden vom Vieh wieder ausgespuckt.

Arten saurer Magerrasen wie der Ungarische Enzian *(Gentiana pannonica)* können sich auch im Borstgrasrasen behaupten.

Krummseggenrasen

Charakteristische Arten · Krumm-Segge *(Carex curvula)*, Braune Hainsimse *(Luzula alpinopilosa)*, Gelbe Hainsimse *(Luzula lutea)*, Spätblühende Faltenlilie *(Lloydia serotina)*, Stängelloser Silikat-Enzian *(Gentiana kochiana)*, Kurzblättriger Enzian *(Gentiana brachyphylla)*, Klebrige Primel *(Primula glutinosa)*, Knolliges Läusekraut *(Pedicularis tuberosa)*, Bärtige Glockenblume *(Campanula barbata)*, Alpen-Klee *(Trifolium alpinum)*, Frühlings-Anemone *(Pulsatilla vernalis)*.

Arten, die auch im Borstgrasrasen häufig vorkommen · Pyramiden-Günsel *(Ajuga pyramidalis)*, Schwefel-Anemone (*Pulsatilla alpina* ssp. *apiifolia*), Halbkugelige Teufelskralle *(Phyteuma hemisphaericum)*.

Arten der Ost- und Südostalpen · Zweizeiliges Kopfgras *(Oreochloa disticha)*, Klebrige Primel *(Primula glutinosa)*, Zwerg-Primel *(Primula minima)*, Alpen-Glockenblume *(Campanula alpina)*, Echter Speik *(Valeriana celtica)*, Krainer Greiskraut *(Senecio carniolicus)*.

Arten der Süd- und Südwestalpen · Fleischroter Mannsschild *(Androsace carnea)*, Alpen-Pechnelke *(Viscaria alpina)*, Rundblättriger Mauerpfeffer *(Sedum anacampseros)*, Pyrenäen-Hahnenfuß *(Ranunculus pyrenaeus)*.

Der Krummseggenrasen, die Urwiese der oberen alpinen Stufe, ist in den Silikatketten der Alpen die verbreitetste Rasengesellschaft. Sie entspricht den Blaugras-Horstseggenrasen der Kalkalpen. Nur bildete der Krummseggenrasen, dank anderer Bodenverhältnisse, auf Silikatgestein eine dicht geschlossene, ausgedehnte Rasenfläche bis in Höhenlagen über 3000 m. Die Böden auf Urgestein oder Silikat sind längst nicht so trocken wie die auf Kalkgestein, vor allem wie die auf Hartkalken, beispielsweise Wettersteinkalke und Dolomit. Die Krumm-Segge ist ein ausgezeichneter Humusbildner. Der humusreiche Boden vermag viel Wasser zu speichern, sodass der im Frühjahr mit Wasser vollgesogene Boden auch in einem regenarmen Sommer oder Herbst nie völlig austrocknet. Das bizarre, krause Aussehen der Krumm-Segge kommt dadurch zustande, dass die anfangs grünen Blätter bald von einem Pilz befallen werden. Daraufhin beginnen die Blätter von der Spitze her abzusterben, werden fahl und grau und krümmen sich ein. Bild unten zeigt die Spätblühende Faltenlilie mitten im Krummseggenrasen. Die Arten des Krummseggenrasens vertragen den hohen Säuregehalt des Bodens. Nur säureverträgliche und höhentaugliche Spezialisten haben eine Chance sich anzusiedeln und bilden die charakteristische Gesellschaft der Krummseggenrasen, deren Artenzusammensetzung je nach geografischer Verbreitung etwas variiert.

Die Spätblühende Faltenlilie *(Lloydia serotina)* ist im dichten Krummseggenrasen leicht zu übersehen.

Ihren Stickstoffbedarf deckt die Krumm-Segge mithilfe von symbiotischen Pilzen (Mykorrhiza).

Der Krummseggenrasen ist auf die Alpen, Pyrenäen, Karpaten und das Baltikum beschränkt. Im hohen Norden fehlt er. In der mittleren alpinen Stufe bevorzugt er sanft geneigte Hänge beliebiger Exposition. Mit zunehmender Meereshöhe zieht er sich auf südexponierte Steilhänge zurück, wo die Schneedecke nicht länger als 8 Monate verweilt. In muldenreichen Verebnungen ist er mit anderen Vegetationseinheiten mosaikartig verzahnt, beispielsweise mit Schneebodengesellschaften. In Kammlagen, die durch stärkere Winde immer wieder vom Schnee frei geblasen werden, gesellen sich zu den lückigen Rasen Strauchflechten hinzu. An windgepeitschten Graten, die auch im Winter fast schneefrei bleiben, wird es dem Krummseggenrasen zu ungemütlich und er überlässt den Platz anderen Pflanzengesellschaften wie dem Nacktriedrasen. In tieferen Lagen, am Übergang zur subalpinen Stufe, wird der Krummseggenrasen vom Borstgrasrasen, besonders durch den Einfluss der Beweidung, abgelöst.

Die Gesellschaft der Krumm-Segge ist das Endglied einer Entwicklungsreihe, die sich - mit einer Pioniergesellschaft beginnend - über mehrere Folgegesellschaften zu dieser stabilen Schluss- oder Klimaxgesellschaft entwickelt hat. Die Ausbreitungsgeschwindigkeit der Krumm-Segge ist äußerst langsam. Nach akribischer Untersuchung erfordert ein Zuwachs von einem Quadratmeter 1000 Jahre. Eine maschinelle Entfernung einer Rasenfläche von mehreren Hektar, gleich für welchen Zweck, schafft der Mensch an einem Tag.

Nacktriedrasen

Charakteristische Arten · Nacktried *(Elyna myosuroides)*, Trauer-Segge *(Carex atrata)*, Gletscher-Nelke *(Dianthus*

Buntes Vegetationsmosaik aus Zwergsträuchern mit Heidelbeere in roter Herbstfärbung, Rauschbeere, Zwittriger Krähenbeere und Zwerg-Wacholder – Folge ehemaliger Streu- und Weidenutzung.

glacialis), Niedrige und Gewöhnliche Alpenscharte (*Saussurea depressa* und *Saussurea alpina*), Einköpfiges Berufkraut *(Erigeron uniflorus)*, Schneeweißes Fingerkraut *(Potentilla nivea)*, Gegenblättriger Steinbrech *(Saxifraga oppositifolia)*, Schwarze Edelraute *(Artemisia genipi)*.

An Graten und windgefegten Ecken, wo eine schützende Schneedecke fast das ganze Jahr über fehlt, trifft man den Nacktriedrasen. Das Nacktried stammt aus den Bergsteppen Innerasiens und hat sich rund um die Arktis ausgebreitet. Während der Eiszeiten hat es mit seinen Begleitern die Alpen erobert. Besonders auffällig sind im Herbst die goldbraun glänzenden, dichten Horste des Nacktrieds mit seinen steifen, borstenförmigen Blättern. Diese sind am Grund mit einer mächtigen Strohtunika aus unzersetzten Resten umhüllt und dienen auch als Humussammler. Ausschlaggebend für die Arten des Nacktriedrasens sind eine extreme Widerstandskraft gegen Kälte, Temperaturgegensätze, Wind und Austrocknung des Bodens. Eigenschaften, die nur wenige Arten aufweisen können. Der Faktor Konkurrenzfähigkeit verliert dabei an Bedeutung. Im Sommer erwartet die Pflanzen am Boden eine Temperatur bis zu 50 °C, im Winter müssen sie mit Temperaturen von –30 °C rechnen. Besonders kritisch wird das Frühjahr mit raschen Temperaturschwankungen, wo Auftauen und Gefrieren der obersten Bodenschichten mehrmals erfolgen. Der Nacktriedrasen hat ein ausgesprochen kontinentales Lokalklima. Strauchflechten wie Fadenflechte, Arten der Rentierflechte mit der besonders hübschen Alpen-Rentierflechte *(Cladonia stellaris)*, dann *Cetraria nivalis* und *Cetraria cucullata*, sind für derartig arktische Verhältnisse die geeigneten Begleiter. Der Nacktriedrasen gehört daher zu den flechtenreichsten Rasengesellschaften, ähnlich wie die Alpenazalee-Windheide (s. unten).

Das Nacktried selbst ist nicht nur ein guter Humusbildner und Humussammler, sondern es schützt auch die Humusstoffe und Feinerde vor Verwehungen. Die Mächtigkeit des Bodens kann dabei bis zu 30 cm stark werden. Wird der Boden durch Stürme bis auf den festen Untergrund abgetragen, siedeln sich Silberwurz und Polster-Segge auf Kalk und Alpen-Azalee auf Silikat als Pioniere an. Der Nacktriedrasen bevorzugt mäßig saure Standorte mit einem gewissen Kalkgehalt, beispielsweise auf Kalkschiefer.

Alpenazalee-Windheide

Charakteristische Arten · Alpen-Azalee *(Loiseleuria procumbens)*, Alpen-Bärentraube *(Arctostaphylos alpina)*, Zwittrige Krähenbeere *(Empetrum hermaphroditum)*, Windbartflechte *(Alectoria ochroleuca)*, Schneeflechte *(Cetraria alpina)*, Kapuzenflechte *(Cetraria cucullata)*, Isländisches »Moos« *(Cetraria islandica)*, Alpen- und Echte Rentierflechte (*Cladonia stellaris* und *Cladonia rangiferina*).

Die Urheimat der Alpen-Azalee oder Gamsheide ist die Arktis. Dort bildet sie den Hauptbestandteil der nordischen Zwergstrauchtundren. Erst während der letzten Eiszeiten ist sie in die Alpen eingewandert. Kaum ein anderes Holzgewächs hat wie dieser Zwerg die Hochlagen der Alpen bis über 3000 m erklommen und Teppiche von vielen Quadratmetern gebildet. Die Wuchsform als großflächig am Boden angepresster Spalierstrauch ist seine Strategie. Trotz weitgehend fehlendem Schneeschutz im Winter, trotz tobender Stürme hat sie sich ein Mikroklima im Inneren des nur wenige Zentimeter hohen Bestandes geschaffen, das sich meilenweit unterscheidet von den klimatischen Bedingungen, die nur wenige Dezimeter über dem Zwergstrauchteppich herrschen. Während Stürme über die Hochflächen der Windheide brausen, geht die Windgeschwindigkeit nach Messungen im Inneren des Bestandes auf null. Diese

Die Alpen-Azalee oder Gamsheide *(Loiseleuria procumbens)* trotzt winterlichen Frösten und Stürmen. Sie stammt aus der Arktis.

Im dichten Teppich der Gamsheide finden auch Strauchflechten wie die Alpen-Rentierflechte *(Cladonia stellaris)* Schutz.

Kuschelecke nutzen auch Strauchflechten wie Alpen-Rentierflechte, Windbartflechte, Schneeflechte und Kapuzenflechte. Diese federleichten, wurzellosen Sträuchlein wären außerhalb des schützenden Zwergstrauchteppichs ein Spielball des Windes. Aber auch die Gamsheide profitiert von ihren Begleitern, denn diese speichern das Regenwasser wie ein Schwamm und schützen die Art vor Austrocknung. Als Pflanze der Arktis ist die Gamsheide an Kälte gewöhnt. Hauptfeind ist der Wind an diesen exponierten Standorten, der die Pflanze zum Austrocknen bringt. Besonders kritisch ist der Winter, wenn der Boden gefroren ist und dadurch der »Wasserhahn« für die Pflanzenwurzeln zugedreht ist. Um den Wasserverbrauch durch Verdunstung zu drosseln, bleiben die Spaltöffnungen auf der Unterseite der Blätter während des Winters geschlossen. Zudem sind die lederigen Blätter als Rollblätter ausgebildet. Durch die Verkleinerung der Blattoberflächen wird die Verdunstung zusätzlich noch reduziert. Als Schutz vor intensiver Sonneneinstrahlung erzeugt der Zwergstrauch Anthozyane, die den Blättern eine rostrote Farbe verleihen.

Schutz vor Wind, Kälte und aggressiver Sonneneinstrahlung ist zwar wichtig, aber die Pflanze muss auch leben, das heißt, Fotosynthese betreiben, um sich Kohlenhydrate wie Zucker als Nahrung und Energiereserven zu beschaffen. Da die Gamsheide ihre grünen, assimilationsfähigen Blätter auch über den Winter behält, ist es ihr möglich, an sonnigen Wintertagen noch bei wenigen Graden unter null im bescheidenen Maß Fotosynthese zu betreiben.

Versorgung mit Zucker und Kohlenhydraten ist also einigermaßen gelöst. Was ihr noch fehlt, sind Eiweiße. An diesen kargen, stickstoffarmen Standorten nutzt sie die Hilfe symbiotischer Bakterien, die in den Wurzelknöllchen der Pflanze leben. Die Bakterien fixieren den Luftstickstoff und wandeln ihn in eine organische, pflanzenverfügbare Stickstoffverbindung um.

Trotz dieser ausgeklügelten Ernährungsstrategie kann sich die Gamsheide kein üppiges Wachstum leisten. So erreichen die verholzten Stämmchen nach vielen Jahrzehnten nur eine Stärke von wenigen Millimetern. Nach Messungen an 50- bis 70-jährigen Exemplaren bringt es die Pflanze zu einem durchschnittlichen Dickenwachstum von 0,07 mm pro Jahr. Man kann sich vielleicht vorstellen, wie viele Jahrzehnte oder gar Jahrhunderte es dauert, bis sich ein größerer, zerstörter Rasenteppich der Gamsheide wieder regeneriert.

Schuttkare und Geröllhalden auf Kalk

Charakteristische Arten · Großblütige Gämswurz *(Doronicum grandiflorum)*, Bewimperte Nabelmiere *(Moehringia ciliata)*, Österreichische Miere *(Minuartia austriaca)*, Bündner- und Sendtners Alpenmohn *(Papaver rhaeticum, Papaver sendtneri)*. Weitere Arten im folgenden Text.

Wer einmal versucht hat, in einem steilen Schuttkar aufzusteigen, hat die Beweglichkeit des Kalkgerölls an eigenen Füßen erfahren. Felswände aus Kalk- und Dolomitgestein liefern durch physikalische Verwitterung ständig Material an Gesteinsbrocken, Grob- und Feinschutt. Am Fuß der steilen Wände bilden sich im Lauf der Zeit gewaltige Schuttkare, die ständig in Bewegung sind. Auch die Pflanzen, die diesen Lebensraum erobern wollen, kämpfen mit dem unruhigen Wohnort. Nur wenige Arten haben sich als geeignet oder tauglich erwiesen. Sie haben unterschiedliche Strategien entwickelt, um in dem lebensfeindlichen Kalkschutt Fuß zu fassen. Kaum haben sie sich etabliert, schon bekommen sie durch einen erneuten Nachschub an Verwitterungsmassen »eins aufs Dach«. Die Fähigkeit, diese unsteten Standorte dauerhaft zu besiedeln, meistern die Pflanzen der Geröllfluren, die sich an anderen Standorten gegenüber Konkurrenten nicht behaupten können, auf unterschiedliche Weise.

So gibt es die **Schuttwanderer**. Diese treiben vom Wurzelhals zahlreiche Triebe durch die Schuttdecke, bis sie ans Licht gelangen, um Blätter und Blüten zu bilden. Werden sie verschüttet, so verlängern sie ihre Triebe und das Spiel der Blatt- und Blütenbildung beginnt von Neuem. Die Arten der Schuttwanderer durchspinnen mit ihren Trieben und Ausläufern gleichsam den Boden und wandern bei Bewegung des Gerölls passiv mit. Hierher gehören Rundblättriges Täschelkraut *(Thlaspi rotundifolium)*, Langsporniges Veilchen *(Viola calcarata)*, Schild-Ampfer *(Rumex scutatus)*, Zwerg-Glockenblume *(Campanula cochleariifolia)* und Zwerg-Baldrian *(Valeriana supina)*.

Die **Schuttüberkriecher** liegen mit schlaffen, streckungsfähigen, oberirdischen Trieben dem Schutt lose auf, wie das Alpen-Leinkraut *(Linaria alpina)* oder das Breitblättrige Hornkraut *(Cerastium latifolium)*.

Die **Schuttdecker** bilden auf dem Schutt Decken aus niederliegenden, wurzelnden Zweigen, wie Silberwurz *(Dryas octope-*

Felswände aus Hauptdolomit sind besonders verwitterungsfreudig. Sie liefern ständig große Schuttmengen.

tala), Kriechendes Gipskraut *(Gypsophila repens)* oder Gegenblättriger Steinbrech *(Saxifraga oppositifolia)* und die Alpen- oder Dolomiten-Federnelke (*Dianthus monspessulanus* ssp. *sternbergii*), eine Pflanze der Südost-Alpen.

Die **Schuttstauer** bilden Rosetten oder feste Horste aus, die den beweglichen Schutt zum Stillstand bringen. Hierher gehören Felsen-Kugelschötchen *(Kernera saxatilis)*, Alpen-Gänsekresse *(Arabis alpina)*, Zweizeiliger Grannenhafer *(Trisetum distichophyllum)* oder Blaugras *(Sesleria caerulea)*, Polster-Segge *(Carex firma)* und Bündner Alpenmohn *(Papaver rhaeticum)*.

Das Rundblättrige Täschelkraut *(Thlaspi rotundifolium)* ist ein Beispiel für einen Schuttwanderer.

Die Schuttkare liegen meist lange unter einer schützenden Schneedecke. Diese schützt die Pflanzen vor winterlicher Kälte und Frost. Dennoch trifft man Moose, die die längste Schneebedeckung vertragen, nur selten an. Denn an der Oberfläche des grobblockigen Schuttes finden die Moose weder Nahrung noch ausreichende Feuchtigkeit. Für die Blütenpflanzen sieht die Nährstoffversorgung gar nicht so schlecht aus, wie man auf den ersten Blick vermuten könnte. Der Schnee liefert nach der Schmelze viel nährstoffreiche Feinerde und angewehten Flugstaub, sichtbar an den zurückbleibenden schwarzen Schmutzrändern. Die jährlich angewehte Menge an Flugstaub beträgt bis zu 2 kg auf einen Quadratmeter. Diese Feinteile werden in die Tiefe des Schuttkörpers geschwemmt. Das alleinige Nährsubstrat in den Schuttkaren sind die Feinerdehäufchen in den tieferen Schichten, die auch in Trockenzeiten noch genügend Wasserreserven besitzen. Pflanzen mit tiefgreifendem Wurzelwerk können sich an diesen Vorräten bedienen.

Heiße Kare erwecken den Eindruck extremer Trockenheit, doch besteht für die Vegetation nur selten Wassermangel.

Der Bündner Alpenmohn *(Papaver rhaeticum)* gehört zu den sogenannten Schuttstauern.

Die obere Stein-Luft-Schicht schützt oder isoliert die tiefer gelegenen, wasserhaltigen Feinerdeschichten vor Austrocknung. Temperaturmessungen ergaben, dass sich die Oberfläche von Kalkschuttböden auf 25 °C erwärmte, während benachbarte Rasenflächen 40 °C erreichten. Aus diesem Grund haben die Schuttpflanzen keinen xeromorphen Bau, um die Verdunstung herabzusetzen, wie es die Arten trockener Standorte haben.

Am Ende eines Schuttfächers kommt das Geröll zum Stehen. Auf diesem Ruhschutt siedeln sich die ersten Arten des Blaugras-Horstseggenrasens an. In der unteren alpinen Stufe finden sich auch Latschen ein. Diese Folgegesellschaft mit Latsche wagt es immer wieder, in dem Schuttkar aufzusteigen. Die Zufuhr von Geröll ergießt sich nicht gleichmäßig über dem Schuttfächer, sondern die Schuttströme verlagern sich im Lauf der Zeit. Es entstehen Längsstreifen in einem Schuttfächer, die für eine längere Zeit von einer Geröllzufuhr verschont bleiben. Dort können sich Rasengesellschaften und auch kleine Latschenbestände ansiedeln. Völlig frei von Vegetation bleiben die vertikal verlaufenden Bereiche der ständigen Schuttströme. Bestehen diese aus Feinschutt, so werden sie von Bergsteigern als »Abfahrtspisten« zur Abkürzung des Weges genutzt.

Silikatschutt und Gletschervorfelder

Charakteristische Arten · Dreigriffeliges Hornkraut *(Cerastium cerastoides)*, Zwerg-Schafgarbe *(Achillea nana)*, Rauer Steinbrech *(Saxifraga aspera)*, Schwarze Edelraute *(Artemisia genipi)*, Krauser Rollfarn *(Cryptogramma crispa)*.

Strauchflechten · Schneeflechte *(Cetraria alpina)*, Kapuzenflechte *(Cetraria cucullata)*, Alpen-Korallenflechte *(Stereocaulon alpinum)*.
Weitere Arten der Blütenpflanzen im folgenden Text.

Bei der Verwitterung des Urgesteins entsteht sowohl großes, plattiges Gesteinsmaterial, das von Krustenflechten überzogen wird, als auch grusiges Feinmaterial, das die Spalten und Klüfte zwischen den großen Felsspalten ausfüllt. Der hohe Anteil an feinkörnigem Substrat bedingt eine viel größere Wasserkapazität der oberen Schichten, als es im Kalk der Fall ist, sodass hier Moose und Strauchflechten sowie rasenbildende Blütenpflanzen günstigere Wachstumsbedingungen vorfinden. Die großen Schuttfelder der Silikatgebirge liegen selten am Fuß der Wände, sondern am Rand und im Vorfeld der Gletscher, die einen mächtigen Gesteinswall vor sich herschieben und bei Zurückweichen – wie heute bei vielen

Alpen-Mannsschild *(Androsace alpina)* – ein Schuttstauer im Silikatschutt – verankert sich mittels langer Pfahlwurzel im Boden.

Die Kriechende Nelkenwurz *(Geum reptans)* ist ein Pionier auf Fein- und Grobschutt, auch auf Gletschermoränen.

Alpengletschern zu beobachten ist – ein riesiges, zunächst unbesiedeltes, lockeres Gesteinsmeer hinterlassen. Wenn eine geraume Zeit verstrichen ist, kann man auf diesen Gletschervorfeldern eine deutliche Zonierung der Vegetation erkennen, abhängig von dem Zeitpunkt des Rückganges des Gletschers.

Als erste Pionierarten erscheinen Alpen-Säuerling *(Oxyria digyna)*, Moos-Steinbrech *(Saxifraga bryoides)*, Gletscher-Hahnenfuß *(Ranunculus glacialis)*, Gletscher-Mannsschild *(Androsace alpina)*, Gletscher-Petersbart oder Kriechende Nelkenwurz *(Geum reptans)*. Die lang behaarten Griffel der fruchtenden Pflanze dienen der Windverbreitung. Bis sich Strauchflechten bei ihrem langsamen Wachstum einstellen, vergeht eine geraume Zeit. Auf sandigen Moränenflächen stellt sich jedoch bald die Alpen-Korallenflechte *(Stereocaulon alpinum)* ein.

Unter den Silikatschuttpflanzen befinden sich die am höchsten steigenden Arten der Alpen. So steigen Gletscher-Hahnenfuß *(Ranunculus glacialis)* und Gegenblättriger Steinbrech *(Saxifraga oppositifolia)* bis über 4200 m. Für die Flechten gibt es in den Alpen keine Höchstgrenze, die sie nicht überschreiten könnten – vorausgesetzt, die Felsstandorte sind eisfrei. Vielfach hat die Vegetation der Moränen und Gletschervorfelder mit der Schneetälchenflora große Ähnlichkeit.

Fels und Felsspalten der Kalkalpen

Charakteristische Arten · Trauben-Steinbrech *(Saxifraga paniculata)*, Krusten-Steinbrech *(Saxifraga crustata)*, Schweizer Mannsschild *(Androsace helvetica)*, Aurikel *(Primula auricula)*, Stängel-Fingerkaut *(Potentilla caulescens)*, Felsen-Baldrian *(Valeriana saxatilis)*, Zwerg-Kreuzdorn *(Rhamnus pumila)*, Zwerg-Glockenblume *(Campanula cochleariifolia)*, Blaugrüner Steinbrech *(Saxifraga caesia)*, Blaues

Der Moos-Steinbrech *(Saxifraga bryoides)* zwängt sich mit seinen Wurzeln tief in die Spalten des Silikatgesteins.

Krainer Glockenblume *(Campanula zoysii)* – ein Endemit der Südost-Alpen – gedeiht auf Kalk- und Dolomitfelsen.

Mänderle *(Paederota bonarota)*, Krainer Glockenblume *(Campanula zoysii)* und Dolomiten-Fingerkraut *(Potentilla nitida)*; die letzten beiden Arten sind Arten der Südost-Alpen.

Auch die steilsten Felswände und Gipfel der Alpen sind nicht ohne pflanzliches

Leben, vorausgesetzt, sie sind wenigstens einige Monate im Jahr schnee- und eisfrei. Als erste Pioniere, selbst an senkrechten Felsen, treten Flechten auf die Bühne dieser Extremstandorte.

In den Kalkalpen sieht man an senkrechten oder gar überhängenden, häufig überrieselten Felswänden schwarzblaue, oft viele Meter breite und lange Streifen, als Tintenstriche bezeichnet. Die Farbe stammt von Blaualgen (Cyanobakterien), die im Gestein, also endolithisch, leben. Manche Blaualgen scheiden den gelösten Kalk in Form gerillter oder warziger Krusten ab. Algen und Flechten dringen in kaum sichtbare Felsritzen ein und scheiden organische Säuren wie Milch-, Zitronen-, Wein- und Huminsäuren aus, die Lösungsvorgänge verursachen. Selbst Milchsäure bildende Bakterien tragen zu diesen Lösungs- und damit Verwitterungsvorgängen bei.

Sind durch physikalische und chemische Verwitterungsvorgänge größere Felsritzen und -spalten entstanden, in denen sich Feinerde angesammelt hat, so können Moose und Blütenpflanzen Fuß fassen. Die mit Feinerde gefüllten Spalten sind fruchtbare Nährböden. Eine vielfältige Tierwelt aus Würmern, Asseln und auch Ameisen und anderen Insekten lebt in den Spalten und trägt zur Humusbildung bei. Der Humusgehalt der Feinerde in den Kalkfelsspalten ist mit 10–30 Prozent außergewöhnlich hoch. Im Vergleich dazu beträgt der Humusgehalt der Feinerde des Kalkschuttes nur 1–3 Prozent. An Nahrungsmangel müssen die Pflanzen der Felsspalten nicht leiden.

Trotzdem sind die Anforderungen an die Alpenpflanzen, die diese Extremstandorte als Lebensraum wählen, besonders hoch. Im Winter sind sie Frost und Kälte an diesen exponierten, meist schneefreien Standorten ohne den Schutz einer Schneedecke ausgeliefert. Sie müssen also gegen Frost und Kälte unempfindlich sein. Im Sommer wie im Winter sind die Arten der austrocknenden Wirkung heftiger Stürme ausgesetzt. Die Arten müssen sich die Fähigkeit zugelegt haben, eine Verdunstung auf ein Minimum zu reduzieren und Wasser in ihren Organen zu speichern, um in Notzeiten der Dürreperiode zu überleben.

Andererseits bieten die Felsstandorte auch Vorteile. Bei keiner anderen Pflanzengesellschaft ist die Vegetationsperiode und die schneefreie Zeit oberhalb der Waldgrenze von so langer Dauer. Bereits im Mai kann sich der Fels sonnseitig bis auf 35 °C erwärmen und wirkt nachts noch als Wärmespeicher. Deshalb konzentrieren sich die Felsspaltenarten auf sonnseitige Lagen. Zeitweiliger Wassermangel und die Gefahr der Verdunstung und des Windschliffs erfordern spezielle Anpassungen. Dabei hat sich der gedrungene Polsterwuchs für die Pflanzen der Hochalpen als besonders geeignet erwiesen. Musterbeispiel für die ideale Wuchsform in diesen speziellen Standorten ist der Schweizer Mannsschild *(Androsace helvetica)*. Selbst die Ritzen senkrechter Wände als Dauersiedlung schrecken ihn nicht ab. Nicht die Umwelt hat den Polsterwuchs bewirkt, sondern die Pflanze hat im Lauf der stammesgeschichtlichen Entwicklung in schrittweisen Mutationen diese Eigenschaft erlangt. Die Aurikel *(Primula auricula)*, auch Felsenprimel genannt, treibt ihre Pfahlwurzeln tief in die Felsspalten und kann noch bei oberflächlich gefrorenem Boden aus der Tiefe Wasser schöpfen. Zudem hat sie die Fähigkeit, in ihrem Schwammgewebe der dicken, sukkulenten Blätter Wasser zu speichern und hat dadurch das Problem des Wassermangels gelöst.

Hat sich eine spezielle Pflanze der Felsspaltengesellschaft in der engen Behausung breit gemacht, so können ihr andere Konkurrenten diesen Platz nicht mehr streitig machen. Arten dieser Kleinstlebensräume leben oft über viele Jahrzehnte.

Silikatfelsen und Silikatfelsspalten

Charakteristische Arten · Furchen-Steinbrech *(Saxifraga exarata)*, Zwerg-Himmelsherold *(Eritrichium nanum)*, Moos-Steinbrech *(Saxifraga bryoides)*, Einblütiges Hornkraut *(Cerastium uniflorum)*, Halbkugelige oder Grasblättrige Teufelskralle *(Phyteuma hemisphaericum)*, Vielblütiger Mannsschild *(Androsace vandelii)*, Echte und Schwarze Edelraute (*Artemisia umbelliformis* und *A. genipi*), Felsen-Edelraute *(Artemisia petrosa)*, Behaarte Primel *(Primula hirsuta)*, Nordischer Streifenfarn *(Asplenium septentrionale)*. Flechtenarten s. ab Seite 66.

Die höchsten Erhebungen in den Alpen liegen in den Gebirgszügen aus silikatreichem Gestein. Die Vegetation der langsamer verwitternden Granit- und Gneisfelsen ist viel artenärmer an Blütenpflanzen als die der Kalkfelsen.

Das mag auch damit zusammenhängen, dass die hohen Silikatketten der Alpen im Zentrum der Vereisung lagen und während der längsten Zeit unter einer mächtigen Eisdecke begraben waren. Sicherlich ragten die hohen und steilen Gipfel der Zentralalpen während der Vereisung über die Eisdecke heraus. Dort konnten wohl extrem anspruchslose, kälteresistente Flechten diese Zeiten überdauern. Unter ähnlichen Bedingungen leben heute die Flechten in der Arktis. Den wenigsten Blütenpflanzen boten sich dort Zufluchtsorte, an denen sie während der Eiszeiten ausharren konnten. Dagegen ist die Flechtenvegetation der Silikatfelsen in der nivalen Stufe sehr reichhaltig.

Auch die Moosflora der Silikatfelsspalten ist sehr artenreich. Bis über 4000 m siedeln sich die Moose in feinen Felsritzen an. Die Moospolster bilden gute Keimbedingungen für die hochalpinen Blütenpflanzen. Diese findet man besonders auf bemoosten Felsbändern oder im Windschutz großer Felsblöcke auf feinkörnigem Verwitterungsschutt. Charakteristisch für trockene, sonnige Felsspalten

Der Zwerg-Himmelsherold *(Eritrichium nanum)* wächst in den Zentralalpen auf Silikat, in den Südost-Alpen auch auf Kalk.

Das Einblütige Hornkraut *(Cerastium uniflorum)* nützt fast jede Felsspalte im Silikatgestein aus.

und auch Felsschutt sind die Edelrauten *(Artemisia)*. Die Heimat der artenreichen Gattung *Artemisia* sind trockene Steppen und Halbwüsten von Osteuropa und Asien. Nur fünf Arten haben die Gebirgszüge der Hochalpen erobert und steigen bis auf 3800 m. Den Höhenrekord unter den Blütenpflanzen bilden nicht die Arten der Felsspalten, sondern die Bewohner des Silikatschuttes. Für die Flechten gibt es in den Alpen keine Höhenbegrenzung.

Die Welt der Flechten

Flechten sind Doppelwesen und bestehen aus einem Pilzpartner und einem Algenpartner. Zusammen bilden sie eine dauerhafte, symbiotische Lebensgemeinschaft. Im Gegensatz zu den grünen Pflanzen wie Algen oder Farne und Blütenpflanzen bestehen die Zellwände der Pilzfäden (Hyphen) aus Chitin und chitinähnlichen Substanzen und haben so mit den Insekten, also mit dem Tierreich, größere Ähnlichkeiten. Die Pilze werden daher neben dem Pflanzen- und Tierreich in ein eigenes Reich gestellt. Pilze besitzen kein Chlorophyll wie die Pflanzen. Die Flechten können also keine Fotosynthese betreiben. Aber sie leben in Dauergemeinschaft mit dem (grünen) Algenpartner, der zur Fotosynthese befähigt ist und mithilfe des Sonnenlichtes Energie gewinnen und Kohlenhydrate wie Zucker produzieren kann.

Die Flechten sind gegen Kälte und lange Trockenzeiten unempfindlich und besiedeln sonn- und schattseitige Felsen in reicher Arten- und Formenfülle. Anhand der Wuchsformen unterscheidet man Krustenflechten, Blattflechten und Strauchflechten (s. S. 270). Erste Bekanntschaften mit Flechten macht man vor

Eine Bartflechte (*Usnea* spec.), bestehend aus vielen langen, grauweißen Fäden, wächst meistens an alten Nadelbäumen.

Nabelflechten (*Umbilicaria* spec.) sind eine artenreiche Gattung. Die Flechten wachsen auf Silikatfelsen bis in die nivale Zone.

allem an Standorten der Alpenazaleen-Windheide und der schuttreichen Gletschervorfelder. Auch die Bartflechten der artenreichen Gattung *Usnea* an alten Nadelhölzern, vor allem in den Zentralalpen, sind nicht zu übersehen. Zu den charakteristischen und häufigen Blattflechten gehören die Nabelflechten der Gattung *Umbilicaria*. Es sind dies etwa 3–5 cm breite, rundliche und gelappte Gebilde. Sie besitzen in der Mitte der Unterseite feine »Würzelchen« (Rhizinen), mit denen sie sich in winzigen Felsritzen verankern.

Auch die steilsten oder überhängenden Felswände und die höchsten Gipfel der Alpen sind nicht ohne pflanzliches Leben, vorausgesetzt, sie sind wenigstens einige Monate im Jahr schnee- und eisfrei. Als erste Pioniere, selbst an senkrechten Felsen, treten Flechten auf die Bühne dieser Extremstandorte. Eine große Fülle von Krustenflechten, die nur der Spezialist bestimmen kann, kämpfen um jeden Quadratzentimeter Felsfläche. Auffällig ist die schwarz-gelb gefelderte Landkartenflechte *(Rhizocarpon geographicum)*, die sogar den reinen Quarz nicht scheut. Leicht zu erkennen ist auch die Blutaugenflechte *(Ophioparma ventosa)*. Diese Krustenflechte überzieht den Felsen mit einer 1–3 mm dicken, warzigen, graugrünen bis gelbgrünen Kruste, genannt Flechtenlager oder Thallus. Auf ihm sitzen die 1–3 mm breiten Fruchtkörper (Apothecien), deren Oberflächen (»Augen«) blutrot gefärbt sind.

Oft ist ein Flechtenbewuchs für den aufmerksamen Betrachter nur als hellgraues oder hellblaues Feld mit kleinen, punktförmigen Löchern in der »perforierten« Gesteinsfläche erkennbar. Es sind dies im Fels eingesenkte Fruchtkörper mit ihren Sporen. Man spricht von endolithischen (im Gestein lebenden) Arten. Diese Arten dringen 2–5 mm tief in das Gestein ein und leben unter der Gesteinsoberfläche. Wenn man bei Regen mit einem Hammer auf einen scheinbar nackten Fels schlägt, so wird an dieser Stelle ein grüner Fleck sichtbar aufgrund winziger, grüner Algen – die Lebenspartner des Flechtenpilzes.

Die Blutaugenflechte *(Ophioparma ventosa)*, benannt nach den roten Fruchtkörpern (Apothecien), wächst nur auf Silikatfelsen.

Die Flechten in der alpinen und nivalen Stufe zeichnen sich durch ein extrem langsames Wachstum aus. Messungen, die sich über 30 Jahre erstreckten, ergaben einen Zuwachs des Flechtenkörpers von 1–10 mm in 100 Jahren. Die meisten Flechten der Gipfel und Grate sind also über viele Hundert Jahre alt. Felsflächen, die heute nach dem Rückgang der Gletscher seit etwa 100–200 Jahren eisfrei liegen, zeigen kaum Spuren eines Flechtenbewuchses.

Schneeböden auf Kalk

Charakteristische Arten · Blaue Gänsekresse *(Arabis caerulea)*, Mannsschild-Steinbrech *(Saxifraga androsacea)*, Echtes Alpenglöckchen *(Soldanella alpina)*, Zwerg-Alpenglöckchen *(Soldanella minima)*, Zwerg-Fingerkraut *(Potentilla brauneana)*, Alpen-Hahnenfuß *(Ranunculus alpestris)*, Alpen-Ruhrkraut *(Gnaphalium hoppeanum)*, Teppich-

Weide *(Salix retusa)*, Netz-Weide *(Salix reticulata)*.

In flachen Senken und Mulden hoch gelegener Karböden, am Fuß von ausgedehnten Schutthalden und in dolinenartigen Vertiefungen bleibt der Schnee bis weit in den Frühsommer liegen. Beim Schmelzen der Schneedecke bleibt der Boden noch lange von eiskaltem Schneewasser durchfeuchtet. Auch dieser nicht gerade einladende Platz wird als dauerhafter Wohnsitz gewählt. Dafür braucht es eine besondere Liebe oder besser eine besondere Fähigkeit, die nur wenige Spezialisten aufweisen, nämlich die typischen Schneebodenarten. Eng ist das Zeitfenster, das den Pflanzen von Blütenbildung bis zur Samenreifung zur Verfügung steht. Auch diese Schneebodenarten können nicht zaubern, um in einer schneefreien Zeit von 2–3 Monaten die Aufgabe der Fortpflanzung zur Erhaltung der Population in einem Jahreszyklus zu erfüllen. Deshalb werden die Blüten im Sommer für das nächste Jahr vorgebildet. Im folgenden Jahr, nach der Schneeschmelze, können sie »losschießen« und zur Samenreife gelangen.

Auf kalkreichen Matten ist das Echte Alpenglöckchen *(Soldanella alpina)* einer der ersten Frühjahrsblüher, oft noch im Schnee steckend.

Manche Arten überwintern mit grünen Blättern, sodass sie im Frühjahr bei einer Schneedecke unter 20 cm bereits Fotosynthese betreiben können, wie das Echte Alpenglöckchen und das Zwerg-Alpenglöckchen.

Ist den Pflanzen eine längere Aperzeit von 3–4 Monaten vergönnt, so gesellen sich die zwergenhaften Spalierweiden mit der Teppich-Weide und der Netz-Weide hinzu. Bei einer schneefreien Zeit von nur 2 Monaten oder weniger überlassen die Blütenpflanzen den Spezialisten unter den Laub- und Lebermoosen den Platz. Diese besiedeln auch Dolinen und Einsturztrichter, die lange mit Schnee gefüllt sind.

Schneeboden auf Silikat

Charakteristische Arten · Kraut-Weide *(Salix herbacea)*, Kleines Alpenglöckchen *(Soldanella pusilla)*, Klebrige Primel *(Primula glutinosa)*, Gletscher-Hahnenfuß *(Ranunculus glacialis)*, Alpen-Wucherblume *(Leucanthemopsis alpina)*, Zwerg-Ruhrkraut *(Gnaphalium alpinum)*, Alpen-Schaumkraut *(Cardamine alpina)*, Alpen-Gelbling *(Sibbaldia procumbens)*, Alpen-Mauerpfeffer *(Sedum alpestre)*, Zweiblütiges Sandkraut *(Arenaria biflora)*.

Während die Schneeböden in den Kalkstöcken nur sporadisch und meistens nur in wenigen Quadratmetern auftreten, haben die Schneeböden in den Silikatgebirgen auf sanften Hängen und welligen Hochflächen einen viel größeren Flächenanteil. Mit der Eroberung der vegetationsfeindlichen Flächen mit einer Schneebedeckung von mehr als 9 Monaten beginnen spezielle Arten der Laub- und Lebermoose. Bei einer jährlichen Schneebedeckung von weniger als 9 Monaten macht sich die Kraut-Weide breit und bildet ausgedehnte, niedrige Teppiche. Die Kraut-Weide wurde von Linné als der kleinste Baum der Erde bezeichnet. Der größte Teil der zwergenhaften Gehölzpflanze ist im Boden versteckt. Nur die kurzen Triebe mit einem rundlichen Blattpaar und die Blütenkätzchen ragen über die Bodenoberfläche. Die fingerdicken Stämmchen stecken tief im Boden. Ihr jährlicher Zuwachs beträgt 0,1 mm im Jahr. Das reich verzweigte Astwerk der Pflanze durchzieht den feinsandigen, fast schwarzen Humus.

Die Mutterpflanze treibt lange, unterirdische Sprosse, von denen mehrere Seitensprosse abgehen. Diese treiben Wurzeln und trennen sich von der Mutterpflanze und machen sich selbstständig. Es entsteht ein Kraut-Weidenteppich von einigen Quadratmetern mit vielen Individuen, die alle von einer Mutterpflanze abstammen. Ähnlich wie bei dem Kleinen Alpenglöckchen sind auch bei der Kraut-Weide bereits im Spätsommer die Blütenanlagen für das nächste Jahr ausgebildet.

Auch das Kleine Alpenglöckchen ist eine typische Schneebodenart. Das zierliche, windempfindliche Pflänzchen genießt den Schneeschutz. Die isolierende Schneedecke bietet zweierlei Vorteile: Einmal sinkt im Winter die Bodentemperatur nur wenig unter 0 °C, zum anderen bleibt sie im ausgehenden Winter auch noch nahe dem Nullpunkt, wenn für einige Tage die Lufttemperatur stärker ansteigt. Dadurch wird das Pflänzchen nicht verleitet, vorzeitig auszutreiben. Erst wenn der Boden sich etwas erwärmt, beginnt das Alpenglöckchen aktiv zu werden und bohrt seine zarten Blütenstängel durch die Schneedecke. Doch so ganz untätig ist es auch unter der Schneedecke nicht. Sobald deren Mächtigkeit unter 20 cm sinkt, vermag die kleine Pflanze mit ihren auch den Winter über grünen Blättern Fotosynthese zu betreiben.

Kraut-Weide *(Salix herbacea):* Nur 3-4 Monate schneefreie Zeit im Jahr genügt dem »kleinsten Baum der Erde«, um zu blühen und zu fruchten.

Das Kleine Alpenglöckchen *(Soldanella pusilla)* überwintert mit voll ausgebildeten Blütenknospen.

Der Gletscher-Hahnenfuß hat ebenfalls seine Behausung auf Silikatschutt mit einer langen Schneebedeckung von bis zu 9 Monaten eingerichtet. Durch die isolierende Schneedecke ist er vor harten Frösten geschützt. Allerdings braucht er zur Ausbildung der Blüten und der Samen drei Jahre.

Die Gesellschaft der Schneebodenpflanzen hat sich mit ihren besonderen Strategien fit gemacht, die lange Zeit der winterlichen Schneebedeckung zu überdauern. Übersteigt die schneefreie Zeit des Jahre 4 Monate und mehr, so wird diese einzigartige Pflanzengesellschaft von den Arten des Krummseggenrasens, vor allem von der bestandsbildenden Krumm-Segge verdrängt. Infolge der Klimaerwärmung ist somit der Lebensraum der Schneebodengesellschaft und von deren Arten bedroht.

Quellfluren und Alpenmoore

Quellfluren

Charakteristische Arten · Stern- und Fetthennen-Steinbrech (*Saxifraga stellaris* und *Saxifraga aizoides*), Glanz-Gänsekresse *(Arabis subcoriacea)*, Mieren- und Alpen-Weidenröschen (*Epilobium alsinifolium* und *Epilobium anagallidifolium*), Alpen- und Gewöhnliches Fettkraut (*Pinguicula alpina* und *Pinguicula vulgaris*), Eis-Segge *(Carex frigida)*, Sumpf-Dotterblume *(Caltha palustris)*.

In den Alpen stellen die eiskalten Bäche, die Quellen und ständig überrieselten Schutthänge einen gesonderten Lebensraum mit einer eigenen Pflanzenwelt dar. Ausgedehnte Moosteppiche, unterbrochen von Stern-Steinbrech und Fettkraut-Arten, prägen das Bild. Das klare, rasch fließende, sauerstoffreiche Wasser erwärmt sich im Sommer selten über 5 °C, umgekehrt friert es im Winter nur selten ein. Es hat somit eine ziemlich konstante Temperatur. Erst spät im Jahr werden die Quellfluren von Schnee überdeckt und oft sind sie auch im Winter schneefrei.

Die Bäche und Quellen der Kalkzüge enthalten reichlich gelösten Kalk in Form von Kalziumbikarbonat. Durch die assimilatorische Tätigkeit der Moose und der

Eine Schlenke, eine offene Wasserstelle im Hochmoor, ist umgeben von einem schwimmenden Rasen oder Schwingrasen aus Torfmoosen, Seggen und Wollgräsern.

Blütenpflanzen wird Kohlendioxid dem gelösten Kalziumbikarbonat entzogen, das dann als unlösliches Kalziumkarbonat oder als Kalk ausfällt und die Pflanzen mit einer dünnen Kalkkruste überzieht. Im Lauf der Jahre kommt es zur sogenannten Kalktuffbildung. Eine Reihe von Sumpfpflanzen der Täler steigen bis in die alpine Stufe hinauf. So kommen Sumpf-Dotterblume oder auch Fieberklee in den kalkarmen Quellfluren der Zentralalpen noch bis auf 2500 m vor.

Alpenmoore

Moore sind Torflagerstätten. Torf besteht aus unvollständig zersetzten Pflanzenresten. Er entsteht durch Anreicherung von nicht oder kaum zersetztem, organischem Material. Für einen weiteren Abbau oder für eine Mineralisierung fehlen infolge eines hohen Wasserstandes und von Sauerstoffmangel die nötigen Mikroben. Voraussetzung für ein Moorwachstum sind hohe Niederschläge oder ständige Wasserzufuhr. Je höher die Pflanzenproduktion, umso größer das Moorwachstum und die Zunahme der Torfmächtigkeit. Unter günstigem und ausreichendem Wasserangebot beträgt der jährliche Torfzuwachs 0,5–1 cm. In den Alpen nimmt die Pflanzenproduktion mit zunehmender Höhe ab, sodass in den höheren Lagen die Torfmächtigkeit meistens nur gering ausfällt. Die meisten Torflager in der alpinen Stufe stammen aus der postglazialen Warmzeit um 2000–1000 v. Chr., als auch die Waldgrenze um 400–500 m höher war als heute. Häufig wurden und werden diese Moore in den höher gelegenen Tälern immer wieder von Bächen durchschnitten, überstaut oder mit Sand und Kies überschüttet. Vor allem in den Zentralalpen entstehen dadurch verschiedene morphologische Moortypen, wie Staumäander-, Gletschertalmoore oder Nassfelder. Moore, die ihren Wasserhaushalt mit Grund- oder Oberflächenwasser decken, nennt man Flach- oder Niedermoore. Anders ist es bei den Hochmooren, die ihren Wasserhaushalt durch Niederschläge decken. Sie können nur in regenreichen Gebieten mit relativ kühlem Klima entstehen und wachsen, wo die Verdunstung gering ist.

Der Stern-Steinbrech *(Saxifraga stellaris)* ist eine Charakterart überrieselter Felsen und kalter Quellen.

Flach- oder Niedermoore

Da die Flachmoore ihr Wasser aus Grund- oder Quellwasser beziehen, sind deren Pflanzen mit Nährstoffen und mineralischen Salzen mehr oder weniger gut versorgt. Die Pflanzengesellschaften der Flach- oder Niedermoore werden daher als minerotroph bezeichnet. Weiterhin ist die Vegetation gesteinsabhängig. Die Pflanzenzusammensetzung in Kalkgebieten, also die der Kalkflachmoore, ist anders als die Vegetation auf silikatreichen oder sauren Böden.

Kalkreiche Flachmoore

Charakteristische Arten · Torf-Segge *(Carex davalliana)*, Kelch-Simsenlilie *(Tofieldia calyculata)*, Kleine Simsenlilie *(Tofieldia pusilla)*, Mehl-Primel *(Primula farinosa)*, Alpenhelm *(Bartsia alpina)*, Alpen-Maßliebchen *(Bellidiastrum michelii)*,

Frühlings-Enzian *(Gentiana verna)*, Alpen-Fettkraut *(Pinguicula alpina)*, Moor-Enzian *(Swertia perennis)*, Sumpf-Herzblatt *(Parnassia palustris)*, Sumpf-Ständelwurz *(Epipactis palustris)*, Breitblättriges und Fleischiges Knabenkraut (*Dactylorhiza majalis* und *D. incarnata*), Breitblättriges Wollgras *(Eriophorum latifolium)*.

Die Kalkflachmoore des Alpenvorlandes und des Berglandes sind besonders artenreich. Darunter befinden sich auch viele Arten mit arktisch-alpiner Verbreitung, wie Schwalbenwurz-Enzian, Kugelige Teufelskralle, Alpenhelm und Alpen-Maßliebchen, die die Eiszeit im Vorland am Rand der Gletscher überdauerten. Je nach Höhenlage ist die Artenzusammensetzung der stets baumfreien Gesellschaften recht unterschiedlich.

Kalkarme Flachmoore

Charakteristische Arten · Braun-Segge *(Carex atrata)*, Schmalblättriges Wollgras *(Eriophorum angustifolium)*, Sumpf-Veilchen *(Viola palustris)*, Sumpf-Baldrian *(Valeriana dioica)*, Blutwurz *(Potentilla erecta)*, Rasen- und Alpen-Haarbinse (*Trichophorum cespitosum* und *Trichophorum alpinum*).

Die Braunseggenmoore kommen auf kalkarmen bis sauren Torfböden vor. Ihre Höhenverbreitung in den Alpen liegt zwischen 1400 und 2400 m. Die Artenzusammensetzung ist je nach Höhenlage und Bodenverhältnissen recht verschieden. In den weniger sauren Böden gesellen sich Arten der Kalkflachmoore hinzu.

Kopfwollgrasmoor

Charakteristische Arten · Kopf- oder Scheuchzers Wollgras *(Eriophorum scheuchzeri)*, Schmalblättriges Wollgras *(Eriophorum angustifolium)*, Schnabel-Segge *(Carex rostrata)*.

In der Verlandungszone von kleinen Tümpeln und Moränenseen findet man das Kopfwollgrasmoor, das bereits von Weitem an den leuchtend weißen, kugeligen, einköpfigen Fruchtständen des Scheuch-

Scheuchzers Wollgras *(Eriophorum scheuchzeri)* ist in der Verlandungszone von kleinen Bergseen und Tümpeln bis 2000 m stellenweise häufig.

zers Wollgrases zu erkennen ist. Diese Art bildet meist dichte Bestände im Flachwasserbereich, vor allem in den Zentralalpen in einer Höhe von 2000-2700 m.

Hochmoore

Charakteristische Arten · Torfmoos-Arten *(Sphagnum magellanicum, S. rubellum, S. fuscum, S. recurvum)*, Scheidiges Wollgras *(Eriophorum vaginatum)*, Rasenbinse *(Trichophorum cespitosum)*, Moosbeere *(Oxycoccus palustris)*, Rosmarinheide *(Andromeda polifolia)*, Rundblättriger Sonnentau *(Drosera rotundifolia)*.

Moosbeeren *(Oxycoccus palustris)* breiten sich mit fadenförmigen Stielchen auf Torfmoospolstern aus.

Der Sumpf-Bärlapp *(Lycopodiella inundata)* siedelt sich in flachen, oft austrocknenden Moorschlenken an.

Hochmoore sind vom Grundwasser abgekoppelt. Sie werden nur von den hohen Niederschlägen des Voralpenlandes und der Alpen gespeist. Die Hauptmasse der Hochmoorpflanzen bildet eine Vielzahl von Torfmoosarten, die auch für das Hochmoorwachstum verantwortlich ist. Eine Charakterart der Hochmoore ist das Torfmoos *Sphagnum magellanicum*, in dessen Rasen sich die Moosbeere mit ihren feinen Ausläufern breit macht. Torfmoose haben die Eigenschaft, dass sie ständig nach oben weiterwachsen, während die unteren Teile absterben und zu Torf werden. Die Torfmoose sind extrem gute Wasserspeicher. Sie können etwa die zwanzigfache Menge an Wasser aufnehmen und speichern. Diese Eigenschaft ist in ihrem eigenartigen Aufbau begründet. Zwischen den lebenden, schmalen, mit Chlorophyll ausgestatteten Zellen liegen große, tote, mit Poren und Spiralverstärkungen versehene Zellen, die der Pflanze eine schwammähnliche Struktur verleihen. Der Hochmoorkörper stellt einen großen Wassersack dar, der von Niederschlägen aufgefüllt wird. Da das Regenwasser Nährstoffe und Mineralsalze nur in minimaler Konzentration enthält, sind nur wenige Blütenpflanzen diesem extrem nährstoffarmen Milieu gewachsen. Die Pflanzengesellschaften der Hochmoore werden als ombrotroph (regenwassergenährt) bezeichnet. Hochmoore haben häufig eine leicht gewölbte Form. Im Randbereich versuchen kleinwüchsige Latschen sich anzusiedeln, während das Zentrum der Hochmoorfläche bei ursprünglichen, nicht im Wasserhaushalt gestörten Mooren weitgehend gehölzfrei ist. In sehr flachen Hochmoorschlenken, die auch gelegentlich austrocknen, siedelt sich der Sumpf-Bärlapp *(Lycopodiella inundata)* an.

Das Artenspektrum der ungestörten Hochmoore ist sehr gering. Die Pflanzendecke wird hauptsächlich von den Torfmoosen bestritten. Das nasse und stark saure Milieu ermöglicht den Blütenpflanzen wie Scheidigem Wollgras, Moosbeere, Rosmarinheide und Rundblättrigem Sonnentau nur ein bescheidenes Dasein.

Die Pflanzenwelt der Alpen

Hinweise zur Benutzung des Pflanzenteiles

Bei der Formenfülle der heimischen Flora fällt es gerade dem Anfänger schwer, die einzelnen Arten und Sippen zu unterscheiden. Zwar kann man die Pflanzenarten anhand morphologischer und anatomischer Kriterien beschreiben, aber den Weg der wissenschaftlichen Diagnose unter Hinzuziehen langer dichotom aufgebauter Bestimmungsschlüssel wird nicht jeder botanisch Interessierte beschreiten wollen. Um dem Pflanzenfreund und Laien den Zugang zur Vielfalt der heimischen Pflanzenwelt zu erleichtern, werden die Pflanzenarten zunächst nach leicht unterscheidbaren Kriterien in Gruppen zusammengefasst.

Als Erstes erfolgt eine **Ordnung der Kräuter nach der Blütenfarbe** (s. S. 78).

Als Zweites erfolgt eine **Ordnung der Kräuter** innerhalb einer Farbkategorie (z.B. weiß oder gelb) **nach Blütenmerkmalen** (s. ab S. 80).

Als eigene Gruppen behandelt werden die **Gräser und Grasartigen**, dann die **Nadelbäume**, die **Laubbäume**, die **Sträucher** und die **Zwergsträucher**, außerdem die **Farne** und die **Flechten.** Bei den Bäumen und Sträuchern erfolgt keine weitere Einteilung nach Blütenfarben. Dies hätte zu einer starken Aufsplitterung dieser relativ kleinen Gruppen geführt. Zudem ist der Blühaspekt der meisten Bäume und Sträucher nur kurz und für eine Bestimmung meist nur von geringerer Bedeutung.

Im Hauptteil des Buches über die Pflanzen (S. 94 bis 271) erfolgt dann die Anordnung der Arten innerhalb jeder Gruppe, also der Kombination aus Blütenfarbe und Blütenform, nach deren Familienzugehörigkeit im herkömmlichen Pflanzensystem. Begonnen wird mit den Familien der einkeimblättrigen Arten. Daran schließen sich die Familien der zweikeimblättrigen Pflanzen an. Einkeimblättrige Arten zeichnen sich in der Regel durch parallelnervige Blätter (Ausnahmen: Einbeere und Aronstab) sowie 3-zählige Blüten aus. Zweikeimblättrige Arten besitzen Blätter mit Netznervatur (Ausnahme: Wegerich, Gelber Enzian, Arnika) und meist 5-, seltener 4-zählige Blüten.

Was man noch beachten sollte

Bei der Zuordnung einer Pflanze zu den aufgeführten Gruppen können mitunter Schwierigkeiten auftreten. Dies trifft vor allem zu für Arten, die in unterschiedlichen Farbvarianten auftreten, z.B. Strauchiger Ehrenpreis oder Quendel-Ehrenpreis rosa oder blau, oder auch für Arten, deren Blüten anfangs rot und später blauviolett erscheinen, z.B. bei den Lungenkräutern. **In kritischen Fällen werden die Arten zweimal im Bildteil bei den zugehörigen Farbkategorien aufgeführt.**

Weitere Erläuterungen zu den im Text verwendeten Bestimmungsmerkmalen einer Pflanze

Die Einordnung nach Farbe und Form der Blüte einer Pflanze erlaubt eine grobe Orientierung. Für eine exakte Bestimmung einer Art sind noch weitere Merkmale über den Bau einer Pflanze wie Form und Stellung der Blätter notwendig.

Die Erläuterungen zu den nötigen Fachausdrücken sind im Kapitel »Bau der Pflanze« ab S. 84 aufgeführt.

Ein weiteres Merkmal ist die **Wuchshöhe**: Die Angaben können nur einer groben Orientierung dienen. Denn eine Art kann im Schatten wachsend sehr klein oder auch mitunter sehr hochwüchsig werden. Bei den Größenangaben handelt es sich

um Durchschnittswerte innerhalb einer gewissen Variationsbreite.
Das Gleiche gilt für die Zeitspanne der **Blütezeiten**. Je nach den Standortbedingungen - sonnig, schattig, in geringer oder hoher Meereshöhe - kann die Blütezeit beträchtliche Unterschiede aufweisen.
Noch schwieriger erwies es sich, bei der Weitläufigkeit des Alpenraumes genauere Angaben zur **Häufigkeit einer Art** zu machen. Es gibt Arten, die eine enge Standortbindung aufweisen, wie Moorpflanzen oder reine Felspflanzen. Andere Arten wiederum sind nicht so wählerisch und haben ein weites Spektrum bezüglich der Standorte. Grundsätzlich beziehen sich die Häufigkeitsangaben nur auf den Alpenraum. Als grobe Orientierung zu den Häufigkeitsangaben gelten folgende Erläuterungen:

- **häufig:** Arten, die an ihren typischen Standorten wie Schuttkare oder Felsspalten regelmäßig anzutreffen sind. Da aber viele Alpenpflanzen entweder nur auf kalkreichem Gestein wachsen oder umgekehrt nur auf saurem Gestein wie Granit oder Gneis vorkommen, gelten die Häufigkeitsangaben nur für die jeweiligen charakteristischen Standortansprüche einer Pflanze.
  Eine weitere Einschränkung ergibt sich noch nach der geografischen Verbreitung im Alpenraum. Viele Pflanzenarten sind beispielsweise auf die Süd- oder Südost-Alpen beschränkt und dort häufig anzutreffen, während sie in anderen Gebirgsteilen fehlen. Deshalb ist bei den Artbeschreibungen auf die Verbreitungsangaben zu achten, die jedoch nur sehr grob sind - wer detaillierte Daten zur geografischen Verbreitung einer Art wissen möchte, muss auf spezielle Florenwerke zurückgreifen.

- **verbreitet:** Arten, die wie oben beschrieben, aber mit geringerer Häufigkeit anzutreffen sind. Hierzu sind auch die Arten zu rechnen, die eine geringe Bindung an spezielle Standorte und/oder auch keine enge geografischen Verbreitungsgrenzen aufweisen.

- **zerstreut:** Arten, die in den meisten Gebieten, aber oft nur an wenigen Stellen zu finden sind.

- **selten:** Arten, die nur noch in wenigen Gebieten und da meist nur an wenigen Fundpunkten vorkommen.

Verwendete Abkürzungen und Symbole bei den Artenbeschreibungen der Pflanzen

♂ = Männchen, männlich
♀ = Weibchen, weiblich
✱ = Blütezeit
↕= Wuchshöhe
Pfl. = Pflanze
B./b. = Blatt/Blätter
Kronb. = Kronblatt/Kronblätter
Grundb. = Grundblatt/Grundblätter
Kelchb. = Kelchblatt/Kelchblätter
Bl. = Blüte/n
St. = Stängel
St.b. = Stängelblatt/-blätter
L = Länge
H = Höhe
B = Breite
▼ = Lebensraum
▲ = Verbreitung

Blüten weiß

Zu den weißen Blüten zählen ebenso cremefarbene Tönungen sowie ganz schwache andere Farbnuancen.

Blüten gelb

Hier werden alle gelben und leicht orangefarbenen Nuancen eingereiht.

Blüten rot

Hier wurden alle rötlichen Nuancen eingereiht, lediglich lila bzw. violette Tönungen bleiben ausgespart.

Blüten blau, lila, violett

Gerade im Grenzbereich Rot/Blau gibt es schwer zuzuordnende Mischfarben. Solche Arten wurden in beide Gruppen aufgenommen. Dennoch ist es ratsam, in allen Zweifelsfällen auch in anderen infrage kommenden Gruppen zu suchen.

Kräuter: Blüten grün, braun oder unscheinbar

Hier stehen Kräuter, deren Blüten nicht durch eine der vorgenannten Farben auffallen. Gleichwohl können Blütenteile punktuell eine intensivere Färbung zeigen, z.B. auf der Lippe von Orchideen.

Gräser, Bäume, Sträucher, Zwergsträucher, Farne, Flechten

Als eigene Gruppen werden die Gräser und Grasartigen, die Nadelbäume, Laubbäume, Sträucher, Zwergsträucher und die Farne und Fechten behandelt. Bei den Bäumen und Sträuchern erfolgt keine weitere Einteilung nach Blütenfarben, um eine zu starke Aufsplitterung dieser relativ kleinen Gruppen zu vermeiden. Zudem ist der Blühaspekt meistens nur kurz und für eine Bestimmung oft von geringerer Bedeutung.

Gruppierung der Pflanzen innerhalb einer Farbkategorie nach Blütenmerkmalen

Die Pflanzen innerhalb der Farbkategorien (nur bei den grünlich-bräunlichen Blüten erfolgt wegen der Überschaubarkeit der Gruppe keine weitere Unterteilung) sind nach ihren Blütenmerkmalen in **jeweils 4 Gruppen** zusammengefasst.

Im Hauptteil (S. 94–271) des Buches erfolgt dann die Anordnung der Arten innerhalb jeder Gruppe, also der Kombination aus Blütenfarbe und -form, nach deren Familienzugehörigkeit im herkömmlichen Pflanzensystem. Begonnen wird mit den Familien der einkeimblättrigen Arten. Daran schließen sich die Familien der zweikeimblättrigen Pflanzen an. Einkeimblättrige Arten zeichnen sich in der Regel durch parallelnervige Blätter (Ausnahmen: Einbeere und Aronstab) sowie 3-zählige Blüten aus. Zweikeimblättrige besitzen Blätter mit Netznervatur (Ausnahme: Wegerich, Gelber Enzian, Arnika) und meist 5-, seltener 4-zählige Blüten.

1. Pflanzen mit radiären Blüten: Die Blüte besteht aus 3 oder 4 Blütenblättern

Bei der radiären Blüte sind alle Blütenblätter gleich. Die Blüte ist strahlig oder radiärsymmetrisch.

Durch die Blüte lässt sich mehr als eine Symmetrieebene legen.

Gefranster Enzian

Pfeilkraut

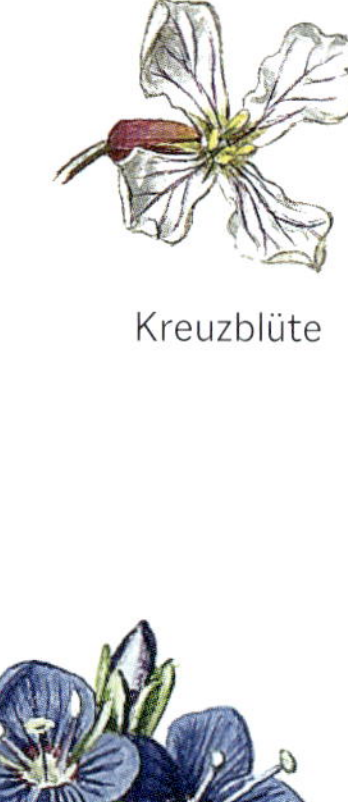

Kreuzblüte

Ehrenpreis

2. Pflanzen mit radiären Blüten: Die Blüte besteht aus 5 oder mehr Blütenblättern

3. Pflanzen mit spiegelsymmetrischen Blüten

Bei den spiegelsymmetrischen (zygomorphen) Blüten sind Ober- und Unterteil der Blüte verschieden. Die Blüte lässt sich durch 1 Symmetrieebene in 2 spiegelbildlich gleiche Hälften zerlegen. Es gibt Blüten, z.B. beim Ehrenpreis oder bei der Königskerze, bei denen das obere oder untere Kron- oder Blütenblatt nur undeutlich größer oder kleiner ist, sodass der Eindruck einer radiären Blüte vermittelt wird. In diesen Fällen wurden die Arten zur Gruppe mit radiären Blüten gestellt.

Orchideenblüte

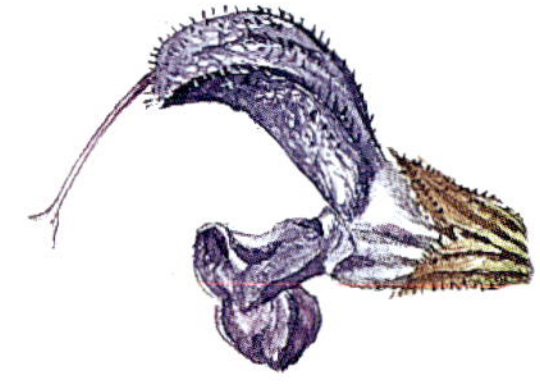

Lippenblüte
(mit Ober- und Unterlippe)

Veilchen

Fingerhut

Lippenblüte
(nur mit Unterlippe

Schmetterlingsblüte

4. Pflanzen mit kleinen Blüten in dichten Blütenständen
Die Blüten sind in kugeligen oder flachen Köpfchen, in Körbchen, Dolden oder dichten Trauben und Ähren angeordnet. Der Blütenstand vermittelt den Eindruck einer einzigen Blüte, daher auch Scheinblüte genannt.

Köpfchen (Hasen-Klee, Teufelskralle, Skabiose)

Körbchen nur mit Strahlenblüten (Bocksbart)

Körbchen nur mit Röhrenblüten (Strahlenlose Kamille)

Körbchen mit Strahlen- und Röhrenblüten Margerite)

Traube (Wiesen-Knöterich)

doldenartiger Blütenstand, Trugdolde (Wolfsmilch)

Ähre (Wegerich)

einfache Dolde (Lauch)

zusammengesetzte Dolde (Doldengewächse)

Bau der Pflanze

(Erklärung der Fachausdrücke)

Bildungen der Oberfläche der Pflanze

Stacheln harte, stechende Auswüchse der Oberhaut am Blatt oder Stängel. Im Gegensatz dazu sind Dornen zu harten, verholzten, stechenden Gebilden umgewandelte B., Kurz- oder Seitensprosse.

Haare 1-zellige oder mehrzellige, einfache oder verzweigte, gerade oder gekrümmte Vorstülpungen der Oberhaut der Pflanze, zum Beispiel:

Borsthaare steif, stechend

Drüsenhaare Haare mit einem Drüsenköpfchen an der Spitze (**1**, **2**)

Kraushaare steif, gekrümmt, lang

Seidenhaare dicht, anliegend, glänzend

Sternhaare sternförmig verzweigt

Wollhaare weich, dicht, lang

Reif abwischbarer, weißer oder bläulicher Überzug am Blatt oder Stängel

Das Blatt

Laubblatt gewöhnliches, meist grünes Blatt, das der Assimilation dient

Hochblatt Blatt im Bereich der Blüten oder des Blütenstandes, meist von den übrigen Laubblättern stark abweichend (**3**, **4**)

Hüllblatt schuppiges oder blattartiges Hochblatt, eine Blüte oder einen Blütenstand umgebend (**5**, **6**, **7**)

Niederblatt schuppenförmiges Blatt am Grund des Stängels und an unterirdischen Teilen (**8**)

Tragblatt krautiges oder schuppenförmiges Blatt, aus dessen Achseln die Blüten oder Seitensprosse entspringen (**9**, **10**)

Spreublatt kleines, schuppenartiges B. zwischen den Einzelblüten mancher Korbblütler

Vorblatt kleines, schuppenförmiges, oft häutiges Hochblatt, dem Blütenstiel ansitzend (z. B. bei Grasblüten)

Blattanheftung

gestielt mit deutlichem Blattstiel (**1**)

herablaufend Die Blattspreite zieht sich teilweise am Stängel herab (**2**).

sitzend ohne Blattstiel

stängelumfassend oder halb stängelumfassend Das Blatt umgibt den Stängel mit seinem Grund ganz (**3**) oder zum Teil (**4**).

Blattnervatur

fiedernervig (5)
netznervig (6)
parallelnervig (7)

Blattteile

Blattspreite (8)
Blattstiel (8)

Blattachsel Winkel zwischen Blatt und Stängel

Blattfieder Teil eines zusammengesetzten Blattes (**9**)

Blatthäutchen kleiner Fortsatz am Übergang der Blattscheide in die Spreite (z. B. bei Gräsern) (**10**)

Blattöhrchen kleines, lappenförmiges Anhängsel am Blattgrund (**11**)

Blattranke zartes, oft spiralig gedrehtes Organ zum Festhalten, aus einem Blatt oder Blattabschnitt gebildet (**9**)

Blattscheide verbreiterter, unterer Teil des Blattes, den Stängel röhrig oder bauchig umschließend (**10**, **12**, **13**)

Nebenblatt schuppen- oder blattartiges, meist paariges Anhängsel am Grund des Blattstieles (**14**, **15**)

Gestalt einfacher Blätter

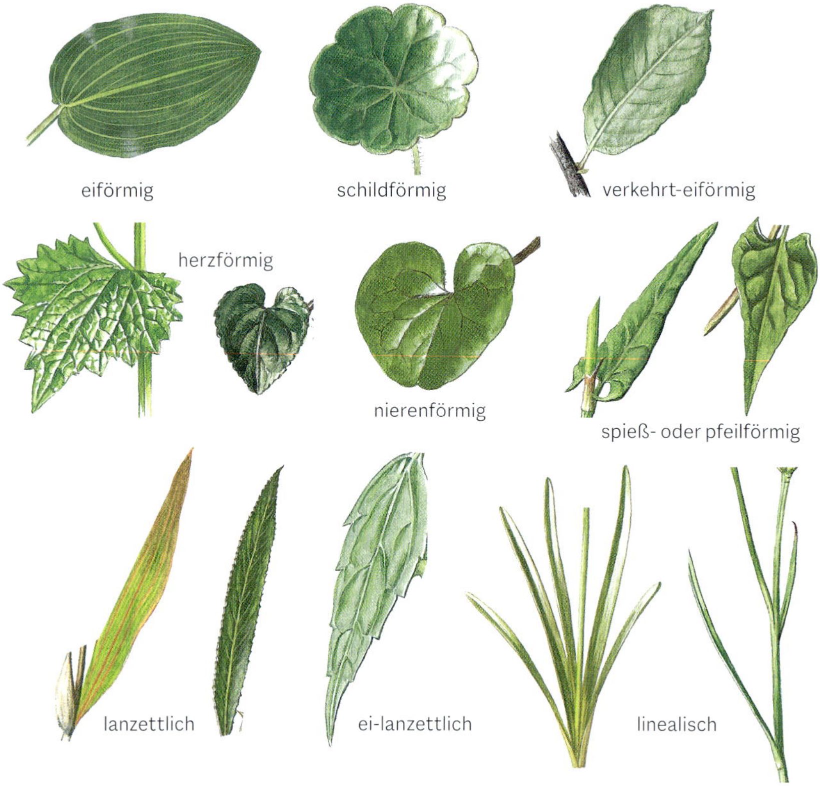
eiförmig
schildförmig
verkehrt-eiförmig
herzförmig
nierenförmig
spieß- oder pfeilförmig
lanzettlich
ei-lanzettlich
linealisch

Gestalt zusammengesetzter Blätter

unpaarig gefiedert
paarig gefiedert
2-fach und mehrfach gefiedert
handförmig gefiedert (gefingert)
3-zählig gefiedert

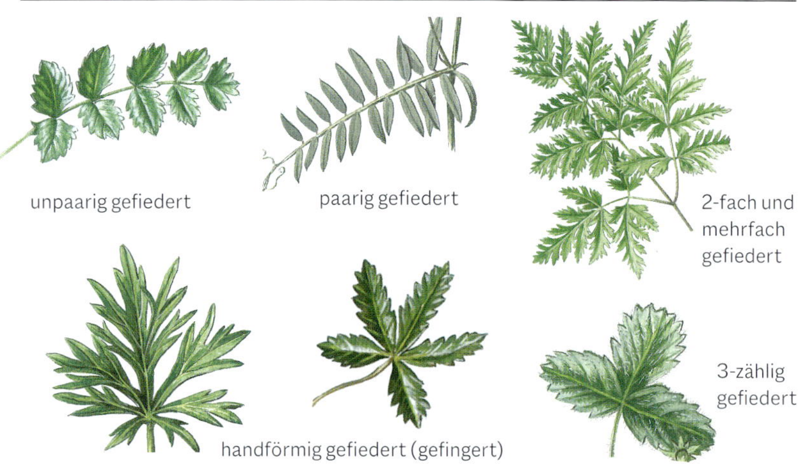

Blattrand

Stellung der Blätter

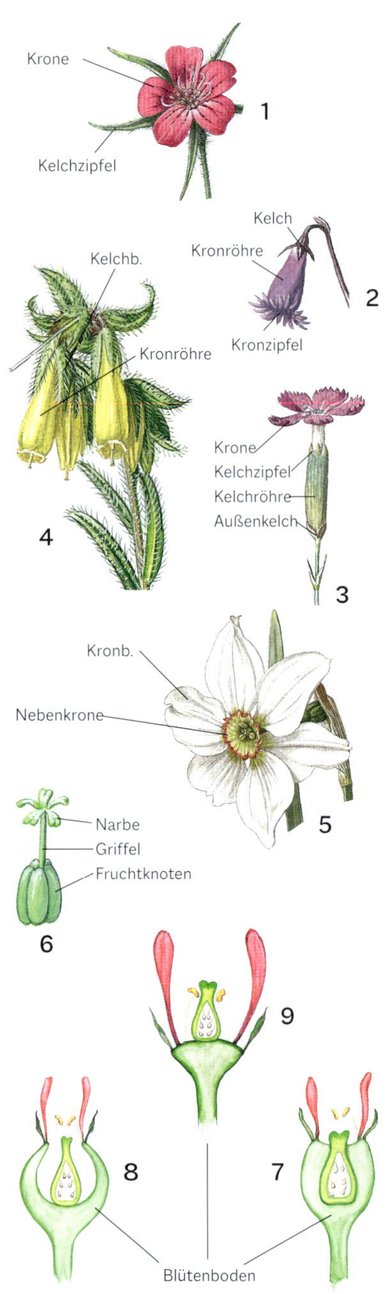

Die Blüte

Blütenhülle die äußeren Teile der Blüte; ist die Blütenhülle doppelt, so bezeichnet man den äußeren Kreis als Kelch (**2**), den inneren als Krone (**1**, **3**).

Blütenkelch aus meist grünen, freien Kelchblättern (**2**) oder Kelchblatt unten zu einer Kelchröhre (**3**) verwachsen, oben mit Kelchzipfeln (**3**, **1**)

Blütenkrone aus gefärbten, freien Kronblättern (**5**) oder zu einer Kronröhre verwachsenen Kronblättern (**2**, **4**), oben mit Kronzipfeln (**2**)

Außenkelch kelchartiges Gebilde aus mehreren Hochblättern dicht unter dem Kelch (**3**)

Nebenkrone kronblattähnlicher Kranz aus freien oder verwachsenen Anhängseln im Inneren der Krone (**5**)

Fruchtblatt enthält die Samenanlage(n); mehrere Fruchtblätter sind zu einem Fruchtknoten verwachsen, der einen oder mehrere, meist fadenförmige Griffel mit verschieden gestalteter Narbe zur Aufnahme des Pollens trägt (**6**).

Man unterscheidet nach der Stellung des Fruchtknotens:

unterständig wenn er unterhalb des Ansatzpunktes von Kelch und Krone sitzt (**7**).

mittelständig wenn er teilweise in den becherförmigen Teil des Blütenbodens eingesenkt ist (**8**).

oberständig wenn er oberhalb des Ansatzpunktes von Kelch und Krone steht (**9**).

Aufbau der Blüte

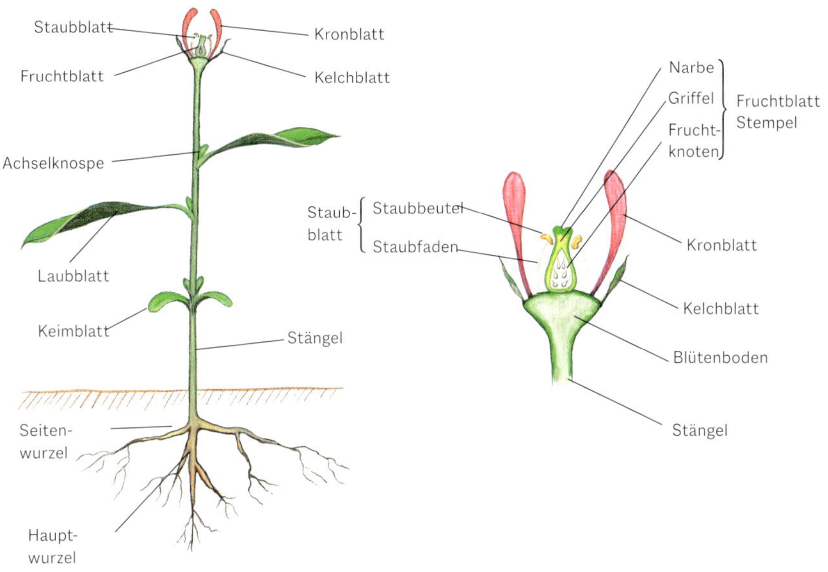

Samenanlage vom Fruchtblatt oder Fruchtknoten eingeschlossen, liefert nach der Befruchtung die Samen (**10**).

Blütenboden oberster, verbreiteter (**7**, **8**, **9**) oder manchmal auch krugförmig ausgehöhlter (**10**) Teil des Blütenstängels, der die Blütenteile, bei Korbblütlern die Einzelblüten (**11**) trägt.

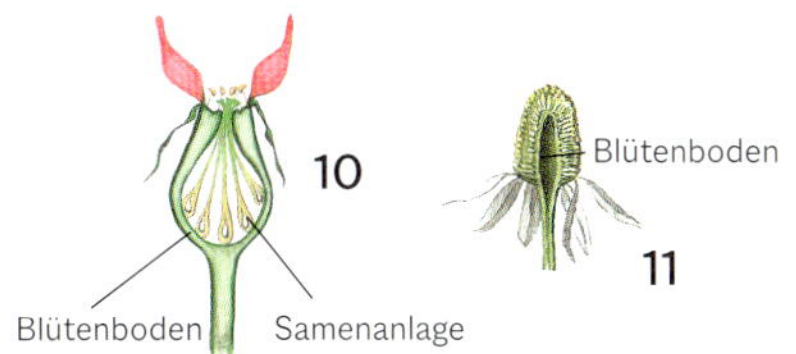

Sonderbildungen der Blüte

Blütensporn (1)
Schlundhöcker oder **Gaumen** bei Rachenblüten der Braunwurzgewächse (**2**)
Schmetterlingsblüte Dabei nennt man das obere Kronblatt Fahne, die beiden unteren, verwachsenen Schiffchen und die beiden seitlichen Flügel (**3**).
Zungenblüte bei Korbblütengewächsen; Saum der Blütenkrone ist flach ausgebreitet (**4**)
Röhrenblüte bei Korbblütengewächsen; Blütenkrone zu einer 5-zipfeligen Kronröhre verwachsen (**5**)
Pappus Haarkranz an den Blüten bzw. Früchten vieler Korbblütler (**5**).
Ährchen Blütenstand bei Gräsern (**6**); jedes Ährchen besteht aus einer äußeren und einer inneren Hüllspelze sowie einer oder mehreren Blüten; jede Blüte besteht aus einer (oft begrannten) Deckspelze und einer Vorspelze (manchmal fehlend); Staubblätter 3, Narben 2, federig, Fruchtknoten 1, oberständig
Nektardrüse (7)
Fruchtschlauch Bei Seggen ist der Fruchtknoten in einem geschlossenen Schlauch eingehüllt (**8**).
Blütenscheide oder **Spatha** (bei Aronstabgewächsen) meist gefärbte, kronblattartige Hochblattscheide (**9**)

Geschlecht der Blüte

1-geschlechtig entweder mit Staubblatt (männliche Blüten) oder mit Fruchtknoten (weibliche Blüten) (**10**).
zwittrig oder **2-geschlechtig** mit Staubblatt und Fruchtknoten (**11**).

Nach der Verteilung der Geschlechter der Blüten ist die Pflanze
1-häusig wenn auf derselben Pflanze männliche und weibliche Blüten sitzen (**12**)
2-häusig wenn männliche und weibliche Blüten auf verschiedenen Pflanzen sind (**13**)

Blütenstände

Früchte

Balgfrucht aus 1 Fruchtblatt bestehend, das sich nur an einer Längslinie öffnet.

Beere fleischige, 1- bis mehrsamige Frucht (**1**)

Beerenzapfen (Scheinbeere) Zapfen mit fleischig werdenden Fruchtschuppen (bei Wacholder) (**2**)

Hülse trockene Frucht aus 1 Fruchtblatt bestehend, öffnet sich an der Bauch- und Rückennaht (**3**)

Kapsel trockene Frucht aus mehreren Fruchtblättern bestehend, öffnet sich durch Spalten oder Poren (**4**)

Nuss 1-samige Frucht mit harter Schale (**5**)

Früchtchen oder Nüsschen 1-samige Teilfrucht bei Arten mit vielen freien Fruchtblättern (**6**)

Scheinbeere fleischige Frucht, an deren Bildung noch andere Organe der Blüte beteiligt sind (z. B. Erdbeere) (**7**)

Schötchen Frucht der Kreuzblütengewächse, die nicht mehr als 3-mal so lang wie breit ist (**8**)

Schote Frucht der Kreuzblütengewächse, die mehr als 3-mal so lang wie breit ist (**9, 10**)

Steinfrucht Frucht mit außen fleischiger, innen steinartiger Fruchtwand (**11**)

Zapfen »Frucht« der Nadelhölzer, bestehend aus zahlreichen, sich überlappenden, verholzenden Fruchtschuppen (**12**)

Sprossachse oder Stängel

besteht aus meist langen Gliedern, die durch **Knoten** begrenzt sind.

Gestalt

geflügelt mit längs verlaufenden, stark verbreiterten Leisten (**1**)

gefurcht mit längs verlaufenden Rinnen

kantig im Querschnitt eckig

stielrund im Querschnitt kreisförmig

2-schneidig oder **2-seitig** mit 2 längs verlaufenden Kanten

Besondere Formen

Ausläufer ober- oder unterirdisch kriechende Seitentriebe, die an der Spitze neue Pflanzen bilden (**2**)

Knolle fleischig verdickter Teil der Sprossachse (Speicherorgan) (**3**, **4**)

Wurzelstock kriechender, unterirdischer Teil der Sprossachse, der jedes Jahr neu austreibt

Zwiebel unterirdisches Speicherorgan aus dicht gestellten, fleischigen Schuppenblättern (**5**)

Bulbillen (**6**), **Brutzwiebeln** (**7**), **Brutknospen** (**8**) oder **Brutknöllchen** (**9**) knospenähnliche Jungpflanzen in Blattachseln oder Blütenständen der Mutterpflanze, die zu Boden fallen und dort anwachsen.

Kreuzblütengewächse

Cruciferae oder *Brassicaceae*

1 Kleeblättriges Schaumkraut

Cardamine trifolia

✻ 4-6 ↕ 10-20 cm ▼ Krautreiche Buchen- und Mischwälder, Gebirgswälder, bis etwa 1200 m.

St. b.los oder mit 1 B.; Grundb. 3zählig, lg. gestielt, wintergrün; B.chen rautenförmig-rundlich, gekerbt; Kronb. 4, weiß, 8-11 mm lg., Staubbeutel gelb; Schoten 15-25 mm lg. und 2 mm br., Stiele etwa genauso lg. ▲ Zerstreut; Gebirge Mittel- und Südeuropas.

2 Alpen-Schaumkraut

Cardamine alpina

✻ 7-8 ↕ 2-10 cm ▼ Schneetälchen, feuchte, kalkarme Felsen, 1600-3000 m.
Grundb. rosettig, lg. gestielt; alle B. ganzrandig oder seicht geschweift, fleischig; Blüten 4zählig, weiß, zu 2-8; Kronb. schmal, 4-5 mm lg.; Kelchb. länglich, grün, gegen die Spitze violett, weißhautrandig; Schote aufrecht, 10-15 mm lg. und 2 mm br., braun, an der Spitze oft violett. ▲ In den Zentralalpen zerstreut, in den Kalkalpen selten; Pyrenäen.

3 Resedenblättriges Schaumkraut

Cardamine resedifolia

✻ 5-8 ↕ 2-15 cm ▼ Steinrasen, Schneetälchen, feuchte Felsen, kalkmeidend, 600-3200 m.

Grundständige B.rosette mit ungeteilten oder 3lappigen lg. gestielten B.; St.b. jederseits mit 2-3 schmalen B.chen und br. elliptischen Endb.chen; Blütenstand 6- bis 12-blütig; Kronb. 5-6 mm lg., weiß, Kelchb. grün, weißhautrandig, 1,5-2,5 mm lg.; Schoten aufrecht, an 5-8 mm lg. Stielen, 12-25 mm lg. und 1-1,5 mm br. ▲ Zerstreut; hauptsächlich Zentralalpen, Nordalpen sehr selten, Gebirge Südeuropas.

4 Alpen-Gänsekresse

Arabis alpina

✻ 5-9 ↕ 6-40 cm ▼ Feuchter, kalkreicher Feinschutt, Felsspalten, Quellfluren und Schneebodengesellschaften, 500-3200 m.
Pflanze mit grundständiger Rosette mit verkehrt eiförmigen, kurz gestielten, grob gezähnten B.; St.b. eiförmig, gezähnt, mit herzförmigem Grund st.umfassend; Kronb. weiß, bis 1 cm lang; Kelchb. grün, hautrandig, bis 4 mm lang; Schoten 2-6 cm lg. und 1-2 mm br., auf waagerecht abstehenden Stielen. ▲ Häufig; Alpen, deutsche Mittelgebirge, spanische und französische Gebirge, Jura, Apennin, Karpaten, Illyrien, Balkanhalbinsel, Arktis.

5 Zwerg-Gänsekresse

Arabis bellidifolia

✻ 6-8 ↕ 5-20 cm ▼ Felsschutt, Felsspalten, Pionierrasen, nur auf Kalk, 500-3000 m.

Pflanze mit grundständiger B.rosette; Blätter verkehrt-eiförmig, von Sternhaaren rau, in den kurzen B.stiel verschmälert; St.b. 2-3, am Rand bewimpert; Blüten weiß, in armblütiger Doldentraube; Kronblätter 5-8 mm lang; Schoten bis 4 cm lang und 2 mm breit. ▲ Verbreitet; Alpen, Apennin, Abruzzen.

6 Glanz-Gänsekresse

Arabis subcoriacea

✻ 6-8 ↕ 15-30 cm ▼ Quellfluren, nasser Felsschutt, auf Kalk, 600-2800 m.
Pfl. kahl mit glänzenden B.; Rosettenb. länglich bis verkehrt eiförmig, ganzrandig, oder undeutlich gezähnt, in den lg. Stiel verschmälert; St.b. zahlreich, eiförmig, sitzend; Blüten weiß, in dichtblütiger Traube; Kronb. 6-7 mm lg., Kelchb. 3-4 mm lg.; Schoten 3-4 cm lg., an 7-15 mm lg. Stielen. ▲ Zerstreut; Alpen, Pyrenäen, Karpaten.

1
2
3
4
5
6

Kreuzblütengewächse

Cruciferae oder *Brassicaceae*

1 Wocheiner Gänsekresse

Arabis vochinensis

✻ 6-8 ↕ 5-15 cm ▼ Feuchte Schuttfluren, lückige Steinrasen, meist auf Kalk, 1000-2200 m.
Pfl. rasenbildend, fast kahl oder schwach behaart; Rosettenb. verkehrt eiförmig, stumpf, allmählich in den kurzen Stiel verschmälert, St.b. länglich spitz; Blüten weiß, in dichten Trauben, auf kurzen, aufrecht stehenden Stielen, Kronb. etwa 6 mm lg., Kelchb. 3 mm lg., weißhautrandig; Schoten linealisch, bis 2,5 cm lg., an 6-8 mm lg. Stielen. ▲ Zerstreut; südöstliche Kalkalpen.

2 Felsen-Bauernsenf

Iberis saxatilis

✻ 6-8 ↕ 5-15 cm ▼ Felsspalten, Felsschutt, auf Kalk, 1000-2500 m.
Pfl. unten verholzt, niederliegend, verzweigt, mit zahlreichen nichtblühenden B.rosetten; Blätter immergrün, lederig, stachelspitzig, bis 15 mm lg. und 2 mm br.; Blüten in dichter, später sich verlängernder Traube, Kronb. weiß, selten rosa, die äußeren 6-8 mm lg., doppelt so lg. wie die inneren; Schötchen flach, rundlich, 5-8 mm lg. und fast so br. wie lg., vorne br. geflügelt und tief ausgerandet. ▲ Ziemlich selten; Südwestalpen, Gebirge Südeuropas.

3 Gletscher-Felsenblümchen

Draba dubia

✻ 5-7 ↕ 3-14 cm ▼ Felsspalten, Feinschutt, auf Kalk und Silikat, 1800-3200 m.
Pfl. lockerrasig, Triebe mit vielen toten B.resten; Grundb. in dichter Rosette, Blätter sternhaarig, schmal, verkehrt eiförmig, 5-8 mm lg.; Blütentraube 3- bis 8-blütig, Kronb. weiß, 3-4 mm lg.; Schötchen länglich elliptisch, 6-14 mm lg., an beiden Enden zugespitzt, meist kahl.
▲ Zerstreut, (in den Nordalpen selten); Alpen, Sierra Nevada, Pyrenäen, Tatra.

4 Fladnitzer Felsenblümchen

Draba fladnizensis

✻ 6-8 ↕ 2-8 cm ▼ Kalkarmer und kalkreicher Schieferschutt, Felsspalten, windexponierte Steinrasen, 2000-3200 m.
Pfl. dichtrasig, polsterförmig, mit den Resten abgestorbener Blätter bedeckt; Blätter in grundständiger Rosette, lanzettlich, am Rand gewimpert, 5-10 mm lg.; Bl.stand armblütig, Kronb. weiß oder grünlich weiß, 2-3 mm lg.; Schötchen oval, kahl, 3-5 mm lg., auf 2-5 mm lg., kahlen Stielen; Griffel fast fehlend. ▲ Ziemlich selten; Alpen, Pyrenäen, Karpaten.

5 Alpen-Gämskresse

Pritzelago alpina (Hutchinsia alpina)

✻ 6-8 ↕ 5-12 cm ▼ Kalkschutt, Geröll, Felsbänder, etwa 1500-3400 m.
Pfl. mit grundständiger B.rosette; St. zu mehreren, 1-fach, b.los; Blätter bis zum Mittelnerv fiederteilig; Blüten in gedrungenen, dann verlängerten Trauben, Kronb. 3-5 mm lg., weiß; Schötchen eiförmig, 4-5 mm lg. ▲ Im Geröll der Alpenflüsse oft herabgeschwemmt und tiefer; verbreitet; Gebirge Mittel- und Südeuropas.

6 Felsen-Kugelschötchen

Kernera saxatilis

✻ 5-7 ↕ 10-30 cm ▼ Felsspalten, Felsschutt, Flussgeröll, auf Kalk, 500-3000 m.
Rosettenb. länglich, ganzrandig oder vorne gezähnt bis fiederspaltig, rauhaarig; St.b. linealisch; Blüten in lockeren, zusammengesetzten Blütenständen, Kronb. weiß, etwa 4 mm lg., Kelchb. gelblich grün, etwa 2 mm lg.; Schötchen fast kugelig oder birnenförmig, bis 3 mm lg. ▲ Verbreitet; Alpen und Alpenvorland, Gebirge Südeuropas.

5

4

3

6

2

1

Rötegewächse

Rubiaceae

1 Schweizer Labkraut

Galium megalospermum (G. helveticum)

✻ 7-8 ↕ 2-10 cm ▼ Durchsickerter Kalkschutt, 1900-2700 m.

Pfl. rasenförmig, St. kriechend bis aufsteigend, fadenförmig; Blätter schmal, ei-lanzettlich, dicklich, mit zur Spitze gerichteten Stachelchen, rau, meist zu 6 im Quirl; Krone gelblich weiß, Kronzipfel zugespitzt, aber ohne Stachelspitze oder Granne; Fruchtstiele abwärts gekrümmt, 2-3 mm lg. ▲ Zerstreut; Nördliche Kalkalpen. – Sehr ähnlich ist das Norische Labkraut (*G. noricum*), aber B.rand glatt, meist zu 8-9 im Quirl; Fruchtstiele gerade, 1-2 mm lg. ▲ Steinige Magerrasen, Schneeböden; hauptsächlich südliche Kalkalpen, selten in den Berchtesgadener Alpen.

2 Hügel-Meister

Asperula cynanchica

✻ 6-8 ↕ 10-30 cm ▼ Kalkmagerrasen, sonnige Wald- und Wegränder, Kiefernwälder, von der Ebene bis 1800 m.

Pfl. aufsteigend, lockerrasig; untere St.b. zur Blütezeit meist abgestorben; Blätter meist zu 4, quirlig, schmal lanzettlich, 1nervig, mit Grannenspitze; Blütenstand wenigblütig; Krone trichterförmig, 4spaltig, hellrosa bis weiß, 2-3 mm, außen rau; Frucht körnig-rau. ▲ Zerstreut; Mittel- und Südeuropa.

3 Grannen-Meister

Galium aristatum

✻ 7-9 ↕ 10-40 cm ▼ Gesteinsfluren, kalkliebend, 300-2000 m.

Pfl. lockerrasig; B. schmal lanzettlich, 1-2 mm br.; Kronröhre 3-4 mm lg., 2- bis 4-mal länger als die Kronzipfel (3a); Krone hellrosa bis weißlich. ▲ Zerstreut bis selten; Südalpen.

Mohngewächse

Papaveraceae

4 Sendtners Alpenmohn

Papaver sendtneri

✻ 7-9 ↕ 5-15 cm ▼ Kalkfelsen, Felsschutt, etwa 1300-2800 m.

Pfl mit 1blütigen, steifhaarigen St.; Blätter 1-fach fiederteilig, B.abschnitte br. eiförmig, spitz, oft noch gelappt; Blüten weiß, etwa 4 cm br., Kelchb. dicht braunschwarz behaart, Narbenstrahlen meist 5. ▲ Zerstreut; Zentral- und Ostalpen.

Sandelgewächse

Santalaceae

5 Alpen-Leinblatt

Thesium alpinum

✻ 6-7 ↕ 10-30 cm ▼ Steinige Magerrasen, Trockenrasen, Föhrenwälder, in den Alpen bis etwa 2400 m.

Pfl. bogig aufsteigend, Schuppenb. am St.grund entfernt stehend; Blätter schmal lanzettlich, 1-4 mm br., 1nervig; Blütenstand meist 1seitswendig, jede Blüte mit 3 Tragb., Blüten meist 4zählig, Blütenhülle zur Fruchtzeit nur an der Spitze eingerollt, kürzer als die Frucht. ▲ Verbreitet bis zerstreut; Gebirge Europas, nördlich bis Südschweden.

Nelkengewächse

Caryophyllaceae

6 Moos-Nabelmiere

Moehringia muscosa

✻ 5-9 ↕ 5-20 cm ▼ Feuchte, schattige Felsspalten, Felsschutt, fast immer auf Kalk, Schluchtwälder, 600-2300 m.

Pflanze mit zarten, niederliegenden, am Ende aufsteigenden Stängeln; Blätter linealisch, hellgrün, etwa 1 mm breit; Kronb. 4, etwas länger als die 1nervigen Kelchb., Griffel 3. ▲ Häufig; Alpen, spanische und französische Gebirge, Jura, Böhmerwald, Karpaten, Balkanhalbinsel.

1
2
3a
3
4
5
6

Spargelgewächse

Asparagaceae
incl. *Ruscaceae, Hyacinthaceae*

1 Quirlblättrige Weißwurz

Polygonatum verticillatum

✻ 5–6 ↕ 30–70 cm ▼ Bergwälder, Hochstaudenfluren, in den Alpen bis etwa 2000 m.
St. aufrecht, kantig; Blätter zu je 3–7 quirlständig, schmal-lanzettlich, 5–15 cm lg.; Blüten zu je 1–4, 6–10 mm lg.; Beeren zuerst rot, dann dunkelblau. Giftig! ▲ Zerstreut; Gebirge Europas.

2 Knotenfuß

Streptopus amplexifolius

✻ 5–7 ↕ 30–100 cm ▼ Schattige, feuchte Bergwälder, Latschen- und Grünerlengebüsch, 700–2300 m.
St. gleichmäßig beblättert, oft zickzackförmig gebogen; Blätter länglich-eiförmig, zugespitzt, 7–12 cm lg., herzförmig stängelumfassend; Blüten grünlich weiß, an langen Stielen; Blütenstiele in der Mitte gekniet, Blütenb. 6, lanzettlich, nur am Grund verwachsen; Frucht eine leuchtend rote Beere. ▲ Zerstreut bis selten; Alpen und -vorland, Bayerischer und Böhmerwald, Erz- und Elbsandsteingebirge, Schwarzwald, Schweizer Jura, Pyrenäen, Apennin, Korsika.

3 Trichterlilie, Paradieslilie

Paradisia liliastrum

✻ 6–7 ↕ 30–50 cm ▼ Bergwiesen zwischen 1000 und 2500 m.
Blätter grundständig, linealisch, grasartig, bis 40 cm lg.; Blütenschaft b.los, Blütenstand 3- bis 10-blütig, 1seitswendig, Blüten trichterförmig, weiß, Blütenb. 6, frei, 3- bis 5-nervig, bis 6 cm lg., unten zu einer schlanken Röhre verwachsen, Tragb. häutig, länger als die Blütenstiele. ▲ Zentral-, West- und Südalpen, Schweizer Jura, Pyrenäen, Zentralplateau, Apennin, Abruzzen.

4 Ästige Graslilie

Anthericum ramosum

✻ 6–8 ↕ 30–70 cm ▼ Lichte Kiefernwälder, Halbtrockenrasen, auf Kalk, bis 2500 m.
Pfl. ähnlich Traubiger Graslilie, aber Blütenstand rispig verzweigt; B. viel kürzer als der Blütenschaft; Blütenb. 8–13 mm lg., die inneren breiter als die äußeren, so lg. wie die Staubb., Griffel gerade, Tragb. $^1/_5$ so lg. wie die Blütenstiele; Fruchtkapsel fast kugelig. ▲ Ziemlich selten; Kalkalpen, hauptsächlich Mittel- und Südeuropa.

Grasbaumgewäche

Xanthorrhoeaceae incl. *Asphodelaceae*

5 Weißer Affodill

Asphodelus albus

✻ 6–8 ↕ 60–120 cm ▼ Trockene Wiesen und Weiden, Gebüschsäume, 1000–2000 m.
Wurzel rübenartig verdickt; Grundblätter fleischig, binsenförmig, bis 70 cm lg. und 2,5 cm br.; Blütenschaft kräftig, b.los; Blüten zahlreich, in dichter Traube, oft noch mit seitenständiger Traube, Tragb. braun, lanzettlich, Blütenb. 6, frei oder am Grund verwachsen, mit braunem Nerv, Staubb. 6, nach unten verbreitert. ▲ Süd- und Westalpen, Südeuropa.

Liliengewächse

Liliaceae

6 Spätblühende Faltenlilie

Lloydia serotina

✻ 6–8 ↕ 7–15 cm ▼ Steinige Matten, hochalpine, flechtenreiche Rasen, auf Kalkschiefer und Silikatgestein, 1800–3100 m.
Zierliche Zwiebelpflanze mit meist 2 grasartigen, schmal linealischen Grundb. und wenigen schmalen St.b.; Blüten einzeln, Blütenhüllb. weißlich, außen am Grund gelb, innen mit rötlichen Streifen. ▲ Zerstreut bis selten; Alpen, Karpaten, Balkanhalbinsel, Kaukasus, arktisches Europa.

1
2
3
4
5
6

Narzissengewächse

Amaryllidaceae incl. *Alliaceae*

1 Weiße Narzisse

Narcissus poeticus

✻ 4–5 ↕ 20–40 cm ▼ Bergwiesen, bis 2000 m, Gartenpfl. und oft verwildert. Pfl. 1blütig; B. linealisch, fleischig, blaugrün, 5–10 mm br.; Blüten 3–6 cm br., weiß, mit kurzer, schüsselförmiger, gelber Nebenkrone mit krausem, rotem Rand, Blütenb. 6, unten röhrig verwachsen. Giftig! ▲ Hauptsächlich Südwesteuropa.

2 Stern-Narzisse

Narcissus radiiflorus

✻ 4–6 ↕ 20–40 cm ▼ Feuchte Bergwiesen bis 2000 m.
Pfl. ähnlich der Weißen Narzisse, aber Blütenb. schmal, verkehrt eiförmig, am Grund keilförmig verschmälert und nicht überlappend; Blätter 5–8 mm br. ▲ Zerstreut, aber oft in Massen auftretend. Vogesen, Jura, West- und Süd-Alpen, Ost- und Südost-Alpen, in Deutschland, Vorarlberg, Tirol, Salzburg und Burgenland fehlend.

Schwertliliengewächse

Iridaceae

3 Frühlings-Krokus

Crocus albiflorus

✻ 3–4 ↕ 8–15 cm ▼ Bergwiesen und -weiden, in den Alpen bis 2800 m.
Pfl. mit Knolle, ohne oberirdischen St.; Blätter grundständig, grasartig, schmal lanzettlich, mit weißem Mittelstreifen; Blüten weiß, violett oder gestreift, Blütenb. unten zu einer Röhre verwachsen. ▲ Verbreitet; Gebirge Mittel- und Südeuropas.

Einbeergewächse

Melanthiaceae incl. *Trilliaceae*

4 Weißer Germer

Veratrum album

✻ 6–8 ↕ 50–150 cm ▼ Moorwiesen, Alpenweiden, Hochstaudenfluren, bis 2700 m.
Blätter wechselständig (im Gegensatz zu Enzian-Arten), br. eiförmig, stark längsfaltig; Blütenrispe 30–60 cm lg., Blüten sternförmig, 8–15 mm br., weiß oder gelblich, außen grünlich, die unteren 2geschlechtig, die oberen meist rein ♂. Sehr giftig! ▲ Verbreitet; Gebirge Mittel- und Südeuropas.

Hahnenfußgewächse

Ranunculaceae

5 Christrose, Schneerose

Helleborus niger

✻ 1–4 ↕ 10–30 cm ▼ Laubmisch- und Kiefernwälder, Latschengebüsch, bis 2000 m.
Blätter überwinternd, 7- bis 9-teilig, 10–20 cm br., Abschnitte nur oberwärts gesägt; St. meist 1blütig, nur oben mit 1–2 ovalen, ganzrandigen B.; Blüten 5–10 cm br., weiß oder rosa, später grün werdend, Blütenb. ausgebreitet, Nektarb. gelb oder gelbgrün. Giftig! ▲ Zerstreut; Alpen und südosteuropäische Gebirge.

6 Narzissenblütiges Windröschen

Anemonastrum narcissiflorum (Anemone narcissiflora)

✻ 5–8 ↕ 20–40 cm ▼ Kalkhaltige Bergwiesen und Matten, etwa 1400–2400 m.
Pfl. abstehend behaart; grundständige B. handförmig 3- bis 5-teilig, deren Abschnitte in schmale, lg. Zipfel zerteilt; St.b. ähnlich; Blüten 2–3 cm br., zu 3–8 in einer Dolde, darunter 3 ungleich tief gespaltene, sitzende Hochb., Blütenb. 5–6, weiß, beiderseits kahl, außen oft rötlich. Giftig! ▲ Zerstreut; Gebirge Mittel- und Südeuropas.

3
2
5
1
4
6

Hahnenfußgewächse

Ranunculaceae

1 Korianderblättrige Schmuckblume

Callianthemum coriandrifolium

✻5-8 ↕5-20 cm ▼Bodensaure, steinige Rasen, Silikatgestein, 1800-2800 m.
St. 1- bis 2-blütig; Grundb. lg. gestielt, blaugrün, kahl, mit mehrfach fiederteiligen Abschnitten; Kelchb. 5, grünlich oder weiß, Blütenb. 5-13, breitoval, weiß oder schwach rosa. ▲ Zerstreut; Zentralalpen, Gebirge Süd- und Mitteleuropas.

2 Monte-Baldo-Windröschen

Anemone baldensis

✻6-8 ↕5-15 cm ▼Geröll und steinige Matten, Kalkfelsspalten, 1800-2800 m.
St. 1blütig, flaumig behaart; Grundb. lg. gestielt, 3zählig gefiedert, B.abschnitte keilförmig, gezähnt; Blüten weiß, bis 4 cm br., mit 8-10 unterseits behaarten, rötlichen Blütenb. ▲ Zerstreut; hauptsächlich südliche Alpengebiete, Pyrenäen.

3 Alpen-Anemone

Pulsatilla alpina

✻6-8 ↕15-45 cm ▼Bergwiesen, steinige Matten, kalkhaltiger Boden, etwa 1500-2800 m.
St.b. quirlständig, doppelt 3teilig, mit gesägten Zipfeln, behaart; Blüten einzeln, 4-5 cm br., lg. gestielt, Blütenb. 6, eiförmig, innen weiß, außen oft violett überlaufen, behaart; Griffel sich zur Fruchtreife bis auf 5 cm verlängernd, dient als Flugorgan zur Verbreitung der Samen. ▲ Zerstreut; Gebirge Mittel- und Südeuropas.

4 Frühlings-Anemone, Frühlings-Kuhschelle

Pulsatilla vernalis

✻4-6 ↕5-15 cm ▼Silikatmagerrasen, lichte Kiefernwälder, Zwergstrauchheiden, Ebene bis 3600 m.
Pfl. zur Reife bis 35 cm hoch, dicht bronzefarben behaart; Blätter überwinternd, lederig, gefiedert, mit ungleich 2- bis 5-spaltigen Fiedern; St. filzig behaart, mit stark zerschlitztem, dicht behaartem Hochb.-quirl und 1 nickenden, später aufrechten, 3-6 cm br. Blüte; Blütenb. meist 6, innen weiß oder blasslila, außen violett, rosarot oder bläulich und seidenhaarig; Griffel zur Reife 3-4 cm lg., zottig. ▲ Zerstreut; Nordeuropa, Dänemark, Norddeutschland, Gebirge Mittel- und Südeuropas.

5 Alpen-Hahnenfuß

Ranunculus alpestris

✻5-9 ↕5-15 cm ▼Feinschutt, Schneetälchen, feuchte Felsspalten, etwa 1500-2700 m.
Grundb. lg. gestielt, 3- bis 5-lappig, Zipfel grob gekerbt, glänzend, dunkelgrün; St.b. fehlend oder schmal-linealisch; Blüten 20-25 mm br., zu 1-2, weiß, Kronb. schwach ausgerandet. Giftig! ▲ Gelegentlich bis in die Täler; häufig; Gebirge Mittel- und Südeuropas.

6 Eisenhutblättriger Hahnenfuß

Ranunculus aconitifolius

✻5-7 ↕20-60 cm ▼Staudenreiche Bergwälder, Bäche, Quellen, Hochstaudenfluren, in den Alpen bis 2600 m.
Grundb. 3- bis 7-teilig, lg. gestielt, Abschnitte br. eiförmig, ungleich gesägt, der Mittellappen kurz gestielt, St.b. sitzend; Blüten weiß, 1-2 cm br., Blütenstiele behaart, 1- bis 3-mal so lg. wie das Tragb.; St. mit gespreizten Ästen. Giftig! ▲ Zerstreut; Gebirge Mittel- und Südeuropas. – Ähnlich ist der **Platanenblättrige Hahnenfuß**, *Ranunculus platanifolius*, aber Blütenstiele kahl, 4- bis 5-mal so lg. wie das Tragb.; Abschnitte der Blätter meist am Grund verbunden. ▲ Zerstreut; Alpen und -vorland, europäische Gebirgspflanze.

5
6
2
3
1
4

Hahnenfußgewächse

Ranunculaceae

1 Seguiers Hahnenfuß

Ranunculus seguierii

✻ 6-7 ↕ 8-15 cm ▼ Kalkfelsspalten, feuchter Gesteinsschutt, 1800-2400 m. St. und B. anfangs weißhaarig, später kahl; St. 1- bis 3-blütig; Blätter dunkelgrün, handförmig 3- bis 5-teilig, mit linealischen bis verkehrt eiförmigen Zipfeln; Blüten bis 2,5 cm groß, weiß, Kronb. 5 oder mehr, br. eiförmig; Früchtchen kugelig, netznervig, mit hakig gebogenem Schnabel. Giftig! ▲ Zerstreut bis selten; Südalpen, Apennin.

2 Pyrenäen-Hahnenfuß

Ranunculus pyrenaeus

✻ 5-7 ↕ 5-15 cm ▼ Auf schwach basischen bis mäßig sauren, oft vernässten Weiden, 1700-2800 m.
Blätter grasartig, lanzettlich, kahl, bläulich grün, parallelnervig; St. mit 2-5 mm br. Blättern und reinweißen Blüten mit kahlem Kelch. Giftig! ▲ Zerstreut bis selten; Zentralalpen, Süd- und Westalpen, Gebirge Spaniens, Pyrenäen, Korsika.

3 Gletscher-Hahnenfuß

Ranunculus glacialis

✻ 7-8 ↕ 5-15 cm ▼ Silikatschutt, Moränen, etwa 2000-4200 m.
Pfl. aufrecht oder aufsteigend; Grundb. gestielt, fleischig, dunkelgrün, bis zum Grund 3teilig, Abschnitte 3- bis vielspaltig, St.b. sitzend, handförmig 3- bis 5-spaltig; Blüten 20-30 mm br., Kronb. weiß oder rosa, außen meist dunkler, nach der Blüte bleibend, Kelchb. außen stark dunkelbraun behaart. Giftig! ▲ Zerstreut; Arktis, Skandinavien, Alpen, Sierra Nevada, Pyrenäen, Karpaten.

Dickblattgewächse

Crassulaceae

4 Weißer Mauerpfeffer

Sedum album

✻ 6-7 ↕ 8-20 cm ▼ Felsköpfe, Mauern, in den Alpen bis 2500 m.
Pfl. lockerrasig, mit aufrechten blühenden und mit kriechenden nichtblühenden St.; Blätter grün oder rötlich, walzig, beiderseits gewölbt; Blütenstand meist kahl, Kronb. 3-5 mm lg., stumpf, weiß, außen oft rosa. ▲ Häufig; Südskandinavien, Mittel- und Südeuropa.

Steinbrechgewächse

Saxifragaceae

5 Rundblättriger Steinbrech

Saxifraga rotundifolia

✻ 6-9 ↕ 20-70 cm ▼ Bergmischwälder, Hochstaudengebüsch, Bachufer, in den Alpen bis über 2200 m.
Blätter lg. gestielt, hellgrün, rundlich, grob gekerbt; Blüten in lockeren Rispen, weiß, am Grund rot punktiert. ▲ Verbreitet; Gebirge Mittel- und Südeuropas.

6 Bursers Steinbrech

Saxifraga burseriana

✻ 3-6 ↕ 3-8 cm ▼ Kalk- und Dolomitfelsspalten, Felsbänder, 1600-2500 m.
Pfl. dichte, feste, halbkugelige Polster bildend; Blätter 6-12 mm lg., pfriemlich, starr, 3kantig, graugrün; St. 1blütig, rot, drüsig behaart; Kronb. rundlich, weiß, rötlich geadert. ▲ Zerstreut bis selten; nordöstliche und südöstliche Kalkalpen.

4
1
2
3
5
6

Steinbrechgewächse

Saxifragaceae

1 Krusten-Steinbrech

Saxifraga crustata

✻ 6-8 ↕ 12-30 cm ▼ Kalkfelsen, kalkreiche, steinige Böden, Felsschutt, 600-2800 m. Pfl. mit vielen nichtblühenden B.rosetten; Blätter linealisch, 1-5 cm lg. und 2-3 mm br., ganzrandig oder undeutlich gekerbt, an der Spitze nach außen gebogen, oft stark von Kalk inkrustiert; St. drüsig behaart; Blütenstand traubig-rispig, Blüten weiß. ▲ Zerstreut; südöstliche Kalkalpen, Balkan.

2 Blaugrüner Steinbrech

Saxifraga caesia

✻ 6-9 ↕ 2-10 cm ▼ Kalkfelsen, Steinrasen, etwa 1600-3000 m; im Geröll der Alpenflüsse tiefer steigend.
Pfl. kompakte Kugelpolster bildend; Blätter blaugrün, 3-6 mm lg., bogig zurückgekrümmt, oberseits mit 5-9 Kalkdrüsen; St. mit 2-6 weißen Blüten. ▲ Verbreitet; Gebirge Mittel- und Südeuropas.

3 Trauben-Steinbrech

Saxifraga paniculata (*S. aizoon*)

✻ 5-8 ↕ 10-40 cm ▼ Kalkfelsspalten, steinige Rasen, in den Alpen von 1300 bis 3400 m.
Blätter zungenförmig, 3-5 cm lg., am Rand mit Kalkgrübchen; Blüten weiß, oft punktiert, in reichblütigen Rispen. ▲ Verbreitet; Gebirge Europas.

4 Mannsschild-Steinbrech

Saxifraga androsacea

✻ 5-8 ↕ 2-10 cm ▼ Schneetälchen, feuchter Kalkschutt, kalkreiche bis schwach saure, durchfeuchtete Böden, 1400-3200 m.
Pfl. lockerrasig; Blätter lanzettlich-spatelig, ganzrandig oder vorne 3- bis 5-zähnig, am Rand drüsenhaarig; St. fast blattlos, 1- bis 3-blütig, mit lg. Drüsenhaaren; Kronb. weiß, rundlich oder ausgerandet, 2-mal so lg. wie der drüsenhaarige Kelch.
▲ Verbreitet; Alpen, Pyrenäen, Karpaten, Altai, Ostsibirien.

5 Blattloser Steinbrech

Saxifraga aphylla

✻ 7-9 ↕ 3-8 cm ▼ Auf Kalkfels und Felsschutt mit langer Schneebedeckung, 1500-3000 m.
Pfl. lockerrasig; St. meist 1blütig; Blätter am Grund der St. rosettig gehäuft, 3- bis 5-spaltig, seltener ungeteilt; Kronb. linealisch, spitz, 2-2,5 mm lg., höchstens halb so br. wie die Kelchb. ▲ Verbreitet; Alpen.

6 Stern-Steinbrech

Saxifraga stellaris

✻ 6-8 ↕ 4-15 cm ▼ Flache Quellbäche, überrieselte Felsen, in den Alpen bis 3000 m.
Blätter in Rosetten, verkehrt eiförmig, keilförmig, vorn grob gezähnt, fleischig, glänzend; Blütenstand 3- bis 15-blütig; Kronb. 5 (selten 6), 2-3 mm lg., weiß, mit 2 gelben Punkten. ▲ Verbreitet; Arktis, Gebirge Europas.

7 Furchen-Steinbrech

Saxifraga exarata

✻ 6-8 ↕ 3-12 cm ▼ Felsschutt, Felsspalten, Pionierrasen auf Urgestein oder Kalkschiefer, 1800-3600 m.
Dunkelgrüne, drüsig-klebrige Polsterrasen; Grundb. 3- bis 7-spaltig, gefurcht; St.b. linealisch; Blüten zu 4-10, gelblich weiß; Kronb. doppelt so br. wie die Kelchb.
▲ Verbreitet; Südwest- und Westalpen, ostwärts bis Brenner, Apennin, Balkanhalbinsel, Kaukasus.

2
5
7
3
1
6
4

Steinbrechgewäche
Saxifragaceae

1 Piemonteser Steinbrech
Saxifraga pedemontana

✻6-8 ↕5–20 cm ▼Felsspalten, Felsschutt, auf Silikatgestein, 1500-2800 m. Polsterbildende Rosettenpfl. mit keilförmigen, fächerig geteilten, etwas fleischigen, dicht drüsigen Grundb., St.b. wenige, spatelig, vorn 3- bis 7-spaltig; Blütenstand 3- bis 10-blütig, rispenartig, dicht gedrängt, Kronb. weiß, 3nervig, 10-15 mm lg., Kelchb. drüsig behaart, halb so lg. wie die Kronb. ▲Ziemlich selten; Seealpen, Cottische und Grajische Alpen.

2 Keilblättriger Steinbrech
Saxifraga cuneifolia

✻6-8 ↕10-20 cm ▼Schattige Bergwälder, feuchte Felsen, kalkmeidend, 400-2000 m.
Blätter in grundständiger Rosette, verkehrt eiförmig, keilförmig in den Stiel verschmälert, mit gelblichem Knorpelrand, vorn mit stumpfen Zähnen; St. drüsenhaarig; Blüten weiß, meist ohne rote Punkte.
▲Zerstreut bis selten; Alpen (in den bayerischen Alpen fehlend), nordspanische Gebirge, Pyrenäen, Apennin, Karpaten.

3 Moos-Steinbrech
Saxifraga bryoides

✻7-8 ↕3-10 cm ▼Feuchter Ruhschutt, lockere Rasen, Moränen, nur auf Silikat- oder kalkarmem Gestein, 1500-4200 m. Pflanze mit dichten, flachen Kriechpolstern; Blätter lineal-lanzettlich, gekrümmt, grannig zugespitzt und dornig bewimpert, kaum länger als die kugeligen Achselknospen; St. bis 10 cm hoch, 1blütig; Kronb. 4-6 mm lg., weißlich, am Grund gelb, Kelchb. eiförmig, stachelspitzig. ▲Verbreitet; Alpen (fehlt in den nordöstlichen Kalkalpen), Ostpyrenäen, Auvergne, Sudeten, Karpaten, Balkanhalbinsel.

4 Rauer Steinbrech
Saxifraga aspera

✻7-8 ↕5-20 cm ▼Vor allem in der Nadelholzstufe an schattigen Felsen, Sturzblöcken und auf Ruhschutt, 1000-2500 m.
Ähnlich Moos-Steinbrech, aber Wuchs lockerrasig, mit vielen verlängerten Kriechsprossen; Grundb. gerade, viel länger als die Achselknospen, lineal-lanzettlich, starr, zugespitzt, entfernt stachelig bewimpert; Blütenst. mehrblütig, mit abstehenden, 5-20 mm lg. Blättern, Blüten gelblich weiß. ▲Zerstreut; Zentralalpen, Apennin, Pyrenäen.

Rosengewächse
Rosaceae

5 Steinbeere
Rubus saxatilis

✻5-6 ↕10-30 cm ▼Mischwälder, Gebüsche, in den Alpen bis 2000 m.
Pfl. 1jährig, nicht verholzend, mit feinen Stacheln; Blätter 3zählig, lg. gestielt, beiderseits grün, grob doppelt gezähnt; Blüten zu 3-10, Kronb. weiß, 5 mm lg.; Frucht hellrot (mit Johannisbeergeschmack). ▲Zerstreut; Europa, im Süden in den Gebirgen.

6 Silberwurz
Dryas octopetala

✻5-8 ↕2-10 cm ▼Kalkschutt, Kalkfels, Kalkmagerrasen, lichte Föhrenwälder, etwa 800-2500 m, im Flusskies oft herabgeschwemmt.
Pfl. spalierartig, reich verzweigt; Blätter oval, stumpf gekerbt, gestielt, 1-3 cm lg., oberseits dunkelgrün, unterseits weißfilzig; Blüten einzeln, 2-3 cm br., lg. gestielt, Kronb. 7-9, weiß, Kelchb. 7-9, braunfilzig.
▲Häufig; Nordeuropa, Alpen, Pyrenäen, Karpaten, Apennin, Gebirge der Balkanhalbinsel, Kaukasus.

4
2
6
5
1
3

Rosengewächse

Rosaceae

1 Stängel-Fingerkraut

Potentilla caulescens

✻ 7-9 ↕ 10-30 cm ▼ Kalkfelsspalten, oft unter überhängenden Felsen, etwa 900-2400 m.

Pfl. behaart; Grundb. 5zählig, 2-4 cm lg., jederseits mit 2-5 Zähnen, am Rand seidig bewimpert; B.stiel 5-15 cm lg.; Blüten 15-20 mm br., in dichten Blütenständen, Kronb. 5, weiß, die Kelchb. kaum überragend. ▲ Verbreitet; Gebirge Mittel- und Südeuropas.

2 Clusius-Fingerkraut, Ostalpen-Fingerkraut

Potentilla clusiana

✻ 6-8 ↕ 5-10 cm ▼ Kalkfelsen, auch Kalkschutt, 1400-2400 m.

St. aufsteigend, angedrückt behaart, 1- bis 3-blütig; Blätter 5zählig gefingert, am Rand lg. bewimpert, mit 3-5 vorwärts gerichteten Zähnen; Blüten weiß, 2 cm br., Kronb. ausgerandet, viel länger als die lanzettlichen, außen rötlichen Kelchb.; Staubfäden kahl. ▲ Zerstreut; Ostalpen, Dinarische Gebirge, Albanien.

3 Schmalkronblättriges Fingerkraut

Potentilla grammopetala

✻ 7-8 ↕ 10-30 cm ▼ Sonnige Silikatfelsen, 1800-2500 m.

Pfl. dichtfilzig und drüsig klebrig; Blätter weichhaarig, Grundb. 3teilig, viel kürzer als der St.; Kronb. gelblich weiß, sehr schmal, kaum so lg. wie die schmal lanzettlichen, abstehend behaarten Kelchb. ▲ Ziemlich selten; Südwestalpen.

4 Schnee-Fingerkraut, Westalpen-Fingerkraut

Potentilla nivalis

✻ 5-7 ↕ 10-30 cm ▼ Auf Kalkfels, 1500-2700 m.

St. lg. seidig behaart und kurz drüsenhaarig; Grundb. meist 7teilig, B.fiedern verkehrt-eiförmig, an der Spitze mit wenigen Zähnen; Kronb. weiß, kürzer als die Kelchb., Außenkelch länger als die Kelchb. ▲ Ziemlich selten; Südwestalpen.

5 Valdieri-Fingerkraut

Potentilla valderia

✻ 7-8 ↕ 20-40 cm ▼ Auf Silikat und Kalk, 1200-2400 m.

Grundb. meist 7teilig, B.fiedern schmal, verkehrt-eiförmig, vorn abgerundet, gezähnt, oben grün oder grau, unten graufilzig; Kronb. weißlich, etwa 7 mm lg., kürzer als die ei-lanzettlichen Kelchb., diese etwas länger als die schmal-lanzettlichen Außenkelchb.; Staubb. fädig zottig. ▲ Ziemlich selten; französische und italienische Seealpen.

Sauerkleegewächse

Oxalidaceae

6 Wald-Sauerklee

Oxalis acetosella

✻ 4-5 ↕ 5-12 cm ▼ Nadel- und Laubmischwälder, Zwergstrauchgesellschaften; in den Alpen bis über 2000 m.

Blätter 3zählig; Blüten einzeln, an lg. Stielen, Kronb. 5, weiß, seltener rosa oder bläulich, purpurn geadert, 10-15 mm lg., Kelchb. länglich-eiförmig. ▲ Häufig; Europa, im Süden nur in den Gebirgen.

1
2
6
5
3
4

Sandelgewächse

Santalaceae

1 Geschnäbeltes Leinblatt

Thesium rostratum

✱5-7 ↕20-30 cm ▼Steinige Böden, lichte, kalkreiche Kiefernwälder, bis 1000 m. St. mit einem blütenlosen B.schopf endend; Blätter sehr schmal-lanzettlich, 1nervig; Blütenstand traubig, jede Blüte nur mit 1 Hochb., 5zählig, weiß, Blütenhülle zur Fruchtzeit etwa 2-mal so lg. wie die Frucht, diese dadurch geschnäbelt. ▲Zerstreut bis selten; Alpen und -vorland, Süddeutschland.

Leingewächse

Linaceae

2 Wiesen-Lein, Purgier-Lein

Linum catharticum

✱6-7 ↕5-30 cm ▼Kalkmagerrasen, Moorwiesen; bis 2300 m. Pfl. aufrecht, gabelästig; Blätter gegenständig, ei-lanzettlich, 1 cm lg., sehr fein gezähnt; Blütenknospen hängend, Kelchb. 4-5, 2-3 mm lg., am Rand drüsenhaarig, 1nervig, Kronb. 4-5, 3-6 mm lg., weiß, am Grund gelb. ▲Häufig; Europa, im Süden nur in den Gebirgen.

Nelkengewächse

Caryophyllaceae

3 Frühlings-Miere

Minuartia verna

✱5-9 ↕5-15 cm ▼Felsschutt, lückige Rasen, kalkliebend, etwa 1500-3200 m. Pfl. dichtrasig, mit vielen nichtblühenden, dicht beblätterten Sprossen; Blätter linealisch, undeutlich 3nervig, kahl; Blütenstiele und Kelch drüsig behaart, Kelchb. 3nervig, wenig kürzer als die eiförmigen, weißen Kronb.; Staubb. 10, rot; Griffel 3. ▲Verbreitet; Alpen, Arktis, Kaukasus, in den Gebirgen südlich bis Sizilien, Kreta und Nordafrika.

4 Österreichische Miere

Minuartia austriaca

✱6-8 ↕10-20 cm ▼Kalkfelsspalten und Schuttfluren, 1400-2200 m. Pfl. lockerrasig, aufrecht, meist 2blütig, mit linealischen, fein zugespitzten, 1-2 cm lg., unterseits 3nervigen Blättern; Blütenstiele stark verlängert, Kronb. 2-mal so lg. wie der Kelch, Kelchb. spitz, 4-6 mm lg., krautig, nur am Grund schmal hautrandig, 3nervig. ▲Zerstreut; Ostalpen.

5 Lärchenblättrige Miere

Minuartia laricifolia

✱6-8 ↕8-20 cm ▼Sonnige, steinige Hänge, Felsschutt, Felsen, kalkmeidend, 600-2000 m. Pfl. lockerrasig, mit vielen dicht beblätterten, nichtblühenden Sprossen; Blätter linealisch-pfriemlich, 8-12 mm lg. und 0,5 mm br., meist sichelförmig gekrümmt; Kronb. weiß, 8-12 mm lg., Kelchb. eiförmig stumpf, 5-7 mm lg., krautig, schmal hautrandig. ▲Zerstreut; Südwestalpen, ostwärts bis zu den Stubaier- und Sarntaler Alpen, Gebirge Zentralspaniens, Pyrenäen, Apennin.

6 Zweiblütiges Sandkraut

Arenaria biflora

✱7-9 ↕5-20 cm ▼Schneetälchen, Feinschutt, kalkmeidend, 1700-3100 m. St. niederliegend, kriechend, an den Knoten oft wurzelnd; Blätter br. eiförmig bis rundlich, stumpf, am Grund in einen br., gewimperten Stiel verschmälert; Blüten einzeln oder zu 2, weiß, Kronb. eiförmig, wenig länger als die Kelchb.; Fruchtknoten kugelig, mit 3 Griffeln. ▲Zerstreut; Alpen, Ostpyrenäen, Ostkarpaten, Gebirge der Balkanhalbinsel. – Ähnlich ist das **Wimper-Sandkraut**, *A. ciliata*, aber Blätter br. lanzettlich bis länglich-eiförmig, spitz, am Rand bis über die Mitte lg. gewimpert; Kronb. fast doppelt so lg. wie die Kelchb. ▼Steinige Matten, 1800-3100 m. ▲Zerstreut; Hochgebirge Europas.

6
3
5
1
2
4

Nelkengewächse

Caryophyllaceae

1 Alpenhornkraut

Cerastium alpinum

✱ 7–9 ↕ 5–20 cm ▼ Saure oder kalkarme Böden, lückige Rasen, Felsschutt, Felsspalten, 2000–3000 m.
Pfl. mit vielen niederliegenden nichtblühenden und aufsteigenden blühenden, wollig behaarten, graugrünen Trieben; Blätter elliptisch, beiderseits behaart; Blüten 1,5–2 cm br., Blütenstiele abstehend behaart; Kronb. weiß, doppelt so lg. wie die zottig behaarten, trockenhäutig berandeten Kelchb. ▲ Verbreitet; Alpen, Pyrenäen, Karpaten, Arktis.

2 Breitblättriges Hornkraut

Cerastium latifolium

✱ 7–8 ↕ 5–12 cm ▼ Felsspalten, Gesteinsschutt, nur auf Kalk und Dolomit, 1600–3500 m.
Pfl. lockerrasig; Blätter eiförmig, zugespitzt, dicht mit kurzen Borsten- und Drüsenhaaren besetzt; Blüten weiß, 25–35 mm br., Kronb. 5, 2spaltig; Staubb. 10, Griffel 5. ▲ Verbreitet; Alpen (westlich des Inn).

3 Dreigriffeliges Hornkraut

Cerastium cerastoides

✱ 7–9 ↕ 5–15 cm ▼ Schneetälchen, feuchte, mäßig saure Böden, 1700–3000 m.
Pfl. lockerrasig; St. niederliegend bis aufsteigend, mit Haarleiste, 1- bis 3-blütig; Blätter kahl, länglich-lanzettlich, die oberen eiförmig bis rundlich; Kronb. 5–8 mm lg., tief 2spaltig, 2-mal so lang wie der Kelch; Griffel 3 (3a). ▲ Zerstreut; Alpen, Arktis, Hochgebirge Europas, Kleinasien, Kaukasus, Himalaja.

4 Bewimperte Nabelmiere

Moehringia ciliata

✱ 5–8 ↕ 3–8 cm ▼ Kalk- oder Dolomitschutt, Schneetälchen, lückige Pionierrasen, 1500–3000 m.
Pfl. mit lg., kriechenden Trieben und aufsteigenden 1- bis 3-blütigen Blütenst.; Blätter schmal linealisch, dicklich, am Grund meist bewimpert; Kronb. weiß, abgerundet, etwas länger als die eiförmig-lanzettlichen, stumpfen, 1- bis 3-nervigen Kelchb.; Staubb. 10, Griffel 3. ▲ Verbreitet; Alpen, Ostpyrenäen, nordwestliche Balkanhalbinsel.

5 Kriechendes Gipskraut

Gypsophila repens

✱ 6–10 ↕ 5–20 cm ▼ Kalkschutthalden, etwa 1000–2800 m, im Kies der Alpenflüsse tiefer.
Pfl. bläulich bereift; Blätter lanzettlich, etwas fleischig, 1–3 cm lg.; Blütenstand rispig; Blüten 5zählig, Kronb. 6–10 mm lg., weiß oder rosa. ▲ Verbreitet; Gebirge Mittel- und Südeuropas.

6 Vierzähniger Strahlensame

Silene pusilla
(Heliosperma quadridentatum)

✱ 6–9 ↕ 5–20 cm ▼ Feuchter Kalkfelsschutt, 1000–2500 m, im Kies der Alpenflüsse auch tiefer.
Pfl. lockerrasig; St. gabelig verzweigt, oben wie die Blütenstiele klebrig; Blätter linealisch, am Grund schwach bewimpert; Kronb. weiß, vorn 4zähnig. ▲ Verbreitet; Alpen, Pyrenäen, Jura, Korsika, Apennin, Balkanhalbinsel, Karpaten.

7 Gemeines Leimkraut, Taubenkropf

Silene vulgaris (S. cucubalus, S. inflata)

✱ 5–9 ↕ 10–50 cm ▼ Wege, Böschungen, Steinbrüche, Gebüschsäume, Magerrasen, in den Alpen bis 2500 m.
Blätter eiförmig-lanzettlich bis br. eiförmig (sehr variabel), blaugrün, meist kahl; Blütenstand rispig, Kelch kugelig aufgeblasen, stark netzaderig, 20nervig, Kronb. tief 2teilig, weiß. Formenreiche Sammelart mit vielen Kleinarten.
▲ Häufig; Europa.

6
5
4
2
7
3
3a
1

Nelkengewächse

Caryophyllaceae

1 Felsen-Leimkraut

Silene rupestris

✻ 7-8 ↕ 10-25 cm ▼ Felsspalten, Felsschutt, trockene, steinige Hänge, kalkmeidend, 1000-3000 m, gelegentlich auch tiefer.
Pfl. kahl; Blätter ei-lanzettlich, spitz, sitzend, bläulich grün; Blütenstand gabelig verzweigt, mit lg. gestielten, weißen, seltener rosaroten Blüten, Kronb. ausgerandet, 2-mal so lg. wie die blassgrünen, stumpfzähnigen Kelchb., Kelch 4-10 mm lg., 10nervig. ▲ Verbreitet bis zerstreut; Gebirge Europas, in Deutschland nur im Allgäu.

Primelgewächse

Primulaceae

2 Europäischer Siebenstern

Trientalis europaea

✻ 5-7 ↕ 5-20 cm ▼ Montane und subalpine Fichtenwälder, Birkenmoore, bodensaure Laubwälder, Heiden, Magerrasen, kalkmeidend.
Blätter lanzettlich, ganzrandig, 2-4 cm lg., am Ende des St. quirlartig gehäuft; Blüten einzeln, b.achselständig, lg. gestielt, Krone weiß, 10-15 mm br., flach ausgebreitet, fast bis zum Grund in 7 spitze Zipfel zerteilt, Kelch 4-6 mm lg., mit 7 lanzettlichen Zipfeln. ▲ Ziemlich selten; Nord- und Mitteleuropa.

3 Milchweißer Mannsschild

Androsace lactea

✻ 5-7 ↕ 5-15 cm ▼ Kalkfelsbänder, steinige Matten, etwa 1600-2200 m.
Rosettenpfl., lockerrasig; Blätter linealisch, zugespitzt, 1-2 cm lg., spärlich bewimpert; Blüten in 2- bis 6-blütiger Dolde; Krone 8 mm br., weiß, mit gelbem Schlund, Kronzipfel ausgerandet. ▲ Zerstreut; Gebirge Mittel- und Südeuropas (östlich).

4 Zwerg-Mannsschild

Androsace chamaejasme

✻ 6-8 ↕ 2-6 cm ▼ Kalkreiche Magerrasen, Felsschutt, windexponierte Grate, 1500-3000 m.
Pfl. lockerrasig; Blätter in Rosetten, lanzettlich, am Rand gewimpert, auf der Fläche kahl, 5-15 mm lg. und 3-4 mm br.; St. und Blütenstand langhaarig-zottig; Krone weiß oder rötlich, im Schlund gelb. ▲ Verbreitet; hauptsächlich Nordalpen, Pyrenäen, Karpaten, Arktis.

5 Zottiger Mannsschild

Androsace villosa

✻ 6-7 ↕ 3-6 cm ▼ Kalkreiche Mager- und Pionierrasen, Felsschutt, 1600-2300 m.
Pfl. mit halbkkugeligen B.rosetten; Blätter schmal lanzettlich, 4-8 mm lg. und 2-3 mm br., mit 1-2 mm langen Seidenhaaren; Blüten weiß oder rötlich, mit gelbem Schlund, sitzend oder kurz gestielt, in mehrblütiger Dolde. ▲ Zerstreut; West- und Südostalpen, Spanien, Pyrenäen, Jura, Apennin, Karpaten, Balkan.

6 Schweizer Mannsschild

Androsace helvetica

✻ 5-7 ↕ 2-5 cm ▼ Kalk- und Dolomitfelsspalten, 1600-3500 m.
Pfl. sehr dichte, halbkugelige, graue Polster bildend; Blätter 2-4 mm lg., schmal eiförmig, dicht dachziegelartig gestellt; Blüten einzeln, fast sitzend, weiß, mit gelbem Schlund. ▲ Zerstreut; Alpen.

7 Vandellis Mannsschild, Vielblütiger Mannsschild

Androsace vandelii

✻ 7-8 ↕ 2-4 cm ▼ Silikatfelsspalten, 1900-3000 m.
Pfl. dicht polsterförmig, silberglänzend weißfilzig; Blätter schmal spatelig, 3-6 mm lg., sternhaarig, dicht dachziegelartig gestellt; Blüten 2-6 mm lang gestielt, weiß, im Schlund gelb. ▲ Ziemlich selten; Alpen.

7
5
2
3
4
1
6

Spindelbaumgewächse

Celastraceae incl. *Parnassiaceae*

1 Sumpf-Herzblatt

Parnassia palustris

✱ 7-9 ↕ 10-30 cm ▼ Flach- und Quellmoore, Alpen auf wasserzügigen Schutthängen, bis über 2500 m.
Grundständige B. herzförmig, lg. gestielt, St.b. 1, st.umfassend, St. 1blütig; Blüten 1-3 cm br., weiß. ▲ Zerstreut; Europa, im Süden nur in den Gebirgen.

Fieberkleegewächse

Menyanthaceae

2 Fieberklee, Bitterklee

Menyanthes trifoliata

✱ 4-5 ↕ 15-30 cm ▼ Flach- und Quellmoore, Moorschlenken, von der Ebene bis 2000 m.
Pfl. mit dickem, lg. kriechendem Rhizom; Blätter 3zählig; Blüten weiß oder rötlich, bärtig, in aufrechter Traube. Heilpfl.
▲ Zerstreut bis selten; Nord- und Mitteleuropa, Gebirge Südeuropas.

Geißblattgewächse

Caprifoliaceae incl. *Linnaeaceae*, *Dipsacaceae* und *Valerianaceae*

3 Felsen-Baldrian

Valeriana saxatilis

✱ 6-8 ↕ 5-30 cm ▼ Kalkfelsspalten, Schutt, von den Tallagen bis 2800 m.
St. b.los oder mit 1 B.paar; Grundb. elliptisch bis lanzettlich, in einen lg. Stiel verschmälert, 3- bis 5-nervig; Blütenstand zusammengesetzt, armblütig, die unteren Äste oft herabgerückt, Krone weiß, 2-4 mm lg. ▲ Verbreitet; Alpen, Nordapennin, Balkanhalbinsel, Karpaten.

4 Ostalpen-Baldrian

Valeriana elongata

✱ 6-8 ↕ 5-25 cm ▼ Kalkfelsspalten, Felsschutt, 1600-2400 m.
St. gefurcht, kahl; Rosettenb. lg. gestielt, eiförmig, ganzrandig, St.b. fast sitzend, eiförmig oder fast 3eckig, grob gezähnt; Blüten in achselständigen Trugdolden, Krone bräunlich bis grünlich, 2-3 mm lg.
▲ Zerstreut bis selten; Endemit der Ostalpen (Totes Gebirge ostwärts, Bozen, Osttirol, Julische und Steiner Alpen).

5 Echter Speik

Valeriana celtica

✱ 7-8 ↕ 5-15 cm ▼ Bodensaure, feuchte Alpenmatten, kalkmeidend, 1700-3200 m.
Grundb. verkehrt-eiförmig, 3-12 mm br. und 2-3 cm lg.; St.b. linealisch, 2-4 mm br.; Blütenstand walzenförmig, aus 2-6 übereinanderstehenden, quirlartigen Teilblütenständen bestehend; Blüten gelblich weiß bis bräunlich rot; Wurzelstock mit durchdringendem Geruch. ▲ Zerstreut; Endemit der Alpen, mit disjunkter Verbreitung, die ssp. *celtica* (Echter Speik) in den West-Alpen (Cottische-, Grajische- und Penninische Alpen), die ssp. *norica* (Norischer Speik) in den Ost-Alpen (südliche Tauern, Dachstein, Nockberge).

6 Moosglöckchen

Linnaea borealis

✱ 6-8 ↕ 5-15 cm ▼ Nadelwälder, über Moospolster kriechend; in den Alpen bis etwa 2400 m.
St. fadenförmig, bis 2 m lg.; Blätter wintergrün, rundlich, 7-12 mm lg., unterseits blaugrün; Blüten zu 1-2 auf lg. Stielen, glockig, 7-10 mm lg., mit 5 br. Zipfeln, weiß oder rosa. ▲ Selten; Nordeuropa, Norddeutschland, Alpen, Sudeten, Karpaten, Kaukasus.

5
6
4
2
3
1

Immergrüngewächse

Apocynaceae incl. *Asclepiadaceae*

1 Weiße Schwalbenwurz

Vincetoxicum hirundinaria (Vincetoxicum officinale)

✻ 5–8 ↕ 30–120 cm ▼ Eichen- und Kiefernwälder, sonnige Gebüsche, warme Steinschuttfluren, bis 2400 m.

St. hohl, flaumig; Blätter länglich, herz-eiförmig, 8–12 cm lg., dunkel- bis blaugrün; Blütenstand zusammengesetzt; Blüten in den Teilblütenständen knäuelig gehäuft, 5zählig, radiär; Krone trichterförmig, weiß bis gelbgrün, 4–7 mm br., mit kleiner Nebenkrone; Fruchtknoten oberständig, mit den 5 Staubb. zu einem Säulchen verwachsen. Giftig! ▲ Zerstreut; hauptsächlich Mittel- und Südeuropa.

Heidekrautgewächse

Ericaceae incl. *Monotropaceae, Pyrolaceae* und *Empetraceae*

2 Rundblättriges Wintergrün

Pyrola rotundifolia

✻ 6–7 ↕ 15–30 cm ▼ Nadelwälder, saure Buchenwälder, Birkenmoore, bis 1700 m.

St. unten stumpfkantig, meist grün, selten rot; Blätter rundlich-eiförmig; Blüten zu 8–15 in aufrechter, allseitswendiger Traube, Krone weiß, offen, glockenförmig, Kelchzipfel lanzettlich, spitz, abstehend; Griffel s-förmig gebogen, länger als die Krone. ▲ Ziemlich selten; Nord- und Mitteleuropa.

3 Kleines Wintergrün

Pyrola minor

✻ 6–7 ↕ 10–20 cm ▼ Nadelwälder, saure Buchenwälder, Birkenmoore, Zwergstrauchheiden, bis 1700 m.

Blätter rundlich-eiförmig; Blüten kugelig, geschlossen, zu 5–20 in allseitswendiger Traube, Kelchzipfel der Krone angedrückt; Griffel kürzer als die Blüten, nicht verdickt. ▲ Zerstreut; Nord- und Mitteleuropa, südlich bis Mittelitalien.

4 Grünblütiges Wintergrün

Pyrola chlorantha

✻ 6–7 ↕ 10–30 cm ▼ Lichte Nadelwälder; bis 1300 m.

Ähnlich dem Kleinen Wintergrün *(Pyrola minor)*. Stängel unten scharfkantig, meist rot; Blätter **(4a)** grundständig, rundlich-spatelig, vorn oft ausgerandet, B.stiele länger als die 1–2 cm lg. B.spreite; Blütenstand 3- bis 7-blütig, Krone offen, glockenförmig, grünlich weiß, Kelchzipfel **(4b)** eiförmig, 3eckig, kurz zugespitzt, der Krone angedrückt; Griffel s-förmig gebogen. ▲ Zerstreut bis selten; fast ganz Europa.

5 Nickendes Wintergrün

Orthilia secunda (Pyrola secunda)

✻ 6–7 ↕ 5–25 cm ▼ Nadelwälder, bodensaure Laubmischwälder, Latschengebüsch, bis 2300 m.

Blätter im unteren Drittel des St. (nicht in einer grundständigen Rosette), eiförmig, spitz; Blüten in 1seitswendiger, reichblütiger, 5–15 cm lg. Traube, grünlich weiß, glockig bis fast kugelig, Kronb. 3–4 mm lg. Heilpfl. ▲ Zerstreut bis selten; fast ganz Europa.

6 Moosauge, Einblütiges Wintergrün

Moneses uniflora (Pyrola uniflora)

✻ 5–7 ↕ 5–10 cm ▼ Bodensaure Nadelwälder, Zwergstrauchheiden, bis 2000 m.

Blätter in grundständiger Rosette, rundlich-spatelförmig, bis 2 cm lg., mit fein gezähneltem Rand; Blüten einzeln, weiß, 2 cm br., Kronb. flach ausgebreitet; Griffel gerade, mit dicker Narbenscheibe, länger als die Krone; Staubfäden **(6a)** s- förmig gekrümmt. ▲ Zerstreut; Nord- und Mitteleuropa, südlich bis Pyrenäen, Korsika, Bulgarien, Kaukasus.

3
4b
1
4a
6a
5
2
6

Knabenkrautgewächse oder Orchideen

Orchidaceae

1 Langblättriges Waldvögelein, Schwertblättriges Waldvögelein

Cephalanthera longifolia

✻5-6 ↕20-50 cm ▼ Lichte Buchenwälder, Kiefernmischwälder, Gebüsche, wärmeliebend, bis 1800 m.
St. kahl; Blätter lanzettlich, gefaltet, 2zeilig, bis 10 cm lg.; Blütenstand 10- bis 20-blütig, Blütenb. reinweiß, spitz, 10-15 mm lg., Blüten mind. 10-mal so lg. wie br., mittlere und obere Tragb. kürzer als der kahle Fruchtknoten. ▲ Ziemlich selten; Mittel- und Südeuropa, nördlich bis Südskandinavien.

2 Weiße Waldhyazinthe, Kuckucksstendel

Platanthera bifolia

✻5-7 ↕20-40 cm ▼ Lichte Laub- und Nadelwälder, besonders Föhrenwälder, Waldränder, Magerrasen, Feuchtwiesen, bis 2000 m.
Blätter meist 2, nahe dem St.grund, eiförmig, 5-15 cm lg., 2-5 cm br., obere St.b. klein, lanzettlich; Blütentraube locker, 5-15 cm lg., Blüten weiß, stark duftend, 11-18 mm br., äußere 3 Blütenb. lanzettlich, abstehend, innere 2 Blütenb. kürzer und schmäler, aufwärts gerichtet, Lippe bandförmig, 6-10 mm lg.; Staubbeutelfächer parallel; Sporn fädlich, spitz, 15-22 mm lg. ▲ Zerstreut; Europa.

3 Grünliche Waldhyazinthe, Berg-Waldhyazinthe

Platanthera chlorantha

✻5-6 ↕20-50 cm ▼ Nadelmischwälder, quellige, moorige Wiesen, bis 1700 m.
Sehr ähnlich der Weißen Waldhyazinthe, aber Blüten grünlich weiß, geruchlos; Staubbeutelfächer nicht parallel, nach unten auseinander spreizend; Lippe 10-16 mm lg.; Sporn keulig, stumpf, 20-40 mm lg. ▲ Ziemlich selten; fast ganz Europa.

4 Weißzüngel

Pseudorchis albida (Leucorchis albida)

✻6-8 ↕10-30 cm ▼ Saure, kalkfreie Magerrasen, Alpweiden, bis 2500 m.
Blütenähre dicht, 3-6 cm lg.; Blüten länglich- bis verkehrt-eiförmig, weiß bis gelblich weiß, schwach duftend, Blütenhüllb. klein, 3-4 mm lg., zusammenneigend, Lippe 3teilig; Sporn walzenförmig, ½-mal so lg. wie der Fruchtknoten. ▲ Verbreitet; hauptsächlich Gebirge Europas.

Schmetterlingsblütengewächse

Fabaceae oder *Papilionaceae*

5 Rasiger Klee, Thals Klee

Trifolium thalii

✻7-8 ↕5-15 cm ▼ Almweiden, alpine Rasen, 1400-3000 m.
Pfl. niederliegend; Blätter 3-zählig, B.chen verkehrt-eiförmig, bis 2 cm lang, fein gezähnt; Blütenköpfe bis 2 cm breit; Kelch 10nervig, Krone weiß, später rötlich bis bräunlich. ▲ Verbreitet; Alpen, Pyrenäen, Jura, Apennin.

6 Berg-Klee

Trifolium montanum

✻5-7 ↕15-40 cm ▼ Kalkmagerrasen, Waldränder, Ebene bis 2000 m.
Pfl. aufrecht oder aufsteigend, dicht behaart; Blätter 3zählig, B.chen fein gezähnt, unterseits weichhaarig; Blütenstand kugelig bis eiförmig, 1-2 cm lg., Blüten kurz gestielt, Kelchröhre 10nervig, behaart, mit schmalen, gleich lg. Zähnen, Krone 7-10 mm lg., weiß. ▲ Zerstreut; Europa, nördlich bis Südskandinavien, im Süden in den Gebirgen.

4
3
2
1
6
5

Schmetterlingsblütengewächse

Fabaceae oder *Papilionaceae*

1 Gratlinse, Gletscherlinse

Astragalus frigidus

✻ 7-8 ↕ 20-40 cm ▼ Magerrasen, Grate, Felsbänder, mäßig kalkhaltige bis schwach saure Böden, 1500-2700 m.
St. aufrecht, bläulich grün, kahl, am Grund mit braunen, häutigen Niederb.; B. mit 7-11 kahlen, blassgrünen, unterseits bläulichen, eiförmigen Fiederb. und großen, bleichen Nebenb.; Bl.traube lg. gestielt, aus 5-20 gelblich weißen B.; Fruchthülse schwach aufgeblasen, bis 35 mm lg., rauhaarig.
▲ Zerstreut; Alpen, Karpaten, Tatra, Altai.

2 Südlicher Tragant

Astragalus australis

✻ 6-8 ↕ 10-20 cm ▼ Steinrasen, Magerwiesen, kalkliebend, 1800-3000 m.
Pfl. niederliegend bis aufsteigend; B. mit 9-17 schmal-elliptischen, hellgrünen Fiederb.; Bl. in gedrungenen, 1seitswendigen, 8- bis 16-blütigen, lg. gestielten Trauben, Bl.stiele und Kelch anliegend schwärzlich behaart; Krone gelblich weiß, mit violetter Schiffchenspitze (manchmal auch Fahne violett überlaufen), Flügel vorn ausgerandet bis tief 2lappig, länger als das Schiffchen; Hülse aufgeblasen, kahl, im Kelch gestielt. ▲ Ziemlich selten; Alpen (Deutschland nur Allgäuer Alpen), Pyrenäen, Apennin, Karpaten.

3 Alpen-Spitzkiel

Oxytropis campestris

✻ 7-8 ↕ 5-15 cm ▼ Steinige Matten, Berggrate, 1800-3200 m.
Blätter unpaarig gefiedert, beiderseits behaart, graugrün, mit 10-12 ei-lanzettlichen Fiederpaaren; Blüten zu 10-18 in kopfigen, lg. gestielten Trauben; Kelch mit lg. weißen und kurzen schwarzen Haaren besetzt, Krone gelblich weiß, Schiffchen lg. zugespitzt, oft beiderseits mit violettem Fleck. ▲ Ziemlich selten; Alpen, Apennin, Karpaten, Pyrenäen, Gebirge der Balkanhalbinsel, Schottland, Skandinavien.

Kreuzblumengewächse

Polygalaceae

4 Zwergbuchs

Polygala chamaebuxus

✻ 4-6 ↕ 10-20 cm ▼ Kalkmagerrasen, Zwergstrauchgesellschaften, trockene Kiefernwälder, bis 2400 m.
Pfl. niederliegend bis aufsteigend, unten verholzt; Blätter lederig, immergrün, unterseits hellgrün; Blüten 13-15 mm lg., schmetterlingsförmig, zu 1-2 in den Achseln der oberen B., gelb, oft rot überlaufen, Kelchb. gefärbt, kronb.artig, die 2 inneren (Flügel) groß, 10-15 mm lg., Kronb. 5, das untere (Schiffchen) groß, mit fransigem Anhängsel. ▲ Zerstreut; Gebirge Mittel- und Südeuropas.

Sommerwurzgewächse

Orobanchaceae

5 Gewöhnlicher Augentrost

Euphrasia rostkoviana

✻ 5-10 ↕ 5-25 cm ▼ Magere Wiesen, Moorwiesen, Trockenrasen, bis 2300 m.
Pfl. oben meist drüsenhaarig, Blätter eiförmig, jederseits mit 3-6 spitzen Zähnen; Blüten einzeln in den Achseln der oberen B.; Krone 8-14 mm lg., weiß, manchmal mit violetter Oberlippe und gelbem Fleck auf der Unterlippe. ▲ Häufig; fast ganz Europa.

Wasserschlauchgewächse

Lentibulariaceae

6 Alpen-Fettkraut

Pinguicula alpina

✻ 5-7 ↕ 5-15 cm ▼ Quell- und Flachmoore, feuchte, bemooste Felsen, von der Ebene bis 2700 m.
Blätter in grundständiger Rosette, 3-6 cm lg., mit Kleb- und Verdauungsdrüsen; Blüten weiß, mit kurzem, kegelförmigem Sporn.
▲ Zerstreut bis selten; hauptsächlich Alpen und -vorland, Pyrenäen, Skandinavien.

2
4
1
3
5
6

Rosengewächse
Rosaceae

1 Wald-Geißbart
Aruncus dioicus (A. vulgaris, A. sylvestris)
✻ 4-7 ↕ 80-150 cm ▼ Schluchtwälder, Gebirgsbäche, Hochstaudenfluren, bis 1500 m.
Pfl. 1geschlechtig, 2häusig; Blätter 2- bis 3-fach 3zählig; Fiederb. eiförmig, scharf doppelt gesägt; Blütenstand rispig, bis 50 cm lg.; Blüten klein, 2–4 mm br., ♂ Blüten gelblich weiß, mit über 20 Staubb., ♀ Blüten reinweiß, sehr zahlreich, Kronb. und Kelchb. 5. Giftig! ▲ Zerstreut; Gebirge Mitteleuropas, Alpen, Pyrenäen, Apennin, Gebirge der Balkanhalbinsel.

Glockenblumengewächse
Campanulaceae

2 Ährige Teufelskralle
Phyteuma spicatum
✻ 5-7 ↕ 20-60 cm ▼ Krautreiche Wälder, Bergwiesen, bis 2100 m.
Grundb. lg. gestielt, ei-herzförmig, 1- bis 2-mal so lg. wie br., doppelt gesägt; St.b. etwas schmaler, die unteren gestielt, die oberen sitzend; Blüten in 4–10 cm lg., walziger Ähre, Krone gelblich weiß, 1 cm lg., Kronb. an der Spitze verwachsen.
▲ Verbreitet; fast ganz Europa.

Knöterichgewächse
Polygonaceae

3 Knöllchen-Knöterich
Polygonum viviparum
✻ 6-8 ↕ 10-25 cm ▼ Bergwiesen, Matten, etwa 1000–3000 m.
Blätter kahl, oben dunkelgrün, unten blaugrün, Rand umgerollt; Blüten in lg. Scheinähre, im unteren Teil Brutknöllchen, die nach dem Abfallen einwurzeln. ▲ Verbreitet; Nordeuropa, Gebirge Mittel- und Südeuropas.

Korbblütengewächse
Compositae oder *Asteraceae*

4 Silberdistel
Carlina acaulis
✻ 7-9 ↕ 10-30 cm ▼ Sonnige Magerrasen, lichte Wälder, bis 2200 m.
Pfl. mit dicker Pfahlwurzel und sehr kurzem St., meist 1köpfig; Blätter rosettig gehäuft, ganz oder nahe bis auf den Mittelnerv fiederspaltig, dornig (bei ssp. *simplex* B. kraus, stark gegliedert, mit pfriemlichen, 2–6 mm br. Fiedern; bei ssp. *acaulis* B. flach, wenig gegliedert, mit eiförmigen, 6–14 mm br. Fiedern); Blütenköpfe 4–7 cm br.; innere Hüllb. silberweiß, 3–4 cm lg., nur mit Röhrenblüten, diese weißlich oder rosa; Pappus 10–15 mm lg. ▲ Verbreitet; Gebirge Mittel- und Südeuropas.

4
3
2
1

Korbblütengewächse

Compositae oder *Asteraceae*

1 Edelweiß

Leontopodium alpinum

✻ 7-9 ↕ 5-20 cm ▼ Felsbänder, kalkreiche, sonnige Steinrasen, etwa 1700-3400 m.
Pfl. dicht wollig-filzig; Blätter lanzettlich, gegen den Grund allmählich verschmälert, filzig; Blütenstand aus 5-10 halbkugeligen, 5-6 mm br., gelblichen, doldenartig gehäuften Blütenköpfen bestehend, sternförmig umgeben von 5-15 stark weißfilzigen Hochb., die die Scheinblüte bilden.
▲ Zerstreut bis selten; Gebirge Mittel- und Südeuropas.

2 Schwarze Schafgarbe

Achillea atrata

✻ 7-9 ↕ 10-25 cm ▼ Feuchter Felsschutt, lang schneebedeckte, kalkreiche Böden, 1700-4200 m.
St. aufrecht oder aufsteigend, weichhaarig; Blätter 1fach fiederschnittig, mit 2- bis 3-spaltigen, spitzen Fiedern; Blütenstand eine 3- bis 12-köpfige Doldentraube; Blütenköpfe 12-18 mm breit, Zungenblüten 7-12, weiß, Röhrenblüten gelblich weiß, Hüllb. grün, schwarz berandet.
▲ Verbreitet; Alpen.

3 Bittere Schafgarbe, Steinraute

Achillea clavenae

✻ 7-9 ↕ 10-30 cm ▼ Felsschutt, Felsspalten, steinige Rasen, stets auf Kalk, 1500-2500 m.
Pfl. seidig weißfilzig; untere Blätter lg. gestielt, tief fiederspaltig, mit gezähnten bis fiederspaltigen Abschnitten, St.b. sitzend, einfach fiederschnittig; Blütenköpfchen zu 5-30 in einer Trugdolde, Hüllb. breit schwarzrandig, Zungenblüten 5-9, weiß, mit 3zähniger Spitze, Scheibenblüten schmutzig weiß. ▲ Verbreitet; Kalkalpen (östlich), Gebirge Süd- und Mitteleuropas.

4 Zwerg-Schafgarbe

Achillea nana

✻ 7-9 ↕ 5-15 cm ▼ Felsschutt, Felsspalten, Moränen, kalkarme und kalkfreie Böden, 1700-3800 m.
Pfl. wollig-zottig behaart, intensiv riechend (Moschusgeruch); Blätter fiederteilig, Fiedern 3- bis 5-spaltig; Blütenköpfe 10 mm breit, Blüten schmutzig weiß, Hüllb. zottig, schwarzhäutig berandet.
▲ Zerstreut; von den Seealpen bis ins Ortlergebiet, Apennin.

5 Schwarzrandige Wucherblume

Leucanthemum atratum
(Chrysanthemum atratum)

✻ 7-9 ↕ 10-30 cm ▼ Kalkschutt, 1500-2800 m.
Blätter etwas fleischig, kahl, dunkelgrün, scharf gesägt-gezähnt; Blütenköpfe 3-5 cm br., Hüllb. schwarz berandet.
▲ Verbreitet; Ostalpen.

6 Alpen-Wucherblume

Leucanthemopsis alpina
(Chrysanthemum alpinum)

✻ 7-9 ↕ 5-15 cm ▼ Kalkfreier Feinschutt, Schneetälchen, Moränen, 1800-2800 m.
Pfl. rasenbildend, mit Blütenst. und nichtblühenden B.büscheln; grundständige Blätter kammförmig fiederspaltig; St.b. linealisch, ganzrandig; Zungenblüten weiß, Röhrenblüten goldgelb, Hüllb. der Blütenköpfe mit breitem, schwarzbraunem Rand.
▲ Verbreitet; Alpen, Pyrenäen, Karpaten, Apennin, Illyrien.

3
4
1
5
2
6

Korbblütengewächse
Compositae oder *Asteraceae*

1 Alpen-Maßliebchen
Bellidiastrum michelii
(Aster bellidiastrum)
✻5-9 ↕10-25 cm ▼Quellfluren, schattige, feuchte Felsen, steinige Rasen, in den Alpen bis 2600 m.
Pfl. einem großen Gänseblümchen ähnlich; Blätter in Rosetten, spatelig, grob gezähnt; Blütenköpfe einzeln, endständig, Schaft flaumig behaart, Zungenblüten weiß, manchmal rötlich, Scheibenblüten gelb. ▲Verbreitet bis zerstreut; Alpen und Alpenvorland, Gebirge Mittel- und Südeuropas.

2 Gewöhnliches Katzenpfötchen
Antennaria dioica
✻5-6 ↕5-20 cm ▼Silikatmagerrasen, Heiden, Kiefernwälder, bis 2200 m.
Pfl. mit oberirdischen Ausläufern und grundständiger B.rosette; untere Blätter oval, obere spatelförmig, 1nervig, unterseits weißfilzig; Blütenköpfe 5-8 mm br., zu 3-12; Hüllb. der ♂ Köpfe weiß **(2a)**, die der ♀ rosa. ▲Ziemlich häufig; Europa, im Süden nur in den Gebirgen.

3 Karpaten-Katzenpfötchen
Antennaria carpatica
✻6-8 ↕5-15 cm ▼Magere, kalkarme Steinrasen, 1500-3000 m.
Pfl. ohne Ausläufer; Blätter lanzettlich, schwach 3nervig, beiderseits graufilzig; Anhängsel der Hüllb. braun, mit hellerem Rand; ♂ Blütenköpfe weißlich **(3a)**. ▲In den Kalkalpen selten, in den Zentralalpen zerstreut; Alpen, Riesengebirge, Pyrenäen, Karpaten.

Doldengewächse
Umbelliferae oder *Apiaceae*

4 Wald-Sanikel
Sanicula europaea
✻5-6 ↕20-50 cm ▼Laubwälder mit Eiche und Buche, Nadelmischwälder, bis 1300 m.
Grundständige Blätter immergrün, lg. gestielt, 5-8 cm br., 5eckig, bis zum Grund handförmig 5teilig, Abschnitte grob gezähnt, St.b. kleiner, fast sitzend; Blüten in einer endständigen Dolde **(4a)**; Döldchen kopfig, mit sitzenden und gestielten Blüten, Hüllchenb. 4-8, Krone weiß oder gelblich, 3 mm br.; Frucht kugelig, dicht mit Stacheln besetzt, 4-5 mm br. ▲Ziemlich häufig; fast ganz Europa.

5 Gewöhnliche Augenwurz
Athamanta cretensis
✻5-8 ↕10-40 cm ▼Sonnige Kalkfelsen, Schuttfluren, 600-2600 m.
Pfl. grauhaarig; St. fein gerillt, meist zu mehreren; Blätter meist grundständig, mehrfach fiederteilig, mit linealischen, 3-10 mm lg. und 1 mm br. Fiedern; Dolde 5- bis 15-strahlig, Hüllb. 3-5, eines davon meist b.artig und doppelt fiederteilig; Kronb. weiß; Frucht schmal-eiförmig, 5-7 mm lg., dicht kurzhaarig. ▲Verbreitet bis zerstreut; Kalkgebirge Mittel- und Südeuropas.

4a
3a
4
3
2a
2
5
1

Doldengewächse

Umbelliferae oder *Apiaceae*

1 Große Sterndolde

Astrantia major

✻ 6-8 ↕ 30-100 cm ▼ Schlucht- und Auenwälder, Gebüsche, Nadelmischwälder, Bergwiesen, Hochstaudenfluren; in den Alpen bis über 2000 m.
Pflanze oben gabelig verzweigt; grundständige Blätter lg. gestielt, im Umriss 5- bis 7-eckig, 10-20 cm br., tief handförmig, 5- bis 7-teilig, Abschnitte nochmals 2- bis 3-teilig und grob gezähnt, die seitlichen teilweise verwachsen, St.b. ähnlich, kleiner; Blüten lg. gestielt, in 1facher, kopfiger Dolde, sternförmig umgeben von auffälligen, weißen oder rötlichen Hüllb., diese 11-30 mm lg., derb, Krone meist rötlich, Kelchzähne ei-lanzettlich, stachelspitzig. ▲ Verbreitet; Gebirge Mittel- und Südeuropas.

2 Kleine Sterndolde

Astrantia minor

✻ 6-8 ↕ 15-40 cm ▼ Kalkfreie, steinige Matten, Zwergstrauchheiden, 1400-2700 m.
Grundblätter lang gestielt, handförmig gefiedert, mit 5-9 schmal-lanzettlichen, vorne tief gesägten Blättchen; Blüten weiß, in einfachen, etwa 1 cm breiten Dolden, Hüllblätter zugespitzt, weiß, außen oft rötlich. ▲ Verbreitet; Alpen (in Bayern und Österreich fehlend), Pyrenäen, Zentralmassiv.

3 Bayerische Sterndolde

Astrantia bavarica

✻ 6-8 ↕ 20-50 cm ▼ Steinige Rasen, Latschengebüsch, kalkliebend; 900-2300 m.
Blätter 5teilig, die mittleren Abschnitte fast bis zum Grund geteilt, schmal-lanzettlich; Hüllb. oft schneeweiß, linealisch, 8-15 mm lg., die Dolde deutlich überragend. ▲ Zerstreut. Bayerische Alpen, Nordtirol, Südostalpen. - Ähnlich ist die **Krainer Sterndolde** *(Astrantia carniolica)*, aber B.abschnitte nur etwa bis zur Hälfte der B.spreite geteilt **(3a)**; Hüllb. weiß bis grünlich, 4-10 mm lg., kaum so lg. wie die Dolde. ▲ Zerstreut; lichte Laubwälder, Hochstaudenfluren; Südostalpen.

4 Alpen-Mutterwurz

Ligusticum mutellina

✻ 6-8 ↕ 10-50 cm ▼ Bergwiesen, Hochstaudenfluren, bis 2400 m.
Pfl. aromatisch riechend; Blätter 2- bis 3-fach gefiedert, mit häutigen B.scheiden; Dolden 7- bis 10-strahlig, Hüllchen 3- bis mehrblättrig; Blüten weiß, rosa bis purpurn. ▲ Verbreitet; Gebirge Mittel- und Südeuropas.

5 Meisterwurz

Peucedanum ostruthium
(Imperatoria ostruthium)

✻ 7-8 ↕ 50-100 cm ▼ Subalpine Hochstaudenfluren, Gebirgswiesen, Grünerlengebüsch, 1500-2300 m.
Pfl. mit Ausläufern; St. rund, hohl; Blätter doppelt 3zählig, 10-30 cm lg., B.abschnitte br. eiförmig, 2-7 cm br., gesägt oder eingeschnitten, unterseits blassgrün, B.scheiden bauchig; Hüllb. 0-1, Dolde 20- bis 50-strahlig, Hüllchenb. wenig, fädlich, Krone weiß bis rosa; Frucht rundlich, 4-6 mm, mit br. Seitenrippen. Früher im Gebirge als Gewürz- und Arzneipfl. angebaut und verwildert. ▲ Verbreitet; hauptsächlich Alpen und mitteleuropäische Mittelgebirge.

4
5
2
1
3
3a

Doldengewächse

Umbelliferae oder *Apiaceae*

1 Breitblättriges Laserkraut

Laserpitium latifolium

✻ 7–8 ↕ 50–150 cm ▼ Lichte, trockene Wälder, Gebüsche, Hochstaudenfluren, steinige Rasen; in den Alpen bis über 2000 m.

Pfl. am Grund mit großem Faserschopf; St. stielrund, fein gerillt, kahl, bis 2 cm br.; Blätter sehr groß, bis 1 m lg., 1- bis 2-fach 3zählig, blaugrün, kahl, Fiederb. br. eiförmig, gesägt, 3–15 cm lg., gestielt; Dolde 20- bis 40-strahlig, Hüllb. hautrandig, Hüllchenb. fädlich, kaum hautrandig, Krone weiß. ▲ Zerstreut; fast ganz Europa.

2 Berg-Laserkraut

Laserpitium siler

✻ 6–8 ↕ 30–120 cm ▼ Kiefernwälder, sonnige Gebüsche, Hochstaudenfluren, bis 2000 m.

Pfl. würzig riechend, am Grund mit starkem Faserschopf; St. fein gerillt; Blätter 2- bis 4-fach gefiedert, bis 1 m lg., blaugrün, Fiederb. lineal-lanzettlich, ganzrandig, kahl, 1–5 cm lg., mit hellem Knorpelrand; Dolde bis 25 cm br., 20- bis 40-strahlig, Hüllb. derb, lanzettlich, Hüllchenb. ei-lanzettlich, br. hautrandig, Krone weiß; Frucht 5–12 mm lg. ▲ Zerstreut bis selten; Alpen und -vorland, Jura, nordspanische Gebirge, Pyrenäen, Apennin, Gebirge der Balkanhalbinsel.

3 Bärwurz

Meum athamanticum

✻ 5–6 ↕ 15–50 cm ▼ Silikatmagerrasen und -weiden, Bergwiesen; kalkmeidend, bis 2000 m.

Pfl. stark würzig riechend, am Grund mit braunem Faserschopf, mit dickem Rhizom; St. kantig gerieft; Blätter 2- bis 4-fach gefiedert, mit haarfeinen, 2–6 mm lg., fein zugespitzten Zipfeln; Blütendolde 5- bis 15-strahlig, Hüllb. 0–6, Hüllchenb. allseitswendig, zu mehreren; Blüten weiß, blassgelb oder rosa; Frucht 6–8 mm lg. und 3–4 mm br., kaum abgeflacht, mit stark hervortretenden Rippen. Arznei- und Gemüsepfl. ▲ Zerstreut; in den Alpen lückenhaft, in den meisten Gebirgen Europas.

4 Rauhaariger Kälberkropf

Chaerophyllum hirsutum

✻ 5–6 ↕ 50–100 cm ▼ Bergwälder, Auen, Ufer, Hochstaudenfluren, bis 2000 m.

Blätter 2- bis 3-fach gefiedert, behaart, die beiden untersten Fiederabschnitte fast so groß wie das übrige B., Abschnitte nochmals in unregelmäßige, grob gezähnte Fiedern zerteilt, oberste B.scheiden 10–60 mm lg.; Dolde 10- bis 20-strahlig, Hüllb. fehlend, Hüllchenb. 5–10, lanzettlich, mit bärtigem, bewimpertem Rand, Kronb. bewimpert, weiß oder rosa; Frucht 8–12 mm lg. ▲ Häufig; Gebirge Mitteleuropas.

5 Berg-Kälberkropf

Chaerophyllum villarsii

✻ 5–8 ↕ 50–100 cm ▼ Bergwiesen, Erlengebüsch, Hochstaudenfluren, lichte Bergwälder, bis 2400 m.

Pfl. sehr ähnlich *Ch. hirsutum*, aber die beiden untersten Fiederabschnitte viel kleiner als das übrige B., Abschnitte feiner und regelmäßiger zerteilt, Fiedern bis fast zum Mittelnerv zerteilt, oberste B.scheiden 3–10 mm lg. ▲ Verbreitet; Gebirge Mittel- und Südeuropas.

4
5
1
3
2

Mohngewächse

Papaveraceae

1 Bündner Alpenmohn

Papaver rhaeticum

✻7-8 ↕5-15 cm ▼Kalkschutt, Felsbänder, 1500-3000 m.
Bl. blaugrün, in grundständiger Rosette, 1- bis 2-fach fiederteilig, Abschnitte eiförmig, stumpf, 2-6 mm br., zu 2-4 Paaren; Blüten goldgelb, 4-5 cm br., Kronb. 4; Narbenstrahlen 5-7, Staubb. zahlreich. ▲Zerstreut; SW- und O-Alpen, Ostpyrenäen.

Kreuzblütengewächse

Cruciferae oder *Brassicaceae*

2 Alpen-Steinkraut

Alyssum alpestre

✻7-8 ↕5-15 cm ▼Silikatfelsspalten, Steinschutt, 2500-3100 m.
Pfl. mit vielen nichtblühenden Rosetten; Bl. dicht sternhaarig, oberseits graugrün, unterseits gelblich weiß, lanzettlich bis spatelig; Kronb. 4, gelb, 3-4 mm lang; Schötchen ungleich elliptisch, dicht sternhaarig, 4-5 mm lg. ▲Selten; W-Alpen. - Ähnlich ist die **Karawanken-Steinkresse**, *Alyssum ovirense*, aber Grundb. fast kreisrund, plötzlich in den Stiel verschmälert; Kronb. gelb, 6-7 mm lg.; Schötchen 7-9 mm lg. ▼Felsspalten, Felsschutt, nur auf Kalk. ▲Zerstreut bis selten; O- und SO-Alpen bis Montenegro.

3 Immergrünes Felsenblümchen

Draba aizoides

✻4-8 ↕5-10 cm ▼Kalkfels, Ruhschutt, Steinrasen, 1600-3400 m.
Blätter schmal-lanzettlich, 1-2 cm lg., von steifen Borsthaaren kammförmig gewimpert, in kugeligen Rosetten; St. b.los; Blüten in 3- bis 18-blütiger Doldentraube, Kronb. 4, gelb, 4-6 mm lg.; Schötchen schmal-elliptisch, 6-10 mm lg., auf 5-15 mm lg. Stielen; Griffel 1,5-3 mm lg. ▲Verbreitet; Alpen, Gebirge Mittel- und Südeuropas; fehlt in den reinen Silikatstöcken.

4 Hoppes Felsenblümchen

Draba hoppeana

✻7-8 ↕5-10 cm ▼Auf Kalkschieferschutt, Schneetälchen, 2200-3500 m.
Pfl. dichtrasige Polster aus kugeligen Rosetten; Blätter lineal-lanzettlich, gekielt, am Rand gewimpert; Blütenstand kopfig, 1- bis 5-blütig; Kronb. gelb, 3-4 mm lg.; Schötchen schmal-eiförmig, an 2-4 mm lg. Stielen; Griffel 0,5-1,2 mm lg. ▲Selten; Südalpen und südliche Zentralalpen.

5 Weiße Zahnwurz, Quirlblättrige Zahnwurz

Cardamine enneaphyllos

✻4-5 ↕20-30 cm ▼Buchen- und Buchen-Tannen-Wälder, Hochstaudenfluren, bis 1800 m.
St.b. zu 3, fast quirlständig, 9zählig; Krone gelblich weiß. ▲Zerstreut; Gebirge Mittel- und Südeuropas (östlich).

6 Brillenschötchen

Biscutella laevigata

✻5-8 ↕15-30 cm ▼Trockenrasen, Felshänge, Flusskies der Alpenflüsse, bis 1800 m.
Rosettenb. keilförmig, länglich, in den B.stiel verschmälert, ganzrandig oder gezähnt, steifhaarig oder kahl; Blüten 4zählig, Kelchb. gelbgrün, Kronb. gelb, 4-8 mm lg.; Schötchen brillenförmig. ▲Häufig; Alpen, Mittel- und Südeuropa.

Dickblattgewächse

Crassulaceae

7 Rosenwurz

Rhodiola rosea (Sedum roseum)

✻6-8 ↕10-35 cm ▼Felsschutt, -spalten, auf Silikat und Kalk, 1000-3000 m.
St. aufrecht, dickfleischig, mit wechselständigen, flachen, lanzettlichen, bläulich grünen, vorn gezähnten B.; Blüten in dichten Trugdolden;Pfl. zweihäusig, ♂ Blüten mit 8 Staubb. und 4 gelblichen oder rötlichen Kronb.; ♀ Blüten mit verkümmerten Kronb. ▲In den Alpen verbreitet; in Deutschland fehlend.

5
7
3
4
6
2
1

Simsenliliengewächse
Tofieldiaceae

1 Gewöhnliche Simsenlilie
Tofieldia calyculata

✱5-7 ↕10-30 cm ▼Kalkhaltige Flach- und Quellmoore, feuchte Wiesen und Magerrasen, bis 2500 m.
Grundständige Blätter 2zeilig, grasähnlich, 2-4 mm br., 5- bis 10-nervig; Blüten in den Achseln eines Tragb., gelblich, 3-5 mm br., mit 3lappiger, kelchartiger Außenhülle, in 2-8 cm lg. Traube, Blütenb. 6, lanzettlich. ▲Verbreitet; Südskandinavien, Gebirge Mitteleuropas, Alpen, Pyrenäen, Balkanhalbinsel.

2 Kleine Simsenlilie
Tofieldia pusilla

✱7-9 ↕5-12 cm ▼Kalkfreie und kalkhaltige Quellmoore, feuchte Rasen, feuchter Felsschutt, 1800-2700 m.
Blätter grasartig, bis 5 mm breit, 3nervig; Blüten gelblich weiß, kurz gestielt, in den Achseln 3lappiger Tragb.; in armblütiger, gedrungener, 0,5-1,5 cm lg. Traube, Blütenb. 2-3 mm lg. ▲Zerstreut; Alpen, Tatra, Nordeuropa, Arktis.

Liliengewächse
Liliaceae

3 Südliche Tulpe, Wild-Tulpe
Tulipa sylvestris subsp. *australis*

✱4-6 ↕10-40 cm ▼Gebirgswiesen, lichte Bergwälder, Felsbänder, 800-2100 m.
Blätter graugrün, linealisch, 1 cm br.; Blüten glockenförmig, 2-3 cm lg.; Blütenb. schmal-lanzettlich, zugespitzt, gelb, die 3 äußeren Blütenb. außen rot überlaufen, die inneren 3 mit dunklem Mittelstreifen. ▲Zerstreut; Westalpen bis zum Gardasee, in der Schweiz im Wallis, Pyrenäen, Zentralmassiv.

Narzissengewächse
Amaryllidaceae incl. *Alliaceae*

4 Allermannsharnisch, Siegwurz
Allium victorialis

✱7-8 ↕30-60 cm ▼Alpine Matten, Hochstaudenfluren, Latschengebüsch, 800-3000 m.
Zwiebelpfl.; St. unten stielrund, oben kantig, mit 2-3 kurz gestielten, länglich-elliptischen, anfangs längsfaltigen, 2-5 cm br. B.; Blüten gelblich weiß oder grünlich, in kugeligen Köpfen mit 2 häutigen Hüllb.; Staubb. länger als die 4-6 mm lg. Blütenb. ▲In den Alpen verbreitet, sonst zerstreut bis selten; Alpen, Schwarzwald, Vogesen, Riesengebirge, Pyrenäen, Karpaten, Balkanhalbinsel, Kaukasus.

5 Gelblichweißer Lauch
Allium ericetorum (A. ochroleucum)

✱7-8 ↕10-40 cm ▼Steinige Rasen, grasdurchsetzte Felshänge, 500-2000 m.
St. stielrund; Blätter flach, linealisch, 2-5 mm br.; Blütenstand kugelig; Blütenb. 4-5 mm lg., gelblich weiß; Staubb. braun, doppelt so lg. wie die Blütenb. ▲Zerstreut bis selten; südliche Kalkalpen (östlich), Apennin, Karpaten.

6 Gelbe Narzisse
Narcissus pseudonarcissus

✱3-4 ↕15-40 cm ▼Kalkarme Bergwiesen, Borstgrasmatten, bis 2000 m.
Alle Blätter grundständig, linealisch, 7-15 mm br., fleischig; Blütenstand meist 1blütig; Blüten 5-10 cm br., Blütenb. 6, unten zu einer 5-15 mm lg. Röhre verwachsen, freie Abschnitte abstehend, hellgelb, Nebenkrone becherförmig, 3-5 cm br., mit krausem Rand, dottergelb. Giftig! Zierpfl. und mancherorts verwildert. ▲Selten; Westeuropa, östlich bis Eifel, Hunsrück, Vogesen, Bodenseegebiet, Meran.

1
2
3
6
4
3
5

Hahnenfußgewächse

Ranunculaceae

1 Sumpf-Dotterblume

Caltha palustris

✻4-6 ↕15-40 cm ▼Sumpfwiesen, Ufer, Gräben, Auen; in den Alpen bis über 2400 m.

St. hohl, mehrblütig; Blätter herz- bis nierenförmig, gekerbt, dunkelgrün, glänzend, bis 15 cm br.; Blütenb. 5, innen glänzend, leuchtend gelb. Giftig! ▲ Verbreitet, aber durch Entwässerungen mancherorts gefährdet; Europa.

2 Trollblume

Trollius europaeus

✻5-7 ↕30-60 cm ▼Sumpfwiesen, Flachmoore, Bachränder, Bergwiesen; in den Alpen bis 2400 m.

Blätter handförmig geteilt, deren Abschnitte 3teilig, mit ungleichen Zipfeln; Blüten zu 1-3, kugelförmig, 3-5 cm br., Blütenhüllb. 10-15, gelb. Giftig! ▲ Zerstreut; Nord- und Mitteleuropa, Gebirge Südeuropas.

3 Schwefel-Anemone

Pulsatilla alpina ssp. *apiifolia*

✻6-8 ↕20-50 cm ▼Kalkarme oder saure Böden, Matten, steinige Magerrasen, Zwergstrauchheiden, etwa 1500-2800 m.

Pfl. ähnlich der Alpen-Anemone (s. S. 104, aber Blüten schwefelgelb). ▲ Zerstreut; Gebirge Mittel- und Südeuropas.

4 Berg-Hahnenfuß

Ranunculus montanus

✻4-8 ↕5-30 cm ▼Bergwiesen und -weiden, auch lichte Wälder, etwa 1000-3000 m, auch im Alpenvorland an feuchten Stellen.

Pfl. vielgestaltig; St. aufrecht, 1- bis 3-blütig; Grundb. gestielt, glänzend, 3- bis 5-teilig, mit verkehrt-eiförmigen, gezähnten, dunkelgrünen Abschnitten; obere St.b. sitzend, mit linealischen Abschnitten; Blüten goldgelb, 12-25 mm br.; Früchtchen seitlich flach gedrückt, mit kurzem, gekrümmtem Schnabel. Giftig! ▲ Häufig; Alpen, Schwarzwald, Jura, Karpaten.

5 Wolliger Hahnenfuß

Ranunculus lanuginosus

✻5-7 ↕30-70 cm ▼Mischwälder, Au- und Schluchtwälder, bis 2000 m.

Pfl. abstehend dicht behaart; grundständige B. handförmig geteilt, Abschnitte mit br. eiförmigen, gesägten Zipfeln; Blütenstiele rund, nicht gefurcht; Blüten orangegelb, 2-2,5 cm br.; Früchtchen mit hakig gebogenem bis eingerolltem Schnabel, Fruchtboden kahl. Giftig! ▲ Verbreitet; Mittel- und Südeuropa (östlich).

6 Hahnenkamm-Hahnenfuß, Bastard-Hahnenfuß

Ranunculus hybridus

✻6-8 ↕10-15 cm ▼Felsschutt, Felsspalten, steinige Rasen, kalkreiche Böden, 1600-2400 m.

Blätter derb, blaugrün, unterseits deutlich geadert, grundständige B. und unterstes St.b. lg. gestielt, nierenförmig, vorn 3- bis 5-lappig eingeschnitten, obere St.b. linealisch; Blüten 1-3, gelb, 1-2 cm breit; Früchtchen 3-4 mm lang, fast kugelig, mit kurzem, gebogenem Schnabel. Giftig! ▲ Zerstreut; nördliche und südliche Kalkalpen.

7 Schildblatt-Hahnenfuß, Gift-Hahnenfuß

Ranunculus thora

✻5-8 ↕10-30 cm ▼Steinige Matten, kalkreicher Felsschutt, Felsbänder, lichte Latschenbestände, 1400-2500 m, selten tiefer.

Blätter kahl, blaugrün, beiderseits deutlich geadert, unteres St.b. rundlich-nierenförmig, vorn kerbig gesägt, 6-8 cm breit, obere St.b. schmal-lanzettlich, 3lappig; Blüten gelb, 1-2 cm breit; Früchtchen fast kugelig, aufgeblasen, 3-4 mm lg., mit kurzem, gebogenem Schnabel. Giftig! ▲ Zerstreut; hauptsächlich Südalpen, Pyrenäen, Jura, Karpaten, Illyrien, Balkanhalbinsel.

5
4
2
3
7
6
1

Dickblattgewächse

Crassulaceae

1 Alpen-Mauerpfeffer

Sedum alpestre

✻6-8 ↕2-8 cm ▼Kalkarme Böden, Schneetälchen, Silikatschutt, 1200-3000 m.
Pfl. lockerrasig, mit vielen dicht beblätterten Trieben; Blätter fleischig, eiförmig bis linealisch, 3-6 mm lg., 2 mm dick, manchmal rotbräunlich überlaufen; Blüten zu 2-5, hellgelb, manchmal rot gefleckt, 5-8 mm breit, Kronb. eiförmig, stumpf. ▲Verbreitet; Alpen, Pyrenäen, Vogesen, Apennin, Karpaten, Korsika, Sardinien.

Steinbrechgewächse

Saxifragaceae

2 Fetthennen-Steinbrech

Saxifraga aizoides

✻6-8 ↕3-15 cm ▼Quellfluren, überrieselter Fels und Schutt, in den Alpen über 3000 m.
Blätter fleischig, linealisch, stachelspitzig, am Rand kurz bewimpert; Blüten zu 5-12, zitronengelb bis dunkelorange. ▲Verbreitet; Nordeuropa, Alpen, Pyrenäen, Karpaten.

3 Moschus-Steinbrech

Saxifraga moschata

✻7-8 ↕2-10 cm ▼Felsspalten, Schutt, kalkreiche bis schwach saure Böden, 1400-4000 m.
Dichtrasige Polsterpflanze; Rosettenblätter linealisch, ungeteilt oder 3- bis 5-spaltig ohne Spitze; St. mit 2-5 gelblichen oder cremefarbenen Blüten; Kronb. schmal eiförmig, 3-4 mm lg., etwa so br. wie die Kelchb. ▲Verbreitet; Alpen, Pyrenäen, Auvergne, Sudeten, Karpaten, Apennin, Illyrien, Balkanhalbinsel, Kaukasus.

4 Kies-Steinbrech

Saxifraga mutata

✻6-7 ↕15-30 cm ▼Bachufer, feuchter Kies, überrieselte Nagelfluh- und Molassefelsen, bis 2200 m.
Pfl. mit großer B.rosette; B. zungenförmig, 3-5 cm lg., fast ganzrandig; St. reichblütig; Blüten rötlich gelb. ▲Ziemlich selten; Alpen und -vorland.

5 Fettkraut-Steinbrech, Mauerpfeffer-Steinbrech

Saxifraga sedoides

✻6-9 ↕2-5 cm ▼Nur auf Kalk und Dolomit, feuchter Felsschutt mit langer Schneebedeckung, 1600-2800 m.
Pfl. lockerrasige Polster bildend; Blätter hellgrün, lanzettlich, stachelspitzig, wie der St. drüsenhaarig; Blüten zu 1-4, blassgrüngelb bis gelb; Kronb. kürzer und schmaler als die Kelchb. ▲Zerstreut bis selten; Ostalpen, Ostpyrenäen, Apennin.

Rosengewächse

Rosaceae

6 Gold-Fingerkraut

Potentilla aurea

✻6-8 ↕5-20 cm ▼Steinrasen, Silikatmagerrasen, Weiden, etwa 1100-3000 m.
Grundb. 5zählig, glänzend, vorn scharf gezähnt, Nebenb. lanzettlich, St.b. 3zählig; Blüten goldgelb. ▲Verbreitet; Gebirge Mittel- und Südeuropas.

7 Zwerg-Fingerkraut

Potentilla brauneana

✻7-8 ↕2-5 cm ▼Schneetälchen, lange schneebedeckte Rasen, feuchter, kalkreicher Feinschutt, 1200-2800 m.
St. niederliegend, dünn, meist 1blütig; Blätter kurz gestielt, 3zählig, oberseits kahl, Blättchen 5-10 mm lg., gezähnt; Blüten 7-10 mm br., gelb, Kronb. seicht ausgerandet. ▲Zerstreut bis selten; Alpen, Pyrenäen, Balkanhalbinsel.

1
3
5
6
2
4
7

Rosengewächse

Rosaceae

1 Schneeweißes Fingerkraut

Potentilla nivea

✻ 7-8 ↕ 5-20 cm ▼ Lückige Rasen, Felsbänder und Schutt, auf Kalk oder schwach sauren Böden, 2000-3000 m.
B.stiele und -unterseite weißfilzig, B. 3zählig, mit ovalen, gekerbt-gesägten, 10-15 mm lg. Fiedern; Kelchb. ei-lanzettlich, so lg. oder wenig länger als die lineal-lanzettlichen Außenkelchb., Kronb. gelb, etwas länger als die Kelchb. ▲ Ziemlich selten; Westalpen, in den Ostalpen bis zu den Hohen Tauern, Skandinavien, Kaukasus.

2 Großblütiges Fingerkraut

Potentilla grandiflora

✻ 6-7 ↕ 10-40 cm ▼ Magerrasen, Felsschutt, kalkarme oder saure Böden, 1000-3000 m.
St. aufsteigend bis aufrecht, locker behaart; Blätter 3zählig **(2a)**, Teilb. 2-4 cm lg., beiderseits grün; Blüten 2-3 cm br., gelb, Kronb. doppelt so lg. wie die Kelchb. ▲ Zerstreut; Zentral- und Südalpen, Pyrenäen.

3 Berg-Nelkenwurz

Geum montanum

✻ 5-8 ↕ 10-35 cm ▼ Saure Magerrasen, Zwergstrauchheiden, 1600-3500 m.
Rosettenpfl., ohne Ausläufer; St. 1blütig; Grundb. leierförmig, unterbrochen gefiedert, Endfieder viel größer als die Seitenfiedern; Kelchb. eiförmig, unterseits dicht behaart, doppelt so lg. wie der Außenkelch, Krone gelb, 2-4 cm br.; Griffel zottig behaart; Fruchtstand perückenartig. ▲ Verbreitet; Alpen, Pyrenäen, Zentralmassiv, Jura, Sudeten, Karpaten, Korsika, Apennin, Balkanhalbinsel.

4 Kriechende Nelkenwurz, Gletscher-Petersbart

Geum reptans

✻ 7-8 ↕ 5-15 cm ▼ Feuchter Silikatschutt, Gletschermoränen, etwa 1500-3400 m.
Pfl. mit lg. oberirdischen Ausläufern; Blätter gefiedert, Endfieder wenig größer (im Gegensatz zu *Geum montanum*) als die eingeschnittenen Seitenfiedern; Blüten 3-5 cm br., 6- bis 8-zählig, gelb, Kelch rotbraun, behaart; Griffel zur Reife zu einem federig behaarten Flugorgan auswachsend. ▲ Verbreitet; Gebirge Mittel- und Südeuropas.

Zistrosengewächse

Cistaceae

5 Gewöhnliches Sonnenröschen

Helianthemum nummularium

✻ 6-9 ↕ 10-20 cm ▼ Kalkmagerrasen, trockene Kiefernwälder, Felsbänder, Steinrasen, in den Alpen bis 2800 m.
Blätter lederig, eiförmig, Rand nach unten umgerollt, unterseits graufilzig; Nebenb. lanzettlich, länger als die B.stiele; Blüten 15-25 mm br., gelb, Kronb. 6-12 mm lg. (bei den kleinblütigen Unterarten) oder 10-18 mm lg. (bei den großblütigen Unterarten). ▲ Ziemlich häufig; Mittel- und Südeuropa.

6 Alpen-Sonnenröschen

Helianthemum alpestre

✻ 6-8 ↕ 3-12 cm ▼ Kalkreiche Geröllhalden, Felsbänder, steinige Matten, 1000-3000 m.
Pfl. niederliegend bis aufsteigend; Blätter lanzettlich bis verkehrt eiförmig, 1-2 cm lang, beiderseits grün; Nebenb. fehlen; Blüten leuchtend gelb. ▲ Verbreitet; Alpen, Pyrenäen, Apennin, Karpaten, nördliche Balkanhalbinsel.

1
5
6
4
2
3
2a

Primelgewächse
Primulaceae

1 Gold-Primel
Androsace vitaliana
(Vitaliana primuliflora)
✻5-8 ↕3-5 cm ▼Kalkarme oder saure Böden, Felsspalten, Felsschutt, steinige Matten, 1700-3100 m.
Pfl. rasenbildend, mit niederliegenden St.; Blätter rosettenartig gehäuft, linealisch, unterseits und am Rand sternhaarig; Blüten leuchtend gelb, breit, einzeln, kurz gestielt, in den Achseln der obersten Rosettenb.; Krone bis 22 mm breit, mit lg. Röhre und eiförmigen Kronlappen. ▲Zerstreut; Westalpen, Südtirol bis Oberösterreich.

2 Aurikel
Primula auricula
✻4-7 ↕5-30 cm ▼Kalkfelsspalten, Felsbänder, Steinrasen, selten Flachmoore, bis 2500 m.
Blätter dick, fleischig, graugrün, mehlig bestäubt, 5-12 cm lg.; Blüten 8-15 mm br., gelb, zu 4-12 in 1seitswendiger Dolde. ▲Verbreitet; Gebirge Mittel- und Südeuropas.

Borretsch- oder Raublattgewächse
Boraginaceae

3 Alpen-Wachsblume
Cerinthe glabra
✻5-8 ↕30-50 cm ▼Kalkreiche, steinige Hochstaudenfluren, Lägerfluren, Grünerlengebüsch, bis 2600 m.
Pfl. dicht beblättert; Blätter blaugrün, bereift, Grundb. schmal, verkehrt-eiförmig, in den B.stiel verschmälert, St.b. mit herz- oder pfeilförmigem Grund sitzend, B. nie gefleckt; Krone gelb mit dunkelroten Flecken, bis 15 mm lg., 5zähnig, Zähne eiförmig, stumpf, an der Spitze zurückgekrümmt. ▲Zerstreut bis selten; Alpen, Gebirge Mittel- und Südeuropas.

Enziangewächse
Gentianaceae

4 Gelber Enzian
Gentiana lutea
✻7-8 ↕40-140 cm ▼Matten, Geröllfluren, meist auf Kalk, etwa 1000-2500 m.
St. mit gegenständigen, elliptischen, bläulich grünen, von starken Bogennerven durchzogenen Blättern; Blüten zu 3-10, kurz gestielt, in den Achseln schalenförmiger Hochb.; Krone radförmig, bis zum Grund 5- bis 6-teilig, goldgelb. ▲Zerstreut; Gebirge Mittel- und Südeuropas.

5 Punktierter Enzian
Gentiana punctata
✻7-8 ↕20-60 cm ▼Magerrasen, Geröllfluren, kalkmeidend, 1400-3000 m.
St. im oberen Teil metallisch glänzend; Blätter eiförmig, länglich, zugespitzt; Blüten meist zu mehreren in den B.achseln, blassgelb, meist dunkelviolett punktiert, Kelch mit 5-8 ungleichen Zähnen. ▲Zerstreut; Gebirge Mittel- und Südeuropas.

Glockenblumengewächse
Campanulaceae

6 Strauß-Glockenblume
Campanula thyrsoidea
✻7-9 ↕10-40 cm ▼Sonnige Matten, Bergwiesen, etwa 1500-2600 m.
Pfl. aufrecht, dicht beblättert, rauhaarig; B. lanzettlich, gegen den Grund verschmälert; Blüten zahlreich, in kolbenförmiger Ähre; Krone trichter- bis glockenförmig, 15-25 mm lg., gelblich, behaart. ▲Zerstreut; Gebirge Mittel- und Südeuropas.

1
5
4
2
6
3

Knabenkrautgewächse oder **Orchideen**

Orchidaceae

1 Kleingriffel, Einblatt

Malaxis monophyllos
(Microstylis monophyllos)
✻ 6-7 ↕ 8-30 cm ▼ Auwälder, Waldbäche, moorige, schattige Wiesen, bis 1800 m. Pfl. mit meist 1 grundständigen, länglich eiförmigen, 4-6 cm lg. Blatt und vielblütiger, lockerer Traube; Blüten klein, grünlich gelb; Tragb. lanzettlich, spitz; äußere 3 Blütenb. lanzettlich, die beiden seitlichen linealisch, Lippe eiförmig, plötzlich schmal zugespitzt, nach oben gestellt. ▲ Selten; Nord- und Mitteleuropa, vor allem Alpen und -vorland, Schwarzwald.

2 Zwerg-Knabenkraut, Zwergstendel

Chamorchis alpina
✻ 7-8 ↕ 6-12 cm ▼ Kalkhaltige, steinige, windexponierte Rasen, 1600-2700 m. Blätter grundständig, grasartig, rinnig, fleischig, ganzrandig; St. blassgrün; Blüten unscheinbar, grünlich gelb, oft rotbraun überlaufen, ohne Sporn, in lockerer 5- bis 10-blütiger Ähre; Lippe herabhängend, schwach 3lappig, mit großem Mittellappen; Tragb. linealisch, spitz, länger als die Blüten. ▲ Zerstreut; Alpen, Karpaten, Hohe Tatra.

3 Frauenschuh

Cypripedium calceolus
✻ 5-7 ↕ 15-50 cm ▼ Lichte, gras- und krautreiche Laub- und Nadelwälder, Latschengebüsch, nur auf Kalk und Dolomit, in den Alpen bis fast 2000 m. Blätter eiförmig, 6-12 cm lg., st.umfassend, hellgrün; Blüten zu 1-2, auffällig, groß, Blütenb. rotbraun, lanzettlich, die beiden unteren auf ⅘ verwachsen; Lippe pantoffel- oder schuhförmig, gelb und dunkel geadert und gefleckt, 3-4 cm lg. und bis 3 cm br. ▲ Selten; Nord- und Mitteleuropa, südlich bis in die nördlichen Mittelmeerländer, Alpen und -vorland.

Schmetterlingsblütengewächse

Fabaceae oder *Papilionaceae*

4 Alpen-Goldregen

Laburnum alpinum
✻ 5-7 ↕ 3-5 m ▼ Felsen, lichte Bergwälder, vorwiegend auf Silikat, bis 1900 m. Kleiner Baum oder Strauch; Blätter 3zählig, lg. gestielt, kahl oder etwas abstehend behaart, B.chen lanzettlich; Blüten gelb, duftend, 15 mm lg., zu 20-40 an lg., schmalen, hängenden, dicht blühenden Trauben; Blütenstiel und Kelch zerstreut abstehend behaart; Hülse kahl, an der Bauchnaht mit 1-2 mm br. Flügeln, 4-5 cm lg. Giftig. ▲ Zerstreut bis selten; Südalpen, südlicher Jura, Apennin, Balkanhalbinsel, Karpaten.

5 Alpen-Wundklee

Anthyllis vulneraria ssp. *alpestris*
✻ 5-8 ↕ 5-20 cm ▼ Wiesen, Felsbänder, kalkreiche Schutthalden, 800-3000 m. Grundb. meist ungeteilt, elliptisch, kahl, fleischig, oft nur aus einem großen, elliptischen Endblättchen bestehend, St.b. gefiedert; Krone weißlich- bis goldgelb, Kelch groß, bauchig, zottig weißgrau behaart. ▲ Häufig; Alpen, Kantabrisches Gebirge, Jura, Karpaten, Balkan.

6 Berg-Kronwicke

Coronilla coronata (C. montana)
✻ 5-7 ↕ 30-50 cm ▼ Lichte Wälder, Gebüsche, sonnige, trockene Hänge, kalkhaltige Böden, wärmeliebend, bis 1000 m. Pfl. aufrecht; Blätter unpaarig gefiedert, mit 7-13 ovalen, unterseits blaugrünen, etwas fleischigen Fiederb.; unterstes B.chenpaar am Grund des B.st., Nebenb. fädlich, bald abfallend, die unteren verwachsen, die oberen frei; Blüten in 12- bis 20-blütigen Dolden; Krone gelb, 7-10 mm lg.; Hülsen eingeschnürt, 2-3 cm lg., Glieder mit 4 stumpfen Kanten. ▲ Selten; Mittel- und Südeuropa (östlich), hauptsächlich Gebirge.

4
6
2
1
5
3
3

Schmetterlingsblütengewächse

Fabaceae oder *Papilionaceae*

1 Rauhaar-Zwergginster

Chamaecytisus hirsutus (Cytisus hirsutus)

✻4-6 ↕30-100 cm ▼Trockene Wiesen, lichte Wälder, Geröll, Felsen, bis 1900 m.
Zwergstrauch mit niederliegenden bis aufsteigenden Zweigen, diese bis ins 2. Jahr zottig behaart, dann kahl; Blätter 3zählig, B.chen 1-3 cm lg., elliptisch, stumpf; Blüten gelb, kurz gestielt, zu 1-4 an seitenständigen Kurztrieben; Hülse 3-4 cm lg., zottig behaart. ▲Zerstreut; hauptsächlich Süd- und Südostalpen, Pyrenäen, Apennin, Karpaten.

2 Ardoinos Geißklee

Cytisus ardoini

✻5-6 ↕20-60 cm ▼Steinige, sonnige Rasen, auf Kalk, 800-1500 m.
Zwergstrauch mit 8- bis 10-kantigen Zweigen; Blätter 3zählig, B.chen schmal, länglich bis verkehrt-eiförmig, oberseits dicht angedrückt behaart, unterseits zerstreut behaart; Kelch kurz glockig, Krone gelb, kahl, mit stark gekrümmtem, stumpfem Schiffchen und fast kreisrunder Fahne; Hülse abstehend wollig behaart. ▲Zerstreut bis selten; Französische Seealpen.

3 Meergrüner Geißklee

Cytisus sessilifolius

✻4-7 ↕60-120 cm ▼Trockene, warme Hänge, bis 1700 m.
Kahler Zwergstrauch; Blätter sitzend, nur die unteren kurz gestielt, 3zählig, B.chen fast kreisrund, 6-8 mm br., kurz bespitzt; Blüten zu 2-8 in kurzen, b.losen, endständigen Trauben; Krone goldgelb, Fahne rundlich, Schiffchen geschnäbelt, stark gekrümmt. ▲Zerstreut; Südalpen, Pyrenäen, westliches Mittelmeergebiet.

4 Stängelloser Tragant

Astragalus exscapus

✻6-7 ↕3-8 cm ▼Trockenrasen, Felsensteppen, auf Kalk oder Gips, bis 2200 m.
Pfl. zottig behaart, (fast) st.los; Blätter und Blütenstand grundständig; B. mit 25-39 eiförmigen, gerundeten oder ausgerandeten, dicht behaarten Fiederb.; Blüten zu 3-9, Krone 20-25 mm lg., gelb; Hülse eiförmig. ▲Selten; Zentral- und Südalpen, Ost- und Südeuropa.

5 Nickender Tragant, Alpen-Blasenschote

Astragalus penduliflorus

✻7-8 ↕30-50 cm ▼Steinrasen, Matten, Felsschutt, lichte Bergwälder, auf kalkarmen Böden, 1300-2500 m.
St. stark verzweigt, rauhaarig; Blätter frischgrün, mit 14-30 zerstreut kurzhaarigen, 3-6 mm br. Fiederb.; Nebenb. lanzettlich, bis 1 cm lg.; Blüte **(5a)** lebhaft gelb, nickend, in kurz gestielten Trauben, Fahne etwa so lg. wie Flügel und Schiffchen; Hülse stark aufgeblasen. ▲Zerstreut bis selten; Alpen, Pyrenäen, Karpaten.

6 Zottiger Spitzkiel

Oxytropis pilosa

✻6-7 ↕10-30 cm ▼Sonnige Steppenrasen, Felsenhänge, lichte Föhrenwälder, bis 1500 m.
Pfl. abstehend zottig behaart; Blätter mit 19-27 lanzettlichen, kahlen oder unterseits anliegend behaarten, 5-20 mm lg. Fiederb.; Blüten zu 5-25 in aufrechten Trauben; Kelchzähne fast so lg. wie die Kelchröhre, Krone 10-12 mm lg., hellgelb, Schiffchen mit aufgesetzter Spitze; Hülsen linealisch, kurzhaarig. ▲Selten; Süddeutschland, Thüringen, Südschweden, Alpen, Apennin, Osteuropa.

4
5
3
5a
2
6
1

Schmetterlingsblütengewächse

Fabaceae oder *Papilionaceae*

1 Hufeisenklee

Hippocrepis comosa

✻ 5–7 ↕ 5–20 cm ▼ Sonnige Kalkmagerrasen, Wege, Steinbrüche, lichte Kiefernwälder, bis 2200 m.
Blätter lg. gestielt, mit 5–15 ovalen bis schmal-lanzettlichen Fiederb.; Dolde 4- bis 10-blütig; Krone gelb, 8–12 mm lg.; Hülse 1–3 cm lg., abstehend oder etwas hängend, mit hufeisenförmigen Gliedern. ▲ Ziemlich häufig; Alpen.

2 Braun-Klee

Trifolium badium

✻ 7–8 ↕ 10–25 cm ▼ Feuchter Felsschutt, Bergwiesen, Rasen, meist auf Kalk, 1200–3000 m.
St. niederliegend oder aufsteigend, locker beblättert; Blätter 3zählig, lg. gestielt, kahl, B.chen elliptisch, gezähnelt; Blütenköpfe dicht, reichblütig, anfangs halbkugelig, später kegelförmig, bis 2 cm lg.; Einzelblüten kurz gestielt, goldgelb, verblüht kastanienbraun. ▲ Häufig; Alpen, Jura, Pyrenäen, Karpaten, Apennin.

Veilchengewächse

Violaceae

3 Gelbes Veilchen

Viola biflora

✻ 5–8 ↕ 8–12 cm ▼ Feuchtes Geröll, schattige Stellen, bis 3000 m.
St. mit 2 br. nierenförmigen, gekerbten Blättern und 1–2 gelben Blüten. ▲ Verbreitet; Gebirge Mittel- und Südeuropas.

Lippenblütengewächse

Labiatae oder *Lamiaceae*

4 Klebriger Salbei

Salvia glutinosa

✻ 7–10 ↕ 50–120 cm ▼ Laubwälder, Bergmischwälder, Kahlschläge, Hochstaudenfluren, bis 1700 m.
Pfl. drüsenhaarig, klebrig; Blätter lg. gestielt, Spreite am Grund spießförmig, grob gezähnt, 8–15 cm lg.; Blütenstand aus vielen quirlartigen, 4- bis 6-blütigen Teilblütenständen; Blüten 3–10 mm lg. gestielt, hellgelb, rotbraun punktiert, 3–5 cm lg.; Staubb. 2; Kelch eng glockenförmig, klebrig-drüsig behaart. ▲ Zerstreut; Gebirge Mittel- und Südeuropas.

5 Goldnessel

Lamium galeobdolon
(Lamiastrum galeobdolon)

✻ 4–7 ↕ 20–50 cm ▼ Laub- und Nadelwälder, bis 1200 m.
Pfl. mit oberirdischen Ausläufern; Blätter ei-lanzettlich, spitz, gezähnt, 3–8 cm lg.; Blüten zu mehreren in den Achseln der oberen B.; Krone 15–25 mm lg., gelb, Unterlippe mit roten Flecken; bei ssp. *galeobdolon* ist der St.grund nur an den Kanten behaart, die obersten B. eiförmig, gekerbt und die Blütenhalbquirle 2- bis 3-blütig, bei ssp. *montanum* ist der St.grund ringsum behaart, die obersten B. sind lanzettlich und scharf gezähnt und die Blütenhalbquirle 4- bis 8-blütig. ▲ Verbreitet; fast ganz Europa.

1
2
3
4
5

Lippenblütengewächse

Labiatae oder *Lamiaceae*

1 Berg-Gamander

Teucrium montanum

✻ 6-9 ↕ 5-35 cm ▼ Sonnige Kalkmagerrasen, Fels- und Schuttfluren, bis 2000 m. Pfl. niederliegend, aromatisch riechend; Blätter schmal-lanzettlich, 5-20 mm lg., ganzrandig, immergrün, lederig, unterseits dicht weißfilzig; Blüten am Ende der Zweige kopfig gehäuft, weißlich oder hellgelb, Kelch fast regelmäßig 5zähnig, Krone nur mit 5teiliger Unterlippe. ▲ Zerstreut; Alpen, Jura, Gebirge Mittel- und Südeuropas, Karpaten.

2 Fuchsschwanz-Ziest

Stachys alopecuros

✻ 6-9 ↕ 30-50 cm ▼ Steinige Matten, Felsschutt, Latschengebüsch, hauptsächlich auf Kalk und Dolomit, 1000-2000 m. Pfl. abstehend behaart; Rosettenb. **(2a)** herz- bis eiförmig, grob gezähnt, lg. gestielt; St. mit 1-2 entfernt stehenden B.paaren; Blüten in dichten, ährenförmigen Blütenständen; Krone weißlich gelb, außen behaart, bis 15 mm lg., mit flacher, schmaler Oberlippe und herabgeschlagener, 3lappiger Unterlippe, Kelch 8-10 mm lg., behaart, mit 5 3eckigen Zähnen. ▲ Zerstreut; Alpen, Pyrenäen, Cevennen, Apennin, nordgriechische Gebirge.

3 Karlszepter

Pedicularis sceptrum-carolinum

✻ 6-8 ↕ 30-100 cm ▼ Moorwiesen, Flachmoore, bis etwa 1000 m. Stattlichste Art der Gattung; Blätter 10-30 cm lg., bis auf den Mittelnerv fiederteilig; Blütenstand locker, lang, Krone hellgelb, 3 cm lg., Unterlippe rot gerandet, Oberlippe sichelförmig. ▲ Selten; Nord- und Mitteleuropa.

4 Knolliges Läusekraut

Pedicularis tuberosa

✻ 6-8 ↕ 10-25 cm ▼ Kalkarme Böden, saure Magerrasen, 1200-2600 m. Pfl. flaumig behaart; Grundb. 5-15 cm lg. und 1-2 cm br., stark fiederteilig, Abschnitte nochmals tief gezähnt, B.stiele langhaarig; Krone blassgelb, mit linealischem, abwärts gebogenem Schnabel, Kelch zottig behaart. ▲ Verbreitet; Zentral- und Südalpen, in den nördlichen Kalkalpen fehlend, Pyrenäen. - Eine weitere gelb blühende Art kalkreicher Rasen und Staudenfluren ist das **Vielblättrige Läusekraut** (*P. foliosa*) mit doppelt gefiederten, bis 20 cm lg. und bis 8 cm br. Blättern; Blütenähre von großen, gefiederten Tragb. durchsetzt. ▲ Hauptsächlich nördliche Kalkalpen, selten in den Zentral- und Südalpen.

5 Buntes Läusekraut

Pedicularis oederi

✻ 6-8 ↕ 5-20 cm ▼ Steinige Rasen, meist auf Kalk, 1500-2500 m. Ähnlich Knolligem Läusekraut, aber Kronoberlippe ungeschnäbelt, mit stumpfer Spitze; Grundb. **(5a)** kahl, kürzer als der St., lanzettlich, fiederschnittig, mit tief gekerbt-gezähnten Abschnitten, St.b. meist fehlend; Tragb. kürzer als die Blüten; Krone 15-20 mm lg., kahl, gelb, an der Oberlippe mit 2 dunkelroten Flecken. ▲ Ziemlich selten; Alpen (in Deutschland nur Ammergauer und Schlierseer Berge), Gebirge Europas.

2
1
2a
5
3
4
5a

Wegerichgewächse

Plantaginaceae
incl. *Callitrichaceae, Hippuridaceae, Veronicaceae, Globulariaceae*

1 Großblütiger Fingerhut

Digitalis grandiflora (Digitalis ambigua)
✻6-8 ↕60-120 cm ▼Laubwälder, Kahlschläge, sonnige Waldränder, Geröllhalden; in den Alpen bis etwa 1600 m. Blätter länglich-lanzettlich, unterseits steifhaarig; Krone glockig-bauchig, 3-4 cm lg., hellgelb, innen braun gezeichnet. Giftig! ▲Zerstreut; Mitteleuropa, südlich bis Südalpen, Nordgriechenland, Nordkaukasus.

2 Gelbes Mänderle, Gelber Ehrenpreis

Paederota lutea
✻6-8 ↕10-30 cm ▼Kalk- und Dolomitfelsen, 1000-2500 m.
St. aufrecht bis überhängend; Blätter gegenständig, sitzend, mattgrün, eiförmig, bis 7 cm lang, scharf gesägt, zerstreut behaart; Blüten in endständigen, meist überhängenden Trauben; Krone zitronengelb, 2lippig, 10-15 mm lang. ▲Verbreitet; Südostalpen.

Sommerwurzgewächse

Orobanchaceae

3 Alpenrachen

Tozzia alpina
✻6-8 ↕10-50 cm ▼Hochstaudenfluren, Grünerlengebüsch, 900-2200 m.
St. 4kantig, an den Kanten behaart; Blätter eiförmig, sitzend, kahl, fettig glänzend, am Grund meist schwach gesägt oder gekerbt; Krone 8-10 mm lg., goldgelb, mit rot punktierter Unterlippe **(3a)**.
▲Verbreitet; Alpen, Schweizer Jura, Pyrenäen, Karpaten.

4 Zwerg-Augentrost

Euphrasia minima
✻7-8 ↕2-10 cm ▼Almweiden, Zwergstrauchbestände, kalkarme Böden, 1400-3000 m.
Pfl. aufrecht, meist unverzweigt; Blätter eiförmig, mit br. Grund sitzend, jederseits mit 3-7 nicht begrannten Zähnen, am Rand und unterseits zerstreut behaart; Krone 4-7 mm lg., mit gelber Unterlippe und hellvioletter, rötlicher, weißer oder gelber Oberlippe, Kelch 4spaltig, 3-5 mm lg., mit spitzen Zähnen. ▲Verbreitet; Alpen, Gebirge Mittel- und Südeuropas.

Hahnenfußgewächse

Ranunculaceae

5 Gelber Eisenhut, Wolfs-Eisenhut

Aconitum lycoctonum
✻6-8 ↕50-150 cm ▼Schlucht- und Auwälder, feuchte Laubmischwälder, Hochstaudenfluren, in den Alpen bis 2400 m.
Pflanze ähnlich dem Blauen Eisenhut (s. S. 220); Blätter handförmig 5- bis 7-teilig, mit br. Abschnitten; Blüten gelb oder weißlich, mit hohem, schlankem Helm **(5a)**, in 1facher oder ästiger Traube. Giftig! ▲ Verbreitet bis zerstreut; Gebirge Mittel- und Südeuropas.

3
3a
4
5
5a
1
2

Doldengewächse

Umbelliferae oder *Apiaceae*

1 Hahnenfuß-Hasenohr

Bupleurum ranunculoides

✻7-8 ↕10-50 cm ▼ Kalkreiche, steinige Matten, Felsbänder, sonnige Hänge, 1400-2800 m.

Rosettenb. lanzettlich, lg. zugespitzt, St.b. breiter, oft herzförmig, st.umfassend; Dolde 3- bis 5-strahlig, mit 2-4 Hüllb., Döldchen mit 5-7 breit eiförmigen, gelbgrünen Hüllchenb., Blüten dunkelgelb. ▲ Zerstreut bis selten; Alpen (in Bayern nur noch im Allgäu), Pyrenäen, Jura, Apennin, Karpaten, Illyrien.

2 Felsen-Hasenohr

Bupleurum petraeum

✻7-8 ↕20-40 cm ▼ Steinige Rasen, Felsspalten, Polsterseggenrasen, auf Kalk, 1600-2400 m.

Pfl. am Grund mit zahlreichen abgestorbenen B.scheiden; St. unverzweigt, meist ohne B.; Grundb. rosettig, grasartig, schopfig, 2-5 mm br. und 10-30 cm lg.; Dolde 5- bis 15-strahlig, Hüllb. linealisch, Hüllchenb. 5-10, frei oder am Grund verwachsen; Blüten gelblich. ▲ Zerstreut; Südalpen.

Korbblütengewächse

Compositae oder *Asteraceae*

3 Wermut, Absinth

Artemisia absinthium

✻7-9 ↕40-100 cm ▼ Wegränder, Mauern, Schafweiden, Felsen, in sommerwarmen und niederschlagsarmen Gebieten, in den Alpen bis 2000 m.

Pfl. halbstrauchig, filzig behaart, stark aromatisch und bitter schmeckend; Blätter **(3a)** 2- bis 3-fach fiederteilig, mit 2-3 mm br., beiderseits seidig-filzigen, stumpfen Zipfeln, B.stiele am Grund nicht geöhrt; Blütenköpfe kugelig, 3-4 mm br., gelb, kurz gestielt, nickend, in meist schmaler Rispe. Arznei- und Gewürzpfl. ▲ Zerstreut; fast ganz Europa.

4 Großblütige Gämswurz

Doronicum grandiflorum

✻7-8 ↕20-60 cm ▼ Kalkschutt, Felsbänder, steinige Matten, 1500-3100 m.

St. reichdrüsig, unten dicht beblättert; untere B. gestielt, br. eiförmig, am Grund gestutzt oder herzförmig, grob buchtig gezähnt, obere B. herzförmig st.umfassend; Blütenköpfe meist 1, gelb, 4-7 cm br.; Früchte 2 mm lg., 10rippig. ▲ Verbreitet; Alpen, Gebirge Mittel- und Südeuropas.

5 Gewöhnliche Goldrute

Solidago virgaurea

✻7-10 ↕20-100 cm ▼ Krautreiche Laub- und Mischwälder, Heiden, Magerweiden.

Blätter länglich-elliptisch, 3- bis 4-mal so lg. wie br., meist gezähnt; Blütenköpfe 7-8 mm lg. und 10-15 mm br., in aufrechter, allseitswendiger Traube oder verzweigter Rispe; Zungenblüten 6-12, länger als die linealischen, grünlich gelben, hautrandigen Hüllb. ▲ Verbreitet; Europa. - Ähnlich ist die **Alpen-Goldrute**, *Solidago virgaurea* ssp. *minuta* (*alpestris*); Pfl. 10-30 cm, Blütenköpfe 15-20 mm br.; Blütenstand einfach. ▲ Saure Magerrasen, in den Alpen 1500-2200 m.

6 Weidenblättriges Ochsenauge

Buphthalmum salicifolium

✻6-9 ↕20-60 cm ▼ Kalkmagerrasen, Waldränder, lichte Eichen- und Kiefernwälder, in den Alpen bis 2200 m.

Blätter ei-lanzettlich, seidenhaarig, ganzrandig oder fein gezähnt; Blütenköpfe 3-6 cm br., einzeln, endständig; Blütenkopfboden mit lanzettlichen Spreub.; randliche Blüten zungenförmig, 2-3 mm br., gelb, innere Blüten röhrenförmig, zahlreich; randständige Frucht geflügelt, 3kantig. ▲ Verbreitet; Gebirge Mittel- und Südeuropas.

2
3a
5
3
1
6
4

Korbblütengewächse

Compositae oder *Asteraceae*

1 Alpen-Greiskraut

Senecio alpinus (S. cordatus)

✻ 7-9 ↕ 30-100 cm ▼ Hochstaudenfluren, Lägerfluren, Grünerlengebüsch, 500-2000 m.

Grundb. und St.b. herzförmig, grob gezähnt, gestielt (**1a**); obere St.b. eiförmig bis lanzettlich, unterseits spinnwebig wollig, graugrün; Blütenköpfe 3-4 cm br.; Zungenblüten 13-16, wie die Scheibenblüten goldgelb. ▲ Häufig; Alpen, Apennin.

2 Krainer Greiskraut

Senecio incanus ssp. *carniolicus*

✻ 7-9 ↕ 5-15 cm ▼ Saure, kalkfreie Magerrasen, Zwergstrauchheiden, Moränengrus, 1800-3600 m.

St. aufrecht oder aufsteigend, mehrköpfig; Blätter anfangs seidenhaarig, grau, später verkahlend und grün, verkehrt-eiförmig, eingeschnitten gekerbt oder fiederlappig; Blütenköpfe 1-2 cm br., zu 3-15, mit trichterförmiger Hülle und dottergelben Scheiben- und Röhrenblüten. ▲ Verbreitet; Ostalpen, in den Nordalpen selten, Karpaten.

3 Edelrautenblättriges Greiskraut

Senecio abrotanifolius

✻ 7-9 ↕ 15-40 cm ▼ Steinrasen, Latschen- und Zwergstrauchgebüsch, Felsschutt, 1000-2700 m.

Pfl. am Grund schwach verholzt; Blätter kahl, dunkelgrün, die unteren doppelt, die oberen 1fach fiederschnittig, mit linealischen, 1-2 mm br. Zipfeln; Blütenköpfe zu 2-5, 2,5-4 cm br., Zungenblüten orangegelb, mit bräunlichen Streifen. ▲ Zerstreut; Alpen (östlich), in Bayern nur Chiemgauer und Berchtesgadener Alpen, Ostschweiz, Österreich, nördliche Balkanhalbinsel - Die ssp. *tiroliensis* auf Silikatgestein hat orangerote Blüten (**3a**).

4 Gämswurz-Greiskraut

Senecio doronicum

✻ 7-8 ↕ 20-50 cm ▼ Kalkhaltige Steinrasen, Matten, Zwergstrauchgebüsch, etwa 1600-3100 m.

St. spinnwebig-wollig; Blätter lederig, derb, untere länglich-eiförmig, gestielt, grob gezähnt, obere lanzettlich, sitzend; Blütenköpfe 3-6 cm br., gelb, zu 1-5, meist lg. gestielt; Hüllb. wollig, von einer Außenhülle umgeben; Früchte 5-6 mm lg., 10- bis 12-rippig. ▲ Verbreitet; Gebirge Mittel- und Südeuropas.

5 Kopf-Greiskraut

Tephroseris capitata
(Senecio capitatus)

✻ 7-8 ↕ 20-40 cm ▼ Steinige Rasen, Alpenmatten, 1800-2500 m.

Pfl. grau- bis weißfilzig, dicht beblättert; Grundb. rosettig, verkehrt-eiförmig, stumpf gezähnt, St.b. länglich, sitzend; Blütenköpfe 2-3 cm br., kurz gestielt, zu 2-10 dicht gedrängt; Zungen- und Scheibenblüten orangegelb; Hülle schmalglockenförmig, mit 15-20 Hüllb., diese oft rotbraun. ▲ Selten; West- und Südalpen, Pyrenäen, Apennin, Balkanhalbinsel, Karpaten.

6 Filzige Schafgarbe

Achillea tomentosa

✻ 5-7 ↕ 5-20 cm ▼ Trockenrasen, Felsensteppen, lichte Föhrenwälder, 1000-1700 m.

Pfl. dicht zottig, mit ausgebreiteten, nichtblühenden und mit aufrechten, unverzweigten, blühenden St.; Blätter im Umriss lanzettlich, bis zum Mittelnerv mehrfach fiederschnittig, fein zerteilt, dicht wollig behaart; Blütenköpfe winzig, in dichten Doldenrispen; Zungenblüten 4-6, goldgelb, Hüllb. stumpf, hellbraun berandet, weißwollig. ▲ Zerstreut bis verbreitet; Alpen (vor allem Wallis, Aostatal, Vintschgau), Pyrenäen, Südeuropa.

3a
6
3
2
4
1
5
1a

Korbblütengewächse

Compositae oder *Asteraceae*

1 Arnika, Bergwohlverleih

Arnica montana

✻6-7 ↕20-50 cm ▼ Silikatmagerrasen, Moorwiesen, in den Alpen bis ca. 2500 m. Pfl. mit grundständiger, meist 4blättriger Rosette; St.b. gegenständig, eiförmig, spitz; Bl.köpfe 1 (selten bis 5), 5-8 cm br., randliche Bl. zungenförmig, 2-3 cm lg. ▲ Zerstreut; hauptsächlich Gebirge Mitteleuropas, Südschweden bis Nordspanien, Pyrenäen.

2 Grauer Löwenzahn

Leontodon incanus

✻5-6 ↕15-45 cm ▼ Halbtrockenrasen, trockene, lichte Föhrenwälder, Kalkfelsfluren, Ebene bis über 2000 m.
Pfl. graufilzig; St. unverzweigt, b.los, 1köpfig; Blätter länglich-lanzettlich oder entfernt klein gezähnt, dicht mit Sternhaaren besetzt; Hülle 13-17 mm lg.; Blüten goldgelb, doppelt so lg. wie die Hülle. ▲ Zerstreut; süddeutsche Mittelgebirge, Alpen, Mähren, Karpaten, Illyrische Gebirge.

3 Stinkender Hainsalat

Aposeris foetida

✻6-8 ↕15-25 cm ▼ Bergmischwälder, Buchenwälder, Latschengebüsch, in den Alpen bis über 2000 m.
Pfl. stinkend; St. 1fach, 1köpfig, b.los; Blätter in grundständiger Rosette, fiederteilig, löwenzahnartig; Hüllb. 2reihig; Blütenkopf 2-3 cm br., nur mit Zungenblüten, gelb.
▲ In den nördlichen Kalkalpen verbreitet; Gebirge Mittel- und Südeuropas.

4 Klebrige Kratzdistel

Cirsium erisithales

✻7-9 ↕50-150 cm ▼ Krautreiche Wälder, Waldränder, in den Alpen bis 2000 m. St. oben drüsig flaumig, im oberen Drittel b.los; Blätter lanzettlich, tief fiederspaltig, mit lanzettlichen, fein borstlich gezähnten Lappen, untere B. gestielt, obere mit herzförmigem Grund st.umfassend; Blütenköpfe gelblich weiß bis zitronengelb, meist einzeln, an der St.spitze überhängend **(4a)**; Hüllb. dicht drüsig, klebrig, ganzrandig. ▲ Zerstreut bis selten; hauptsächlich Gebirge Mitteleuropas, in Deutschland fehlend.

5 Zottiges Habichtskraut

Hieracium villosum

✻7-8 ↕10-30 cm ▼ Steinrasen, kalkreiche Wiesen, Felsbänder, etwa 1200-2800 m. Pfl. lg. zottig-weißhaarig; Rosettenb. länglich-lanzettlich, ganzrandig, blaugrün, St.b. 1-4; äußere Hüllb. elliptisch bis lanzettlich, abstehend, rauhaarig, b.artig, grün, innere linealisch, lg. zugespitzt, meist dunkel; St. meist 2- bis 4-köpfig. ▲ Verbreitet; Gebirge Mittel- und Südeuropas (östlich). – Ähnlich ist das **Wollköpfige Habichtskraut**, *H. pilosum*, aber Hüllb. gleich gestaltet, anliegend; St. meist 1- bis 2-köpfig; steinige Rasen, Felsschutt, auf Kalk. ▲ Zerstreut; Alpen.

6 Endivien-Habichtskraut, Weißliches Habichtskraut

Hieracium intybacium

✻7-9 ↕10-30 cm ▼ Silikatfelsspalten, kalkarmer Feinschutt, Zwergstrauchheiden, 1500-3000 m.
Blätter und St. mit klebrigen, langen Drüsenhaaren; B. gelbgrün, schmal-lanzettlich, unregelmäßig grob gezähnt; St. gefurcht, einfach oder gabelästig; Blütenköpfe blassgelb, nur mit Zungenblüten, Hüllschuppen drüsig. ▲ Verbreitet; Alpen, Vogesen.

7 Einköpfiges Ferkelkraut, Alpen-Ferkelkraut

Hypochoeris uniflora

✻7-9 ↕20-50 cm ▼ Magerrasen, Zwergstrauchheiden, 1000-2600 m.
Pfl. steifhaarig; St. 1köpfig, unter dem Blütenkopf auffallend verdickt; Blätter meist rosettenständig, lanzettlich, meist gezähnt, nie gefleckt; Blütenköpfe einzeln, gelb, 4-7 cm br.; Hüllb. schwärzlich kraushaarig, äußere Hüllb. am Rand gefranst.
▲ Zerstreut; Allgäu, vorwiegend Zentral- und Südalpen, Sudeten, Karpaten.

6
5
7
2
1
3
4
4a

Korbblütengewächse

Compositae oder *Asteraceae*

1 Berg-Pippau

Crepis pontana (C. bocconi)

✻ 6-8 ↕ 20-60 cm ▼ Steinige Matten, Hochstaudenfluren, kalkliebend, 1200-2500 m.

Pfl. flaumig behaart, mit aufrechtem, unterem Blütenkopf und deutlich verdicktem St.; St.b. länglich-elliptisch, entfernt gezähnt, mit abgerundetem Grund st.umfassend; Blütenkopf 4-6 cm br., goldgelb; Hüllb. braungrün, zottig, mit Sternhaaren. ▲ Zerstreut; Alpen.

2 Rhätischer Pippau, Mähnen-Pippau

Crepis rhaetica

✻ 7-8 ↕ 5-12 cm ▼ Felsschutt, Gesteinsfluren, auf Kalk und Schiefer, 1900-3000 m.

St. 1köpfig, dicht zottig, unter dem Blütenkopf verdickt; Blätter ungeteilt, ganzrandig oder geschweift gezähnt; Blütenkopf 1-2 cm br., goldgelb; Hüllb. von gelbgrünen geschlängelten Haaren dicht zottig, ohne Sternhaare. ▲ Selten; südliche Zentralalpen von Savoyen bis Tirol und Südtirol.

3 Zwerg-Pippau

Crepis pygmaea

✻ 6-8 ↕ 5-15 cm ▼ Kalkfelsschutt, 1600-3000 m.

Pfl. niederliegend bis bogig aufsteigend; St. meist verzweigt, bis oben beblättert; B. fiederspaltig, mit großem, eiförmigem Endabschnitt, unterseits oft violett überlaufen, B.stiel geflügelt, oft gezähnt oder mit 2-4 kleinen Lappen; Blüten gelb; Hülle 10-15 mm lg., graufilzig, Hüllb. in 2 Reihen, die äußeren kaum halb so lg. wie die inneren. ▲ Selten; Südwest- und Südalpen, spanische Gebirge, Pyrenäen.

4 Felsen-Pippau

Crepis jacquinii

✻ 7-8 ↕ 5-30 cm ▼ Kalk- und Dolomitfels, Felsschutt, Flussschotter, 800-3000 m.

St. beblättert, mit 2-5 1köpfigen Ästen; St.b. fiederteilig, mit lg., schmal-lanzettlichen Abschnitten, unterste B. lanzettlich, ganzrandig bis entfernt gezähnt; Blütenköpfe 2-3 cm br., hellgelb; Hüllb. 2reihig, mit abstehend schwarzen Haaren oder weißfilzig mit wenigen schwarzen Haaren. Formenreiche Art. ▲ Zerstreut bis selten; Ostalpen, Karpaten, Illyrische Gebirge.

5 Triglav-Pippau

Crepis terglouensis

✻ 7-9 ↕ 5-10 cm ▼ Kalk- und Dolomitfels, Felsschutt, 1800-2800 m.

St. beblättert, aufrecht, unverzweigt, 1köpfig, unten kahl, oben schwarz-zottig, unter dem Blütenkopf verdickt; B. glänzend grün, buchtig fiederspaltig, mit 3eckigen Abschnitten; Blütenkopf 3-5 cm br., gelb, mit dicht schwarz-zottig behaarter Hülle. ▲ Zerstreut; Ostalpen.

6 Großköpfiger Pippau

Crepis conyzifolia (C. grandiflora)

✻ 7-9 ↕ 20-60 cm ▼ Bodensaure Magerweiden, Bergwiesen, Silikatmagerrasen, 600-2200 m.

Pfl. drüsig-weichhaarig; St. locker beblättert, mit 2-5 1köpfigen Ästen, unter den Blütenköpfen verdickt (**6b**), flaumig zottig; untere B. (**6a**) eiförmig-lanzettlich, gesägt, St.b. mit pfeilförmigem Grund sitzend; Blüten goldgelb; Hülle 16-20 mm lg., drüsenhaarig, äußere Hüllb. viel kürzer als die inneren. ▲ Zerstreut; Alpen (in Deutschland im Allgäu und zwischen Ammer und Tegernsee), Riesengebirge, Pyrenäen, Apennin, Karpaten, Balkanhalbinsel.

6
6a
6b
5
4
1
3
2

Rötegewächse
Rubiaceae

1 Felsen-Meister
Asperula neilreichii
✻6-9 ↕5-15 cm ▼Kalkschutt, Felsspalten, 1600-2400 m.
Pfl. dichtrasig, horstig; untere St.b. zur Blütezeit erhalten, verkehrt-eiförmig, zurückgekrümmt; Kronröhre 1,5-2,5 mm lg., 1- bis 1,5-mal länger als die Kronzipfel, Krone rosa, außen glatt. ▲Zerstreut; Ammergauer Alpen, Chiemgau, nordöstliche Kalkalpen.

Kreuzblütengewächse
Cruciferae oder *Brassicaceae*

2 Steinschmückel
Petrocallis pyrenaica
✻6-7 ↕2-8 cm ▼Kalkreicher Felsschutt, Felsbänder, Pionierrasen, 1700-3400 m.
Lockerrasige Polsterpfl.; Blätter klein, rosettig gehäuft, vorn 3- bis 5-lappig, gewimpert; Blüten in gedrungenen Dolden, Kronb. 4, rosa oder violett, 4-5 mm lg., doppelt so lg. wie die rot gerandeten Kelchb.; Schötchen elliptisch, kahl. ▲Verbreitet; Alpen, Pyrenäen, Karpaten.

3 Felsen-Steintäschel, Felsen-Steinkresse
Aethionema saxatile
✻4-6 ↕5-20 cm ▼Steinschutt, Flussgeröll, Felsen, bis 1900 m.
Pfl. aufsteigend bis aufrecht; Blätter eiförmig bis lanzettlich, 1-2 cm lg., bläulich bereift, ganzrandig; Kronb. fleischrot oder weiß, 2-4 mm lg., Schötchen linsenförmig, abgeflacht, br. geflügelt, auf bogig abstehenden Stielen. ▲Ziemlich selten; Alpen und -vorland, Pyrenäen, Apennin.

4 Rundblättriges Täschelkraut
Thlaspi rotundifolium
✻7-9 ↕5-15 cm ▼Kalkschutt, etwa 1300-3300 m.
Pfl. rasenbildend, mit tiefer Pfahlwurzel; St. im Geröll kriechend; Blätter bläulich grün, etwas fleischig, eiförmig, die unteren gestielt, die oberen am Grund br. geöhrt und st.umfassend; Blüten hellviolett, in Doldentrauben, Kronb. 6-8 mm lg.; Schötchen elliptisch, 4-8 mm lg. ▲Verbreitet; Alpen.

5 Zwiebeltragende Zahnwurz
Cardamine bulbifera (Dentaria bulbifera)
✻5-6 ↕10-50 cm ▼Buchenwälder, Schluchtwälder, bis 1500 m.
Grundblätter und untere St.b. mit 5-7 eilanzettlichen, gesägten Fiederb., obere St.b. ungeteilt; B.achseln mit kleinen Brutknöllchen; Krone hellviolett, rosa oder weiß. ▲Ziemlich selten; hauptsächlich Gebirge Mitteleuropas, nördlich bis Südskandinavien, südlich bis Griechenland.

Wegerichgewächse
Plantaginaceae
(incl. *Callitrichaceae, Hippuridaceae, Veronicaceae, Globulariaceae*)

6 Quendel-Ehrenpreis
Veronica serpyllifolia
✻4-9 ↕5-25 cm ▼Wiesen, Almen, Hochstauden-, Lägerfluren, bis 2300 m.
Blätter kahl, eiförmig-rundlich, ganzrandig oder gekerbt; Blüten einzeln in den B.achseln der oberen B., Krone 5-6 mm br., weißlich, blau geadert. ▲Häufig; Alpen.

7 Strauchiger Ehrenpreis
Veronica fruticulosa
✻7-8 ↕10-20 cm ▼Schuttfluren, steinige Matten, Felsen, kalkliebend, 600-2700 m.
Pfl. am Grund schwach verholzt; Blätter kurz gestielt, lineal-lanzettlich, schwach gekerbt, anliegend behaart; Blüten in lockerer, armblütiger, drüsig-flaumiger Traube, Krone hellrot, mit dunkleren Adern; Fruchtkapsel br. eiförmig, seicht ausgerandet, drüsig behaart. ▲Zerstreut bis selten; Alpen, in den Nordostalpen fehlend, hauptsächlich West- und Südalpen, Vogesen, Schweizer Jura, Pyrenäen.

1
4
6
2
7
5
3

Nachtkerzengewächse

Onagraceae oder *Oenotheraceae*

1 Kies-Weidenröschen

Epilobium fleischeri

✻7-9 ↕10-50 cm ▼Offene Kies- und Schotterfluren, Flusskies, Moränen, vom Tal bis 2600 m.
Pflanze mehrstängelig, buschig, mit bogig aufsteigenden St.; Blätter wechselständig, schmal-lanzettlich, bis 4 cm lang und 4–5 mm breit, kahl, am Rand drüsig gezähnt; Blütentraube mit 5–10 lg. gestielten großen Blüten, Kronb. 4, hellpurpurn, Kelchb. purpurrot; Griffel bis zur Mitte zottig, walzig, kaum so lg. wie die kürzeren Staubb., Narbe 4-teilig; Fruchtkapsel bis 5 cm lang. ▲Zerstreut; Alpen, hauptsächlich in den Zentralalpen, im Norden selten (in Bayern nur im Allgäu).

2 Quirlblättriges Weidenröschen

Epilobium alpestre

✻7-8 ↕30-90 cm ▼Subalpine Hochstaudenfluren, Lägerfluren, Grünerlengebüsch, bis 2400 m.
St. aufrecht, mit 2 erhabenen Längslinien; Blätter zu 3-4 im Quirl (2a), eiförmig-lanzettlich, am Grund abgerundet, glänzend, kahl; Kronb. rosa bis violettrot; Narbe keulig, ungeteilt; Frucht feinflaumig drüsenhaarig. ▲Verbreitet; hauptsächlich Gebirge und Mittelgebirge; fast ganz Europa.

3 Mieren-Weidenröschen

Epilobium alsinifolium

✻7-8 ↕10-25 cm ▼Quellfluren, nasse, nährstoffreiche Hochstaudenfluren, bis 2400 m.
Pfl mit unterirdischen Ausläufern; St. mit 2–4 erhabenen Längslinien, 2- bis 5-blütig; Blätter glänzend, etwas fleischig, entfernt gezähnelt, zugespitzt, dunkelgrün, 2–4 cm lg.; Kronb. 7–10 mm lg., rosa, ausgerandet; Narbe keulig. ▲In den Alpen verbreitet, sonst zerstreut bis selten; Nordeuropa, Gebirge Mittel- und Südeuropas.

4 Alpen-Weidenröschen

Epilobium anagallidifolium

✻7-8 ↕8-15 cm ▼Quellfluren, überrieselte, nasse Felsen und Felsschutt, bis 2800 m.
Pfl. rasenbildend, mit oberirdischen Ausläufern; St. mit 2 oder 3 behaarten Längslinien, sonst kahl; Blätter kurz gestielt, eiförmig, ganzrandig, stumpf; Blüten klein, rosarot. ▲Zerstreut bis selten; Alpen, Gebirge Mittel- und Südeuropas.

5 Schmalblättriges Weidenröschen

Epilobium angustifolium

✻7-8 ↕50-150 cm ▼Waldschläge, Waldwege, Gebüsche, Hochstauden, in den Alpen bis 1900 m.
St. stumpfkantig; Blätter wechselständig, schmal-lanzettlich, 8–12 cm lg. und 1–2 cm br., kahl, unterseits blaugrün, mit hervortretenden Seitennerven; Blüten 2–3 cm br., rosa, Kronb. kurz gestielt; Narbe 4spaltig. ▲Verbreitet; fast ganz Europa.

Heidekrautgewächse

Ericaceae (incl. *Monotropaceae*, *Pyrolaceae* und *Empetraceae*)

6 Gemeine Moosbeere

Oxycoccus palustris
(Vaccinium oxycoccus)

✻6-8 ↕3-6 cm ▼Hochmoorbulten, zwischen Torfmoosen, bis 1700 m.
Pfl. mit fadenförmigen, kriechenden, bis 80 cm lg. Zweigen; Blätter immergrün, eiförmig, 4–8 mm lg., in der Mitte oder im unteren Drittel am breitesten; Blütenstiele rot, fein behaart, Krone rosa, Kronzipfel zurückgeschlagen; Staubfäden außen kahl; Beere rot, 8–10 mm br. ▲Ziemlich selten; Alpen, Nord- und Mitteleuropa.

1
2
2a
3
4
5
5
6

Narzissengewächse

Amaryllidaceae (incl. *Alliaceae*)

1 Narzissenblütiger Lauch

Allium narcissiflorum

✻ 7-8 ↕ 20-50 cm ▼ Kalkschutt, Felsspalten, 1500-2500 m.

St. rund, oben zusammengedrückt, 2kantig, mit 3-8 linealischen, flachen Blättern; Blütenstand 3- bis 10-blütig, anfangs nickend, später aufrecht, Blüten glockenförmig, rosa; Staubb. halb so lg. wie die Blütenb. ▲ Selten; Südwestalpen.

Liliengewächse

Liliaceae

2 Türkenbund-Lilie

Lilium martagon

✻ 6-7 ↕ 40-100 cm ▼ Bergmischwälder, Buchenwälder, Hochstaudenfluren, Bergwiesen, bis etwa 2500 m.

Blätter länglich-spatelförmig, in der Mitte des St. fast quirlständig, sonst wechselständig; Blüten hängend, Blütenb. 6, frei, zurückgerollt, fleischrot bis purpurrot, mit dunklen Flecken, 3-6 cm lg. ▲ Zerstreut bis selten; Alpen, Gebirge Mittel- und Südeuropas.

3 Krainer Lilie

Lilium carniolicum

✻ 6-7 ↕ 30-80 cm ▼ Wiesen, Hochstaudenfluren, Felsschutt, von den Tallagen bis 2300 m.

Pfl. ähnlich Türkenbund-Lilie, aber Blüte zinnoberrot bis feuerrot, am Grund mit dunklen Punkten; alle B. lanzettlich, nur wechselständig. ▲ Zerstreut bis selten; Südostalpen (Karawanken, Dobratsch, Julische Alpen, Friaul), Kroatien, Bosnien.

Nelkengewächse

Caryophyllaceae

4 Felsennelke

Petrorhagia saxifraga (Tunica saxifraga)

✻ 6-9 ↕ 10-25 cm ▼ Trockenrasen, Felshänge, kalkliebend, bis 1000 m.

Blätter pfriemlich, 1 cm lg.; Blüten einzeln in lockeren, rispenartigen Blütenständen, Kelch 4-6 mm lg., von 4 trockenhäutigen Schuppen eingehüllt, Kronb. helllila bis rosa, mit 3 dunkleren Adern. ▲ Selten; Süddeutschland, Täler der Zentral- und Südalpen, Südeuropa.

5 Alpen-Pechnelke

Viscaria alpina (Lychnis alpina)

✻ 6-8 ↕ 5-15 cm ▼ Kalkarme oder saure, lückige Rasen, saure Schutthalden, 1900-3100 m.

Pfl. kahl, mit grundständiger B.rosette; Blätter länglich, linealisch, spitz, kahl oder am B.grund bewimpert; Blütenstand kopfig, dicht, Krone hellpurpurn bis leuchtend rot, Kronblätter 2spaltig, 8-12 mm breit, mit Nebenkrone, Kelch glockig, etwa 5 mm lg., mit undeutlichen Nerven.

▲ Zerstreut bis selten; West- und Zentralalpen, Pyrenäen, Apennin.

1
3
5
2
4

Nelkengewächse
Caryophyllaceae

1 Stein-Nelke
Dianthus sylvestris

✻ 6-7 ↕ 10-30 cm ▼ Steinige, sonnige Matten, Blockhalden, Felsspalten, meistens auf Kalk und Urgestein, im Allgäu auf Nagelfluh, bis 2400 m.

Pfl kahl, in lockeren Rasen; Blätter dunkelgrün, rinnig, spitz, 1-2 mm br.; St. meist 1- bis 2-blütig; Kelchschuppen 2, oval, kürzer als die halbe Kronröhre, mit stumpfen, 3eckigen Spitzen, Kronb. 8-15 mm lg., rosa, am Grund nicht behaart, vorn gezähnt. ▲ Zerstreut; Gebirge Mittel- und Südeuropas.

2 Alpen-Nelke
Dianthus alpinus

✻ 6-8 ↕ 2-20 cm ▼ Steinige Matten, etwa 1000-2500 m.

Pfl. mit mehreren grundständigen B.rosetten; St. mit 2-5 B.paaren; Blätter linealisch, 1nervig, am Rand rau; Blüten einzeln, Kelchschuppen halb so lg. wie die gestreifte Kelchröhre, Krone unregelmäßig gezähnt, purpurn, am Grund weiß gesprenkelt. ▲ Zerstreut; Ostalpen.

3 Alpen-Federnelke, Dolomiten-Nelke
Dianthus monspessulanus ssp. *sternbergii*

✻ 7-8 ↕ 10-20 cm ▼ Kalkreicher Felsschutt, steinige Matten, Felsspalten, 1000-2500 m.

St. meist 1blütig, mit steifen, fast waagerecht abstehenden, linealischen, zugespitzten Blättern; Kelchschuppen 4, halb so lg. wie der Kelch, in eine grüne Granne auslaufend, Krone rosa bis hellpurpurn, bis zur Hälfte unregelmäßig fein zerschlitzt. ▲ Zerstreut; Südostalpen.

4 Gabelige Nelke
Dianthus furcatus

✻ 6-8 ↕ 10-25 cm ▼ Felsschutt, lückige Rasen, 1000-2200 m.

Pfl. rasenbildend, mit grundständiger B.rosette; St. nahe dem Grund verzweigt, 1- bis 3-blütig; St.b. weich, schmal lanzettlich, 1-3 mm br.; Kelch 15 mm lg., Kelchzähne lanzettlich, zugespitzt, Außenkelch halb so lg. wie der Kelch; Kronb. unregelmäßig gezähnt, purpurrot oder rosarot, am Grund dunkler. ▲ Zerstreut; Südwestalpen.

5 Gletscher-Nelke
Dianthus glacialis

✻ 7-9 ↕ 4-8 cm ▼ Steinige Rasen, Felsgrus, auf Silikatböden, 1800-3000 m.

Pfl. dichtrasig; Blätter linealisch, stumpf, etwas fleischig, die Blüten oft überragend; Blüten einzeln, purpurrosa, 15 mm br., Kelchschuppen ei-lanzettlich, mit grüner Spitze, fast so lg. wie der Kelch. ▲ Zerstreut bis selten; Zentralalpen, Karpaten.

6 Übersehene Nelke
Dianthus neglectus

✻ 7-8 ↕ 5-15 cm ▼ Felsspalten, Geröll, auf Urgestein (Glimmerschiefer, Serpentin), 1200-3000 m.

Dichtrasige Polsterpfl. mit zahlreichen nichtblühenden B.rosetten; Blätter linealisch, 10-35 mm lg., 1-2,5 mm br., steif, spitz, blaugrün; Blüten meist einzeln, selten zu 2-3, Kronb. 10-15 mm lg., vorn gezähnt, purpurrot, unterseits grünlich gelb, Kelch 12-16 mm lg., Kelchschuppen fast so lg. wie die purpurviolette Kelchröhre. ▲ Zerstreut bis selten; West- und Südalpen, Ostpyrenäen.

2
3
4
6
1
5

Nelkengewächse

Caryophyllaceae

1 Rotes Seifenkraut

Saponaria ocymoides

✻ 5-6 ↕ 10-30 cm ▼ Kalkschutt, lichte Kiefernwälder, Latschengebüsch, bis 2200 m.

St. liegend oder aufsteigend, kurz drüsenhaarig; Blätter spatelig, 1-3 cm lg.; Blüten kurz gestielt, am Ende der Zweige in Büscheln; Kelch dicht drüsenhaarig, Kronb. 12-18 mm lg., lebhaft rot. ▲ Zerstreut bis selten; Gebirge Mittel- und Südeuropas (westlich).

2 Zwerg-Seifenkraut

Saponaria pumilio

✻ 7-9 ↕ 5-10 cm ▼ Kalkarme und saure, lückige Rasen, Zwergstrauchbestände, 1600-2600 m.

Dichte Polsterpfl. mit kurzen, 1blütigen St.; Blätter linealisch, zur Spitze hin verbreitert, stumpf; Blüten 20-25 mm breit, fast sitzend, Kelch aufgeblasen, dicht kurzzottig behaart, oft rötlich überlaufen, Kronb. br. eiförmig, kräftig rosarot, schwach ausgerandet, mit 2spitziger Nebenkrone. ▲ Zerstreut bis selten; zentrale Ostalpen (Hohe Tauern, Defreggengebirge), Dolomiten, Sarntaler Alpen, Südostkarpaten.

3 Stängelloses Leimkraut

Silene acaulis

✻ 6-8 ↕ 1-3 cm ▼ Steinige, meist kalkhaltige Böden, Schutthänge, 1500-3600 m.

Polsterpfl., dicht dachziegelig beblättert; Blätter lineal-pfriemlich, 1nervig, 5-12 mm lg.; Blüten einzeln, Kronb. dunkel- bis blassrot, ausgerandet, 6-14 mm lg.; Griffel 3. ▲ Verbreitet; Nordeuropa, Gebirge Mittel- und Südeuropas.

4 Großblütiges Leimkraut

Silene elisabethae

✻ 6-9 ↕ 10-25 cm ▼ Felsschutt, Felsspalten, 1400-2400 m.

Grundblätter lanzettlich, kahl, nur am Rand bewimpert, St.b. drüsig behaart, klebrig; Blüten zu 1-4, rötlich purpurn bis dunkelrot, 3-4 cm br., Kronb. tief ausgerandet, mit stumpf gezähnten Lappen, Kelch 10nervig. ▲ Zerstreut bis selten; endemische Art der Kalkgebirge zwischen Comer See und Gardasee.

5 Walliser Leimkraut

Silene vallesia

✻ 6-8 ↕ 10-20 cm ▼ Kalkarme Böden, Fels- und Schuttfluren, 1000-2500 m.

Pfl. lockerrasig; St. drüsig behaart, klebrig, 1- bis 3-blütig; Blätter lineal-lanzettlich, spitz, 4-5 cm lg., 4-12 mm br., Kronb. oberseits hellrosa, unterseits rot, Kelch mit 10 rötlichen Nerven. ▲ Zerstreut bis selten; West- und Südalpen, Balkanhalbinsel, Apennin.

Wegerichgewächse

Plantaginaceae

(incl. *Callitrichaceae, Hippuridaceae, Veronicaceae, Globulariaceae*)

6 Alpen-Leberbalsam

Erinus alpinus

✻ 4-6 ↕ 10-20 cm ▼ Steinige Rasen, Feinschutt, Felsspalten, stets auf Kalk, 1500-2500 m.

Pfl. rasenbildend, mit mehreren B.rosetten; St.blätter wechselständig, 1-2 cm lg., spatelförmig, an der Spitze kerbig gesägt; Blütenstand anfangs doldenartig, später verlängert; Krone violettrot oder purpurn, 1 cm breit, mit 5 ausgerandeten, etwas ungleich großen Zipfeln. ▲ Zerstreut; westliche und mittlere Kalkalpen (östlich bis zum Arlberg und Gardasee), Nordspanien, Pyrenäen, Jura, Apennin.

6
2
3
5
4
1

Primelgewächse

Primulaceae

1 Mehl-Primel

Primula farinosa

✻ 5-7 ↕ 10-15 cm ▼ Kalkflachmoore, Sumpfwiesen, quellige Stellen, alpine Steinrasen, bis 2600 m.

Blätter in grundständiger Rosette, oberseits dunkelgrün, unterseits weiß bestäubt, meist unregelmäßig gezähnt; Blüten 10-15 mm br., rosa oder rotviolett, in aufrechter Dolde. ▲ In den Alpen und im Alpenvorland verbreitet, sonst selten. Nordeuropa, Bodensee, Jura, Alpen und -vorland, Pyrenäen, Karpaten.

2 Gewelltrandige Primel

Primula marginata

✻ 4-7 ↕ 5-20 cm ▼ Kalkfelsspalten, Felsbänder, etwa 1000-2600 m.

Pfl. mit kräftigem Wurzelstock; Blätter weißrandig, scharf gezähnt, eiförmig, in den kurzen Stiel verschmälert, 3-8 cm lg., kahl; Blüten zu 3-10, rosa bis violett, 15-25 mm br. ▲ Zerstreut; Westalpen.

3 Clusius-Primel, Nordostalpen-Primel

Primula clusiana

✻ 5-7 ↕ 2-10 cm ▼ Felsschutt, Felsspalten, Schneeböden, stets auf Kalk, 600-2300 m.

Blätter grundständig, länglich-eiförmig, ganzrandig, oberseits glänzend, kahl, hellgrün, unterseits graugrün, mit schmalem, weißem Knorpelrand; St. drüsig, mit 2-5 gestielten Blüten; Krone 20-35 mm br., rosarot bis lila, mit weißem Schlund, Kronzipfel tief eingeschnitten. ▲ Zerstreut; Nordostalpen (Berchtesgadener Alpen bis Wiener Schneeberg, Niedere Tauern). – Ähnlich ist die **Wulfen-** oder **Südostalpen-Primel**, *P. wulfeniana*, aber B. blaugrün, mit breitem Knorpelrand. ▼ Feuchte Gesteinsfluren, Schneeböden, auf Kalk der Südostalpen. ▲ In den Karawanken häufig, sonst ziemlich selten.

4 Behaarte Primel, Leim-Primel

Primula hirsuta

✻ 4-7 ↕ 3-10 cm ▼ Silikatfelsspalten, lückige Gesteinsfluren, 1500-3600 m.

Pfl. dicht mit klebrigen, farblosen oder gelblichen Drüsenhaaren besetzt; Blätter meist grob gezähnt, etwas fleischig, oval, plötzlich in den kurzen, geflügelten Stiel verschmälert; Blüten 1-2 cm br., rosa, mit weißlichem Schlund, Blütenstiele 3-15 mm lg., Kronzipfel tief ausgerandet, Kronröhre drüsenhaarig. ▲ Verbreitet; Alpen, Pyrenäen.

5 Zwerg-Primel

Primula minima

✻ 7-8 ↕ 1-4 cm ▼ Silikatmagerrasen, feuchter Schutt, 1200-3000 m.

B. 10-15 mm lg., glänzend, keilförmig, vorn gestutzt, mit großen Sägezähnen; Blütenschaft 5-15 mm lg.; Kronzipfel tief eingeschnitten. ▲ Zerstreut; Gebirge Mittel- und Südeuropas.

6 Ganzrandige Primel

Primula integrifolia

✻ 6-7 ↕ 2-6 cm ▼ Kalkarme feuchte Böden, Schneetälchen, 1800-3000 m.

Blätter elliptisch oder länglich, weich, grasgrün, noch oben eingerollt, ganzrandig, mit farblosen, kaum klebrigen Drüsenhaaren; Blütenschaft 1-2 cm, mit 1-3 kurz gestielten Blüten; Krone rotviolett, 15-25 mm br., Schlund drüsig-zottig, Kelch röhrig-glockenförmig, meist rötlich überlaufen. ▲ Zerstreut; mittlere Zentralalpen, Pyrenäen.

7 Alpenveilchen

Cyclamen purpurascens (C. europaeum)

✻ 7-9 ↕ 5-15 cm ▼ Laubmischwälder, Buchen-Tannen-Bergwälder, Latschengebüsch, bis 2000 m.

Pfl. mit kugeliger Knolle; Blätter nieren- bis herzförmig, kahl, oberseits dunkelgrün, mit hellen Flecken, unterseits rötlich; St. 1blütig; Krone rotviolett, mit zurückgeschlagenen Kronzipfeln. Giftig! ▲ Selten; Gebirge Mittel- und Südeuropas.

1
6
2
7
5
3
4

Primelgewächse
Primulaceae

1 Alpen-Glöckel, Heilglöckel
Cortusa matthioli

✱ 7-8 ↕ 15-40 cm ▼ Hochstaudenfluren, Grünerlengebüsch, feuchter Felsschutt, 1100-1900 m.
Pfl. zottig behaart und drüsig; Blätter grundständig, lg. gestielt, fast kreisrund, 11- bis 13-lappig, ungleich grob gezähnt, 6-10 cm br.; Blüten zu 3-12 in endständiger Dolde mit 5-7 cm lg. Stielen, Krone rosarot, trichterförmig, 7-12 mm lg., wohlriechend. ▲ Zerstreut, in den Alpen lückenhaft verbreitet; Karpaten.

2 Fleischroter Mannsschild
Androsace carnea

✱ 6-7 ↕ 2-8 cm ▼ Feuchter, kalkarmer oder saurer Feinschutt, Schneeböden, Magerrasen, 2000-3000 m.
Polsterpfl. mit rosettig gehäuften, lineal-lanzettlichen, kurzhaarig bewimperten, 5-15 mm lg., fleischigen Blättern; Blüten an 2-10 mm lg. Stielen in mehrblütiger Dolde, Krone hell- bis dunkelrosa, selten weiß, mit gelbem Schlund, 5-9 mm br., Kronzipfel abgerundet. ▲ Zerstreut; Westalpen, Pyrenäen.

3 Gletscher-Mannsschild
Androsace alpina

✱ 7-8 ↕ 2-5 cm ▼ Feuchter Silikatschutt, Moränen, 2000-4200 m.
Pfl. in lockeren Polstern; Blätter dicht, lanzettlich, stumpflich, 3-10 mm lg., mit Sternhaaren; Blüten einzeln, 5-6 mm br., an 2-12 mm lg. Stielen, rosa bis weiß, im Schlund gelb, Kronb. nicht ausgerandet. ▲ Verbreitet; Alpen.

Rosengewächse
Rosaceae

4 Dolomiten-Fingerkraut
Potentilla nitida

✱ 7-8 ↕ 3-5 cm ▼ Sonnige Felsbänder, Felsschutt, nur auf Kalk und Dolomit, 1500-3200 m.
Spalierstrauch, silbergraue Teppiche bildend, mit verholzten, am Boden angedrückten Ästen; Blätter 3zählig, seidenhaarig; Blüten 2-3 cm br., Kronb. 5, verkehrt-eiförmig, ausgerandet, rosarot, doppelt so lg. wie die Kelchb.; Staubbeutel schwarz-purpurn. ▲ Zerstreut; südliche Kalkalpen, vom Comer See nach Osten bis Krain, Kärnten, Steiermark.

Storchschnabelgewächse
Geraniaceae

5 Wald-Storchschnabel
Geranium sylvaticum

✱ 6-8 ↕ 20-60 cm ▼ Feuchte Bergfettwiesen, subalpine Hochstaudenfluren, bis 2400 m.
Blattabschnitte br. rhombisch, eingeschnitten gesägt, im Bereich des Blütenstandes dicht drüsenhaarig; Blüten rotviolett; Staubfäden lanzettlich **(5a)**.
▲ Alpen und Mittelgebirge verbreitet, sonst zerstreut; fast ganz Europa.

6 Silber-Storchschnabel
Geranium argenteum

✱ 7-8 ↕ 5-20 cm ▼ Steinige, kalkreiche Rasen, Felsschutt, 1600-2200 m.
Silberweiß glänzend behaarte Pfl. mit lg. gestielten Rosettenb.; Blattspreite kreisrund, bis fast zum Grund handförmig in schmale Lappen geteilt; Kelchb. elliptisch, begrannt, dicht silberweiß behaart, Kronb. verkehrt-eiförmig, 12-15 mm lg., hell rosarot mit dunkleren Adern. ▲ Zerstreut; südliche und südöstliche Kalkalpen, Apennin, Apuanische Alpen.

3
4
2
6
5
1
5a

Dickblattgewächse

Crassulaceae

1 Rundblättriger Mauerpfeffer

Hylotelephium anacampseros
(Sedum anacampseros)

✻7-8 ↕10-25 cm ▼Felsen, Felsschutt, kalkarme und kalkfreie, steinige Böden, 1500-2500 m.
Nichtblühende Triebe niederliegend, am Ende mit B.rosette, blühende Triebe aufsteigend; Blätter fleischig, br. eiförmig, flach; Blüten 4- oder 5-zählig, in dichter, kugeliger Traube, Kronb. 4-5 mm lg., außen blauviolett, mit grünem Kiel, innen purpurn. ▲Zerstreut; West- und Südwestalpen, Pyrenäen, Apennin.

2 Behaarter Mauerpfeffer

Sedum villosum

✻6-8 ↕5-20 cm ▼Flachmoore, feuchte Wiesen, nasse Felsfluren, kalkmeidend, in den Alpen bis 2400 m.
Pfl. drüsenhaarig; Blätter linealisch, im Querschnitt halbstielrund, 4-7 mm lg.; Kronb. 5, purpurn, mit dunklerem Mittelstreifen, 4-5 mm lg., etwa doppelt so lg. wie der Kelch. ▲Ziemlich selten; Nord- und Mitteleuropa.

3 Dunkler Mauerpfeffer

Sedum atratum

✻6-8 ↕3-8 cm ▼Felsspalten, Kalkschutt, kalkhaltige Böden, 1200-2600 m.
Ähnlich Alpen-Mauerpfeffer (s. S. 144), aber Pfl. nicht rasenbildend, fast nur mit blühenden Trieben; Blätter dick, fast stielrund, stumpf; Kronb. 5, schmal eiförmig, zugespitzt, 3-4 mm lg., weißlich, grünlich oder rötlich. ▲Verbreitet; Alpen, Pyrenäen, Balkanhalbinsel.

4 Berg-Hauswurz

Sempervivum montanum

✻7-9 ↕5-15 cm ▼Silikatmagerrasen, etwa 1500-3400 m.
Pfl. mit kugeliger, später sternförmig ausgebreiteter B.rosette; Blätter lanzettlich, mit grüner oder rötlicher Spitze, B.fläche drüsenhaarig; Blüten zu 2-8, 2-3 cm br., Kronb. meist 12, rotviolett. ▲Zerstreut; Gebirge Mittel- und Südeuropas.

5 Spinnweben-Hauswurz

Sempervivum arachnoideum

✻7-9 ↕5-12 cm ▼Steinige Magerrasen, Felsschutt, meist kalkarme bis kalkfreie Felsfluren, 500-2800 m.
Pfl mit kugelig geschlossener B.rosette; Blätter am Rand kurzdrüsig, durch lg. spinnwebige Haare verbunden; Blütenstand dicht, 5- bis 18-blütig, Kronb. 8-10, br. lanzettlich, rosarot, mit purpurnem Mittelnerv. ▲Verbreitet; Alpen, Pyrenäen, Apennin, Karpaten.

Pfingstrosengewächse

Paeoniaceae

6 Echte Pfingstrose

Paeonia officinalis

✻5-6 ↕50-130 cm ▼Steinige, trockene Hänge, Trockengebüsche, bis 1800 m.
Pfl. mit knollig verdickten Wurzeln; Grundblätter zur Blütezeit fehlend, St.b. bis zum Grund 2- bis 3-fach gefiedert, 20-40 cm lg., mit ei-lanzettlichen Abschnitten, oberseits dunkelgrün, unterseits graugrün; Kronb. 5-8, rundlich, 4-8 cm lg., rot, Kelchb. br. eiförmig bis lanzettlich, grün bis rot; Fruchtknoten 2-3; reife Früchtchen weißfilzig, 3-5 cm lg. Zierpfl. ▲Selten; Slowenien, Süd- und Westalpen.

4
1
5
2
6
3

Steinbrechgewächse

Saxifragaceae

1 Roter Steinbrech, Gegenblättriger Steinbrech

Saxifraga oppositifolia

✻5-7 ↕2-6 cm ▼Kalkschutt, Felsspalten, etwa 1500-3500 m.
Pfl. flache Polster bildend; Blätter elliptisch, stumpf, blaugrün, etwas fleischig, am Rand bewimpert, gegenständig, dicht stehend, 2-5 mm lg.; Blüten einzeln, weinrot bis violett. ▲Verbreitet; Nordeuropa, Gebirge Mittel- und Südeuropas.

2 Zweiblütiger Steinbrech

Saxifraga biflora

✻7-8 ↕2-5 cm ▼Kalk- und Kalkschieferschutt der Zentralalpen, 2000-4450 m.
Pfl. mit locker verzweigten, kriechenden, meist 2blütigen St.; Blätter gegenständig, eiförmig, am Rand bewimpert; Kronb. purpurn, 3nervig, schmal elliptisch, Kelchb. kurzdrüsig. ▲Zerstreut; von den Seealpen nach Osten bis zu den Radstädter Tauern, Tennengebirge und Marmoladagebiet.

3 Rudolph-Steinbrech

Saxifraga rudolphiana

✻6-8 ↕2-5 cm ▼Felsgrus, schattige Felsen, auf Kalk-Glimmerschiefer, 2200-3200 m.
Pfl. dichte, feste Flachpolster bildend; Blätter verkehrt-eiförmig, stumpf, dachziegelig, 1,5-2 mm lg., graugrün, mit Kalkgrübchen, an der Spitze stark rückwärts gebogen; Blüten fast sitzend, einzeln, purpurn. ▲Zerstreut; Zentralalpen Österreichs und Südtirols, Ostkarpaten.

Geißblattgewächse

Caprifoliaceae (incl. *Linnaeaceae*, *Dipsacaceae* und *Valerianaceae*)

4 Moosglöckchen

Linnaea borealis

✻6-8 ↕5-15 cm ▼Nadelwälder, über Moospolster kriechend, 1200-2200 m.
St. fadenförmig, bis 2 m lg.; Blätter wintergrün, rundlich, 7-12 mm lg., unterseits blaugrün; Blüten zu 1-2 auf lg. Stielen, glockig, 7-10 mm lg., mit 5 br. Zipfeln, weiß oder rosa. ▲Selten; Nordeuropa, Norddeutschland, Alpen, Sudeten, Karpaten, Kaukasus.

Korbblütengewächse

Compositae oder *Asteraceae*

5 Hasenlattich

Prenanthes purpurea

✻7-8 ↕50-150 cm ▼Krautreiche Buchen-Tannen- und Eichen-Buchen-Wälder, Hochstaudenfluren, bis 2000 m.
Pfl. oben rispig verzweigt; Blätter länglicheiförmig, buchtig gezähnt, mit herzförmigem Grund st.umfassend, kahl, blaugrün; Blütenköpfe nickend, 2- bis 5-blütig, purpurn. ▲Verbreitet; Mittel- und Südeuropa.

Heidekrautgewächse

Ericaceae (incl. *Monotropaceae*, *Pyrolaceae* und *Empetraceae*)

6 Schnee-Heide

Erica herbacea (Erica carnea)

✻2-5 ↕15-30 cm ▼Kiefernwälder, Latschengebüsch, bis 2700 m.
Blätter wintergrün, nadelförmig, spitz, zu 4 quirlständig; Blüten 1seitswendig, Krone hell- bis dunkelrot, selten weiß; Staubbeutel dunkel, aus der Kronröhre herausragend. ▲Zerstreut bis verbreitet; Alpen, Gebirge Mittel- und Südeuropas.

4
3
1
2
6
5

Knabenkrautgewächse oder Orchideen

Orchidaceae

1 Schwarzes Kohlröschen

Nigritella nigra

✻ 6–8 ↕ 8–20 cm ▼ Magerrasen, Alpenmatten, 1500–2800 m.
B. linealisch, stumpf; Blüten schwarz-purpurn, selten rosa, in dichter, kegelförmiger bis kugeliger, 1–2 cm lg. Ähre, nach Vanille duftend; Blütenb. lanzettlich, sternförmig ausgebreitet, Lippe 3eckig, mit lg., gerader Spitze, nach oben gerichtet, äußere Blütenb. lanzettlich, die inneren, seitlichen schmal lanzettlich, etwa halb so br. wie die äußeren. ▲ Zerstreut; Alpen, Nordeuropa und Gebirge Mittel- und Südeuropas.

2 Rotes Kohlröschen

Nigritella rubra

✻ 6–8 ↕ 8–20 cm ▼ Alpenmatten, steinige Rasen, 1600–2300 m.
Ähnlich Nr. 1, aber Blütenstand eiförmig bis walzenförmig; Blüten rosa bis ziegelrot, Lippe eiförmig, gegen den Grund tütenförmig eingerollt, die äußeren Blütenb. etwa so br. wie die inneren. ▲ Selten; Ostalpen, Tessin, Berner Oberland.

3 Kugelblütiges Knabenkraut

Traunsteinera globosa

✻ 6–8 ↕ 20–50 cm ▼ Gebirgswiesen, Kalkmagerrasen, etwa 1000–2500 m.
Blütenstand anfangs pyramidenförmig, dann kugelig; B. schmal lanzettlich, ungefleckt, auf der Unterseite bläulich grün; Blütenb. rosa, zuerst helmartig zusammenneigend, später glockig abstehend, Lippe 3spaltig, dunkelpurpurn punktiert. ▲ Zerstreut bis selten; Gebirge Mittel- und Südeuropas.

4 Stattliches Knabenkraut

Orchis mascula

✻ 5–6 ↕ 15–50 cm ▼ Gebirgswiesen, Halbtrockenrasen, bis 2000 m.
Blätter lanzettlich, die oberen den St. scheidig umfassend; Blütenstand lockerblütig; Tragb. häutig, 1nervig, violett überlaufen, Blüten purpurn, Blütenb. lanzettlich, spitz, die 2 seitlichen abstehend oder zurückgeschlagen, Lippe tief 3lappig, dunkel gefleckt, mit abstehenden Seitenlappen, Sporn keulenförmig, etwa so lg. wie der Fruchtknoten. ▲ Zerstreut; Alpen.

5 Große Mücken-Händelwurz

Gymnadenia conopsea

✻ 5–6 ↕ 20–60 cm ▼ Kalkmagerrasen, lichte Wälder, Moorwiesen, bis 2500 m.
Blätter lanzettlich, 5–15 cm lg.; Blüten violett, lila, duftend, die 2 seitlichen Blütenhüllb. oval, 5–6 mm lg., Lippe mit 3 eiförmigen, stumpfen, gleichlg. Zipfeln, Sporn dünn, fast doppelt so lang wie der Fruchtknoten. ▲ In den Alpen ziemlich häufig; fast ganz Europa.

6 Wohlriechende Händelwurz

Gymnadenia odoratissima

✻ 6–8 ↕ 15–30 cm ▼ Moorige Wiesen, steinige Hänge, meist auf Kalk, bis 2700 m.
Blätter schmal-lanzettlich, spitz, bläulich grün; Blütenähre anfangs kegelförmig, später verlängert; Blüten klein, purpurrot, hellrosa-violett bis weiß, stark duftend, Lippe 3lappig, mit verlängertem, spitzem Mittellappen, Sporn kaum so lg. wie der Fruchtknoten. ▲ In den Alpen verbreitet, im Flachland selten; Europa, von Nordspanien bis Südskandinavien.

7 Rotes Waldvöglein

Cephalanthera rubra

✻ 5–7 ↕ 20–50 cm ▼ Buchen-Tannen-Wälder, bis 1800 m.
St. oberwärts dicht drüsenhaarig; Blätter ei-lanzettlich, spitz, 6–12 cm lg.; Blüten zu 4–12, Tragb. so lg. oder länger als der Fruchtknoten, Blütenb. 15–20 mm lg., spitz, rosa oder purpurn, Vorderglied der Lippe mit rotviolettem Rand und violetter Spitze und mit gekräuselten, gelblichen Längsleisten. ▲ Zerstreut; Mittel- und Südeuropa, nördlich bis Südskandinavien.

7
3
4
5
1
6
2

Schmetterlingsblütengewächse

Fabaceae oder *Papilionacea*

1 Alpen-Süßklee

Hedysarum hedysaroides

✻7-8 ↕10-30 cm ▼Bergwiesen, Matten, Zwergstrauchheiden, 1600-2800 m.
Pfl. aufrecht oder aufsteigend; Blätter unpaarig gefiedert, mit 11-19 elliptischen, oberseits dunkelgrünen, unterseits hellgrünen B.chen; Blüten purpurrot, 15-20 mm lg., zu 12-35 in 1seitswendiger Traube; Fruchthülse flach gedrückt, 2-4 cm lg., zur Reife in 2-6 rundliche, 1samige Glieder zerfallend. ▲Verbreitet; Gebirge Mittel- und Südeuropas.

2 Immergrüner Tragant

Astragalus sempervirens

✻7-8 ↕5-20 cm ▼Felsschutt, Steinrasen, lichte Föhrenwälder, 1300-2700 m.
Spalierartig niederliegender, dorniger Zwergstrauch; St. und Blätter wollig behaart, St. dicht von Nebenb.resten und den dornenartigen B.spindeln der vorjährigen B. besetzt; B.spindel der diesjährigen B. in einen stechenden Dorn auslaufend, mit 12-20 graugrünen, locker behaarten, 1-2 mm br. B.chen; Blüten rosa bis weißlich, etwa 15 mm lg., in kurz gestielter, 3- bis 8-blütiger Traube; Hülse eiförmig, aufrecht, dicht weißhaarig. ▲Zerstreut; Westalpen, nord- und mittelspanische Gebirge, Pyrenäen, Apennin.

Lippenblütengewächse

Labiatae oder *Lamiaceae*

3 Alpen-Ziest

Stachys alpina

✻7-9 ↕40-100 cm ▼Krautreiche Wälder, Schlagfluren, Hochstaudenfluren, bis 1800 m.
St. rauhaarig, oberwärts drüsig; Blätter herzförmig, br. lanzettlich bis oval, anliegend kurzhaarig, grob gesägt, untere gestielt, obere sitzend (3a); Blüten in 6- bis 18-blütigen, übereinanderstehenden Teilblütenständen; Krone 12-18 mm lg., braun bis purpurn, außen zottig behaart, Kelch 9-14 mm lg., mit lg. Haaren und kurzen Drüsenhaaren. ▲Zerstreut; hauptsächlich Gebirge Europas.

Wegerichgewächse

Plantaginaceae
(incl. *Callitrichaceae, Hippuridaceae, Veronicaceae, Globulariaceae)*

4 Roter Fingerhut

Digitalis purpurea

✻6-8 ↕40-150 cm ▼Bergwälder, Waldwege, Säume, Kahlschläge, kalkmeidend, bis 1600 m.
St. 1fach, graufilzig; Blätter ei-lanzettlich, gekerbt, unterseits graufilzig, die unteren gestielt, die oberen sitzend; Blütenstand 1seitswendig; Krone röhrig-glockig, mit schiefem, 4spaltigem Saum, 3-5 cm lg., purpurn, selten weiß, innen rot gefleckt. Zier- und Arzneipfl. Giftig! ▲Zerstreut; hauptsächlich Westeuropa, östlich bis Böhmerwald, Schwarzwald.

Sommerwurzgewächse

Orobanchaceae

5 Quirlblättriges Läusekraut

Pedicularis verticillata

✻6-8 ↕5-30 cm ▼Steinige, kalkreiche Rasen, auch in Moorwiesen, 1600-2800 m.
St. 2- bis 4-zeilig behaart; Grundblätter gestielt, kammartig gefiedert, St.b. zu 3-4 quirlständig; Blüten in kopfiger Traube, mit gefiederten bis gekerbten, oft purpurrot überlaufenen Tragb., Kelch aufgeblasen, behaart, 5zähnig, Krone purpurrot, mit ungeschnäbelter, gestutzter Oberlippe. ▲Ziemlich häufig; Alpen (in Bayern westlich der Schlierseer Berge fehlend), Pyrenäen, Apennin, Karpaten, Balkanhalbinsel.

5
1
4
3a
2
3

Sommerwurzgewächse

Orobanchaceae

1 Geschnäbeltes Läusekraut

Pedicularis rostratocapitata

✻ 6-8 ↕ 5-20 cm ▼ Kalkreiche, steinige Matten, etwa 1600-2800 m.
Blätter lanzettlich, 2-fach fiederteilig, 3-10 cm lg., Grundb. oft violett überlaufen; Kelch röhrig-glockig, mit b.artig gekerbten Zipfeln, Krone purpurrot, 15-25 mm lg., Oberlippe in einen lg., geraden Schnabel herabgezogen, Kronunterlippe dicht und kurz gewimpert. ▲ Zerstreut; Ostalpen.

2 Fleischrotes Läusekraut, Ähren-Läusekraut

Pedicularis rostratospicata

✻ 7-8 ↕ 20-40 cm ▼ Kalkhaltige, etwas feuchte Bergwiesen und Matten, 1200-2800 m.
St. unten kahl, oben flaumig behaart; Grundblätter lg. gestielt, 10-20 cm lg., lanzettlich, mit gelappten Fiedern; Blütenstand ährig verlängert, 8- bis 14-blütig; Kelch wollig behaart, Kelchzähne meist ganzrandig, Krone fleischrot bis purpurn, Oberlippe in einen geraden, abwärts gerichteten Schnabel auslaufend. ▲ Zerstreut; Ostalpen, Pyrenäen, Karpaten.

3 Gestutztes Läusekraut

Pedicularis recutita

✻ 7-8 ↕ 20-60 cm ▼ Hochstaudenfluren, Grünerlengebüsch, Quellfluren, sickerfeuchte Rasen, 1000-2500 m.
Ähnlich Quirlblättrigem Läusekraut (s. S. 188), aber St.b. und Tragb. wechselständig; Blätter länglich, 1fach gefiedert, mit doppelt gesägten Abschnitten, grundständige B. bis 30 cm lg., St.b. kleiner; Blüten in gedrungenen Trauben; untere Tragb. lanzettlich, fiederspaltig, obere Tragb. 3spaltig bis ungeteilt; Krone 12-15 mm lg., braunrot bis dunkelblutrot, selten grünlich, Kronoberlippe ungeschnäbelt, stumpf. ▲ Zerstreut; Alpen.

4 Rosarotes Läusekraut

Pedicularis rosea

✻ 7-8 ↕ 3-15 cm ▼ Steinige Kalkmagerrasen, 1800-2700 m.
St. unten kahl, nach oben zu lg. weißhaarig; Blätter meist grundständig, kammförmig gefiedert, mit lanzettlichen, scharf gesägten Zipfeln; Blüten in kopfiger Traube; Krone rosarot, 12-18 mm lg., Kronoberlippe gestutzt, ungeschnäbelt, Kelch weißwollig, tief 5spaltig, mit ganzrandigen, lanzettlichen Zähnen. ▲ Zerstreut bis selten; Ostalpen.

5 Bündner Läusekraut

Pedicularis kerneri (P. rhaetica)

✻ 7-8 ↕ 5-12 cm ▼ Bodensaure Magerrasen, Krummseggenrasen, Felsschutt, 2100-3200 m.
Blütentriebe aus den Achseln der Rosettenb. entspringend; Blütenstand 1- bis 3-blütig; Krone 17-20 mm lg., purpurn, mit linealischem Schnabel, Kronunterlippe kahl, Kronröhre deutlich länger als der Kelch; Kelch flaumig behaart, Kelchzähne gekerbt. ▲ Zerstreut bis selten; Zentralalpen (von den Hohen Tauern westwärts), Pyrenäen.

6 Farnblättriges Läusekraut

Pedicularis aspleniifolia

✻ 7-8 ↕ 5-10 cm ▼ Magerrasen, Schuttfluren, besonders auf Kalkschiefer, 1400-2800 m.
Oberer Teil des St. rötlich, wollig-zottig; Blätter tief fiederspaltig, mit doppelt gezähnten Zipfeln; Blütenstand gedrungen, kurz; Krone rosarot, 12-18 mm lg., mit dunklerer Oberlippe und linealischem Schnabel, Kronunterlippe kahl, Kronröhre etwa so lg. wie der Kelch; Kelch rötlich, wollig-zottig, Kelchzipfel b.artig, gekerbt, an der Spitze hakig. ▲ Zerstreut bis selten; hauptsächlich Zentralalpen.

2
3
5
4
6
1

Narzissengewächse

Amaryllidaceae (incl. *Alliaceae*)

1 Alpen-Schnittlauch

Allium schoenoprasum ssp. *sibiricum*

✻ 6-8 ↕ 10-30 cm ▼ Feuchte, steinige Hänge, Quellfluren, Schneeböden, Bachkies und Flachmoore, 1200-2400 m, selten tiefer.

St. 3-5 mm br., Laubb.scheiden bis zur Mitte des St. reichend; Blütenb. 10-15 mm lg., Blütenstiele 4-6 mm lg. ▲ Zerstreut, hauptsächlich Gebirge Europas. – Ähnlich ist der **Garten-Schnittlauch**, *Allium schoenoprasum*, aber St. 1-2 mm br., nur am Grund von B.scheiden umhüllt, Blütenb. 7-10 mm lg. Gewürzpfl. und gelegentlich verwildert an Flussufern.

Geißblattgewächse

Caprifoliaceae (incl. *Linnaeaceae*, *Dipsacaceae* und *Valerianaceae*)

2 Wald-Knautie, Wald-Witwenblume

Knautia dipsacifolia (K. sylvatica)

✻ 6-9 ↕ 30-100 cm ▼ Schattige Waldränder, Auwälder, Hochstaudenfluren, bis 2100 m.

St. oft borstig behaart; Blätter länglich-eiförmig, lg. spitzig, ganzrandig oder gekerbt; Blüten in flachen, 3-4 cm br. Köpfen, umgeben von einer grünen Hochb.hülle; Kopfboden ohne Spreub.; Krone der Einzelblüten 4teilig, lila, äußere Blüten etwas größer. ▲ Ziemlich häufig; hauptsächlich Gebirge Mitteleuropas.

3 Sumpf-Baldrian

Valeriana dioica

✻ 5-6 ↕ 10-30 cm ▼ Kalkarme Moorwiesen, Flach- und Quellmoore, bis 1550 m.

Grundb. rundlich-nierenförmig, St.b. gefiedert, mit ovaler, größerer Endfieder; Bl.stand schirmförmig; Krone der ♀ Blüten 1 mm lg., weiß, Krone der ♂ Blüten 3 mm lg., rosa. ▲ Verbreitet; fast ganz Europa.

4 Berg-Baldrian

Valeriana montana

✻ 5-7 ↕ 10-50 cm ▼ Lockere, felsige Bergwälder, Kalkschutthalden, 650-2700 m.

St. mit 3-8 eiförmigen, glänzend grünen Blattpaaren; Blütenstand reichblütig, lockerrispig; Blüten rosa oder weiß, Hochb. lanzettlich, grün. ▲ Zerstreut; Gebirge Mittel- und Südeuropas.

5 Dreiblättriger Baldrian, Stein-Baldrian

Valeriana tripteris

✻ 4-6 ↕ 10-50 cm ▼ Lockere, felsige Bergwälder, Felsspalten, Schutthalden, bis über 2300 m.

Pfl. ähnlich Berg-Baldrian, aber St.b. 3teilig, mit gezähnten Fiedern; Grundb. herzförmig, grob gezähnt; Blüten weißlich bis rosa, Hochb. linealisch, hautrandig, grob gezähnt. ▲ Zerstreut; Gebirge Mittel- und Südeuropas.

6 Zwerg-Baldrian

Valeriana supina

✻ 7-8 ↕ 5-15 cm ▼ Kalk- und Dolomitschutt, kalkreiche Schneetälchen, 1800-2800 m.

Pfl. rasenbildend, reich verzweigt, mit verholzter Sprossachse kriechend; Blätter spatelig bis fast kreisrund, dicklich, am Rand kurz bewimpert; Blüten in endständigen Köpfchen, mit linealischen Hochb.; Krone rotlila, rosa oder weißlich, 4-5 mm lg.; Früchte mit langer, gefiederter Haarkrone. ▲ Ziemlich selten; Ostalpen. – Ähnlich ist der **Felsschutt-Baldrian** oder **Weidenblättrige Baldrian**, *V. saliunca*, aber am Grund der B.rosette mit einem dichten Mantel abgestorbener Blätter; B. verkehrt-eiförmig, kahl, in den B.stiel verschmälert, mit seitlichen Zähnen; Krone schmutzig rosa. Felsspalten, Magerrasen. ▲ Ziemlich selten; Westalpen, Abruzzen.

6
2
1
4
3
5

Schmetterlingsblütengewächse
Fabaceae oder *Papilionaceae*

1 Berg-Wundklee
Anthyllis montana

✻ 6-7 ↕ 10-30 cm ▼ Steinige Weiden, Geröll, Kalkfelsen, 500-2400 m.
St. niederliegend bis aufsteigend, dicht behaart; Blätter dicht behaart, gefiedert, mit 8-20 lanzettlichen, bis 10 mm lg. Fiederb. und einer gleichgroßen Endfieder; Blüten rosa bis purpurn, 12-16 mm lg., kurz gestielt, in dichten Köpfen. ▲ Ziemlich selten. - In 2 Unterarten vorkommend: ssp. *montana* mit stärkerer, abstehender Behaarung, ungleich lg., 4-5 mm lg. Kelchzähnen, karminroten Blüten und 2,5-3 cm br. Blütenköpfen; Südwestalpen, Jura, Apennin; ssp. *jacquinii* mit geringerer, anliegender Behaarung, fast gleich lg., 3-4 mm lg. Kelchzähnen, fleischfarbenen und meist dunkler geaderten Blüten und 2-2,5 cm br. Blütenköpfen; Ost- und Südostalpen, Karpaten, Balkan.

2 Alpen-Klee
Trifolium alpinum

✻ 6-8 ↕ 5-20 cm ▼ Kalkarme und saure Matten, Weiden, 1400-3100 m.
Blätter 3zählig, lg. gestielt, mit lanzettlichen, spitzen, bis 10 cm lg. B.chen; Blütenköpfe 3- bis 12-blütig; Blüten 2 cm lang, fleischrot oder purpurn, duftend.
▲ Verbreitet; Alpen (in den nördlichen Kalkalpen fehlend), Nordspanien, Pyrenäen, Apennin, Siebenbürgen.

Doldengewächse
Umbelliferae oder *Apiaceae*

3 Alpen-Mutterwurz
Ligusticum mutellina

✻ 6-8 ↕ 10-50 cm ▼ Bergwiesen, Hochstaudenfluren, Feinschutthalden, 1500-2800 m.
Pfl. aromatisch riechend; Blätter 2- bis 3-fach gefiedert, mit häutigen B.scheiden; Dolden 7- bis 10-strahlig, Hüllchen 3- bis mehrblättrig; Blüten weiß, rosa bis purpurn. ▲ Verbreitet; Gebirge Mittel- und Südeuropas.

4 Rauhaariger Kälberkropf
Chaerophyllum hirsutum

✻ 5-6 ↕ 50-100 cm ▼ Bergwälder, Auen, Ufer, Hochstaudenfluren, bis 2000 m.
Blätter 2- bis 3-fach gefiedert, behaart, die beiden untersten Fiederabschnitte fast so groß wie das übrige B., Abschnitte nochmals in unregelmäßige, grob gezähnte Fiedern zerteilt, oberste B.scheiden 10-60 mm lg.; Dolde 10- bis 20-strahlig, Hüllb. fehlend, Hüllchenb. 5-10, lanzettlich, mit bärtigem, bewimpertem Rand; Kronb. bewimpert, weiß oder rosa; Frucht 8-12 mm lg. ▲ In Gebirgen Mitteleuropas häufig; Alpen, zentraleuropäische Mittelgebirge, Pyrenäen, Apennin, Balkan, Karpaten. - Sehr ähnlich ist der **Berg-Kälberkropf**, *Chaerophyllum villarsii*, aber Fiederabschnitte feiner und regelmäßig eingeschnitten, Fiedern bis fast zum Mittelnerv zerteilt. ▼ Bergwiesen, Grünerlengebüsch, feuchte Hochstaudenfluren.
▲ Verbreitet; in den Alpen 1100-2100 m.

5 Langblättriges Hasenohr, Wald-Hasenohr
Bupleurum longifolium

✻ 5-6 ↕ 30-100 cm ▼ Laubwälder, Gebüsche, Waldränder, Hochstaudenfluren, wärmeliebend, 1000-1800 m.
Blätter länglich-eiförmig oder br. lanzettlich, netzadrig, bis 15 cm lg., die untersten allmählich in den geflügelten Stiel verschmälert, die oberen herzförmig st.umfassend; Blütendolde 4- bis 8-strahlig, Hüllb. 3-4, rundlich, am Grund oft verwachsen, 3- bis 7-nervig; Hüllchenb. meist rundlich, grünlich purpurn oder gelblich grün; Früchte 4-5 mm lg., fast schwarz.
▲ Selten; Gebirge Mitteleuropas, Alpen und -vorland, Karpaten, Gebirge der Balkanhalbinsel.

3
5
2
1
4

Korbblütengewächse

Compositae oder *Asteraceae*

1 Wollige Kratzdistel

Cirsium eriophorum

✻ 7-9 ↕ 60-150 cm ▼ Magerweiden, Halbtrockenrasen, Wegränder, bis 1800 m.
Blätter tief fiederspaltig, mit stark dornigen Abschnitten, oberseits mit kleinen Dornen, steifhaarig, unterseits weißfilzig, nicht am St. herablaufend; Blüten purpurfarben, Blütenköpfe 4-7 cm br., Hülle kugelig, spinnwebig wollig **(1a)**, Hüllb. stachelspitzig. ▲ Zerstreut; Mittel- und Südeuropa, im Süden hauptsächlich in den Gebirgen.

2 Verschiedenblättrige Kratzdistel, Alantdistel

Cirsium heterophyllum (Cirsium helenioides)

✻ 7-8 ↕ 50-100 cm ▼ Kalkarme Nasswiesen, an Bächen, in nassen Staudenfluren, bis 2400 m.
St. reich beblättert; Blätter oberseits grün, unterseits schneeweiß-filzig, ungeteilt oder fiederspaltig, mit schmal-lanzettlichen Abschnitten, obere B. st.umfassend; Blütenköpfe zu 1-3; Blüten purpurn. ▲ Ziemlich selten; hauptsächlich Nordeuropa, Alpen und mitteleuropäische Mittelgebirge.

3 Bach-Kratzdistel

Cirsium rivulare (C. salisburgense)

✻ 5-7 ↕ 30-100 cm ▼ Nass- und Moorwiesen, Gräben, quellige Stellen, bis 1550 m.
St. oberwärts b.los; Blätter beiderseits grün, kurzhaarig, geöhrt, st.umfassend, tief fiederspaltig, Abschnitte lanzettlich, meist ungeteilt; Blüten purpurn, Hüllb. meist rot überlaufen. ▲ Alpen und -vorland, in den Nordalpen ziemlich selten, in den Zentral- und Südalpen verbreitet; hauptsächlich Gebirge Mitteleuropas, Alpen, Pyrenäen, Karpaten. – Ähnlich ist die **Knollen-Kratzdistel**, *C. tuberosum* oder *C. bulbosum*, aber Blütenköpfe einzeln; B. unterseits schwach spinnwebigwollig, gefiedert, mit gelappten oder grob gezähnten Fiedern; Wurzel spindelförmig verdickt. ▼ Moorwiesen, Flachmoore, Gebüsche. ▲ Ziemlich selten; Mitteleuropa.

4 Gemeiner Alpenlattich

Homogyne alpina

✻ 5-8 ↕ 10-30 cm ▼ Bergfichtenwälder, Zwergstrauchgebüsch, Silikatmagerrasen, 500-3200 m.
St wollig, fast b.los, 1köpfig; Grundblätter lg. gestielt, unterseits kahl, nur auf den Nerven behaart, herz- bis nierenförmig, gezähnt-gekerbt; Blüten hellviolett, Hüllb. wollig, vorn braunrot; Pappus schneeweiß. ▲ Verbreitet; Gebirge Mittel- und Südeuropas.

5 Kahler Alpendost

Adenostyles glabra

✻ 6-8 ↕ 30-80 cm ▼ Steinige Bergwälder, Schuttfluren, 800-2500 m.
Blätter rundlich-nierenförmig, regelmäßig gezähnt, unterseits graugrün, mit engmaschigem Adernetz, kahl oder nur auf den Nerven behaart, obere St.b. gestielt, nicht geöhrt; Blüten blassrosa oder rotviolett, in Doldenrispen, Blütenköpfe meist 3blütig. ▲ Häufig; Alpen, Gebirge Mittel- und Südeuropas.

6 Grauer Alpendost

Adenostyles alliariae

✻ 7-8 ↕ 60-120 cm ▼ Bergwälder, Hochstaudenfluren, bis 2600 m.
Ähnlich Kahler Alpendost, aber Blätter herz- bis nierenförmig, ungleichmäßig grob gezähnt, unterseits schwach graufilzig, mit engem Adernetz, obere B. sitzend, am Grund geöhrt; Blütenköpfe 3- bis 6-blütig. ▲ Verbreitet; Alpen, Gebirge Mittel- und Südeuropas.

2
1a
4
1
5
3
6

Korbblütengewächse

Compositae oder *Asteraceae*

1 Berg-Distel

Carduus defloratus

✻ 6-9 ↕ 30-80 cm ▼ Felsschutt, Felsspalten, steinige Rasen, lichte Wälder, überwiegend auf Kalk, von den Tallagen bis fast 3000 m.
St. und Kopfstiele b.los und nicht geflügelt; Blätter kahl, lanzettlich, gezähnt bis fiederspaltig, grün, die unteren in einen br. Stiel verschmälert, die oberen sitzend, am St. herablaufend; Blütenköpfe lg. gestielt, einzeln, purpurn, 2-3 cm br., zuletzt nickend, Hüllb. dachziegelig. ▲ Verbreitet; hauptsächlich Gebirge Mitteleuropas.

2 Gewöhnliche Alpenscharte

Saussurea alpina

✻ 7-9 ↕ 10-40 cm ▼ Kalkarme Steinrasen, windexponierte Grate, bodensaure Zwergstrauchheiden, 1600-3000 m.
St. aufrecht, locker filzig behaart, oft rötlich überlaufen; Blätter schmal-eiförmig oder lanzettlich, unterseits graufilzig, spinnwebig, B.stiele geflügelt; Blütenköpfe zu mehreren, kurz gestielt; Blüten violettrot, Hüllb. dicht behaart, schwarzviolett überlaufen. ▲ Ziemlich selten; Alpen, Pyrenäen, Karpaten. – Ähnlich ist die **Zweifarbige Alpenscharte**, *S. discolor*, aber B. oberseits grün, unterseits dicht weißfilzig, länglich 3eckig, am Grund herzförmig, B.stiel nicht geflügelt; Blüten stark nach Vanille duftend. ▲ Zerstreut bis selten; Felsspalten und Gesteinsfluren der Kalkalpen (auch auf Granit).

3 Niedrige Alpenscharte

Saussurea depressa

✻ 7-8 ↕ 3-10 cm ▼ Kalk- und Kalkschieferschutt, 1500-2500 m.
Pfl. niederliegend bis aufsteigend; Blätter dicht stehend, lanzettlich, gezähnt, zugespitzt, oben grün, spinnwebig, unterseits graufilzig, mit geflügeltem Stiel; Blütenköpfe dicht stehend, oft von den B. überragt; Hüllb. wollig, Blüten blauviolett. ▲ Ziemlich selten; Südwestalpen.

4 Gold-Pippau

Crepis aurea

✻ 7-9 ↕ 5-20 cm ▼ Bergwiesen, Matten, etwa 900-2900 m.
Blätter in grundständiger Rosette, tief buchtig gezähnt, löwenzahnartig, kahl; St. unverzweigt, b.los, oben schwarz behaart; Blütenköpfe 2-4 cm br., nur mit orangegelben bis roten Zungenblüten; Hülle abstehend schwarzhaarig; Früchte 6 mm lg., nach oben verschmälert, 15- bis 20-rippig. ▲ Verbreitet; Gebirge Mittel- und Südeuropas (östlich).

5 Orangerotes Habichtskraut

Hieracium aurantiacum

✻ 6-8 ↕ 20-50 cm ▼ Magerrasen, Weiden, etwa 1200-2400 m.
Pfl. mit Ausläufern; Rosettenblätter ei-lanzettlich, allmählich in den Grund verschmälert, rauhaarig, St.b. 1-4, rasch an Größe abnehmend; Blütenköpfe 2-3 cm br., zu 2-12 in verkürzter Doldentraube, nur mit gelborangen bis braunroten Zungenblüten; Hüllb. schmal, schwarzdrüsig. ▲ Verbreitet; Nordeuropa, Norddeutschland, Gebirge Mittel- und Südeuropas.

6 Hasenlattich

Prenanthes purpurea

✻ 7-8 ↕ 50-150 cm ▼ Krautreiche Buchen-Tannen- und Eichen-Buchen-Wälder, Hochstaudenfluren, bis 2000 m.
Pfl. oben rispig verzweigt; Blätter länglich-eiförmig, buchtig gezähnt, mit herzförmigem Grund st.umfassend, kahl, blaugrün; Blütenköpfe nickend, 2- bis 5-blütig, purpurn. ▲ Verbreitet; Mittel- und Südeuropa.

4
6
5
1
2
3

Kreuzblütengewächse

Cruciferae oder *Brassicaceae*

1 Zwiebeltragende Zahnwurz

Cardamine bulbifera (Dentaria bulbifera)

✳ 5–6 ↕ 10–50 cm ▼ Buchenwälder, Schluchtwälder, bis 1500 m.
Grundb. und untere St.b. mit 5–7 ei-lanzettlichen, gesägten Fiederb., obere St.b. ungeteilt; B.achseln mit kleinen Brutknöllchen; Krone hellviolett, rosa oder weiß. ▲ Selten; hauptsächlich Gebirge Mitteleuropas, nördlich bis Südskandinavien, südlich bis Griechenland.

2 Finger-Zahnwurz

Cardamine pentaphyllos (Dentaria pentaphyllos)

✳ 4–6 ↕ 25–50 cm ▼ Krautreiche Buchen- und Buchen-Tannen-Wälder, Schluchtwälder, bis 1700 m.
St.b. wechselständig, handförmig 3- bis 5-zählig gefiedert, Fiederb. ei-lanzettlich, gesägt; Kronb. 4, rosa oder violett, 12–18 mm lg. ▲ Zerstreut; Gebirge Mittel- und Südeuropas (westlich). – Ähnlich ist die **Fieder-Zahnwurz**, *Dentaria heptaphylla*, aber B. mit 7 lanzettlichen, gesägten Fiederb.; Blüten in 8- bis 20-blütigen Trauben, weiß oder blasslila. ▲ Laubmischwälder; zerstreut; Mitteleuropa.

3 Wildes Silberblatt

Lunaria rediviva

✳ 5–7 ↕ 30–140 cm ▼ Schlucht- und Bergwälder, schattige, luftfeuchte Hänge, bis 1350 m.
Blätter herzförmig, gezähnt, die unteren fast gegenständig; Blüten 4zählig, wohlriechend; Kronb. 12–20 mm lg., hellviolett, lila oder weiß, Kelchb. 5–6 mm lg.; Schoten elliptisch bis br. lanzettlich, an beiden Enden zugespitzt, 4–8 cm lg. ▲ Ziemlich selten; fast ganz Europa.

4 Blaue Gänsekresse

Arabis caerulea

✳ 7–8 ↕ 5–12 cm ▼ Schneetälchen, feuchter Felsschutt, auf Kalk, 1900–3500 m.
Rosettenb. schmal spatelförmig, vorn 3- bis 7-zähnig, dicklich, glänzend, am Rand gewimpert; untere St.b. gezähnt, die oberen meist ganzrandig, gewimpert; Blüten kurz gestielt, in 2- bis 8-blütiger dichter Traube; Kronb. hell lilablau, mit weißlichem Rand, Kelchb. 3–4 mm lg., grün, mit br. Hautrand; Schoten 15–30 mm lg. und 2,5–3 mm br. ▲ Zerstreut bis selten; Alpen.

Hahnenfußgewächse

Ranunculaceae

5 Alpen-Waldrebe

Clematis alpina

✳ 5–7 ↕ 1–2 m ▼ Alpenrosengebüsch, lichte Bergwälder, Nadelwälder, etwa 1000–2400 m.
Schlingpfl.; Blätter gegenständig, lg. gestielt, 3zählig gefiedert, Fiedern grob gesägt; Blüten achselständig, lg. gestielt, violett bis hellblau, glockenförmig; Nektarb. 10–12, spatelig, weißfilzig, halb so lg. wie die 4 Blütenb.; Frucht mit federigem Griffel. Giftig! ▲ Zerstreut; Gebirge Mittel- und Südeuropas.

3
2
1
5
4

Enziangewächse

Gentianaceae

1 Gefranster Enzian

Gentianopsis ciliata
(Gentiana ciliata, Gentianella ciliata)
✻ 6-9 ↕ 10-25 cm ▼ Kalkmagerrasen, lichte Föhrenwälder, steinige Rasen, bis 2200 m.
St. 4kantig; B. lineal-lanzettlich, 1nervig; Blüten 4teilig, blau, Kronzipfel am Rand gefranst. ▲ Zerstreut; Mitteleuropa und Gebirge Südeuropas.

2 Feld-Enzian

Gentianella campestris
(Gentiana campestris)
✻ 6-9 ↕ 5-30 cm ▼ Silikatmagerrasen, Felsfluren, trockene Moorwiesen, bis 2300 m.
Pfl. oft vom Grund an verzweigt; B. spatelförmig; Krone und Kelch 4teilig, Krone im Schlund bärtig, violett, selten weiß, Kelch ungleich zipfelig, mit 2 br. lanzettlichen äußeren und 2 schmal lanzettlichen inneren Zipfeln (formenreiche Art). ▲ Zerstreut; Skandinavien, mitteleuropäische Mittelgebirge, Ostalpen, Pyrenäen, Abruzzen. (Im Habitus ähnlich Deutschem Enzian, *Gentianella germanica*, s. S. 214).

3 Zarter Enzian

Comastoma tenellum (Gentiana tenella)
✻ 7-9 ↕ 4-12 cm ▼ Steinige Matten, Felsschutt, 1700-3100 m.
Zarte, 1jährige Pfl.; St. von Grund an verzweigt, mit lg., meist 1blütigen Ästen; B. länglich elliptisch; Krone hell violettblau, selten weiß, mit 4 eiförmigen, zugespitzten Zipfeln, Kelch bis fast zum Grund 4teilig. ▲ Zerstreut; Alpen (fehlt in den Nordalpen östlich der Salzach), Pyrenäen, Karpaten.

Wegerichgewächse

Plantaginaceae
(incl. *Callitrichaceae, Hippuridaceae, Veronicaceae, Globulariaceae*)

4 Nesselblättriger Ehrenpreis

Veronica urticifolia (*Veronica latifolia*)
✻ 6-8 ↕ 20-60 cm ▼ Schluchtwälder und krautreiche Bergwälder, Hochstaudenfluren, bis 1600 m.
Pfl. aufrecht; St. ringsum gleichmäßig behaart; B. br. lanzettlich, spitz, scharf gesägt, untere B. kurz gestielt, obere sitzend; Blüten in vielblütigen, lg. Trauben, Blütenstiele 6-8 mm lg.; Kelch 4blättrig, Krone 6-8 mm br., lila oder rötlich, dunkler geadert; Fruchtkapsel rundlich. ▲ Zerstreut; Gebirge Mittel- und Südeuropas.

5 Alpen-Ehrenpreis

Veronica alpina
✻ 6-8 ↕ 2-15 cm ▼ Feuchte Matten und Weiden, Schneetälchen, Felsschutt, 1500-3200 m.
St. abstehend behaart, untere Blätter kleiner als die oberen; B. eiförmig-elliptisch, stumpf, ganzrandig oder leicht gekerbt; Blüten blaulila, 6-7 mm br., in gedrungener, armblütiger Traube, Blütenstiele und Kelch rauhaarig; Fruchtkapsel verkehrt-eiförmig, ausgerandet, langhaarig.
▲ Verbreitet; Alpen, Pyrenäen, Jura, Apennin, Karpaten, Balkanhalbinsel.

5

3

1

2

4

Wegerichgewächse

Plantaginaceae
(incl. *Callitrichaceae, Hippuridaceae, Veronicaceae, Globulariaceae*)

1 Quendel-Ehrenpreis

Veronica serpyllifolia
✻ 4–9 ↕ 5–25 cm ▼ Wiesen, Wege, Lägerfluren der Alpen, bis 2300 m.
Blätter kahl, eiförmig-rundlich, kurz gestielt, ganzrandig oder gekerbt; Blüten einzeln in den B.achseln der oberen B.; Krone 5–6 mm br., weißlich, blau geadert. ▲ Häufig; Europa.

2 Blattloser Ehrenpreis

Veronica aphylla
✻ 6–8 ↕ 2–8 cm ▼ Steinrasen, Felsritzen, etwa 1200–2800 m.
Rosettenpfl.; Blätter br. eiförmig, 10–15 mm lg., am Rand bewimpert; Blüten zu 2–4, Kelch drüsig behaart, Krone lila oder tiefblau, 6–8 mm br.; Fruchtkapsel drüsig behaart. ▲ Verbreitet; Gebirge Mittel- und Südeuropas.

3 Felsen-Ehrenpreis

Veronica fruticans
✻ 6–8 ↕ 5–15 cm ▼ Steinige Matten, etwa 1200–2800 m.
Vom Grund aus verzweigt; Blätter länglich-elliptisch, 1–2 cm lg., schwach gekerbt, glänzend, fast kahl; Blüten in 4- bis 6-blütiger Traube, behaart; Krone azurblau, im Schlund mit purpurnem Ring; Fruchtkapsel eiförmig, kaum ausgerandet. ▲ Verbreitet; Nordeuropa, Gebirge Mittel- und Südeuropas.

4 Strauchiger Ehrenpreis

Veronica fruticulosa
✻ 7–8 ↕ 10–20 cm ▼ Schuttfluren, steinige Matten, Felsen, kalkliebend, 600–2700 m.
Pfl. am Grund schwach verholzt; Blätter kurz gestielt, lineal-lanzettlich, schwach gekerbt, anliegend behaart; Blüten in lockerer, armblütiger, drüsig-flaumiger Traube; Krone hellrot, mit dunkleren Adern; Fruchtkapsel br. eiförmig, seicht ausgerandet, drüsig behaart. ▲ Zerstreut bis selten; Alpen, in den Nordostalpen fehlend, hauptsächlich West- und Südalpen, Vogesen, Schweizer Jura, Pyrenäen.

5 Blaues Mänderle

Paederota bonarota
✻ 6–8 ↕ 8–20 cm ▼ Kalk- und Dolomitfelsspalten, vom Tal bis 2500 m.
Pfl. oft überhängend wachsend, mit dicht kraushaarigen St.; Blätter gegenständig, rundlich-eiförmig, sehr kurz gestielt, fast kahl, dunkelgrün, 3–4 cm lg., mit 4–10 nach vorn gerichteten Sägezähnen; Blüten an kurzen, behaarten Stielen in dichtblütiger Traube mit schmalen Tragb.; Krone blauviolett, 10–13 mm lang, 2lippig, Oberlippe ungeteilt, Unterlippe 3lappig. ▲ Ziemlich selten; von den Bergamasker Alpen bis zu den Julischen Alpen, in Nordtirol und in den Salzburger Alpen sehr selten.

5
4
2
1
3

Schwertliliengewächse

Iridaceae

1 Frühlings-Krokus

Crocus albiflorus

✻ 3-4 ↕ 8-15 cm ▼ Bergwiesen und -weiden; in den Alpen bis 2800 m. Pfl. mit Knolle, ohne oberirdischen St.; Blätter grundständig, grasartig, schmal lanzettlich, mit weißem Mittelstreifen; Blüten weiß, violett oder gestreift; Blütenb. unten zu einer Röhre verwachsen. ▲ Verbreitet; Gebirge Mittel- und Südeuropas.

Hahnenfußgewächse

Ranunculaceae

2 Gewöhnliche Akelei

Aquilegia vulgaris

✻ 5-7 ↕ 30-80 cm ▼ Laubwälder, Gebüsche, Waldränder, Trockenrasen, wärmeliebend, bis 1200 m. Grundständige Blätter lg. gestielt, doppelt 3teilig, oft blaugrün; oberste B. sitzend, 3lappig; Blüten blauviolett, 3-5 cm lg., mit lg. Sporn; Staubb. kaum aus der Blüte ragend. ▲ Zerstreut; fast ganz Europa.

3 Schwarzviolette Akelei

Aquilegia atrata

✻ 6-7 ↕ 30-70 cm ▼ Nadelwälder, Waldränder, Moorwiesen, bis 1900 m. Pfl. ähnlich der Gewöhnlichen Akelei, aber Blüten braunviolett; Staubb. weit aus der Blüte ragend. ▲ Zerstreut; Süddeutschland, Alpen und -vorland, Apennin.

4 Kleinblütige Akelei

Aquilegia einseliana

✻ 6-7 ↕ 15-40 cm ▼ Felsspalten. Gesteinsschutt, steinige Rasen, Latschengebüsch, 1600-2200 m. Pfl. zierlich; St. 1- bis 3-blütig, oben drüsig-flaumhaarig; B. blaugrün, 3teilig **(4a)**, Teilb.chen nochmals 3spaltig, mit länglich-eiförmigen Abschnitten; Blüten hellblau bis dunkelviolett, 2-3 cm br., mit fast geradem, 7-10 mm lg. Sporn. ▲ Selten; nördliche und südliche Kalkalpen.

5 Bertolonis Akelei

Aquilegia bertolonii

✻ 6-7 ↕ 10-30 cm ▼ Auf Kalkfels und Felsschutt, 800-1800 m. Stängel oben drüsenhaarig; Grundb. doppelt 3teilig, Blattabschnitte 2- bis 3-schnittig; obere St.b. linealisch; Blüte 25-35 mm br., blauviolett oder dunkelblau; Sporn 10-14 mm lg., gerade oder schwach gekrümmt. ▲ Zerstreut bis selten; Südwestalpen.

Leingewächse

Linaceae

6 Alpen-Lein

Linum alpinum

✻ 6-8 ↕ 15-30 cm ▼ Lückige Rasen, Felsschutt, 1400-2200 m. Pfl. mit vielen bogig-aufsteigenden, blühenden und nichtblühenden, dicht beblätterten Trieben; Blätter wechselständig, lineal-lanzettlich, 1- bis 3-nervig, bis 3 cm lg.; Blüten zu 1-7, lg. gestielt, 3-4 cm breit; Krone hellblau, am Grund gelblich; Kelchblätter lanzettlich, 5-7 mm lang; Frucht kugelig, stachelspitzig. ▲ Verbreitet; Alpen. Die Art tritt in den Alpen in mehreren geografisch getrennten Unterarten und Sippen auf.

6
1
3
4
2
4a
5

Primelgewächse
Primulaceae

1 Echtes Alpenglöckchen
Soldanella alpina
✻4-6 ↕5-15 cm ▼ Kalkhaltige Schneeböden, feuchte Mulden, etwa 1000-3000 m.
Blätter grundständig, rundlich-nierenförmig, 1-3 cm br., mit Basalbucht und oberseits hervortretenden Nerven; Blütenschaft 2- bis 3-blütig, b.los; Krone 8-15 mm lg., blauviolett, selten weißlich, trichterförmig, bis zur Mitte zerschlitzt. ▲ Verbreitet; Gebirge Mittel- und Südeuropas.

2 Kleines Alpenglöckchen
Soldanella pusilla
✻5-8 ↕4-8 cm ▼ Kalkarme Schneeböden, feuchter Ruhschutt, Magerrasen, etwa 1500-3000 m.
Blätter dünn, rundlich-nierenförmig, unter 1 cm br.; Blüten einzeln; Krone engglockenförmig, 10-15 mm lg., blassviolett, zu ¼ zerschlitzt. ▲ Zerstreut; Gebirge Mittel- und Südeuropas (östlich).

3 Zwerg-Alpenglöckchen
Soldanella minima
✻5-7 ↕4-9 cm ▼ Kalkreiche Schneeböden, feuchter Dolomitschutt, Felsritzen, 1500-3000 m.
Blätter grundständig, etwa 8 mm br., kreisrund, lederig, glatt, Rand oft nach unten umgebogen, unterseits mit vielen Drüsengruben; Blütenschaft 1blütig; Blüten hängend, weißlich oder blasslilafarben; Krone röhrig-glockig, zu ⅓ eingeschnitten. ▲ In den nördlichen Kalkalpen selten (Ammergebirge), in den südlichen Kalkalpen verbreitet.

4 Klebrige Primel, Blauer Speik
Primula glutinosa
✻7-8 ↕2-8 cm ▼ Silikatmagerrasen, Ruhschutt, etwa 1800-3600 m.
Blätter ei-länglich, vorn meist gezähnt, allmählich in den br. geflügelten, kurzen Stiel verschmälert, dunkelgrün, stark klebrig; Blüten zu 2-7, duftend, dunkelblau, später violett; Blütenstiele 1-2 mm lg.; Tragb. braunrot. ▲ Zerstreut bis selten; Ostalpen.

Storchschnabelgewächse
Geraniaceae

5 Wald-Storchschnabel
Geranium sylvaticum
✻6-8 ↕20-60 cm ▼ Feuchte Bergfettwiesen, subalpine Hochstaudenfluren, bis 2400 m.
Blattabschnitte br. rhombisch, eingeschnitten gesägt; im Bereich des Blütenstandes dicht drüsenhaarig; Blüten rotviolett; Staubfäden lanzettlich **(5a)**. ▲ Alpen und Mittelgebirge verbreitet, sonst zerstreut; fast ganz Europa.

6 Purpur-Storchschnabel
Geranium phaeum
✻5-7 ↕30-60 cm ▼ Bergwiesen, Weiden, Hochstaudenfluren, Auwälder, 1000-2400 m, gelegentlich auch tiefer. St. abstehend behaart; Blätter wechselständig, lg. gestielt, untere B. im Umriss rundlich, bis 10 cm br., etwa bis zur Mitte in 5-7 3zipfelige, grob gekerbte Lappen geteilt; Blütenstand 2blütig; Kronb. 5, rotbraun oder schwarzviolett, bis 15 mm lg., am Grund bärtig; Staubfäden abstehend behaart. ▲ Zerstreut; Alpen und -vorland, Gebirge Mittel- und Südeuropas.

2
1
3
4
5a
5
6

Enziangewächse

Gentianaceae

1 Stängelloser Kalk-Enzian

Gentiana clusii

✻ 5-8 ↕ 5-10 cm ▼ Kalkhaltige Magerrasen, Moore, bis 2800 m.
Rosettenb. ei-lanzettlich, spitz, 2-5 cm lg., in oder unter der Mitte am breitesten, glänzend; Kelchzähne lanzettlich, spitz, anliegend, mind. halb so lg. wie die Kronröhre, Buchten zwischen den Kelchzähnen spitz; Krone blau, glockig, innen ohne grüne Flecken. ▲ Zerstreut; Gebirge Mittel- und Südeuropas.

2 Stängelloser Silikat-Enzian

Gentiana kochiana

✻ 6-8 ↕ 5-10 cm ▼ Kalkarme, saure Matten, Steinrasen, etwa 1200-3000 m.
Pfl. ähnlich *G. clusii*, aber Rosettenb. verkehrt-eiförmig bis elliptisch, stumpf, größte Breite im oberen Drittel; Kelchzähne spatelförmig, kürzer als die halbe Kronröhre, Buchten zwischen den Kelchzipfeln br.; Krone blau, innen mit olivgrünen Flecken. ▲ Zerstreut; Gebirge Mittel- und Südeuropas.

3 Kreuz-Enzian

Gentiana cruciata

✻ 7-8 ↕ 15-50 cm ▼ Kalkmagerrasen, lichte Kiefernwälder, bis 2000 m.
Blätter lanzettlich, meist 3nervig, bis 10 cm lg., B.paare scheidig verwachsen; Blüten zu 1-3 in den Achseln der obersten B.; Krone 4zählig, eng-glockenförmig, blau, außen grünlich. ▲ Selten; hauptsächlich Mitteleuropa, im Süden nur in den Gebirgen.

4 Karawanken-Enzian

Gentiana froelichii

✻ 7-9 ↕ 5-10 cm ▼ Felsschutt, steinige Rasen, nur auf Kalk, 1800-2400 m.
Grundb. schmal elliptisch, spitz, 3nervig, glänzend; St.b. viel kleiner; Blüten meist einzeln, endständig, Krone schmal trichterförmig, ohne Punkte, 3-4 cm lg., hell- bis violettblau. ▲ Ziemlich selten; nur in den Karawanken und Steiner Alpen.

5 Schnee-Enzian

Gentiana nivalis

✻ 6-8 ↕ 2-15 cm ▼ Kalkhaltige Steinrasen, Feinschutt, etwa 1700-3000 m.
Pfl. zierlich, ästig; grundständige B. rosettig gehäuft, klein, stumpf; St.b. eiförmig, spitz; Blüten an den Enden der Äste, einzeln, tiefblau; Kelch gekielt oder schmal geflügelt, Kelchzähne lanzettlich, spitz. ▲ Zerstreut; Nordeuropa, Gebirge Mittel- und Südeuropas.

6 Schlauch-Enzian

Gentiana utriculosa

✻ 5-8 ↕ 8-20 cm ▼ Kalkflachmoore, Magerrasen, subalpine Steinrasen, bis 2000 m.
St. mehrblütig, kantig; Blätter eiförmig; Kelch 2-4 mm br. geflügelt, zuletzt aufgeblasen; Krone dunkelblau, außen oft grünlich. ▲ Selten; hauptsächlich Gebirge Mittel- und Südeuropas.

7 Schmalblättriger Enzian

Gentiana angustifolia

✻ 5-8 ↕ 5-15 cm ▼ Steinige Matten, Kalkböden, 1200-2800 m.
Grundständige B. lineal-lanzettlich, 4-10 cm lg.; St.b. br. elliptisch; Krone groß, trichterförmig, 4-5 cm lg., dunkel- bis hellblau, Kronzipfel spitz, Kelch glockig, Kelchzähne abstehend. ▲ Ziemlich selten; Südwestalpen, französischer Jura, Pyrenäen (vertritt dort *G. clusii*).

3
2
5
6
7
4
1

Enziangewächse

Gentianaceae

1 Frühlings-Enzian

Gentiana verna

✻ 3–8 ↕ 3–10 cm ▼ Kalkmagerrasen, Almweiden, Felsschutt, Flachmoore, meist auf Kalk, bis 2900 m.
Pfl. mit grundständiger B.rosette; B. br. lanzettlich, spitz, 1- bis 3-nervig, bis 3 cm lg.; St.b. kleiner; St. aufrecht, 1blütig; Krone tiefblau, mit abstehenden Zipfeln, dazwischen mit je einem 2spitzigen Anhängsel, Kelch an den Kanten schmal geflügelt. ▲ Im Alpenraum und Alpenvorland zerstreut; Gebirge Mittel- und Südeuropas.

2 Zwerg-Enzian

Gentiana pumila

✻ 7–8 ↕ 5–10 cm ▼ Magerrasen, Schneetälchen, auf Kalk, 1600–2800 m.
Rosettenb. lineal-lanzettlich, spitz, undeutlich 1nervig, 6–15 mm lg. und 1–3 mm br.; Blüten einzeln, azurblau, Kronzipfel ei-lanzettlich, spitz, Kelchzähne lineal-lanzettlich, spitz, fast so lg. wie die schmal geflügelte Kelchröhre. ▲ Zerstreut; nordöstliche und südöstliche Kalkalpen.

3 Dachziegeliger Enzian

Gentiana terglouensis

✻ 7–8 ↕ 3–6 cm ▼ Kalkreiche, steinige Matten, Pionierrasen, 1900–2700 m.
Pfl. dichtrasig, mit kurzen, dachziegelig beblätterten, nichtblühenden Trieben und 1blütigen St.; B. alle etwa gleich groß, 4–5 mm lg., br. lanzettlich, scharf zugespitzt, mit heller trockenhäutiger Spitze, am Rand rau; Krone tiefblau, Kelch röhrenförmig, kaum geflügelt, mit 3eckig-lanzettlichen Zähnen. ▲ Ziemlich selten; von den Dolomiten bis zu den Steiner Alpen.

4 Rundblättriger Enzian

Gentiana orbicularis

✻ 7–8 ↕ 3–6 cm ▼ Trockene Magerrasen, Gesteinsfluren, Felsbänder, meist kalkreiche Böden, 2000–3000 m.
Blätter in dichter Rosette, eiförmig bis kreisrund, 5–10 mm lg., lederig, dunkelgrün, mit rauem Rand; Blütenstiele sehr kurz; Krone tiefblau, mit fast kreisrunden oder rautenförmigen Zipfeln, Kelch schmal geflügelt. ▲ Zerstreut bis selten; Alpen, Apennin, Karpaten.

5 Kurzblättriger Enzian

Gentiana brachyphylla

✻ 7–8 ↕ 3–6 cm ▼ Kalkarme Magerrasen, Kalkschieferschutt, Schneetälchen, 1800–3200 m.
Pfl. rasenbildend; Blätter dachziegelig, rhombisch bis eiförmig, glänzend, mit br. Knorpelrand; alle B. fast gleich groß; Blüten einzeln, kurz gestielt, azurblau, Kronzipfel schmal, ei-lanzettlich, außen etwas grünlich, Kelch an den Kanten kaum geflügelt. ▲ Zerstreut bis selten; Alpen, Pyrenäen.

6 Bayerischer Enzian

Gentiana bavarica

✻ 7–9 ↕ 4–15 cm ▼ Feuchte Matten, Quellen, Schneetälchen, kalkmeidend, etwa 1800–2600 m.
Pfl. rasenbildend, dicht beblättert; B. verkehrt eiförmig, stumpf, fast alle gleich groß; Kelch röhrenförmig, sehr schmal geflügelt, Krone tiefblau, mit hellerer Röhre. ▲ Verbreitet; Alpen, Karpaten.

7 Kurzstängeliger Enzian

Gentiana bavarica ssp. *subacaulis*

✻ 7–9 ↕ 3–8 cm ▼ Feuchter Silikatschutt, Schneetälchen, bis 3600 m.
Hochalpine, fast st.lose Pfl. mit fast kreisrunden, dicht dachziegeligen, nach unten kleiner werdenden B. ▲ Zerstreut; Alpen.

1
2
3
4
5
6
7

Enziangewächse

Gentianaceae

1 Ungarischer Enzian

Gentiana pannonica

✻7-9 ↕30-60 cm ▼Kalkarme Magerrasen, etwa 1600-2300 m.
St. aufrecht, oben purpurn überlaufen; B. gegenständig, elliptisch, 5- bis 7-nervig, untere gestielt, obere sitzend; Kelch mit 5-8 zurückgekrümmten Zipfeln, Krone trübpurpurn, am Grund gelbgrün, schwarzrot punktiert, innen gelblich. ▲Selten; Ostalpen, Böhmerwald.

2 Purpur-Enzian

Gentiana purpurea

✻7-9 ↕20-60 cm ▼Kalkarme Weiderasen, Hochstaudenfluren, Zwergstrauchheiden, 1600-2700 m.
Ähnlich Ungarischem Enzian, aber Kelch 2zipfelig, auf einer Seite bis fast zum Grund aufgeschlitzt, Kelchzipfel nicht nach außen gekrümmt; Krone schmutzig lila bis bräunlich purpurn. ▲Verbreitet bis zerstreut; Alpen (westlich), Apennin, Südnorwegen.

3 Schwalbenwurz-Enzian

Gentiana asclepiadea

✻7-9 ↕30-80 cm ▼Moorwiesen, Bergwälder, Hochstaudenfluren, bis 2200 m.
Blätter kreuzgegenständig, lanzettlich, spitz, 4-8 cm lg., 5nervig; Blüten zu 1-3 b.achselständig, an schattigen Hängen Blüten 1seitswendig und B. kammartig 2zeilig angeordnet; Kelch röhrig, mit 5 kurzen, schmalen Zipfeln; Krone eng, glockenförmig, 3-5 cm lg., dunkelblau, innen rotviolett. ▲Zerstreut; Gebirge Mittel- und Südeuropas.

4 Lungen-Enzian

Gentiana pneumonanthe

✻7-9 ↕15-50 cm ▼Moorwiesen, Flachmoore, bis 1000 m.
Pfl. ohne grundständige B.rosette; B. linealisch, bis 5 cm lg., meist 1nervig; Blüten in den Achseln der obersten B.; Krone eng glockenförmig, 5teilig, blau, innen mit 5 grün punktierten Streifen. ▲Ziemlich selten; Europa, nördlich bis Südskandinavien, im Süden nur in den Gebirgen.

5 Deutscher Enzian

Gentianella germanica
(Gentiana germanica)

✻6-10 ↕5-40 cm ▼Kalkmagerrasen, bis 1600 m.
St. meist nur oben ästig; St.b. ei-lanzettlich, meist spitz; Blüten 5teilig, 2-4 cm lg., Kelchzipfel am Rand rau, Kelch schmal geflügelt, Buchten zwischen den Kelchzipfeln spitz; Krone rotviolett, innen bärtig, mit 3-5 mm br. Kronzipfeln. ▲Zerstreut bis selten; Mitteleuropa, Alpen.

6 Rauer Enzian

Gentianella aspera
(Gentiana aspera)

✻5-10 ↕5-30 cm ▼Kalkreiche Halbtrockenrasen, bis etwa 2600 m.
St. vom Grund an ästig; St.b. 3eckig-eiförmig, stumpflich, am Rand meist bewimpert; Blüten meist 5teilig, innen bärtig, blauviolett, 2-4 cm lg., Kronzipfel 9-15 mm lg. und 5-10 mm br.; Kelch schmal geflügelt, Kelchbuchten spitz, Kelchzipfel am Rand und auf dem Mittelnerv rau bewimpert; Fruchtknoten lg. gestielt. ▲Verbreitet bis selten; Ostalpen, Alpenvorland, Fränkischer Jura.

7 Blauer Sumpfstern, Moorenzian, Tarant

Swertia perennis

✻6-8 ↕15-40 cm ▼Kalkhaltige Flach- und Quellmoore, bis etwa 1500 m.
St. einfach, aufrecht; Blätter oval, untere gestielt, obere sitzend; Blüten 2-3 cm br., schmutzig blau, dunkel punktiert, in Trauben oder Rispen; Blütenstiele 4kantig, geflügelt. ▲Selten; Alpen und -vorland, Gebirge Mittel- und Südeuropas.

5
2
6
4
7
3
1

Borretschgewächse

Boraginaceae

1 Frühlings-Nabelnüsschen, Frühlings-Gedenkemein

Omphalodes verna

✻ 4-5 ↕ 5-25 cm ▼ Berglaubwälder, bis 1500 m.

St. aufrecht; grundständige B. herzförmig, lg. gestielt, locker behaart; St.b. kleiner, ei-herzförmig, kurz gestielt oder herablaufend; Krone himmelblau, 8-10 mm br., mit weißen, oft rot gepunkteten Schlundschuppen. ▲ Ursprünglich Südosteuropa, Südsteiermark, Karawanken, Julische Alpen; als Zierpfl. eingeführt und in Parkanlagen, Wäldern und Auwäldern verwildert; zerstreut; Mittel- und Südeuropa.

2 Zwerg-Himmelsherold

Eritrichium nanum

✻ 7-8 ↕ 5-10 mm ▼ Silikatfelsspalten, Ruhschutt, etwa 2100-3600 m.

Polsterpfl., 2-5 cm, seidig glänzend, dicht behaart; Blätter eiförmig, 5-10 mm lg.; Blüten zu 3-6, jede Blüte mit Tragb.; Krone 5-8 mm br., himmelblau, mit gelben Schlundschuppen. ▲ Zerstreut; Zentral- und Südalpen, Karpaten, Kaukasus.

3 Alpen-Vergissmeinnicht

Myosotis alpestris

✻ 6-7 ↕ 5-20 cm ▼ Bergwiesen, Geröllfluren, etwa 1600-3000 m.

Pfl. rauhaarig; Stiele der Rosettenb. deutlich von der ei-länglichen B.spreite abgesetzt (bei *M. sylvatica* allmählich in die Spreite übergehend); Krone himmelblau, mit gelben Schlundschuppen. ▲ Verbreitet; Gebirge Mittel- und Südeuropas.

Glockenblumengewächse

Campanulaceae

4 Bärtige Glockenblume

Campanula barbata

✻ 6-8 ↕ 10-40 cm ▼ Saure Magerrasen und Zwergstrauchheiden, etwa 1200-2800 m.

Pfl. steifhaarig; Grundb. rosettig, länglich lanzettlich, rauhaarig; Blüten kurz gestielt, nickend, zu 2-12 in 1seitswendiger Traube; Kelch zottig behaart, Buchten zwischen den Kelchzipfeln mit herabgeschlagenen Anhängseln; Krone bauchig glockig, 15-30 mm lg., hellblau, selten weiß, Zipfel innen bärtig. ▲ Verbreitet; Alpen, Sudeten, Westkarpaten, südliches Norwegen.

5 Alpen-Glockenblume

Campanula alpina

✻ 7-8 ↕ 5-20 cm ▼ Steinige Matten, bodensaure Magerrasen, Zwergstrauchheiden, 1200-2400 m.

Pfl. mit grundständiger B.rosette; B. wollig-zottig, lanzettlich, spitz, ganzrandig; Blüten in reichblütiger Traube, auf langen, zottigen Stielen, nickend; Krone glockig, hellblau bis lila, innen bewimpert, 10-20 mm lang; Kelch wollig-zottig, mit linealischen Zipfeln. ▲ Zerstreut; Ostalpen, Karpaten, Balkanhalbinsel.

6 Zoys' Glockenblume, Krainer oder Nickende Glockenblume

Campanula zoysii

✻ 7-8 ↕ 3-10 cm ▼ Kalkfelsspalten, 1500-2600 m.

Lockerrasige Pfl.; Grundb. rundlich-eiförmig, gestielt; St.b. lanzettlich, fast sitzend; Blüten in 1- bis 4-blütiger Traube, meist nickend; Krone hellblau bis blauviolett, 15-20 mm lg., zylindrisch, am Grund etwas bauchig, oben an der Mündung zusammengezogen, durch gefaltete Kronzipfel fast verschlossen. ▲ Zerstreut; Julische Alpen, Karawanken, Steiner Alpen.

2
3
1
5
6
4

Glockenblumengewächse
Campanulaceae

1 Dolomiten-Glockenblume
Campanula morettiana

✱8-9 ↕3-8 cm ▼ Kalk- und Dolomitfelsspalten, 1500-2500 m.
Lockerrasige Polsterpfl.; Grundb. br. eiförmig, lg. gestielt, gezähnt, steifhaarig; Stängelb. eiförmig, in den Stiel verschmälert, obere B. sitzend; Blüten meist einzeln, aufrecht; Krone dunkelblau, rotviolett, selten weiß, 2-3 cm lang, becherförmig, Kelch mit lanzettlichen, abstehenden Zähnen. ▲ Zerstreut; nur in den Dolomiten. – Ähnlich ist die **Insubrische Glockenblume** (*C. raineri*) mit breit becherförmiger, 3-4 cm breiter, hellblauer Krone und kurz gestielten, gekerbten, kurzhaarigen Blättern. ▲ Zerstreut; auf Kalk und Dolomit der italienischen Südalpen.

2 Mont-Cenis-Glockenblume
Campanula cenisia

✱7-9 ↕3-5 cm ▼ Felsschutt, Felsbänder, Moränen, bevorzugt auf Kalkschiefer, 2000-3500 m.
Kriechende Pfl. mit vielen nichtblühenden Trieben, an deren Ende B.rosetten mit ovalen B.; St.b. br. lanzettlich, ganzrandig, fleischig, lang bewimpert; Blüten einzeln, aufrecht, hellblau, bis 15 mm breit; Krone mit sternförmig ausgebreiteten, lanzettlichen Kronzipfeln, Kelch behaart.
▲ Zerstreut; Südwest- und Zentralalpen.

3 Scheuchzers Glockenblume
Campanula scheuchzeri

✱7-8 ↕5-40 cm ▼ Kalkarme Magerrasen, steinige Matten, etwa 1400-3100 m.
Pfl. lockerrasig; Grundb. lg. gestielt, rundlich-nierenförmig, gekerbt, zur Blütezeit meist vertrocknet; St.b. lineal-lanzettlich, fast sitzend, gezähnt bis ganzrandig; Blüten nickend, weitglockig, 15-25 mm lg., dunkel blauviolett, Kelchzipfel linealisch.
▲ Verbreitet; Gebirge Mittel- und Südeuropas.

4 Zwerg-Glockenblume
Campanula cochleariifolia
(C. pusilla)

✱7-9 ↕5-20 cm ▼ Felsbänder, Kalkschutt, Bachgeröll, vom Tal bis 3000 m.
Pfl. rasenbildend; untere B. lg. gestielt, rundlich-herzförmig, grob gezähnt, obere B. schmal-lanzettlich, sitzend; Blüten einzeln oder in wenigblütiger, 1seitswendiger Traube, bauchig glockig, blau, 10-20 mm lg. ▲ Häufig; Gebirge Mittel- und Südeuropas.

5 Büschel-Glockenblume
Campanula glomerata

✱6-9 ↕20-60 cm ▼ Kalkmagerrasen, Wald- und Wegränder, bis 1800 m.
Pfl. kurzhaarig; St. 1fach; B. ei-lanzettlich, stumpf gezähnt, untere B. mit herzförmigem oder abgerundetem Grund, gestielt, obere B. sitzend; Blüten am St.ende und in den Achseln der oberen B. gebüschelt; Krone trichter- bis glockenförmig, blau, 15-30 mm lg.; Kelchzipfel schmal-lanzettlich, spitz. ▲ Verbreitet; Mitteleuropa, nördlich bis Südschweden, südlich bis Mittelitalien.

6 Nesselblättrige Glockenblume
Campanula trachelium

✱7-8 ↕30-100 cm ▼ Krautreiche Laubwälder, Gebüsche, bis 1700 m.
St. steifhaarig, scharfkantig; B. steifhaarig, 3eckig-eiförmig, nesselb.artig gesägt, die unteren lg. gestielt; Blüten trichterförmig, violettblau, 3-4 cm lg., in lg., beblätterter Traube. ▲ Verbreitet; fast ganz Europa.

2
4
1
5
3
6

Hahnenfußgewächse

Ranunculaceae

1 Blauer Eisenhut

Aconitum napellus

✻6-8 ↕50-150 cm ▼Hochstaudenfluren, Gebüsche, Grauerlenwälder; in den Alpen bis über 2000 m.
Blätter fast bis zum Grund handförmig 5- bis 7-teilig, Abschnitte mit schmal-linealischen Zipfeln; Blüten in meist 1facher oder wenigästiger, dichter Traube, blauviolett, Blütenhelm breiter als hoch; Staubb. meist behaart. Giftig! ▲Zerstreut; Alpen, Pyrenäen, Gebirge Mitteleuropas.

2 Rispiger Eisenhut

Aconitum paniculatum

✻6-8 ↕50-150 cm ▼Berg-, Schluchtwälder, Hochstaudenfluren, bis 2400 m.
Blütenstiele und St. im oberen Teil drüsig-klebrig und flaumig behaart; Blütenstand ästig, Blütentraube locker, kurz; Blütenhelm so hoch wie br., Blüten blauviolett. Giftig! ▲Zerstreut; Gebirge Mittel- und Südeuropas (östlich).

Veilchengewächse

Violaceae

3 Mont-Cenis-Veilchen

Viola cenisia

✻7-8 ↕5-10 cm ▼Auf Kalk und Dolomitschutt, 2000-2900 m.
St. niederliegend; B. eiförmig bis fast kreisrund, ganzrandig; Blüten zu 1-3 am St., Kelchb. lineal-lanzettlich, mit ganzrandigen oder nur schwach ausgerandeten Anhängseln; Blüten hellviolett mit 5-10 mm lg. Sporn. ▲Zerstreut; Westalpen.

4 Sand-Veilchen

Viola rupestris

✻5-6 ↕3-8 cm ▼Trockene Magerrasen, Kiefernwälder, Sandböden, bis 1500 m.
B. rundlich-herzförmig, stumpf, 15-20 mm lg., graugrün; B. und St. meist flaumig behaart; Kronb. blauviolett, am Grund weiß, seltener ganz weiß; Sporn hellviolett, 5 mm lg. ▲Ziemlich selten; Alpen und -vorland, südlich bis Pyrenäen, Cevennen, Kaukasus.

5 Langsporniges Veilchen

Viola calcarata

✻6-8 ↕4-10 cm ▼Steinige Matten, Felsschutt, meist auf Kalk, 1600-3000 m.
Blätter eiförmig bis lanzettlich, gekerbt, mit 1-2 cm langen, lanzettlichen, oft fiederspaltigen Nebenb.; St. 1blütig; Blüten 25-40 mm groß, dunkelviolett, selten gelb oder weiß, mit 8-15 mm lg. Sporn und quadratischen und gezähnelten Anhängseln; Kelchb. lanzettlich, 6-7 mm lang, mit großen Anhängseln. ▲Zerstreut; Alpen (westlich), Jura.

Wegerichgewächse

Plantaginaceae
(incl. *Callitrichaceae, Hippuridaceae, Veronicaceae, Globulariaceae*)

6 Alpen-Leinkraut

Linaria alpina

✻6-8 ↕5-15 cm ▼Schuttkare, etwa 1200-3800 m.
St. niederliegend; B. fleischig, bläulich grün, kahl, schmal-lanzettlich, 8-15 mm lg.; Blüten blauviolett, mit gelbem Gaumenfleck, seltener 1farbig blauviolett, mit lg. Sporn. ▲Verbreitet; Gebirge Mittel- und Südeuropas.

Wasserschlauchgewächse

Lentibulariaceae

7 Gewöhnliches Fettkraut

Pinguicula vulgaris

✻5-7 ↕5-15 cm ▼Flach- und Quellmoore, von der Ebene bis etwa 2000 m.
B. in grundständiger Rosette, fleischig, 3-6 cm lg., mit Kleb- und Verdauungsdrüsen zum Fangen von Insekten; Krone mit schlankem, pfriemlichem Sporn, 16-22 mm lg., blauviolett; Zipfel der Unterlippe länger als br., beide untere Kelchzipfel bis zur Mitte verwachsen. ▲Zerstreut bis selten; v.a. N-Europa und Gebirge Mitteleuropas.

3
6
2
4
1
5
7

Schmetterlingsblütengewächse

Fabaceae oder *Papilionaceae*

1 Alpen-Tragant

Astragalus alpinus

✻ 7-8 ↕ 7-25 cm ▼ Steinrasen, windexponierte Grate, 1500-2800 m.
Pfl. liegend oder aufsteigend; B. unpaarig gefiedert, mit 15-25 elliptischen, stumpfen, anfangs beiderseits behaarten B.chen; Blüten 10-15 mm lg., zu 5-15 in fast kugeliger Traube; Fahne bläulich oder violett, Flügel weißlich, Schiffchen mit violetter Spitze; Hülse dunkel zottig behaart. ▲ Verbreitet; Nordeuropa, Alpen, Pyrenäen, Karpaten, Kaukasus.

2 Esparsetten-Tragant

Astragalus onobrychis

✻ 6-7 ↕ 10-30 cm ▼ Steppenwiesen, Trockenhänge, Felsfluren, Trockentäler bis 1500 m.
St. niederliegend oder bogig aufsteigend, B. und St. angedrückt behaart, graugrün; B. mit 17-25 lanzettlichen, 2-3 mm br. B.chen **(2a)**; Blüten 20-25 mm lg., zu 1-20 in kopfförmiger, später verlängerter Traube; Krone hell blauviolett, Fahne fast linealisch, 1,5-mal länger als die Flügel **(2b)**; Hülse weißhaarig. ▲ Zerstreut bis selten; Zentral- und Südalpen.

3 Alpen-Spitzkiel

Oxytropis campestris

✻ 7-8 ↕ 5-15 cm ▼ Steinige Matten, Berggrate, 1800-3000 m.
Blätter unpaarig gefiedert, beiderseits behaart, graugrün, mit 10-12 ei-lanzettlichen Fiederpaaren; Blüten zu 10-18 in kopfigen, lg. gestielten Trauben; Kelch mit lg. weißen und kurzen schwarzen Haaren besetzt; Krone gelblich weiß, Schiffchen lg. zugespitzt, oft beiderseits mit violettem Fleck. ▲ Ziemlich selten; Alpen, Apennin, Karpaten, Pyrenäen, Gebirge der Balkanhalbinsel, Schottland, Skandinavien.

4 Seidenzottiger Spitzkiel

Oxytropis halleri

✻ 6-8 ↕ 10-25 cm ▼ Trockene, magere Bergwiesen, alpine Schuttfluren, bis 2900 m, in den trockenen Tälern von Wallis, Vintschgau, Engadin bereits ab etwa 600 m.
Pfl. mit dicker Pfahlwurzel; B. unpaarig gefiedert, beiderseits dicht zottig behaart, mit 11-29 ei-lanzettlichen, 10-15 mm lg. Fiederb.; Nebenb. häutig, gewimpert; Blüten zu 6-16 in kopfiger oder ährenförmiger Traube; Krone blau bis rotviolett, 15-20 mm lg., mit hellem, kurz bespitztem Schiffchen. ▲ Zerstreut bis selten; Alpen (in Deutschland fehlend), Pyrenäen, Karpaten, Schottland.

5 Alpen-Süßklee

Hedysarum hedysaroides

✻ 7-8 ↕ 10-30 cm ▼ Bergwiesen, Matten, Zwergstrauchheiden, etwa 1600-2800 m.
Pflanze aufrecht oder aufsteigend; B. unpaarig gefiedert, mit 11-19 elliptischen, oberseits dunkelgrünen, unterseits hellgrünen B.chen; Blüten purpurrot, 15-20 mm lg., zu 12-35 in 1seitswendiger Traube; Fruchthülse flach gedrückt, 2-4 cm lg., zur Reife in 2-6 rundliche, 1samige Glieder zerfallend. ▲ Verbreitet; Gebirge Mittel- und Südeuropas.

6 Wald-Wicke

Vicia sylvatica

✻ 6-8 ↕ 50-200 cm ▼ Krautreiche Mischwälder, lichte Schluchtwälder, Bergwälder, bis über 2000 m.
Pfl. niederliegend oder kletternd, meist ganz kahl; Blätter. mit 12-24 länglichen Fiederb. und verzweigter Ranke; Blüten in 10- bis 20-blütigen, lg. gestielten Trauben; Krone 13-17 mm lg., weiß, violett geadert, Schiffchenspitze violett. ▲ Zerstreut; fast ganz Europa, hauptsächlich in den Gebirgen.

2
3
2a
6
2b
4
5
1

Lippenblütengewächse

Labiatae oder *Lamiaceae*

1 Pyrenäen-Drachenmaul

Horminum pyrenaicum

✻6-8 ↕10-30 cm ▼ Magerweiden, steinige Matten, lichte Zirbenwälder, kalkreiche Böden, 1400-2400 m.
St. aufrecht, unverzweigt; B. fast alle grundständig, groß, verkehrt-eiförmig, grob gekerbt, runzelig; St.b. viel kleiner, ganzrandig; Blütenquirle 2- bis 4-blütig, in einem 1seitswendigen Blütenstand; Krone dunkel blauviolett, 2lippig, doppelt so lg. wie der Kelch, Unterlippe mit 3 ungleichen Lappen. ▲ Zerstreut; Alpen (in den Nordalpen selten), Pyrenäen.

2 Alpenhelmkraut

Scutellaria alpina

✻7-8 ↕20-40 cm ▼ Felsschutt, steinige Rasen, nur auf Kalk, 1500-2500 m.
St. liegend bis aufsteigend, abstehend behaart; B. eiförmig bis lanzettlich, gekerbt gezähnt, selten fast ganzrandig, spärlich behaart; Blüten gestielt, in dichten, 4seitigen, ährenartigen Blütenständen; Krone 2-3 cm lang, mit drüsig behaarter Röhre, blauviolett mit weißlicher Unterlippe; Kelch röhrenförmig, 2lippig, am Rücken mit einer aufrechten Schuppe. ▲ Zerstreut; Westalpen, spanische Gebirge, Pyrenäen, Apennin.

3 Alpen-Steinquendel

Clinopodium alpinum
(Calamintha alpina, Acinos alpinus)

✻6-9 ↕10-30 cm ▼ Steinige, kalkreiche Rasen, lichte Föhrenwälder, vom Tal bis 2500 m.
St. niederliegend bis aufsteigend, schwach behaart; Blätter eiförmig, gegenständig, kurz gestielt, gegen die Spitze gesägt; Blüten zu 3-6 quirlständig, 10-18 mm lg., rotviolett. ▲ Verbreitet; Gebirge Mittel- und Südeuropas.

4 Alpenhelm, Bartschie

Bartsia alpina

✻6-8 ↕5-15 cm ▼ Quellmoore, feuchte Matten, in den Alpen bis über 2500 m.
Blätter eiförmig, sitzend, stumpf gezähnt, obere B. schmutzig violett; Krone 2lippig, 15-20 mm lg., dunkelviolett, drüsenhaarig. ▲ Verbreitet, in der Ebene selten; Nord- und Mitteleuropa, Alpen, Pyrenäen, Karpaten, Gebirge der Balkanhalbinsel.

5 Pyramiden-Günsel

Ajuga pyramidalis

✻7-8 ↕10-20 cm ▼ Kalkarme Bergwiesen, 1200-2700 m.
Blätter gekreuzt-gegenständig, dicht stehend, nach oben kleiner werdend, die unteren rosettig, verkehrt-eiförmig, schwach gekerbt, 5-10 cm lg., obere B. oft violett überlaufen; Blüten zu 2-4 quirlständig; Krone hellviolettblau, 10-18 mm lg. ▲ Verbreitet; Nordeuropa, Gebirge Mittel- und Südeuropas.

6 Alpen-Ziest

Stachys alpina

✻7-9 ↕40-100 cm ▼ Krautreiche Wälder, Schlagfluren, Hochstaudenfluren, bis etwa 1800 m.
St. rauhaarig, oberwärts drüsig; B. herzförmig, br. lanzettlich bis oval, anliegend kurzhaarig, grob gesägt, untere gestielt, obere sitzend (**6a**); Blüten in 6- bis 18-blütigen, übereinanderstehenden Teilblütenständen; Krone 12-18 mm lg., braun bis purpurn, außen zottig behaart, Kelch 9-14 mm lg., mit lg. Haaren und kurzen Drüsenhaaren. ▲ In der Ebene selten, in den Alpen verbreitet; Pyrenäen, Karpaten, Gebirge der Balkanhalbinsel.

6a
4
6
1
5
2
3

Kreuzblumengewächse

Polygalaceae

1 Bittere Kreuzblume

Polygala amara

✻ 5-6 ↕ 10-20 cm ▼ Subalpine und alpine Steinrasen, Halbtrockenrasen, Quellfluren, 1600-2400 m.
Pfl. niederliegend, aufsteigend; B. bitter schmeckend, am Grund rosettig gehäuft, größer als die oberen; Blütenstand locker; Blüten blau bis rötlich blau, 3-7 mm lg., Flügel 4-8 mm lg., Schiffchen (unteres Kronb.) mit stark gefranstem, lappigem Anhängsel, unten am Übergang zum Anhängsel stark eingeschnürt. ▲ Zerstreut; Gebirge Mittel- und Südeuropas (östlich).

Glockenblumengewächse

Campanulaceae

2 Kugelige Teufelskralle

Phyteuma orbiculare

✻ 5-7 ↕ 10-30 cm ▼ Sonnige Kalkmagerrasen, auch Moorwiesen, bis über 2500 m.
Grundb. lanzettlich oder herz-eiförmig, lg. gestielt, kerbig gezähnt; St.b. ei-lanzettlich, obere sitzend; alle B. unterseits mit schwach hervortretendem Adernetz; Blütenköpfe kugelig, blau; Kronröhre 10-15 mm lg., Kronzipfel 5, bandförmig, anfangs an der Spitze und am Grund verwachsen, spitz, später nur noch am Grund verwachsen; Narben meist 3; Hüllb. eiförmig spitz, etwa so lg. wie die Blüten. Formenreiche Art mit mehreren Kleinarten. ▲ Verbreitet bis zerstreut; Alpen, Mittel- und Südeuropa.

3 Dolomiten-Teufelskralle

Phyteuma sieberi

✻ 7-9 ↕ 5-25 cm ▼ Dolomitfelsfluren, 1600-2600 m.
Grundb. gestielt, rundlich bis eiförmig, gekerbt, St.b. br. lanzettlich, tief gezähnt; Blütenstand kugelig, 5- bis 15-blütig; Krone blauviolett, Kelchzipfel und Tragb. gewimpert, Krone vor dem Aufblühen gekrümmt; äußere Hüllb. br. 3eckig-eiförmig, am Grund deutlich gezähnt, ringsum dicht bewimpert. ▲ Zerstreut; Ostalpen.

4 Armblütige Teufelskralle

Phyteuma globulariifolium

✻ 7-9 ↕ 2-5 cm ▼ Felsspalten, Felsschutt, windexponierte Steinrasen, auf Silikat, 2000-3000 m.
Pfl. rasenförmig, kahl; B. meist in grundständiger Rosette, verkehrt-eiförmig bis schmal elliptisch, nahe der Spitze am breitesten, 10-15 mm lg.; Blütenstand kugelig, 2- bis 8-blütig, Krone blauviolett; äußere Hüllb. rundlich bis eiförmig, stump. ▲ Zerstreut; Ostalpen (westlich bis zum Ortler).

5 Halbkugelige Teufelskralle

Phyteuma hemisphaericum

✻ 7-8 ↕ 5-15 cm ▼ Silikatfelsfluren, bodensaure Magerrasen, Zwergstrauchheiden, 1600-3600 m.
Grundb. grasartig, 1-2 mm br., St.b. linealisch; Blütenstand kugelig, 10- bis 12-blütig; Hüllb. eiförmig, zugespitzt, ganzrandig, oft bewimpert; Krone dunkelblau, vor dem Aufblühen gekrümmt. ▲ Verbreitet bis zerstreut; von den Seealpen bis in die steirischen und Salzburger Alpen, in Deutschland nur Allgäu und Wetterstein, Pyrenäen.

6 Schopf-Teufelskralle

Physoplexus comosa

✻ 6-8 ↕ 5-15 cm ▼ Kalk- und Dolomitfelsspalten, etwa 1000-2000 m.
Grundständige B. nierenförmig, ungleich tief gesägt, gestielt, St.b. verkehrt-eiförmig bis lanzettlich, scharf gezähnt; Blüten 15-30 mm lg., zu 8-20 in kugeliger Dolde; Krone am Grund bauchig erweitert, blasslila, in einem lg., blauvioletten Schnabel endend; Kronb. am Grund und an der Spitze verwachsen bleibend. ▲ Ziemlich selten; Südalpen.

1
6
4
2
3
5

Wegerichgewächse

Plantaginaceae
(incl. *Callitrichaceae, Hippuridaceae, Veronicaceae, Globulariaceae*)

1 Gewöhnliche Kugelblume

Globularia bisnagarica (G. punctata)
✻ 5-6 ↕ 5-30 cm ▼ Kalkmagerrasen, Felsfluren, in den Alpen bis 1700 m.
Pfl mit gestielten, rundlichen bis elliptischen, an der Spitze ausgerandeten Rosettenb. und sitzenden, schmal-eiförmigen bis lanzettlichen, spitzen St.b.; St. bis zum Blütenstand beblättert; Blüten blau bis blauviolett, in dichten, kugeligen, 1-2 cm br. Köpfchen. ▲ Zerstreut bis selten; Alpen und -vorland, Mittel- und südliches Westeuropa.

2 Nacktstängelige Kugelblume

Globularia nudicaulis
✻ 5-8 ↕ 5-25 cm ▼ Steinige Kalkmagerrasen, Kalkschutt, bis 2600 m.
Pfl krautig, Einzelrosetten bildend; B. verkehrt ei-länglich, vorn abgerundet, fast so lg. wie der St.; Bl.köpfe **(2a)** 15-25 mm br.; Krone 10-12 mm lg., blau. ▲ Verbreitet; Gebirge Mittel- und Südeuropas (westlich).

3 Herzblättrige Kugelblume

Globularia cordifolia
✻ 5-6 ↕ 3-10 cm ▼ Sonnige Kalkschuttböden, Felsbänder, bis 2800 m.
Pfl. ästig verzweigt, niederliegend, am Grund verholzt; Blätter an den Enden der niederliegenden Triebe rosettig gehäuft, spatelig bis verkehrt-eiförmig, vorn herzförmig ausgerandet, lederig, allmählich in den Stiel verschmälert; blühender St. mit 0-2 Schuppenb.; Blüten in 10-15 mm br. Köpfen; Krone der Einzelblüten 6-8 mm lg., blau. ▲ Verbreitet; Gebirge Mittel- und Südeuropas.

4 Kriechende Kugelblume, Zwerg-Kugelblume

Globularia repens (G. nana)
✻ 5-6 ↕ 2-5 cm ▼ Kalkfelsfluren, steinige Matten, 1200-2200 m.
Pfl. ähnlich Herzblättriger Kugelblume, aber viel kleiner; B. 1-2 cm lg. und 1-3 mm br., spatelförmig, nicht ausgerandet, nach oben zusammengefaltet, in sehr dichten Rosetten; Blütenschaft sehr kurz, bis 2 cm lg. ▲ Ziemlich selten; Südwestalpen, Pyrenäen.

Geißblattgewächse

Caprifoliaceae (incl. *Linnaeaceae, Dipsacaceae, Valerianaceae*)

5 Glänzende Skabiose

Scabiosa lucida
✻ 7-9 ↕ 10-40 cm ▼ Matten, Felsschutt, Felsbänder, bevorzugt auf Kalk, 1000-2600 m.
Grundb. eiförmig bis rhombisch, grob gekerbt, gestielt; obere B. fiederspaltig mit lanzettlich-linealen Zipfeln; Blüten zu einem 2-3 cm breiten Köpfchen vereinigt, umgeben von Hüllb.; Einzelblüten mit häutigem Außenkelch und 3-bis 4-mal längerem, 5borstigem Kelch; Kelchborsten 5-8 mm lg., schwärzlich; Krone rötlich lila bis blauviolett, ungleich 5zipfelig, Randblüten größer. ▲ Häufig; Alpen, Pyrenäen, Jura, Vogesen, Sudeten, Karpaten, Illyrien.

Korbblütengewächse

Compositae oder *Asteraceae*

6 Berg-Flockenblume

Centaurea montana
✻ 5-7 ↕ 20-70 cm ▼ Berg- und Schluchtwälder, grasreiche Hochstaudenfluren, Bergwiesen, in den Alpen bis über 2000 m.
St. 1fach, unverzweigt; B. eiförmig, spitz, am St. flügelartig herablaufend, oberseits schwach, unterseits dicht filzig behaart, später verkahlend; Blütenköpfe einzeln; randliche Blüten stark vergrößert, tiefblau, zentrale Blüten violett; Hüllb. mit kammförmigen, braunschwarzen Fransen, diese etwa so lg. wie deren schwarzer, ungeteilter Rand. ▲ Zerstreut; Alpen und -vorland, Gebirge Mittel- und Südeuropas.

4
5
1
3
2
6
2a

Korbblütengewächse

Compositae oder *Asteraceae*

1 Perücken-Flockenblume

Centaurea pseudophrygia

✻ 7-9 ↕ 30-80 cm ▼ Bergwiesen, Gebüsche, bis 2000 m.
St. wenigköpfig; B. eiförmig, fein gezähnt, untere kurz gestielt, obere st.umfassend; Hülle der Blütenköpfe 15-20 mm lg. und ebenso br.; Randblüten strahlig verlängert, Anhängsel der Hüllb. bräunlich, lg. fiederig gefranst, in einer 1 cm lg. Federgranne endend. ▲ Zerstreut; hauptsächlich Gebirge Mitteleuropas, nördlich bis Süd-skandinavien.

2 Einköpfige Flockenblume

Centaurea uniflora

✻ 7-8 ↕ 10-40 cm ▼ Magerrasen, Latschengebüsch, 1000-2400 m.
St. 1köpfig; Blätter weiß- bis graufilzig, ganzrandig oder etwas gezähnt, länglich, mit verschmälertem Grund sitzend; Blüten purpurrot, Randblüten größer; Hülle kugelig, 1,5-2,5 cm lg., Hüllb. kurz 3eckig, in eine lg., zurückgebogene, feder-artige Spitze auslaufend. ▲ Zerstreut bis selten; hauptsächlich Südost- und Südalpen, Gebirge der Balkanhalbinsel, Süd-Karpaten.

3 Alpen-Berufkraut

Erigeron alpinus

✻ 7-9 ↕ 5-20 cm ▼ Steinrasen, Matten, etwa 1500-2800 m.
Blätter spatelförmig, angedrückt behaart, allmählich in den Stiel verschmälert; St. meist 1köpfig; Blütenköpfe 15-30 mm br., Zungenblüten mehrreihig, zwischen den rosaroten Zungenblüten und den gelben Röhrenblüten noch dünnröhrige Faden-blüten; Hüllb. grün, behaart. ▲ Zerstreut; Gebirge Mittel- und Südeuropas.

4 Einköpfiges Berufkraut

Erigeron uniflorus

✻ 6-9 ↕ 5-15 cm ▼ Kalkarme, wind-exponierte Steinrasen, Magerweiden, 1600-3000 m.
St. 1köpfig, drüsenlos, oben lg.haarig; B. verkehrt ei-länglich, am Rand gewimpert, sonst kahl; Blütenkopf 1-2,5 cm br., Zun-genblüten blasslila oder rosa, Scheiben-blüten gelb, an der Spitze purpurn; Hüll.b. dachziegelig, br. lanzettlich, weißwollig, oft rot überlaufen. ▲ Zerstreut bis selten; Alpen, Pyrenäen, Apennin, Südkarpaten, Nordeuropa.

5 Alpen-Aster

Aster alpinus

✻ 7-8 ↕ 5-15 cm ▼ Bergwiesen, Fels-bänder, kalkreiche Steinrasen, etwa 1400-3100 m.
Pfl. behaart, meist 1köpfig; Rosettenb. spatelförmig, in den kurzen Stiel ver-schmälert, 3nervig; St.b. lanzettlich, stumpf, sitzend; Blütenköpfe 3-5 cm br.; Hülle 8-12 mm lg., mehrreihig; Zungen-blüten violett, 1reihig, Scheibenblüten gelb. ▲ Verbreitet; Nordeuropa, Alpen, Pyrenäen, Harz, Böhmisches Mittelgebirge, Karpaten, Gebirge der Balkanhalbinsel.

6 Alpen-Milchlattich

Lactuca alpina (Cicerbita alpina)

✻ 7-9 ↕ 60-150 cm ▼ Hochstaudenfluren, Bergmischwälder, Grünerlengebüsch, 1000-2200 m.
Stängel 1-fach, aufrecht, oben violett über-laufen; Blätter unregelmäßig fiederteilig, mit 3eckig-spießförmigem Endabschnitt, oberseits dunkelgrün, unterseits blaugrün; Blütenköpfe in schmaler, rispiger Traube; Hülle und Stiel der Blütenköpfe mit ab-stehenden, braunen Drüsenhaaren; Krone blauviolett. ▲ Verbreitet; Skandinavien, Gebirge Mitteleuropas, Alpen, Pyrenäen, Apennin, Karpaten, Gebirge der Balkan-halbinsel.

1
2
4
6
5
3

Knabenkrautgewächse oder Orchideen

Orchidaceae

1 Honigorchis, Elfenstengel

Herminium monorchis

✻5-6 ↕8-25 cm ▼ Kalkmagerrasen, Magerweiden, Moorwiesen, in den Bayerischen Alpen bis 1200 m, im Wallis bis 1700 m. Pfl. mit kurzen Ausläufern; Blätter grundständig, 2-5, lanzettlich, 5-10 cm lg.; St. gelegentlich mit 1-3 kleinen B.; Ähre schmal, 1seitswendig, mit kleinen, grünlich gelben, nach Honig duftenden Blüten; Lippe 3teilig, 3-4 mm lg. ▲ Selten; Südskandinavien, Mitteleuropa, Alpen, Pyrenäen, Apennin, Gebirge der Balkanhalbinsel.

2 Grüne Hohlzunge

Dactylorhiza viridis (Coeloglossum viride)

✻5-6 ↕5-25 cm ▼ Saure, kalkarme Magerrasen, 1500-2500 m. Blätter eiförmig bis lanzettlich; Blütenähre dicht; Tragb. lanzettlich, grün, die unteren länger als die Blüten; Blütenhüllb. helmförmig zusammenneigend, Lippe vorn 3zähnig, Sporn kurz, dick. ▲ Zerstreut; Europa, heute fast nur noch Alpen.

3 Herz-Zweiblatt

Neottia cordata (Listera cordata)

✻5-8 ↕5-15 cm ▼ Moosreiche Fichtenwälder, Bergkiefernbestände, bis 2000 m. St. in der Mitte mit 2 herzförmigen, glänzend grünen B.; Traube 6- bis 12-blütig; Bl.b. gelbgrün bis rötlich braun, 2 mm lg., Lippe rot, 3-4 mm lg., tief 2spaltig, Abschnitte lg. zugespitzt und spreizend. ▲ Selten; Alpen, Pyrenäen, Jura, Vogesen, Schwarzwald, Karpaten, Gebirge der Balkanhalbinsel.

4 Korallenwurz

Corallorhiza trifida

✻6-7 ↕8-20 cm ▼ Schattige, moosreiche Nadelwälder, bis 1600 m. Pfl. gelblich bis braun, ohne grüne B.; St.b. schuppenförmig; Blüten gelbgrün, ohne Sporn, zu 4-9; Blütenb. 6, 3-6 mm lg., Lippe ungeteilt oder schwach 3lappig, weißlich, rot punktiert. ▲ Ziemlich selten; Nord- und Mitteleuropa, Alpen, Pyrenäen, Apennin, Gebirge der Balkanhalbinsel.

5 Kriechstendel, Netzblatt

Goodyera repens

✻7-8 ↕10-30 cm ▼ Moosige Nadelwälder, bis über 2000 m. Grundb. eiförmig bis ei-länglich, 1-3 cm lg., obere St.b. schmal-lanzettlich; St. dicht drüsenhaarig; Blütenstand 10- bis 15-blütig, 1seitswendig; Blüten klein, weiß oder rahmgelb, außen grünlich, süßlich riechend, Blütenb. 4 mm lg., Lippe ungeteilt, rinnig und schnabelartig abwärts gebogen. ▲ Ziemlich selten; Nord- und Mitteleuropa, Alpen, Pyrenäen, Balkanhalbinsel.

Sommerwurzgewächse

Orobanchaceae

6 Zierliche Sommerwurz

Orobanche gracilis

✻5-8 ↕15-40 cm ▼ Halbtrockenrasen, sonnige Magerwiesen, bis 1800 m. Schmarotzerpfl. auf Schmetterlingsblütlern *(Lotus, Genista, Hippocrepis, Trifolium)*; ohne Blattgrün, bräunlich; Blüten in Ähren; Rückenkante der Krone gleichmäßig gekrümmt, Krone 15-25 mm lg., gelb, innen rot, nach Nelken riechend; Narbe gelb, rot gerandet, Staubfäden unten behaart. ▲ Zerstreut bis selten; Süddeutschland, warme Täler der Alpen (Rhône, Rhein), Südeuropa.

7 Gamander-Sommerwurz

Orobanche teucrii

✻6-7 ↕15-40 cm ▼ Kalkmagerrasen in warmen Lagen, sonnige Hänge, bis 1350 m. Pfl. auf *Teucrium* schmarotzend; Tragb. fast so lg. wie die Blüten; Krone 20-35 mm lg., bräunlich lila, Rücken winkelig abgebogen; Narbe purpurn bis braun, Staubfäden unten behaart. ▲ Zerstreut; Gebirge Mittel- und Südeuropas.

7
4
3
1
2
5
6

Rosengewächse

Rosaceae

1 Gewöhnlicher Frauenmantel

Alchemilla vulgaris

✻ 5-8 ↕ 10-30 cm ▼ Fettwiesen und -weiden, Nasswiesen, Quell- und Hochstaudenfluren. Äußerst formenreiche Sammelart mit zahlreichen Kleinarten; je nach Klein- oder Unterart von der Ebene bis in die alpine Stufe.

Blätter rundlich, 2-12 cm br., zu ⅓-⅔ in 7-11 gezähnte, halbkreisförmige, trapezförmige oder 3eckige Lappen geteilt, kahl, zerstreut bis dicht anliegend oder abstehend behaart; Behaarung des St. und des reich verzweigten Blütenstandes ebenso variabel; Blüten 2-4 mm br., gelbgrün, in lockeren Knäueln; Kronb. fehlend, Kelchb. 2reihig, 4 innere und 4 äußere; Staubb. 4. ▲ Verbreitet; fast ganz Europa.

2 Alpen-Frauenmantel, Silbermantel

Alchemilla alpina

✻ 6-8 ↕ 10-25 cm ▼ Kalkarme, bodensaure Magerrasen und Matten, 1200-2600 m.

Blätter handförmig, in 5-9 schmale, oberseits grüne, am Rand und unterseits silbrigseidenhaarige, vorn gezähnte Abschnitte zerteilt; Blüten gelbgrün, etwa 3 mm breit, in dichten, knäueligen Blütenständen; Blütenstiele kürzer als die Blüten. Sammelart mit zahlreichen, schwer zu unterscheidenden Kleinarten. ▲ Verbreitet; Alpen, Gebirge Mittel- und Südeuropas.

3 Alpen-Gelbling

Sibbaldia procumbens

✻ 6-8 ↕ 3-10 cm ▼ Schneeböden, feuchte, saure Böden, 2000-3300 m.

Rasenbildende Halbrosettenstaude; Blätter 3zählig, oben graugrün, unten hellgrün, am Rand dicht behaart, B.chen vorn 3zähnig; Blüten klein, unscheinbar, gelbgrün, in armblütigen Trugdolden; Kronb. lanzettlich, 1-2 mm lang; Kelchb. eiförmig, 3-4 mm lg. ▲ Verbreitet; Alpen, Kaukasus.

Geißblattgewächse

Caprifoliaceae (incl. *Linnaeaceae, Dipsacaceae, Valerianaceae*)

4 Ostalpen-Baldrian

Valeriana elongata

✻ 6-8 ↕ 5-25 cm ▼ Kalkfelsspalten, Felsschutt, 1600-2400 m.

St. gefurcht, kahl; Rosettenb. lg. gestielt, eiförmig, ganzrandig; St.b. fast sitzend, eiförmig oder fast 3eckig, grob gezähnt; Blüten in achselständigen Trugdolden; Krone bräunlich bis grünlich, 2-3 mm lg. ▲ Zerstreut bis selten; Endemit der Ostalpen (Totes Gebirge ostwärts, Bozen, Osttirol, Julische und Steiner Alpen).

Knöterichgewächse

Polygonaceae

5 Schild-Ampfer

Rumex scutatus

✻ 5-8 ↕ 20-40 cm ▼ Alpine Schuttfluren, Felsspalten, alpennahe Flussschotter, Steinbrüche, Mauern, in den Alpen bis 2700 m.

St. meist unverzweigt; B. rundlich-spießförmig, blaugrün; Blütenhülle 6teilig, 5-6 mm lg., 3 kleine, äußere, abstehende Blütenb., 3 innere; Frucht eine scharfkantige, glänzende Nuss. ▲ Zerstreut bis selten; hauptsächlich Gebirge Mittel- und Südeuropas.

6 Alpen-Säuerling

Oxyria digyna

✻ 6-8 ↕ 5-25 cm ▼ Kalkarmer Steinschutt mit langer Schneebedeckung, 1600-2800 m.

St. unverzweigt; grundständige Blätter lg. gestielt, nierenförmig; Blüten 2geschlechtig, in quirligen, traubigen Blütenständen; Blütenb. 4, grün, die 2 inneren der flachen Seite der Frucht anliegend, viel größer als die 2 äußeren, abstehenden Hüllb.; Frucht linsenförmig, mit purpurroten Flügeln. ▲ Zerstreut; Alpen, Nordeuropa, Gebirge Mittel- und Südeuropas.

6
3
4
5
1
2

Wegerichgewächse

Plantaginaceae
(incl. *Callitrichaceae, Hippuridaceae, Veronicaceae, Globulariaceae*)

1 Alpen-Wegerich

Plantago alpina

✻5-7 ↕5-20 cm ▼Kalkarme Almweiden und Matten, Schneeböden, 1400-2800 m.
Pfl. mit grundständiger Blattrosette; Blätter linealisch, kahl, etwas fleischig, undeutlich 3nervig; Blütenschaft rund, angedrückt behaart, mit walzenförmiger, 2-3 cm langer und 3 mm breiter Ähre; Krone mit flaumig behaarter Röhre und weißlichen Zipfeln. ▲Verbreitet; Alpen, Pyrenäen, Auvergne, Jura.

Korbblütengewächse

Compositae oder *Asteraceae*

2 Echte Edelraute

Artemisia umbelliformis (A. mutellina)

✻7-9 ↕10-30 cm ▼Kalkarme Felsspalten, Felsschutt, 1600-3700 m.
Pfl. aromatisch duftend; Blätter silberglänzend, die unteren doppelt 3teilig, die oberen fingerig gestielt, Abschnitte kaum 1 mm breit; Blütenköpfe zu 5-20, traubigästig angeordnet, 4-6 mm br., 10- bis 30-blütig; Blüten gelb, die äußeren weißlich. ▲Ziemlich selten; Alpen, Pyrenäen, Apennin.

3 Schwarze Edelraute

Artemisia genipi

✻7-9 ↕5-15 cm ▼Felsbänder, Moränenschutt, auf Silikat und Kalkschiefer, 2100-3800 m.
Grundb. 2- bis 3-fach handförmig geteilt, mit lineal-lanzettlichen Zipfeln; grauseidenhaarig; St.b. 1-fach gefiedert, sitzend; Blütenköpfe fast kugelig, in dichter Ähre; Blüten gelb, Hüllblätter filzig, mit schwarzbraunem Rand. ▲Ziemlich selten; Alpen, in den nördlichen Kalkalpen fehlend.

4 Felsen-Edelraute

Artemisia petrosa

✻7-9 ↕10-30 cm ▼Felsbänder, Felsschutt, auf Silikat und Kalkschiefer, 2000-3100 m.
Grundb. 2- bis 3-fach fiederteilig, mit 1-3 mm br. Zipfeln; St.b. 1-fach fiederteilig oder ungeteilt; Blütenköpfe 4-7 mm br., 20- bis 30-blütig, nickend, 1seitswendig; Blütenkrone dichtzottig, Hüllb. mit hellem Rand. ▲Selten; Südwestalpen, Pyrenäen, Apennin, Karpaten, Balkanhalbinsel.

5 Norwegisches Ruhrkraut

Gnaphalium norvegicum

✻7-9 ↕10-30 cm ▼Kalkarme Magerrasen, Hochstaudenfluren, 1000-2500 m.
Pfl. zur Blütezeit mit höchstens einer nichtblühenden Rosette und vertrockneten Grundb.; mittlere St.b. 5-10 mm br., graufilzig; Blütenköpfe zu 1-3 in Knäueln, eine dichte Ähre bildend; Hüllb. schwarzbraun, ganzrandig. ▲Zerstreut; Alpen, Gebirge Mittel- und Südeuropas.

6 Alpen-Ruhrkraut

Gnaphalium hoppeanum

✻7-9 ↕2-10 cm ▼Feuchter Felsschutt, Pionierrasen, Schneeböden, auf Kalk, 1500-3000 m.
St. weißfilzig; Blätter lanzettlich, 1nervig, graufilzig, 2-3 mm br.; Blütenköpfe zu 1-5 in endständiger, beblätterter Ähre; Hüllb. dachziegelig, br. elliptisch, zugespitzt, mit br., schwarzem Rand, die äußeren kürzer. ▲Zerstreut; Alpen, Ostpyrenäen, Apennin, Tatra, Balkanhalbinsel.

7 Zwerg-Ruhrkraut

Gnaphalium supinum

✻7-9 ↕2-12 cm ▼Kalkarme Schneeböden, feuchte Silikatmagerrasen, 1600-3000 m.
St. sehr dünn, weißwollig; Blätter lineal-lanzettlich, 1-2 mm br., wollig; Blütenköpfe zu 1-6 in endständiger, anfangs gedrungener Ähre; Hüllb. länglich elliptisch, zugespitzt, mit braunem Rand, zur Reife sternförmig ausgebreitet. ▲Verbreitet bis zerstreut; Alpen.

7
5
1
6
2
3
4

Süßgräser

Gramineae oder *Poaceae*

1 Borstgras

Nardus stricta

✻5-6 ↕10-30 cm ▼ Magerrasen und -weiden, Zwergstrauchheiden, bis 2500 m.

Pfl. dichte, graugrüne Horste bildend; B. borstenförmig, eingerollt, rau, am Grund von dicht gebüschelten B.scheidenresten umgeben; Ähre 3-8 cm lg., 1seitswendig; Ährchen 1blütig, 7-15 mm lg., begrannt. ▲ Häufig; Europa.

2 Kalk-Blaugras

Sesleria caerulea (Sesleria albicans)

✻3-5 ↕10-40 cm ▼ Lichte Wälder, Trocken- und Halbtrockenrasen, kalkhaltige Böden; bis 2800 m.

Pfl. dichtrasig; B. grün, 2-3 mm br., mit hervortretendem Mittelnerv und stumpfer Spitze, B.häutchen 0,5 mm lg.; Ährenrispe eiförmig bis zylindrisch, am Grund mit schuppenförmigen, häutigen Tragb.; Deckspelzen bläulich, mit grannenartiger Spitze. ▲ In den Alpen und im -vorland verbreitet; fast ganz Europa.

3 Rundköpfiges Blaugras

Sesleria sphaerocephala

✻7-8 ↕10-20 cm ▼ Steinige Rasen, Felsspalten, kalkliebend, 1600-2800 m.

Pfl. dichte Rasen bildend; St. dünn, glatt, B. borstlich zusammengefaltet, 0,5 mm br.; Ähre kugelig, 8-12 mm br., silberweiß oder bläulich überlaufen; Ährchen 2- bis 4-blütig. ▲ Zerstreut; Ost- und Südostalpen.

4 Zweizeiliges Kopfgras

Oreochloa disticha

✻7-8 ↕10-20 cm ▼ Windexponierte Grate und steinige Matten, kalkarme, saure Böden, 1800-3300 m.

Pfl. dichte Horste bildend; St. steif, dünn; B. borstlich gefaltet, mit verlängertem, spitzem B.häutchen; Ährenripse bis 1,5 cm lang, mit 2zeilig angeordneten, 3- bis 5-blütigen, grünen, weißlich oder blau gescheckten Ährchen; Deckspelzen mit kurzstacheliger Spitze. ▲ Verbreitet; hauptsächlich Zentralalpen, in den Nordalpen östlich des Allgäus fehlend, Pyrenäen, Karpaten.

5 Alpen-Lieschgras

Phleum alpinum

✻6-8 ↕10-50 cm ▼ Fettweiden, Viehläger, 1200-2400 m.

Pfl. dichte Horste bildend; B. flach, oberste B.scheide aufgeblasen; Ährenrispe walzenförmig, 3-6 cm lg., 1 cm br., dunkelviolett, seltener weißlich grün, beim Umbiegen nicht lappig; Hüllspelzen mit 3 mm lg., abstehend behaarter Granne (ssp. *rhaeticum*) oder Granne nicht behaart (ssp. *alpinum*). ▲ Verbreitet; Alpen, Gebirge Europas.

6 Alpen-Rispengras

Poa alpina var. *vivipara*

✻5-9 ↕5-50 cm ▼ Tiefgründige, tonige Böden, Fettwiesen, Matten, 1400-2600 m.

Pfl. dichtrasig; St.grund durch viele, dicht übereinander liegende B.scheiden zwiebelartig verdickt; B. flach, 2-5 mm br., grün bis blaugrün; Rispe locker; Ährchen 5- bis 10-blütig, grüngelb und rotviolett gescheckt, zu beblätterten Brutknospen auswachsend. ▲ Häufig; Nordeuropa, Alpen, Gebirge Mittel- und Südeuropas.

7 Zweizeiliger Goldhafer, Zweizeiliger Grannenhafer

Trisetum distichophyllum

✻6-8 ↕10-20 cm ▼ Pionierpflanze auf alpinem Kalkfelsschutt, 1200-3000 m.

Pfl. lockerrasig, mit lg. Ausläufern; St. niederliegend, knickig aufsteigend, glatt; B. steif, flach, 2-3 mm br., blaugrün, 2zeilig angeordnet; Ährchen meist 3blütig, violett überlaufen, am Grund der Blüte dicht behaart; Deckspelze mit 5-6 mm lg. Granne. ▲ Zerstreut; Alpen, Pyrenäen, südliche Karpaten.

1
2
3
4
5
6
7

Riedgrasgewächse oder Sauergräser

Cyperaceae

1 Scheidiges Wollgras

Eriophorum vaginatum

✻ 4–5 ↕ 30–60 cm ▼ Hochmoore, Kiefern- und Birkenmoore, saure nährstoffarme Torfböden, bis 2000 m.
Pfl. dichtrasig, feste Horste aus borstenförmigen B. bildend, Ausläufer fehlend; St.b. am Rand rau, mit aufgeblasener Scheide; St. unten rund, oberwärts 3kantig, mit einer endständigen, zur Blütezeit eiförmig-länglichen, bis 2 cm lg. Ähre, zur Fruchtzeit mit weißwolligem Kopf, gebildet aus 2–4 cm lg. weißen Blütenborsten. ▲ Zerstreut, aber oft bestandsbildend; Alpen, Mittel- und Nordeuropa, Pyrenäen und spanische Gebirge.

2 Scheuchzers Wollgras

Eriophorum scheuchzeri

✻ 6–9 ↕ 10–40 cm ▼ Quellfluren, Alpenmoore, bis 2000 m.
Pfl. rasenbildend; St. rund, mit einer endständigen, zur Blütezeit runden oder ovalen, 1 cm lg. Ähre mit zahlreichen Blütenborsten, diese nach der Blütezeit zu langen, schneeweißen Haaren auswachsend; St.b. glatt, ohne aufgeblasene Scheide. ▲ Zerstreut; Alpen, Pyrenäen, Tatra, Karpaten, Skandinavien.

3 Breitblättriges Wollgras

Eriophorum latifolium

✻ 4–6 ↕ 30–60 cm ▼ Flachmoore und Quellsümpfe, bis 2200 m.
Pfl. dichtrasig, ohne Ausläufer; St. stumpf 3kantig; B.scheiden der unteren B. schwarzbraun, zuletzt netznervig; St.b. schmal-lanzettlich, 3–8 mm br.; Ähre zu 4–10, deren Stiele rau; Blütenhülle aus weichen Borsten und Haaren, zur Fruchtzeit weißwollige Köpfe bildend. ▲ Zerstreut bis selten; Europa.

4 Schmalblättriges Wollgras

Eriophorum angustifolium

✻ 4–5 ↕ 30–60 cm ▼ Flach- und Quellmoore, Übergangsmoore, bis 1900 m.
Pfl. mit unterirdischen Ausläufern, am Grund rosarot überlaufen; St. stielrund; St.b. linealisch, rinnig, 3–6 mm br., in eine 3kantige Spitze verschmälert; oberste B.scheiden blasig erweitert; Ährenstiele glatt. ▲ Verbreitet; fast ganz Europa.

5 Alpen-Haarbinse

Trichophorum alpinum
(Scirpus hudsonianus)

✻ 4–5 ↕ 10–30 cm ▼ Hoch- und Zwischenmoore, Latschenmoore, bis 2300 m.
St. 3kantig, rau; Ährchen endständig, 5–7 mm lg., 8- bis 12-blütig, mit geschlängelten, weißen, 2 cm lg. Wollhaaren. ▲ Selten; hauptsächlich Gebirge Mittel- und Südeuropas, Norddeutschland, Skandinavien.

6 Rasen-Haarbinse

Trichophorum cespitosum
(Scirpus cespitosus)

✻ 5–6 ↕ 5–30 cm ▼ Hoch- und Heidemoore, Quellmoore, bis 2400 m.
Pfl. dichte, feste Polster bildend; St stielrund, gefurcht; Ährchen 4–6 mm lg., 3- bis 6-blütig, ohne Wollhaare. ▲ Zerstreut; Europa.

7 Nacktried

Kobresia myosuroides
(Elyna myosuroides)

✻ 6–8 ↕ 5–20 cm ▼ Windexponierte, im Winter oft schneefreie Grate, trockene Bergkämme, 1800–3100 m.
Pfl. dichte Horste bildend, nur am Grund beblättert; B. steif, borstig-rinnig, B.scheiden braungelb, faserig verwitternd; Blütenstand eine endständige schlanke Ähre aus 10–20 Ährchen, diese aus je einer ♀ und einer ♂ Blüte bestehend. ▲ Zerstreut; Alpen, Siebenbürgen, Pyrenäen, Abruzzen, Kaukasus, Skandinavien.

4
3
5
1
7
2
6

Riedgrasgewächse oder Sauergräser

Cyperaceae

1 Torf-Segge, Davall-Segge

Carex davalliana

✻5-6 ↕10-30 cm ▼ Kalkhaltige Quell- und Flachmoore, bis 2500 m.
Pfl. 2häusig, ♂ und ♀ Ährchen auf verschiedenen Pfl., in dichten Horsten; B. borstenförmig; B. und Stängel 3kantig, rau; Fruchtschläuche der ♀ Ähre 3-5 mm lg., abstehend, lg. geschnäbelt, braun, etwas gekrümmt. ▲ Zerstreut; Alpen, Mitteleuropa.

2 Monte-Baldo-Segge

Carex baldensis

✻6-7 ↕5-40 cm ▼ Sonnige, kalkreiche Steinrasen, lockere Bergkiefernwälder, Flusskies, bis 2400 m.
Blätter 2-3 mm br., flach, graugrün; ♂ und ♀ Ährchen gleich gestaltet, an der Spitze ♂, unten ♀, kopfig gehäuft, von den lg. Tragb. weit überragt; Blütenstand weiß; Schläuche kugelig-eiförmig, ungeschnäbelt, weiß bis gelbbraun; Narben 3. ▲ Selten; in den Nordalpen im Ammergebirge und bei Oberstdorf, Südalpen.

3 Krumm-Segge

Carex curvula

✻7-8 ↕5-25 cm ▼ Bodensaure Magerrasen, steinige Böden, etwa 2000-3000 m.
Pfl. am Grund mit den Resten vorjähriger Blätter; grundständige B.scheiden gelbbraun; B. borstlich, hohlrinnig, 1-2 mm br., bogig gekrümmt, rau, im oberen Teil bald absterbend, daher graubraun bis gelbgrün; Ähren gleich gestaltet, kopfig gedrängt, unten die ♀, oben die ♂; Narben 3. ▲ Verbreitet; Gebirge Mittel- und Südeuropas.

4 Polster-Segge

Carex firma

✻6-8 ↕5-20 cm ▼ Kalkreiche Steinrasen, Felsbänder, etwa 1500-2900 m, gelegentlich tiefer herabgeschwemmt.
Halbkugelige Polsterpfl.; B. derb, steif, dicht gedrängt, 2-3 mm br., 4-5 cm lg., fast waagerecht abstehend; St. b.los. ♀ Ährchen 6-10 mm lg., zu 1-3, Narben 3; ♂ Ährchen 1, endständig. ▲ Häufig; Gebirge Mittel- und Südeuropas.

5 Horst-Segge

Carex sempervirens

✻6-8 ↕20-50 cm ▼ Kalkhaltige Matten, Bergwiesen, 1400-3000 m.
Pfl. horstbildend, am Grund mit dunkelgrauem Faserschopf; Blätter glänzend, 2-3 mm br., etwas kürzer als der stielrunde Stängel; ♀ Ährchen 2-3, lockerfrüchtig, 1-2 cm lg.; ♂ Ährchen 1, endständig; Tragb. braun, weißhäutig berandet, kürzer als die grünen Schläuche. ▲ Häufig; Alpen, Pyrenäen, Karpaten, Apennin, Gebirge Mittel- und Südeuropas.

6 Rost-Segge

Carex ferruginea

✻7-9 ↕30-60 cm ▼ Durchfeuchtete, tiefgründige Böden, Bergwiesen, etwa 1000-2700 m.
Pfl. ähnlich *C. sempervirens*, aber mit Ausläufern; grundständige B.scheiden rost- bis purpurrot, nicht faserig; Blätter 1-2 mm br., schlaff. ▲ Häufig; Alpen, Jura, Illyrien, Gebirge Mittel- und Südeuropas.

4
3
6
♀
♂
2
1
5

Riedgrasgewächse oder Sauergräser

Cyperaceae

1 Trauer-Segge

Carex atrata

✻ 6-8 ↕ 15-50 cm ▼ Steinige Matten, Weiderasen, Latschengebüsch, kalkliebend, 1600-3100 m.

Pfl. mit kurzen Ausläufern; St. oben scharf 3kantig, nur am Grund beblättert; B. linealisch, mit schmaler rinniger Spitze; Blütenstand aus 3-5 zylindrischen, 1-2 cm lg., kurz gestielten Ährchen bestehend; unterstes Ährchen mit einem laubb.artigen, den Blütenstand meist überragenden Hüllb.; Fruchtschläuche gelbbraun, selten schwarz, kurz geschnäbelt; Narben 3. ▲ Verbreitet; Alpen, Pyrenäen, Zentralmassiv, Sudeten, Karpaten, Balkanhalbinsel, Kaukasus.

Binsengewächse

Juncaceae

2 Schnee-Hainsimse

Luzula nivea

✻ 6-7 ↕ 40-90 cm ▼ Laub- und Nadelmischwälder, bis 2200 m.

Pfl. lockerrasig; B. 3-5 mm br., bewimpert; Blüten zu 6-20 gebüschelt; Hochb. so lg. oder länger als der Blütenstand, dieser aufrecht, schirmrispig zusammengezogen; Blütenb. 6, reinweiß. ▲ Zerstreut; Alpen und -vorland, Pyrenäen, Cevennen, Apennin.

3 Braune Hainsimse

Luzula alpinopilosa (L. spadicea)

✻ 7-8 ↕ 10-25 cm ▼ Geröllhalden, feuchte Matten, Schneetälchen, kalkmeidend, 1200-3100 m.

Pfl. lockerrasig; B. mit braunen, bärtig bewimperten B.scheiden und flachen, grasartigen, 2-8 mm br. Spreiten; Blütenstand locker, oft überhängend; Blüten kastanienbraun, Blütenb. lanzettlich, gleich lg., stachelspitz; Fruchtkapsel kastanienbraun. ▲ Verbreitet bis zerstreut; Alpen, Schwarzwald, Vogesen, Pyrenäen, Apennin, Karpaten, Siebenbürgen.

4 Gelbe Hainsimse

Luzula lutea

✻ 6-8 ↕ 10-20 cm ▼ Magerrasen, steinige Matten, Geröll, Felsspalten, kalkmeidend, 1500-3200 m.

St. stielrund, glatt; B. lineal-lanzettlich, 4-8 cm lg., 4-6 mm br., kahl, am Rand spärlich gewimpert, bläulich grün, mit rotbraunen Scheiden; Blütenstand endständig, aus 6- bis 10-blütigen Knäueln bestehend; Blüten gelb, Blütenb. 6, eilanzettlich, die inneren stumpflich, die äußeren fast stachelspitz; Kapsel glänzend braun. ▲ Zerstreut bis selten; West- und Zentralalpen, Pyrenäen, Apennin.

5 Dreispaltige Binse

Juncus trifidus

✻ 7-8 ↕ 10-25 cm ▼ Saure Böden, Silikatfelsspalten, 1600-3000 m.

Am Grund des stielrunden St. nur mit gelbbraunen, fast spreitenlosen B.scheiden, im oberen Drittel meist mit 3 fadenförmigen B.; Blütenstand 1- bis 4-blütig, endständig; Blütenb. 6, gleich lg., kastanienbraun, fein zugespitzt. ▲ Zerstreut; Nordeuropa, Gebirge Mittel- und Südeuropas.

6 Gams-Binse

Juncus jacquinii

✻ 7-10 ↕ 10-25 cm ▼ Feuchte, bodensaure Magerrasen, Quellmoore, 1600-3000 m.

Pfl. dichtrasig; St. und B. binsenförmig; St. rund, mit 1 Blatt, den Blütenstand überragend; Blütenstand ein einzelner, vielblütiger Kopf mit kurzem Tragb.; Blütenhüllb. 4-8 mm lg., lanzettlich, glänzend, schwarzbraun. ▲ Zerstreut; Alpen, Pyrenäen, Skandinavien.

1
4
5
2
3
6

Eibengewächse

Taxaceae

1 Eibe

Taxus baccata

✻ 3-4 ↕ bis 20 m ▼ Laubwälder, Buchen-Tannen-Wälder, Bergmischwälder mit wintermildem Klima, in den Alpen bis 1400 m. Oft mehrere Bäume am Stammgrund verwachsen; Rinde anfangs rotbraun, dann graubraun, schuppig; B. immergrün, nadelförmig, flach, in einer Ebene (gescheitelt), oberseits dunkelgrün, unterseits hellgrün; Pfl. 2häusig; ♂ Blüten **(1a)** aus 6-14 kätzchenartig angeordneten Staubb. bestehend; ♀ Blüten aus einer endständigen Samenanlage bestehend; Same von einem fleischigen, roten Samenmantel (Arillus) umgeben; Beginn der Blüte mit 20 Jahren. Giftig (Samenmantel genießbar)! ▲ Selten; Südskandinavien, Mitteleuropa, Gebirge Südeuropas. Verjüngung durch überhöhte Schalenwildbestände (Hirsche, Rehe) gefährdet, die die jungen Triebe häufig abäsen. Für Pferde sind bereits kleinere Mengen tödlich, daher wurde die Eibe früher vor allem von Fuhrleuten stark bekämpft. Der größte Raubbau an der Eibe fand im 16. Jahrhundert statt (siehe Seite 30).

Kieferngewächse

Pinaceae

2 Weißtanne

Abies alba

✻ 5-6 ↕ bis 50 m ▼ Wälder, vor allem Bergmischwälder mit Buche und Fichte in luftfeuchter Lage, frostempfindlich, in den Alpen bis 1600 m.
Krone pyramidenförmig, bei älteren Bäumen storchennestartig abgeflacht, da die Seitenäste den Gipfeltrieb überragen; Rinde glatt, hellgrau; Nadeln 2-3 cm lg., flach, 2spitzig, dunkelgrün, unterseits gekielt, mit weißlichen Wachsstreifen; die Nadeln sitzen mit scheibenartig verbreiterten, grünen Stielchen am Zweig, beim Abfallen eine runde Narbe zurücklassend; entnadelte Zweige glatt. Zapfen aufrecht, bei der Reife fallen die Schuppen einzeln ab und die Zapfenspindel bleibt zurück; Beginn der Blüte mit 60-70 Jahren.
▲ Verbreitet; Gebirge Mittel- und Südeuropas. Verjüngung durch überhöhte Schalenwildbestände gefährdet.

3 Fichte, Rottanne

Picea abies (P. excelsa)

✻ 5-6 ↕ bis 50 m ▼ Wälder; ursprünglich nur über 800 m Höhe bestandsbildend; in den Alpen bis etwa 2200 m.
Krone spitz; Rinde rotbraun; Nadeln 4kantig, spitz, mit braunen Stielchen, die beim Abfallen der Nadeln am Zweig bleiben; entnadelte Zweige daher raspelartig rau; einhäusig, ♀ Blütenzäpfchen aufrecht, endständig, rötlich, 2-5 cm, ♂ Blüten walzenförmig, 1,5-2 cm; Zapfen hängend **(3a)**, zur Reife als Ganzes abfallend; Beginn der Blüte mit 30-60 Jahren.
▲ Durch Pflanzung weit verbreitet und häufig; Nord- und Mitteleuropa; andere Baumarten ersetzend.

1
1a
2
3
3a
♀
♂
♀
♂

Kieferngewächse

Pinaceae

1 Wald-Kiefer, Föhre

Pinus sylvestris

✻ 5-6 ↕ bis 40 m ▼ Wälder, Moore, steinige, trockene, sandige Böden, wo andere Hölzer nicht mehr konkurrenzkräftig sind. In den Alpen bis fast 1800 m auf Kalk und Dolomit als Schneeheide-Kiefern-Wald oder als Steppen-Föhren-Wald in den trockenen, niederschlagsarmen Tälern der Inneralpen.
Krone kegel-, später schirmförmig; Rinde in der unteren Stammhälfte dunkelbraun, in der oberen und im Kronenbereich rostrot; Nadeln zu 2 an Kurztrieben gebüschelt, grau- oder blaugrün, zugespitzt, 4-7 cm lg.; Zapfen kugel- bis eiförmig, 3-7 cm lg., deutlich gestielt, hängend; Beginn der Blüte mit 30-70 Jahren; Samenreife erst im 2. Jahr nach der Blüte. ▲ Häufig; Europa. - Ähnlich ist die **Schwarz-Kiefer**, *P. nigra*, aber Nadeln 8-15 cm lg., dunkelgrün; Stamm und Äste dunkelgrau. ▲ In den Alpen bis etwa 1400 m, an trockenen, steilen Felshängen am Südrand der Ostalpen, Südosteuropa, vielerorts angepflanzt.

2 Berg-Kiefer, Latsche

Pinus mugo (P. montana)

✻ 6-7 ↕ bis 20 m ▼ Bergwälder, Hochmoore, in den Alpen in der Latschen- oder Krummholzzone bis etwa 2500 m.
Niederliegender Strauch oder hoher Baum; Krone kegelförmig; Rinde grau- bis schwarzbraun; Nadeln zu 2 an Kurztrieben, dunkelgrün, stumpflich, 2-5 cm lg.; Zapfen 2-5 cm lg., fast sitzend. Nach Wuchsform (strauchförmig mit niederliegenden bis aufsteigenden Ästen oder als hoher Baum) sowie nach Form der Zapfen und der Zapfenschilder werden mehrere Kleinarten unterschieden, deren genaue Abgrenzung recht schwierig und teilweise auch noch nicht geklärt ist. ▼ Verbreitet; Gebirge Mittel- und Südeuropas.

3 Zirbel-Kiefer, Arve

Pinus cembra

✻ 6-7 ↕ bis 25 m ▼ Nadelwälder in Hochlagen und an der Waldgrenze der Alpen und Karpaten, etwa zwischen 1200 und 2500 m.
Krone kegelförmig oder walzig; Rinde braun, junge Zweige dick, rotgelb behaart; Nadeln zu 5 an Kurztrieben gebüschelt, steif, dunkelgrün, 6-10 cm lg., 3kantig, 1,5 mm br.; Zapfen eiförmig, 5-8 cm lg., schief-aufrecht oder abstehend, erst im 2. Jahr nach der Blüte reif; Fruchtschuppen bläulich, mit brauner Spitze. ▲ In den Zentralalpen häufig, in den Nordalpen selten.

4 Europäische Lärche

Larix decidua (L. europaea)

✻ 4-5 ↕ bis 40 m ▼ Bergwälder der Alpen, Sudeten, Karpaten, lichtliebend, in den Alpen bis 2500 m.
Baum mit graubrauner, abblätternder Rinde; Nadeln hellgrün, weich, 1-3 cm lg., zu 15-30 an Kurztrieben gebüschelt, im Herbst goldgelb und abfallend; Zapfen eiförmig bis kugelig, anfangs rot, zur Reife braun **(4a)**, 2-5 cm lg.; Beginn der Blüte mit 30-60 Jahren. ▲ Verbreitet; im Flachland vielfach angepflanzt.

♀
♂
2

♀
♂
3

4a
♀
♂
4

♀
♂
1

Buchengewächse

Fagaceae

1 Rot-Buche

Fagus sylvatica

✻ 4-5 ↕ bis 40 m ▼ Laubwälder, Bergmischwälder, bis 1600 m.
Baum mit glatter, grauer Rinde; Tiefwurzler; Knospen schmal, lg. zugespitzt, braun; B. br. eiförmig, bis 10 cm lg., ganzrandig, gewimpert; ♂ Blüten kugelige, lg. gestielte Kätzchen; ♀ Blüten zu 2 auf lg. Stiel, gemeinsam von einem weichstacheligen Fruchtbecher (Cupula) umgeben; Frucht eine 3kantige Nuss **(1a)** im Herbst aus dem Fruchtbecher fallend; Beginn der Blüte mit 40-60 Jahren. ▲ Verbreitet; fast ganz Europa in niederschlagsreichen Gebieten mit ozeanischem Klima, in den Nordalpen häufig, in den Zentralalpen fehlend, im Süden hauptsächlich in den Gebirgen.

2 Flaum-Eiche

Quercus pubescens

✻ 4-5 ↕ 5-20 m ▼ Sonnige Trockenhänge der Südalpen, bis 1600 m.
Strauch oder Baum; Äste sparrig abstehend; junge Triebe und B. flaumig behaart, später verkahlend (nicht aber B.unterseite); B. 5-10 cm lg., 1-2 cm lg. gestielt; Schuppen des Fruchtbechers behaart.
▲ Im Süden häufig; Charakterart des Flaumeichen-Hopfenbuchen-Buschwaldes.

Birkengewächse

Betulaceae (incl. *Corylaceae*)

3 Hopfenbuche

Ostrya carpinifolia

✻ 4-6 ↕ 5-10 m ▼ Felsige Steilhangwälder und sonnige Trockenhänge der Südalpen, bis 1500 m.
Strauch oder Baum mit anfangs glatter, weißgrauer Rinde, später mit rissiger Borke; B. eiförmig, spitz, scharf doppelt gesägt, mit 11-17, anfangs behaarten Seitennerven; Kätzchen mit den B. erscheinend; ♀ Kätzchen eiförmig, 1,5-3 cm br., 4-6 cm lg., ähnlich einer Hopfendolde; ♂ Kätzchen schlank, meist paarweise, endständig, bis 12 cm lang und 5-7 mm breit. ▲ Zerstreut; Südalpen (in den Nordalpen nur bei Innsbruck).

4 Grau-Erle

Alnus incana

✻ 2-4 ↕ bis 20 m ▼ Auwälder, entlang von Alpenflüssen und Gebirgsbächen, bis 1500 m.
Baum mit glatter, hellgrauer Rinde; B. eiförmig-elliptisch, allmählich zugespitzt, doppelt gesägt, mit 7-12 Seitennervenpaaren; ♀ Kätzchen sitzend. Stickstoffanreicherung durch stickstoffbindende Pilze, die in Wurzelknöllchen mit der Erle in Symbiose leben. ▲ Häufig; Nord- und Mitteleuropa, südlich bis Mittelitalien, Balkanhalbinsel.

Rosengewächse

Rosaceae

5 Mehlbeere

Sorbus aria

✻ 5-6 ↕ 2-10 m ▼ Sonnige, lichte Laubwälder, Kalkfelshänge, bis 2000 m.
Strauch oder Baum; B. eiförmig, ungleichmäßig gesägt, 8-14 cm lg., dunkelgrün, unterseits grau- bis weißfilzig, mit 10-14 Nervenpaaren; Blüten weiß, Griffel 2; Frucht kugelig oder eiförmig, orange bis rot. ▲ Zerstreut; Gebirge Mittel- und Südeuropas.

6 Vogelbeerbaum, Eberesche

Sorbus aucuparia

✻ 5-6 ↕ 5-15 m ▼ Lichte Bergwälder; Latschengebüsche, Pioniergehölz an der Waldgrenze, bis 2200 m.
Strauch oder Baum mit glatter Borke; B. unpaarig gefiedert, Fiederb. eiförmig, 4-6 cm lg., scharf gezähnt; Blüten in reichblütigen, doldenartigen Rispen; Kelchb. 5, Kronb. 5, 4-5 mm lg., weiß, Griffel 2-4; Frucht fast kugelig, rot, 8-10 mm lg.
▲ Verbreitet; Europa.

♀
♂
5
4
2
3
♀
♂
1
6
1a

Seifenbaumgewächse

Sapindaceae (incl. *Aceraceae*)

1 Berg-Ahorn

Acer pseudoplatanus

✻ 5–6 ↕ bis 30 m ▼ Schluchtwälder, Buchen-Mischwälder, Bergwälder, bis 1600 m.

Blätter über 10 cm br., 5lappig, mit spitzen Buchten und ungleich grob gezähnten Abschnitten, unterseits graugrün; Blüten gelbgrün, in hängenden, 5–15 cm lg. Trauben; Kelchb. und Kronb. 5, frei; jede Teilfrucht mit einem 4–6 cm lg. Flügel, diese zusammen einen spitzen Winkel bildend. ▲ Ziemlich häufig; Mittel- und Südeuropa.

Ulmengewächse

Ulmaceae

2 Berg-Ulme

Ulmus glabra (U. scabra)

✻ 3–4 ↕ bis 30 m ▼ Laubwälder, Gebüsche, Schluchtwälder, in den Alpen bis 1400 m.

Baum mit längs gefurchter Rinde; B. asymmetrisch, 8–15 cm lg., rau, scharf gesägt, jederseits mit 12–20 Seitennerven, unterseits behaart, im oberen Drittel am breitesten, 3–7 mm lg. gestielt; Blüten fast sitzend; Samen in der Mitte der Frucht. ▲ Zerstreut; Europa.

Ölbaumgewächse

Oleaceae

3 Gewöhnliche Esche

Fraxinus excelsior

✻ 4–5 ↕ bis 40 m ▼ Au- und Schluchtwälder, krautreiche Mischwälder, bis 1400 m.

Baum jung mit glatter, später mit längsrissiger, schwärzlicher Rinde; B. gefiedert, mit 9–13 ei-lanzettlichen, fein gezähnten Fiederb.; B.knospen dick, schwarz, gegenständig; Blütenrispe aufrecht, vor den B. erscheinend; Kronb. und Kelchb. fehlend; Frucht eine geflügelte Nuss. ▲ Verbreitet; fast ganz Europa, nördlich bis Südskandinavien, im Süden nur in den Gebirgen.

4 Blumen-Esche, Manna-Esche

Fraxinus ornus

✻ 4–5 ↕ 5–10 m ▼ Sonnige Trockenhänge, besonders Flaumeichenwälder der Südalpen, bis 1500 m.

Baum mit glatter Rinde; B. mit 5–9 elliptischen, gezähnten, kurz gestielten Fiederb., unterseits heller grün oder weißlich; Knospen graufilzig; Blüten weiß, in reichblütigen, pyramidenförmigen Blütenständen, duftend, mit den B. erscheinend; Kronb. 4, linealisch, 10–15 mm lg.; Staubbeutel mit lg. Staubfäden; Frucht 3 cm lg., geflügelt. ▲ Zerstreut; Südalpen, Südeuropa; auch als Zierbaum gepflanzt.

Malvengewächse

Malvaceae (incl. *Tiliaceae*)

5 Sommer-Linde

Tilia platyphyllos

✻ 6–7 ↕ bis 30 m ▼ Bergwälder, Schluchtwälder mit Ahorn, Esche und Berg-Ulme, in den Nordalpen bis 1050 m, in den Südalpen bis 1350 m.

Blätter 5–15 cm br., oberseits meist kurzhaarig, unterseits in den Nervenwinkeln büschelig weißbärtig, sonst kurzhaarig; B.stiel behaart; Triebe behaart; Blütenstand 2- bis 5-blütig, mit flügelartigem, 5–12 cm lg. Tragb.; Frucht dickwandig, holzig, 5kantig. ▲ Verbreitet; Mittel- und Südeuropa.

5
1
4
2
3

Zypressengewächse

Cupressaceae

1 Zwerg-Wacholder

Juniperus communis ssp. *alpina (J. sibirica)*

✻5-8 ↕30-60 cm ▼Magerweiden, felsige Hänge, Zwergstrauchheiden, 1600-3000 m. B. nadelförmig, kaum stechend, 5-10 mm lg., 1-2 mm br., graugrün, bogig aufwärts gekrümmt; Bl. in B.achseln; ♀ Bl. mit 3 Fruchtschuppen; Frucht ein kugeliger, 5-9 mm br., zuerst grüner, im 2. Jahr nach der Blüte bläulich schwarzer Beerenzapfen. ▲ Recht häufig; Alpen, Karpaten, Kaukasus.

Birkengewächse

Betulaceae (incl. *Corylaceae*)

2 Grün-Erle

Alnus viridis

✻5-7 ↕2-3 m ▼Schattige, feuchte Steilhänge; in den Alpen etwa 1400-2400 m, in den Mittelgebirgen tiefer.
B. eiförmig, spitz, beiderseits grün, gezähnt; Knospen spitzlich, sitzend; ♂ Kätzchen hängend, gelb, bis 6 cm lg., bei Entfaltung der B. stäubend; ♀ Kätzchen unter den ♂, eirund, 10-15 mm lg., grün, später zu braunen Zapfen verholzend. ▲ Zerstreut; Gebirge Mittel- und Südeuropas.

Stechpalmengewächse

Aquifoliaceae

3 Stechpalme

Ilex aquifolium

✻5-6 ↕1-10 m ▼Laubwälder, in den Alpen bis etwa 1500 m.
Blätter immergrün, glänzend, dornig gezähnt oder ganzrandig, 3-8 cm lg.; Blüten **(3a)** 1geschlechtig, 4- bis 5-zählig; Kronb. weiß, 3 mm lg.; Frucht 6-8 mm br., rot. Giftig! ▲ Zerstreut bis selten; Südnorwegen, Irland, Schottland, Nordwestdeutschland, Vogesen, Schwarzwald, Bodensee, Rheingebiet, Alpen und -vorland, Südeuropa.

Rosengewächse

Rosaceae

4 Alpen-Heckenrose

Rosa pendulina

✻6-7 ↕0,5-2 m ▼Bergmischwälder, Hochstaudenfluren, Felsbänder, Latschengebüsch, 500-2600 m.
Stamm und Zweige mit geraden, wenigen Stacheln oder stachellos; Blätter mit 9-11 dunkelgrünen, doppelt gezähnten B.chen; Blüten meist einzeln; Blütenstiele 1-3 cm, mit Drüsenhaaren; Kelchb. ganzrandig, nach der Blütezeit aufgerichtet, bleibend, Kronb. rosa bis dunkelrot; Frucht **(4a)** flaschenförmig, mit Drüsenhaaren und Stachelborsten, orange bis rot. ▲ Zerstreut; Gebirge Mittel- und Südeuropas.

5 Zwerg-Mehlbeere

Sorbus chamaemespilus

✻6-7 ↕1-2 m ▼Grünerlen-, Latschen- und Alpenrosengebüsch, lichte Bergwälder, 1400-2400 m.
Niedriger Strauch; Blätter elliptisch, lederig, fein gezähnt, oberseits dunkelgrün, unterseits mattgrün, 3-10 cm lg.; Blüten in weißfilzigen Schirmrispen; Kronb. rosarot, schmal, 4-5 mm lg.; Frucht kugelig, rotbraun. ▲ Verbreitet bis zerstreut; Alpen, Französischer und Schweizer Jura, Vogesen, Schwarzwald, Sudeten, Karpaten, Apennin.

6 Felsenbirne

Amelanchier ovalis

✻4-5 ↕1-3 m ▼Felsgebüsch, Kalkfelsspalten, sonnige Kiefernwälder, bis 2000 m.
Strauch; Blätter elliptisch, 2-4 cm lg., oberseits dunkelgrün, kahl, unterseits graufilzig, später kahl und graugrün, fein gezähnt; Blüten in armblütigen Trauben, 5zählig; Kronb. schmal-lanzettlich, 15-20 mm lg., weiß oder gelblich weiß, außen zottig; Staubb. 20; Frucht blauschwarz. ▲ Zerstreut; Gebirge Mittel- und Südeuropas.

6
4a
4
2
5
3a
♀
♂
1
3

Weidengewächse

Salicaceae

1 Lavendel-Weide

Salix eleagnos

✻ 4-5 ↕ 3-10 m ▼ Kiesbänke der Gebirgsflüsse, Gebirgsbäche, bis 1800 m.
Strauch oder niedriger Baum; B. lineal-lanzettlich, 4-10 cm lg., 1-1,5 cm br., anfangs beiderseits weißfilzig, später oberseits kahl; B.rand umgerollt, zur Spitze hin feindrüsig gesägt; Kätzchen mit oder kurz vor den B. erscheinend; ♀ Kätzchen schmal, walzig, Fruchtknoten kahl, 0,5 mm lg. gestielt, Narben fadenförmig, fast so lg. wie der Fruchtknoten; ♂ Kätzchen walzig **(1a)**; Deckb. der Blüten 1farbig gelbgrün, am Rand behaart; Staubb. 2 **(1b)**, unten miteinander verwachsen. ▲ In den Alpen und Voralpen verbreitet.

2 Purpur-Weide

Salix purpurea

✻ 4-5 ↕ 2-6 m ▼ Auengebüsch, Kiesbänke der Gebirgsflüsse, Gebirgsbäche bis 1800 m.
Junge Zweige purpurn überlaufen; Blätter 4-12 cm lg., oberseits dunkelgrün, unterseits blaugrün; Kätzchen vor den B. erscheinend; Tragb. der Blüten 2farbig, dicht behaart; Fruchtknoten sitzend, filzig behaart; Staubfäden bis zu den Staubbeuteln verwachsen, anfangs purpurn, beim Stäuben gelb. ▲ Häufig; Alpen, Mittel- und Südeuropa.

Kreuzdorngewächse

Rhamnaceae

3 Echter oder Purgier-Kreuzdorn

Rhamnus cathartica

✻ 5-6 ↕ 1-3 m ▼ Sonnige Hecken, Waldränder, Magerweiden, bis 1300 m.
Zweigspitzen meist dornig; Blätter rundlich bis br. eiförmig, 4-6 cm lg.; B.stiel viel länger als die Nebenb.; Blüten zu 2-8 in den B.achseln, gelbgrün, 4zählig, 4-5 mm br.; Beere 6-8 mm br., schwarz. Giftig! ▲ Zerstreut; Alpen, Mittel- und Südeuropa.

4 Felsen-Kreuzdorn

Rhamnus saxatilis

✻ 4-5 ↕ 50-100 cm ▼ Waldränder, sonnige Gebüsche, felsige Hänge, bis 1300 m.
Dorniger Strauch; Blätter ei-lanzettlich, 1-3 cm lg., unterseits weichhaarig, in den kurzen B.stiel verschmälert; Blüten und Beeren wie bei *Rh. cathartica*. ▲ Ziemlich selten; Alpen, Süddeutschland, Südosteuropa.

5 Alpen-Kreuzdorn

Rhamnus alpina

✻ 5-6 ↕ 1-3 m ▼ Lichte Wälder, Felsschutt, 600-2000 m.
Aufrechter, dornenloser Strauch; Blätter eiförmig, 7-12 cm lg., 3-6 cm br.; beiderseits des Mittelnervs mit 7-20 bogigen Seitennerven; Blüten zu mehreren in den B.achseln; Kronb. 4, gelbgrün; Frucht kugelig, 7-10 mm br., anfangs grün, später schwärzlich; ssp. *alpina* hat behaarte Zweige und Knospenschuppen; ssp. *fallax*, der **Krainer Kreuzdorn**, hat kahle Zweige und kahle oder bewimperte Knospenschuppen und bis zu 15 cm lg. Blätter.
▲ Zerstreut bis selten; ssp. *alpina*: Westalpen, spanische Gebirge, Pyrenäen; ssp. *fallax*: südliche Steiermark, Kärnten, Julische Alpen, Karawanken, Balkanhalbinsel.

Moschuskrautgewächse

Adoxaceae

6 Trauben-Holunder

Sambucus racemosa

✻ 4-5 ↕ 1-4 m ▼ Nadel- und Mischwälder, Kahlschläge, in den Alpen bis etwa 2000 m.
Strauch; St.mark gelbbraun; B. beiderseits hellgrün, mit länglich-lanzettlichen Fiederb.; Blütenstand eine eiförmige Rispe, mit den B. erscheinend; Krone grünlich gelb; Beeren rot, essbar, die Steinkerne sind jedoch giftig! ▲ Verbreitet; Mitteleuropa, südlich bis Pyrenäen, Norditalien, Bulgarien.

5
3
♂
2
4
1a
1
1b
6

Stachelbeergewächse

Grossulariaceae

1 Berg-Johannisbeere

Ribes alpinum

✱ 4-5 ↕ 80-150 cm ▼ Bergmischwälder, bis 2000 m.

Strauch ohne Stacheln; Blätter 3(-5)lappig, grob gezähnt, unterseits glänzend, 2-4 cm lg.; Pfl. meist 1geschlechtig; ♂ Blüten zu 10-30, ♀ Blüten zu 2-5 in aufrechten Trauben; Blüten 5zählig, grünlich gelb; Kronb. kürzer als die Kelchb.; Beeren rot. ▲ Zerstreut; Nord- und Mitteleuropa, südlich bis nordspanische Gebirge, Alpen, Apennin, Gebirge der Balkanhalbinsel.

Seidelbastgewächse

Thymelaeaceae

2 Gewöhnlicher Seidelbast

Daphne mezereum

✱ 3-4 ↕ 30-150 cm ▼ Laub- und Mischwälder, Hochstaudenfluren, Felsschutt, in den Alpen über 2000 m.

Blüht, bevor die Blätter erscheinen; Zweige rutenförmig, an der Spitze beblättert; B. lanzettlich, 5-12 cm lg., hellgrün; Blüten duftend, rosa, 10-14 mm br., 4zipfelig; Frucht rot, kugelig, 6-10 mm br. Giftig! ▲ Verbreitet; fast ganz Europa.

Geißblattgewächse

Caprifoliaceae (incl. *Linnaeaceae*, *Dipsacaceae* und *Valerianaceae*)

3 Rote Heckenkirsche

Lonicera xylosteum

✱ 5-6 ↕ 1-2 m ▼ Krautreiche Laub- und Mischwälder, Hecken, von der Ebene bis 1200 m.

Strauch; B. gegenständig, br. elliptisch, weichhaarig, oberseits dunkelgrün, unterseits heller, 2-6 cm lg.; Bl. zu 2 auf gemeinsamem Stiel, dieser 1- bis 2-mal so lg. wie die Blüten; Krone gelblich weiß, 10-15 mm lg.; Fruchtknoten der beiden Blüten nur am Grund verwachsen; Beeren **(3a)** rot, paarweise, aber nicht verwachsen. Schwach giftig! ▲ Häufig; fast ganz Europa.

4 Blaue Heckenkirsche

Lonicera caerulea

✱ 5-6 ↕ 60-150 cm ▼ Bodensaure Nadelwälder, Fichten- und Kiefernmoorwälder, bis 2000 m.

Blätter gegenständig, kurz gestielt, oval, hellgrün, unterseits blaugrün; Blüten **(4a)** kurz gestielt, paarweise in den B.achseln; gemeinsamer Blütenstiel kürzer als die B.; Krone 5-zipfelig, gelblich weiß; Fruchtknoten der beiden Blüten verwachsen; Frucht **(4b)** eine blauschwarze, blaubereifte Doppelbeere. ▲ Zerstreut; Alpen, Pyrenäen, Karpaten.

5 Alpen-Heckenkirsche

Lonicera alpigena

✱ 5-7 ↕ 60-150 cm ▼ Bergmischwälder, Hochstaudenfluren, bis 2300 m.

Strauch mit kantigen jungen Ästen; B. gestielt, elliptisch, spitz, dunkelgrün, unterseits glänzend, 7-10 cm lg. und 3-5 cm br.; Blüten **(5a)** paarweise verwachsen, 1-2 cm lg., gelblich bis rötlich, innen behaart, 2lippig; gemeinsamer Blütenstiel länger als die B.; Frucht **(5b)** eine glänzend rote Doppelbeere mit 2 Narben. Giftig! ▲ Verbreitet bis zerstreut; Alpen und nördliches -vorland, Pyrenäen, Zentralmassiv, Apennin, westlicher Balkan.

6 Schwarze Heckenkirsche

Lonicera nigra

✱ 5-6 ↕ 50-150 cm ▼ Krautreiche Bergmischwälder, bis etwa 2000 m.

Strauch mit länglich-elliptischen bis verkehrt-eiförmigen, 3,5-6 cm lg. und 1-2,5 cm br. B.; Krone rötlich weiß oder weiß; Blüten paarweise, gemeinsamer Blütenstiel 3- bis 4-mal so lg. wie die B.; Beeren blauschwarz, nur am Grund verwachsen. Giftig! ▲ Verbreitet bis zerstreut; Alpen, Gebirge Mittel-, West- und Osteuropas.

3a
6
3
1
5a
5b
2
4a
4b

Kreuzdorngewächse

Rhamnaceae

1 Zwerg-Kreuzdorn

Rhamnus pumila

✻ 6–8 ↕ 5–20 cm ▼ Felsspalten, meist auf Kalk, 1200–3000 m.
Knorriger, stark verzweigter, dem Felsen anliegender Spalierstrauch; Blätter wechselständig, eiförmig, 3–4 cm lang, fein gezähnt, mit 4–9 Seitennerven; Blüten 4zählig, klein, gelbgrün, Kronb. schmal, unscheinbar oder fehlend; Griffel 3- bis 4-spaltig; Frucht eine blauschwarze, kugelige Beere. ▲ Zerstreut; Alpen, Gebirge Mittel- und Südeuropas.

Weidengewächse

Salicaceae

2 Netz-Weide

Salix reticulata

✻ 7–8 ↕ 10–40 cm ▼ Kalkreicher Ruhschutt, Schneetälchen, 2200–3000 m.
Spalierstrauch mit verzweigten, überall wurzelnden Stämmchen; Blätter lg. gestielt, br. elliptisch, 1–4 cm lg., oberseits dunkelgrün, matt, unterseits grau bis weißlich, behaart, netzadrig; Kätzchen lg. gestielt, dichtblütig, rosarot. ▲ Zerstreut; Skandinavien, Pyrenäen, Alpen, Gebirge der Balkanhalbinsel.

3 Kraut-Weide

Salix herbacea

✻ 6–8 ↕ 1–8 cm ▼ Kalkarmer Felsschutt, feuchte Rasen, Schneetälchen im Gebirge, 1700–3300 m.
Kleiner Strauch, ragt nur mit Zweigspitzen aus dem Boden, übriges Astwerk und Stämmchen im Boden; treibt jährlich kurze Sprosse mit 2 fein gesägten, hellgrünen, kreisrunden, kurz gestielten B. und lockeren, 4- bis 12-blütigen Kätzchen, Staubbeutel zuerst purpurrot, später goldgelb. ▲ Verbreitet; Alpen, Pyrenäen, Auvergne, Sudeten, Karpaten, Apennin, Balkanhalbinsel.

4 Stumpfblättrige Weide, Teppich-Weide

Salix retusa

✻ 6–8 ↕ 5–15 cm ▼ Magerrasen, Felsschutt, Schneeböden, 1700–2600 m.
Kriechender Spalierstrauch mit kurz gestielten, 8–20 mm lg., 5–8 mm br., kahlen, glänzenden, kleinen, verkehrt-eiförmigen oder spateligen, stumpfen oder ausgerandeten Blättern; Kätzchen locker, gelblich; Staubbeutel anfangs rot, später gelb. ▲ Verbreitet; Alpen, Pyrenäen, Jura, Apennin. – Ähnlich ist die **Quendelblättrige Weide**, *S. serpyllifolia*, aber B. 4–10 mm lg., 24 mm br., spitz, fast dachziegelig; Äste dem Boden angepresst. ▲ Alpine Rasen, Felsspalten, Felsschutt, auf Kalk, bis 3000 m, Alpen, Karpaten.

Seidelbastgewächse

Thymelaeaceae

5 Rosmarin-Seidelbast, Heideröschen

Daphne cneorum

✻ 5–8 ↕ 5–30 cm ▼ Halbtrockenrasen, lichte Kiefernwälder, Felsbänder, bis 1300 m.
Blätter lineal-spatelförmig, dunkelgrün, lederig, gleichmäßig am Zweig verteilt; Blüten dunkelrosa, außen behaart; Kelchröhre und Zweige anliegend behaart. Giftig! ▲ Selten; Mittel- und Südeuropa.

6 Gestreifter Seidelbast, Steinröserl, Alpenflieder

Daphne striata

✻ 5–8 ↕ 5–30 cm ▼ Felsschutt, subalpine Rasen. Zwergstrauchbestände, Latschengebüsch, meist auf Kalk, 1500–2800 m.
Blätter schmal keilförmig bis spatelig, lederig, derb, bläulich grün, an den Zweigenden rosettig gehäuft; Blüten rosarot, fein gestreift, duftend, zu 5–12 am Ende der Zweige; Kelchröhre und Zweige kahl. Giftig! ▲ Verbreitet; Alpen.

3
4
5
6
1
2

Spargelgewächse
Asparagaceae
(incl. *Ruscaceae, Hyacinthaceae*)

1 Stechender Mäusedorn
Ruscus aculeatus
✻2-4 ↕ 30-100 cm ▼ Gebüsche, trockene, felsige Hänge, bis 1000 m. Blätter schuppenförmig, stattdessen b.artig verbreiterte Seitensprosse (Phyllokladien), diese br. lanzettlich, lederig, immergrün, 2-3 cm lg., mit stechender Spitze; Blüten grünlich, 3 mm br., zu 1-2, mit schuppigen Tragb., auf der Oberseite der Phyllokladien; Frucht eine kugelige, rote Beere. ▲ Zerstreut; Südalpen.

Heidekrautgewächse
Ericaceae (incl. *Monotropaceae, Pyrolaceae* und *Empetraceae*)

2 Schnee-Heide
Erica herbacea (Erica carnea)
✻2-5 ↕ 15-30 cm ▼ Kiefernwälder, Latschengebüsch, in den Alpen bis 2700 m.
Blätter wintergrün, nadelförmig, spitz, zu 4 quirlständig; Blüten 1seitswendig; Krone hell- bis dunkelrot, selten weiß; Staubbeutel dunkel, aus der Kronröhre herausragend. ▲ Zerstreut; Gebirge Mittel- und Südeuropas.

3 Alpen-Azalee, Gamsheide
Loiseleuria procumbens
✻6-8 ↕ 15-30 cm ▼ Silikatschutt, Grate, 1600-3000 m.
Niederliegender Spalierstrauch, oft ausgedehnte Teppiche bildend; Blätter lederig, immergrün, schmal-elliptisch, ganzrandig, 4-7 mm lg., gegenständig, am Rand umgerollt; Blüten zu 2-5; Krone 5spaltig, glockenförmig, rosa, Kelchb. 5, rot; Staubbeutel 5, purpurn. ▲ Verbreitet; Alpen, Pyrenäen, Karpaten.

4 Bewimperte Alpenrose
Rhododendron hirsutum
✻7-8 ↕ 20-100 cm ▼ Zwergstrauchheiden, Latschengebüsch, Felsbänder, Grobschutthalden, lockere Föhrenwälder, auf Kalkböden, 1200-2600 m, selten tiefer. Zwergstrauch mit wintergrünen, elliptischen, lg.haarig bewimperten B.; Blüten zu 3-10, Kelchzipfel lanzettlich, zugespitzt; Krone trichterförmig glockig, hellrot, innen behaart. ▲ Verbreitet; Alpen (nur in den östlichen und mittleren Teilen). - Wo sich die Areale von kalkholder Bewimperter Alpenrose mit kalkmeidender Rostblättriger Alpenrose berühren, kommt es oft zu Bastardierung. Das Kreuzungsprodukt heißt *Rh. intermedium* (s. S. 40).

5 Rostblättrige Alpenrose
Rhododendron ferrugineum
✻6-7 ↕ 40-150 cm ▼ Zwergstrauchheiden, kalkmeidend, auf Rohhumus und meist sauren Böden, etwa 1500-2800 m. Zwergstrauch; Blätter wintergrün, derb, elliptisch bis länglich, am Rand umgerollt, nicht bewimpert, oben dunkelgrün, unten von gelbgrünen, später rostbraunen Drüsenschuppen besetzt. Giftig! ▲ Verbreitet; Alpen, Pyrenäen, Nordapennin.

6 Zwerg-Alpenrose
Rhodothamnus chamaecistus
✻5-7 ↕ 20-40 cm ▼ Kalkfelsen, Latschengebüsch, 1000-2400 m. Zierlicher Zwergstrauch mit immergrünen, lederigen, schmal-elliptischen, fein bewimperten Blättern; Blüten meist zu 2, lg. gestielt, rosarot. ▲ Zerstreut; Ostalpen.

7 Heidekraut, Besenheide
Calluna vulgaris
✻8-10 ↕ 30-50 cm ▼ Saure Magerrasen und Zwergstrauchheiden, Moore, bis 2500 m. Blätter immergrün, 4zeilig, dachziegelig, lineal-lanzettlich, 1-4 mm lg.; Blüten in 1seitswendigen, dichten Trauben, mit 4blättrigem Außenkelch; Kelch und Krone blassviolett, 4zählig. ▲ Verbreitet; Alpen.

1
2
3
4
5
6
7

Heidekrautgewächse

Ericaceae (incl. *Monotropaceae, Pyrolaceae* und *Empetraceae*)

1 Echte oder Immergrüne Bärentraube

Arctostaphylos uva-ursi

✱3-7 ↕20-60 cm ▼Kiefernwälder, Zwergstrauchheiden, Felsschutt, vom Tal bis über 2500 m.
Zwergstrauch; Blätter wintergrün, kahl, glänzend, lederig, ganzrandig, 1-3 cm lg., am Rand nicht umgerollt, unterseits netzadrig; Blüten zu 3-8, Krone eiförmig, 5teilig, gelblich oder rosa; Frucht rot, 6-8 mm br. ▲Verbreitet; Alpen, Pyrenäen, Cevennen, Apennin, Karpaten, Kaukasus, Skandinavien.

2 Alpen-Bärentraube

Arctostaphylos alpina

✱5-6 ↕10-30 cm ▼Zwergstrauchheiden, Kalkfelsschutt, 1500-2600 m.
Weit kriechender Spalierstrauch; Blätter verkehrt-eiförmig, scharf gezähnt, beiderseits netzadrig, sommergrün, im Herbst leuchtend rot; Blüten in 2- bis 4-blütiger Traube **(2a)**; Krone krugförmig, mit 5 zurückgeschlagenen Zähnen, weiß oder rosa, Kelch 5zipfelig; Frucht eine kugelige, rote, dann blauschwarze Steinfrucht **(2b)**. ▲Verbreitet; Alpen, Pyrenäen, Jura, Nordapennin, Karpaten, Illyrien.

3 Heidelbeere

Vaccinium myrtillus

✱4-6 ↕5-50 cm ▼Bodensaure Laub- und Nadelwälder, Zwergstrauchgesellschaften, vom Tal bis über 2500 m.
Zwergstrauch; Zweige kantig, grün; B. eiförmig, spitz, fein gesägt, grün, 2-3 cm lg.; Blüten einzeln, b.achselständig; Krone kugelig, 4-5 mm br., grünlich und rötlich überlaufen; Frucht kugelig, 5-8 mm br., blauschwarz. ▲Häufig; Alpen, nordspanische Gebirge, Korsika, Apennin, Gebirge der Balkanhalbinsel.

4 Rauschbeere

Vaccinium uliginosum

✱4-6 ↕20-80 cm ▼Kiefern- und Birkenmoore, Zwergstrauchgesellschaften, zerstreut; vom Tal bis etwa 3000 m.
Zwergstrauch; Zweige stielrund, braun; B. verkehrt-eiförmig, stumpf, ganzrandig, blaugrün, unterseits stark netzadrig; Blüten zu mehreren, traubig, rosa oder weißlich; Frucht schwarzblau, 6-10 mm br. ▲Häufig; Alpen, Nord- und Mitteleuropa, im Süden in den Gebirgen.

5 Preiselbeere

Vaccinium vitis idaea

✱5-8 ↕10-20 cm ▼Nadelwälder, Moore, Zwergstrauchheiden, vom Tal bis 3000 m.
Zwergstrauch; B. wintergrün, lederig, verkehrt-eiförmig, am Rand umgerollt, glänzend, unterseits hellgrün, 1-3 cm lg.; Blüten in zierlichen Trauben, glockig, meist 4zählig, weißlich oder rosa, 5-8 mm lg.; Frucht kugelig, 5-8 mm br., rot. ▲Verbreitet; Alpen, Pyrenäen, Apennin, Gebirge der Balkanhalbinsel, Skandinavien.

6 Zwittrige Krähenbeere

Empetrum hermaphroditum

✱4-5 ↕15-50 cm ▼Zwergstrauchheiden, Lärchen-Zirben-Wälder, kalkmeidend, 1700-3000 m.
Zwergstrauch, ausgedehnte Teppiche bildend; fast alle Blüten zwittrig; Pfl. meist reichlich fruchtend; B. wintergrün, nadelförmig, weiß gekielt; Blüten einzeln, an Kurztrieben, unscheinbar, 3zählig, rosa oder purpurn, selten weiß; Frucht eine schwarz glänzende, kugelige Beere, genießbar, aber bitter. ▲Häufig; Alpen (besonders in den zentralen Teilen), Pyrenäen, Jura, Balkanhalbinsel, Kaukasus. - Sehr ähnlich ist die **Gewöhnliche** oder **Zweihäusige Krähenbeere**, *E. nigrum* ssp. *nigrum*, aber Pfl. 2häusig, fast alle Blüten 1geschlechtig. ▲Bodensaure Zwergsträucher, Hochmoore; Nordeuropa, Norddeutschland, deutsche Mittelgebirge, in den Alpen fehlend oder unsicher.

2a
2
2b
1
4
3
6
5

Farne

Farne gehören wie Bärlappe und Schachtelhalme zu den Sporenpflanzen. In Mitteleuropa gibt es etwa 100 Arten. Die Farne hatten ihre »Blütezeit« im Karbon als große Baumfarne vor 360–300 Millionen Jahren. Sie bildeten die großen Steinkohlewälder, die im Verlauf der Erdgeschichte durch chemische Prozesse unter dem Druck der darüberliegenden Gesteinsschichten zu Steinkohle wurden.
Farne bilden keine Blüten und Samen aus. Sie vermehren sich durch Sporen. Diese befinden sich meistens auf der Unterseite der grünen Farnwedel in kleinen, runden oder länglichen bis strichförmigen Sporenhäufchen, genannt Sori. Die reifen, winzigen Sporen werden ausgeschleudert und vom Wind verbreitet. Gelangt eine Spore auf feuchten Boden, so treibt sie einen Vorkeim, der die Geschlechtsorgane trägt, nämlich ♂ Antheridien mit den Spermien und ♀ Archegonien mit der Eizelle. Die Spermien besitzen viele Geiseln, mit denen sie wie ein Ruderboot auf einem Wasserfilm oder Wassertropfen zu der Eizelle schwimmen und diese befruchten. Daraus entwickelt sich der Embryo, der in wenigen Monaten zu einer jungen Farnpflanze wächst. Diese bildet wieder Sporen aus. Der Kreislauf ist geschlossen. Das Ganze nennt man in der Botanik Generationswechsel, der für alle Sporenpflanzen charakteristisch ist.

Flechten *(Lichenes)*

Das Wesen der Flechten

Flechten sind Doppelwesen. Sie bestehen aus einem Pilz, in dessen Geflecht aus Pilzfäden (Hyphen) meist einzellige Grünalgen eingebettet sind. Sie bilden zusammen eine eigenständige Lebensgemeinschaft (Symbiose). Die Alge ist im Verband des Pilzgeflechts vor Austrocknung und schädlicher UV-Strahlung geschützt. Der Pilz ist auf den Algenpartner angewiesen. Dieser »füttert« den Pilz mit Kohlenhydraten wie Zucker oder Zuckeralkoholen. Die Flechte als Ganzes betreibt also Fotosynthese wie eine Blütenpflanze oder auch wie Farne, Moose und Schachtelhalme (Sporenpflanzen). Pilze werden jedoch nach neuerer Auffassung nicht mehr zum Pflanzenreich gezählt, sondern sie werden neben dem Pflanzen- und Tierreich in ein eigenes Reich gestellt. Im Gegensatz zu den Pflanzen, deren Zellwände aus Zellulose bestehen, bauen die Pilze zur Stabilisierung ihrer Pilzfäden Chitin oder chitinähnliche Substanzen ein. Somit haben die Pilze mit den Insekten, also mit dem Tierreich, große Ähnlichkeiten.

Vermehrung der Flechten

Die Flechten können sich in ihrer Doppelnatur nur vegetativ im Doppelpack vermehren. Sie produzieren an der Oberfläche des Flechtenkörpers (auch Thallus genannt) kleine Stäubchen, bestehend aus einem Pilzgeflecht mit einigen Algen im »Rucksack«. Diese winzigen Stäubchen (Soredien) werden vom Wind verweht und landen im Glücksfall an einem günstigen Standort. Eine andere vegetative Vermehrungsstrategie besteht darin, dass Auswüchse wie kleine Plättchen oder Stifte als »Miniflechtenkörper« abbrechen und ebenfalls verbreitet werden, wohin das Windtaxi sie befördert. Diese Weise der Ausbreitung der Flechten funktioniert bereits über viele Jahrtausende.
Der Pilz als Einzelwesen kann sich mittels Sporen geschlechtlich vermehren. Viele Arten bilden an ihrer Oberfläche kleine, 1–5 mm große Schüsselchen (genannt Apothecien). Sie sind oft auch in den Flechtenkörper oder Thallus mehr oder weniger eingesenkt. Diese enthalten im Inneren die Sporen. Der Querschnitt eines Apotheciums zeigt bei mikroskopischer

Vergrößerung das Innere mit den keulenförmigen Schläuchen (Asci) und den darin befindlichen Sporen. Die Pilzsporen werden ausgestreut. Sie müssen sich rasch ihren geeigneten Algenpartner einfangen, um in einer neuen Lebensgemeinschaft als Flechte zu leben.

Wenn man die Oberfläche beispielsweise eines hellen Kalkfelsens genau betrachtet, so entdeckt man oft viele winzige, dunkle Punkte. Auch diese entsprechen den schüsselförmigen Sporenbehältern (Apothecien). Letztere sind jedoch krugförmig ausgebildet, genannt Perithecien, und in den Fels eingesenkt. Mithilfe von Flechtensäuren vermögen diese Arten sich in den obersten 1-3 mm dicken Gesteinsschichten einzunisten. Nur an der grauen, weißlichen oder bläulichen Farbe mit den punktförmigen Löchern kann man deren Existenz erahnen. Schlägt man mit einem Hammer das Gestein an, so kann man etwa 1 mm unter der Gesteinsoberfläche die grüne Algenschicht erkennen. Die Sporen können nur durch eine punktförmige Öffnung austreten. Dies hat aber Vorteile. Sporen enthalten Eiweiße und Öle und sind eine beliebte Speise der Schnecken. In den gut zugänglichen Schüsselchen oder Apothecien werden sie gleichsam den Schnecken serviert, die sie oft radikal abraspeln. Dagegen sind die Sporen in den krugförmigen Perithecien und eingesenkt in den Fels vor Schneckenfraß geschützt wie in einer Burg.

Die Formenvielfalt der Flechten

Die Natur hat sich bei der Ausgestaltung der Wuchsformen der Flechten geradezu ausgetobt. Die einfachste Form haben die Krustenflechten. Sie bilden dünne, schorfige oder warzige, oft bunt gefärbte Überzüge an Gestein, Rinde oder Holz. Auffälliger sind die vielgestaltigen Blattflechten, die dem Substrat mit kleinen, blattartigen Lappen aufsitzen, oder die Nabelflechten (s. S. 270). Diese stellen kleine, flache, gewellte oder gelappte Schirmchen mit einem Durchmesser von etwa 2-6 cm dar. Sie besitzen in der Mitte der Unterseite kleine »Würzelchen« (Rhizoide), mit denen sie ausschließlich am Silikatgestein haften.

Die reichste Formenvielfalt zeigen die Strauchflechten. Deren Struktur kann bäumchenförmig, bandartig oder fadenförmig sein. Bekannte Beispiele sind die Bartflechten, die überwiegend mit meterlangen Fäden im Geäst von Nadelbäumen hängen, oder die strauchförmigen Rentierflechten, die als Kranzschmuck oder als Modellbäumchen für Architekturmodelle beliebt sind. In den Tundren Skandinaviens dienen die Rentierflechten den Rentieren und Elchen als winterliche Nahrungsgrundlage. In den Alpen findet man die Rentierflechten (es gibt mehrere ähnliche Arten) in den Zwergstrauchheiden mit Heidekraut, Heidelbeere oder Krähenbeere.

Flechten als Überlebenskünstler

Flechten dringen in extreme Lebensräume vor. In den Alpen ist fast jeder Quadratzentimeter eines Felsens bis in die höchsten Gipfel von Flechten besiedelt. Ausnahmen bilden Felsflächen, die durch Rückgang der Gletscher erst in jüngster Zeit frei gelegt worden sind oder abgestürzte Felsblöcke, die der Besiedlung noch harren.

Extreme Kälte- und Hitzeresistenz befähigen die Flechten, äußerst lebensfeindliche Wuchsorte zu erobern. Bei Frostperioden mit arktischen Temperaturen von -50 °C und tiefer verfallen sie in eine vorübergehende Kältestarre. An Extremstandorten der Hochlagen der Alpen ist ihr Wachstum stark eingeschränkt. Zwar können sie bei Temperaturen bis zu -20 °C auf »Sparflamme« noch Fotosynthese betreiben, aber bis ein Flechtenkörper einen Durchmesser von mehreren Zentimetern erreicht, braucht es oft 500 Jahre und mehr. Der jährliche Zuwachs einer Krustenflechte wie der gelbgrünen Landkartenflechte (*Rhizocarpon geographicum*) beträgt je nach Höhenlage 0,1-0,4 mm pro Jahr.

Saumfarngewächse
Pteridaceae

1 Krauser Rollfarn
Cryptogramma crispa

↕ 20–30 cm ▼ Zwischen Granitblöcken und Silikatgestein, 2400–2800 m.
Pfl. sommergrün, mit sterilen Laubwedeln **(1a)** für die Fotosynthese und etwas längeren fertilen, sporentragenden Wedeln **(1b)**; Fiederchen der Laubwedel keilförmig, 2- bis 4-spaltig; Fiederchen der Sporenwedel linealisch, halbstielrund; Sporenhäufchen (Sori) häufig anfangs von den umgerollten Fiederrändern verdeckt. ▲ Zerstreut; Alpen, Gebirge Mittel- und Nordeuropas.

Streifenfarngewächse
Aspleniaceae

2 Nordischer Streifenfarn
Asplenium septentrionale

↕ 6–15 cm ▼ Sonnige, trockene Silikatfelsen, Ebene bis 2800 m.
Pfl. lederig, kahl, glänzend, Wedel ungleich gabelteilig, mit 2–3 keilförmigen, vorn gezähnten B.abschnitten. ▲ Zerstreut; Alpen, Gebirge Europas, in der Ebene selten.

3 Grüner Streifenfarn
Asplenium viride

↕ 5–15 cm ▼ Schattige Felsspalten, Felsblöcke, Bergwälder, kalkliebend, bis 2600 m.
B.wedel mit grünem Stiel (Spindel); Blätter 1fach gefiedert, B.chen länglich, elliptisch, flach ausgebreitet; Sori **(3a)** auf der Blattunterseite streifenförmig. ▲ Verbreitet; Kalkgebiete der Alpen und des -vorlandes.

4 Mauerraute
Asplenium ruta-muraria

↕ 3–15 cm ▼ Trockene Felsspalten, kalkliebend, Ebene bis 2300 m.
Blätter 2- bis 3-fach gefiedert, B.chen br. keilförmig bis rautenförmig, 3–10 mm br., gekerbt oder gezähnt; B.stiel grün, nur am Grund braun; reife Sori **(4a)** bedecken die Unterseite der Fiederchen. ▲ Verbreitet; Alpen und Mittelgebirge.

Wimperfarngewächse
Woodsiaceae

5 Zerbrechlicher Blasenfarn
Cystopteris fragilis

↕ 10–30 cm ▼ Schattige feuchte Kalkfelsspalten, Block- und Schluchtwälder, kalkhold, Ebene bis 2400 m.
B.stiel so lg. wie die Spreite, diese lanzettlich bis schmal-eiförmig; B. 2fach gefiedert, letzte B.fieder eiförmig-lanzettlich, spitz, gezähnt, Nervenäste in deren Spitzen oder Zähnen endend; Sori **(5a)** in Häufchen auf der Blattunterseite. ▲ In den Alpen und Mittelgebirgen Europas verbreitet. – Ähnlich ist der **Alpen-Blasenfarn**, *Cystopteris alpina*, aber letzte B.fiedern ausgerandet oder 2spitzig; Nervenäste in die Ausrandung auslaufend. ▲ Zerstreut; Alpen, 1200–2400 m.

Natternzungengewächse
Ophioglossaceae

6 Echte Mondraute
Botrychium lunaria

↕ 5–25 cm ▼ Bergwiesen, Magerweiden, bis 3000 m.
Sporenloser B.abschnitt **(6b)** scheinbar in der Mitte der Pfl. entspringend; B. 1-fach gefiedert, untere Fiedern halbmondförmig, obere keilförmig, dick, fleischig; sporentragender B.abschnitt rispenartig verzweigt **(6a)**. ▲ Zerstreut bis verbreitet; Alpen, Gebirge Europas, in der Ebene ziemlich selten.

6a
6b
6
4
4a
3
3a
5a
5
1b
1a
2

Flechten

Lichenes

1 Schneeflechte

Flavocetraria (Cetraria) nivalis

↕ 2-6 cm ▼ Windexponierte Zwergstrauchheiden, auf Silikatschutt und Moränen, 2000-4000 m.
Krause Rasen bildend, mit blass grüngelblichen bis strohgelben Lappen, diese 2-10 mm br., flach, netzgrubig-runzelig, buchtig-lappig geteilt; am Grund gelbbraun. ▲ Verbreitet; Alpen, Pyrenäen, in Nordeuropa in der Tundra.

2 Kapuzenflechte

Flavocetraria (Cetraria) cucullata

▼ Windexponierte Zwergstrauchheiden, auf Silikatschutt und Moränen, 2000-4000 m.
Ähnlich der Schneeflechte, aber Lappen nicht netzgrubig-runzelig, sondern glatt und röhrig eingerollt; am Grund purpurrot oder violett bis rötlich. ▲ Verbreitet; Alpen, Pyrenäen, in Nordeuropa in der Tundra.

3 Alpen-Korallenflechte

Stereocaulon alpinum

↕ 2-8 cm ▼ Sandige Moränen mit langer Schneebedeckung; oft mehrere Quadratmeter bedeckend, 2000-4000 m.
Strauchige, asch- oder stahlgraue Rasen bildend, Stämmchen mit schuppenförmigen Auswüchsen, an der Spitze der Stämmchen braune, kopfige, sporenbildende Fruchtkörper. ▲ Zerstreut; Alpen, Skandinavien.

4 Fadenflechte, Windbartflechte

Alectoria ochroleuca

↕ 8-10 cm ▼ Windexponierte Zwergstrauchheiden und Magerrasen, saure Böden, 2000-4000 m.
Gelbliche bis gelbgrünliche, verzweigte Strauchflechte; Äste an der Spitze oft grau bis schwärzlich. ▲ Zerstreut; Alpen, südeuropäische Hochgebirge.

5 Nabelflechte

Umbilicaria crustulosa

▼ Nur an Silikatfelsen, in den Alpen bis 3400 m.
3,6 cm breiter, blattartiger Flechtenkörper, am Rand unregelmäßig gelappt, mit schwarzen, meist eingesenkten Apothecien; unterseits hellrosa bis bräunlich, in der Mitte mit Würzelchen (Rhizinen), mit deren Hilfe sie am Felsen haftet. ▲ Mittel- und Hochgebirge Europas zerstreut bis verbreitet. Eine von vielen Arten der alpinen Nabelflechten.

6 Wind-Blutauge

Ophioparma (Haematomma) ventosa

▼ Windexponierte Silikatfelsen, vor allem Metamorphite und Magmatite, 1500-3500 m, in den Alpen selten tiefer.
Eine Krustenflechte, Flechtenkörper (Thallus) 1-3 mm dick, rissig, warzig, graugelbgrün; Apothecien 1-3 mm breit, deren Oberfläche blutrot bis braunrot. ▲ In den Alpen häufig; Schwarzwald, Vogesen, Harz, Skandinavien.

7 Landkartenflechte

Rhizocarpon geographicum

▼ Auf Silikatgestein, auch sauren Sandsteinen, von der Eben bis 4000 m.
Eine Krustenflechte, Flechtenkörper leuchtend gelb bis schmutzig grüngelb, mit eingesenkten, schwarzen Apothecien. Formenreiche Art mit vielen Kleinarten und Unterarten. ▲ Häufig und weit verbreitet; Silikatgebirge der Nordhalbkugel.

5
7
4
6
2
1
3

Die Tierwelt der Alpen

Natürliche, ungestörte Kleingewässer der Alpen bieten Amphibien und Insekten ideale Lebensräume.

Die Darstellung der Tierwelt der Alpen ist in folgenden Tiergruppen zusammengestellt: Schnecken, Insekten, Amphibien und Reptilien, Vögel, Säugetiere.

Bei den extrem artenreichen Tiergruppen wie die der Insekten konnte nur ein winziger Bruchteil anhand von Bildbeispielen mit Erläuterungen dargestellt werden, um den Typus - beispielsweise der Wanzen, von denen es in Deutschland an die 1000 Arten gibt - vor Augen zu führen. Auch bei den Rüsselkäfern, die in Deutschland mit rund 950 Arten vertreten sind, konnte nur eine kleine Auswahl getroffen werden. Dies gilt ebenfalls für die Laufkäfer, Schwebfliegen und für viele andere Gruppen der Gliederfüßer.

Leichter war es, die charakteristischen Vogelarten der Alpen und die Arten der Amphibien und Reptilien halbwegs vollständig darzustellen. Bei den artenreichen Tiergruppen wurden die Arten ausgewählt, die in den Alpen relativ häufig anzutreffen sind und zudem relativ leicht einer Familie oder einer größeren taxonomischen Einheit zuzuordnen sind.

Vor jeder Tiergruppe gibt es eine Einführung zu den charakteristischen Merkmalen, zu Entwicklungsstadien, Lebenszyklus, Lebensweise in den speziellen Lebensräumen und zur stammesgeschichtlichen Entwicklung (Evolution). Auch zusätzliche Erläuterungen zur Biologie und Lebensweise einzelner Arten, soweit sie im Bildteil aus Platzgründen nicht untergebracht werden konnten, findet man (mit Seitenverweis) in den einführenden Kapiteln.

Verwendete Abkürzungen und Symbole bei den Artenbeschreibungen der Tiere

♂ = Männchen, männlich
♀ = Weibchen, weiblich
Fz. = Flugzeit
L = Länge
H = Höhe
B = Breite
KRL = Kopf-Rumpf-Länge (ohne Schwanz)
SH = Schulterhöhe
SL = Schwanzlänge
Sp. = Spannweite
U = Umgänge oder Windungen
Mdg. = Mündung
Mds. = Mundsaum
Geh. = Gehäuse
■ = Nahrung
● = Lebensweise
▼ = Lebensraum
▲ = Verbreitung

Schnecken

Gliederfüßer

Fische

Lurche oder Amphibien/ Kriechtiere oder Reptilien

Vögel

Säugetiere

Schnecken *(Gastropoda)*

Einführung und Stammesgeschichte

Schnecken sind ein Erfolgsmodell der Evolution. Erste Hinweise zu den Vorfahren unserer Schnecken gibt es im Kambrium vor etwa 540 Millionen Jahren. Die meisten Fossilien stammen aus dem mittleren Ordovizium vor 460 Millionen Jahren und vom Ende des Silurs vor 420 Millionen Jahren.

Die ersten Schnecken waren marine, im Meer lebende Arten. Weltweit gibt es heute rund 100.000 Arten, davon leben 70 Prozent im Meer, 10 Prozent im Süßwasser und der Rest ist terrestrisch, also an Land lebend. Etwa 2000 Arten kommen in Europa vor. Die »Erfindung« eines Gehäuses, in das sie sich zurückziehen und vor Feinden schützen können, hat sicherlich zu ihrem evolutionären Erfolg beigetragen. Das Gehäuse der Schnecken besteht aus den kristallinen Modifikationen Aragonit oder Kalzit (Kalziumkarbonat), die das stabile Grundgerüst bilden.

Gehäuselose Schnecken, also Nacktschnecken, der Schrecken aller Gärtner, sind eine spätere Erfindung der Natur. Diese sind vergleichsweise beweglich und schaffen in einer Nacht gut eine Strecke von 50 m. Dagegen sind die Gehäuseschnecken sehr stationär. Ihr Aktionsradius ist kaum größer als ein Zimmer von wenigen Quadratmetern. Nacktschnecken sind allerdings Trockenheit und vor allem winterlicher Kälte und Frösten schutzlos ausgesetzt. Als einjährige Arten legen sie im Spätsommer ihre Eier ab und sterben dann. Gehäuseschnecken werden dagegen bis zu 10 Jahre alt. Diese fallen bei Trockenheit und Kälte in einen Trockenschlaf, zur Überwinterung ziehen sie sich in ihr Haus zurück und verschließen die »Tür«. Diese besteht bei der artenreichen Gruppe der Schließmundschnecken aus einem kleinen Kalkplättchen. Die übrigen Arten verschließen ihre Behausung mit einer erhärtenden Schleimmembran.

Es gibt auch kälteresistente Arten wie die Glasschnecken, die in den Alpen noch in 3000 m Höhe leben. Diese räuberisch lebenden Schnecken überfallen eiskalt andere Schneckenarten, die sich in der Winterstarre befinden. Glasschnecken sind auch sonst noch in der kalten Jahreszeit recht aktiv, denn in dieser Zeit erfolgen Paarung und Eiablage. Damit ist ihre Aktivität abgeschlossen und sie sterben, kaum ein Jahr alt.

Die meisten Schneckenarten sind dagegen Vegetarier und raspeln zum Leidwesen der Gärtner Blätter und Stängel der Pflanzen mit ihrer Zunge (Radula) ab, die mit zahlreichen winzigen Zähnchen besetzt ist. Hochalpine Arten müssen sich mit der kargen Kost aus winzigen Algen und Krustenflechten begnügen, die sie von den Kalkfelsen abschaben. Dafür werden sie mit reichlichen Gaben an Kalzium entlohnt, das sie beim Abraspeln der obersten Millimeter des Kalkgesteins zusätzlich erhalten. Viele Schnecken sind auf Kalkgebiete beschränkt, um den Kalziumbedarf zum Aufbau des Hauses zu decken. Hochalpine Arten haben es nicht leicht. Nahrungsmangel, raues Klima und kurzer Bergsommer wirken sich auf das Größenwachstum aus. Mit zunehmender Höhe werden alpine Schnecken kleiner. Manche Arten bilden sogar Zwergformen aus.

Weit besser sind die Lebensbedingungen für Schnecken in der montanen Laub- und Mischwaldzone. Aufgrund eines reichhaltigen Nahrungsangebotes sind dort auch Arten- und Individuendichte am größten.

Während der Eiszeiten hatte es die Schneckenfauna nicht leicht. Als ziemlich träge und wenig mobile Tiere konnten sie nur schwerlich, zumindest aktiv, große Strecken überwinden, wie es beispielsweise flugfähigen Insekten möglich war. Zum Glück boten sich an den Randgebieten und auch im Inneren der Alpen unvergletscherte Rückzugsgebiete an, von den Zoologen als »Massifs de Refuge« bezeichnet. Dorthin konnten sich sicherlich die kälteresistenten Arten zurückziehen und die Eiszeiten überdauern. Die Existenz der ehemaligen Rückzugsgebiete mag auch ein Grund sein, dass die Schneckenfauna der Alpen eine hohe Anzahl von Endemiten aufweist. Beispielsweise gibt es in Österreich etwa 450 Schneckenarten und darunter 76 Endemiten, die sich auf kleine Lokalitäten beschränken.

Biologie einiger Schneckenarten

Alpen-Federkiemenschnecke
(Valvata piscinalis alpestris)
Die Art ist eine Süßwasserschnecke mit federähnlichen Kiemen, sie lebt am Schlammgrund der Alpen- und Voralpenseen bis in einer Tiefe von 80 m sowie in schnell fließenden Bächen bis 1500 m Höhe. Sie lebt von zerfallenem organischem Material (Detritus). Sie selbst dient Fischen als Nahrung.

Zwerg-Schlammschnecke oder Leberegelschnecke
(Galba truncatula)
Die Schnecke lebt von verrottenden Pflanzenteilen und Algen in kleinen Gewässern, Tümpeln und Gräben von der Ebene bis 2600 m. Sie ist der Zwischenwirt des gefürchteten Großen Leberegels *(Fasciola hepatica)*; dieser parasitische Saugwurm lebt in den Gallengängen von Rindern, Pferden und Schafen.

Felsen-Pyramidenschnecke
(Pyramidula pusilla)
Die Schnecke ernährt sich von endolithisch lebenden Algen und Flechten, die in den obersten Millimetern des Gesteins leben. Die Schnecke raspelt mit ihrer mit feinen Zähnchen besetzten Zunge (Radula) die Steine ab. Dabei werden Gesteinsgrus, Algen und Flechtenreste und der für den Schalenaufbau notwendige Kalk aufgenommen. Die Schnecke ist lebendgebärend, das heißt, die Eier werden in der Mantelhöhle des Gehäuses bis zum Schlüpfen der Jungtiere zurückgehalten (ovovivipar). Die Jungtiere sind anfangs 0,7 mm breit.

Faltenlose Schließmundschnecke
(Balea perversa)
Die Schnecke vermehrt sich ovovivipar, die Eiablage wird so lange verzögert, dass die Jungtiere im Körper der Mutter schlüpfen und dann lebend zur Welt kommen (lebendgebärend).

Verbreitung außerhalb der Alpen: West- und Mitteleuropa sowie Azoren. Ein weiteres Vorkommen konnte sich die Schnecke über einen »Interkontinentalflug« von Europa aus über Madeira und noch 9000 km weiter zur Insel Tristan da Cunha im Südatlantik erobern. Diese Insel liegt zwischen der Südspitze von Südamerika und Südafrika. Erst durch genetische Untersuchungen wurde die Identität dieser »ausgebüchsten« Schnecke mit der europäischen Faltenlosen Schließmundschnecke aufgeklärt. Die Schnecke produziert einen zähflüssigen Schleim, mit dem sie sich offenbar an den Beinen von Seevögeln, vermutlich Großen Sturmvögeln, zum Atlantikflug angeheftet hat. Bei Trockenheit verkriecht sich die Schnecke tief in eine Felsspalte.

Kugelmuscheln

Sphaeriidae

1 Gemeine Erbsenmuschel

Pisidium cinereum

H 3-5 mm, L 3-4 mm. Dicke der beiden Schalenklappen 2,4 mm.
Artenreiche Gattung. ▼ In stehenden und langsam fließenden Gewässern, sogar in lange zugefrorenen Hochgebirgsseen. ▲ In den Alpen bis 2500 m.

Schnecken

Gastropoda

2 Alpen-Federkiemenschnecke

Valvata piscinalis alpestris

H 4,4-5 mm, B 5,4-6,4 mm. U 4-4½. ● Sind Zwitter, also gleichzeitig ♂ und ♀. Zu Lebensweise und Vorkommen s. S. 277.

3 Zwerg-Schlammschnecke, Leberegelschnecke

Galba truncatula

(Lymnaea truncatula)

H 7-9 mm, B 3,5-4 mm. U 5-6. Zu Lebensweise und Vorkommen s. S. 277.

4 Glatte Achatschnecke

Cochlicopa lubrica

H 5-7 mm, B 2-3 mm. U 6. ▼ Weit verbreitet an feuchten Stellen im Gras, unter Laub und Moos, in tieferen Lagen häufig. ▲ In den Alpen bis 2500 m.

5 Felsen-Pyramidenschnecke

Pyramidula pusilla

H 1,5 mm, B 2,5 mm. U 4-4½. Zur Lebensweise s. S. 277. ▼ An trockenen, südexponierten Kalkfelsen. ▲ West- und Mitteleuropa; in den Alpen bis über 3000 m. — Sehr ähnlich ist ***Pyramidula rupestris*** an südexponierten Kalkfelsen, neuerdings als eigene Art abgetrennt. ▲ Mittelmeerraum; Angaben aus höheren Lagen sind fraglich und wohl *Pyramidula pusilla* zuzurechnen.

6 Zahnlose Windelschnecke

Columella edentula

H 2,3-3mm, B 1,3-1,5 mm. U 6-7; Mdg. zahnlos; Geh. glänzend. ● Hält sich meist auf der Blattunterseite von Kräutern auf. ▼ Feuchte Biotope wie Sümpfe, Auen, Bachufer, Hochstaudenfluren, hochalpine Matten. ▲ Alpen, Kaukasus, Balkanhalbinsel; bis 2500 m.

7 Alpen-Windelschnecke

Vertigo alpestris

H 1,8-2 mm, B 0,8-1,1 mm. U 5; Mdg. mit 3-4 lamellenähnlichen Zähnen; Geh. seidig glänzend, durchscheinend. ▼ Lichte Wälder auf Kalk, Geröllhalden, alpine Rasengesellschaften, Moosbewohner. ▲ Nord- und Mitteleuropa, Alpen, Mittelgebirge, Karpaten; in den Alpen 1000-2400 m.

8 Roggenkornschnecke

Albida secale

H 6-8 mm, B 2,5-3 mm. U 9-10; Mdg. mit 7 Falten. ● Kornschneckenarten (etwa 60 Arten) sind an Trockenstandorte angepasst. Sie können im Trockenschlaf bis zu ein Jahr ohne Wasser und Nahrung überleben. ■ Weidet Algen und Flechten ab. ▼ An Fels, Bäumen und Pflanzenstängeln. ▲ Alpen bis 2600 m, in den Ostalpen fehlend, West- und Mitteleuropa, Pyrenäen, Katalonien, südl. Karpaten.

9 Haferkornschnecke

Chondrina avenacea

H 6-8 mm, B 2-2,5 mm. U 7-8; Mdg. meistens mit 7 Falten. ■ Weidet die Krustenflechten der Felsen ab. ● Aktiv nur bei hoher Luftfeuchtigkeit oder Regen, zieht sich bei Trockenheit in das Gehäuse zurück; das Gehäuse wird an den Felsen durch getrockneten Schleim angekittet. Geschlechtsreif nach 3-5 Jahren; wird maximal 10 Jahre alt. ▼ Charakterart besonnter Kalkfelsen. ▲ Alpen, Mittel- und Westeuropa, östl. bis West-Slowakei, südliche Karpaten; bis 2200 m.

1
2
3
4
5
6
7
8
9

Schnecken

Gastropoda

1 Gerippte Grasschnecke

Vallonia costata

H 1,3 mm, B 2,5–2,7 mm. U 3–4; Geh. mit zahlreichen lamellenartigen Rippen. ▼ Steinmauern, Geröll, Halbtrockenrasen, Zwergstrauchheiden. ▲ In den Alpen 1700–2300 m (in der Schweiz bis 2800 m); Europa.

2 Braune Diskusschnecke

Discus ruderatus

H 2,5–3 mm, B 5–6 mm. U 4–4½. ● Sind Zwitter und befruchten sich gegenseitig. ▼ Unter Laub und Steinen, bis in die alpine Mattenregion. ▲ Nord- und Mitteleuropa (boreo-alpin), Alpen (bis 2800 m) und Mittelgebirge (ab 800 m), Karpaten, Pyrenäen, Rhodopengebirge.

3 Gefleckte Diskusschnecke

Discus rotundatus

H 2,4–3 mm, B 5–7 mm. U 5–6; Geh. mit rotbrauner Fleckenzeichnung auf gelbbraunem Grund. ▼ Gras, steinige, lichte Wälder. ▲ West-Alpen bis 2700 m, Schweizer Jura.

4 Berg-Vielfraßschnecke

Ena montana

H 12–18 mm, B 5–6,5 mm. U 7–8; Mdg. unbezahnt, Mds. innen weißlippig. ■ Pflanzen, Flechten. ▼ Feuchte Laubwälder und Auen. ▲ Alpen, Karpaten, Pyrenäen und Südengland; bis 2500 m.

5 Engnabelige Kristallschnecke

Vitrea subrimata

H 3–3,4 mm, B 3–4 mm. U 5; Geh. stark glänzend, farblos und durchsichtig. ▼ Feuchte Laubwälder, Geröll, bemooste Felsen. ▲ Alpen und Mittelgebirge, West-Karpaten; bis 2500 m.

6 Weitmund-Glanzschnecke

Aegopinella nitens

H 4,5 mm, B 9–10 mm. U 4–5. ■ Welke Pflanzenteile, jagt auch kleinere Schnecken. ● Feuchtigkeitsliebend. ▼ Unter Laub und Steinen. ▲ Alpen, Mittelgebirge, West-Karpaten; bis 2500 m, meist nur bis 1500 m.

7 Kugelige Glasschnecke

Vitrina pellucida

H 3–3,4 mm, B 4–6 mm. U 3½; Schale dünn, zerbrechlich, durchscheinend, mit grünlichem Schimmer. ● Kann sich gerade noch in das Geh. zurückziehen. Kälteresistent. Zur Lebensweise der Glasschnecken s. S. 276. ▲ Europa, im Norden bis über den Polarkreis; in den Alpen bis 3000 m.

8 Ohrförmige Glasschnecke

Eucobresia diaphana

H 3,3 mm, B 6–7 mm. U 2½–3, U zur Mdg. rasch an Weite zunehmend, letzter U stark ohrförmig erweitert. ● Kann sich nicht mehr ganz ins Geh. zurückziehen. Zur Lebensweise der Glasschnecken s. S. 276. ▲ Alpen bis 2900 m, Pyrenäen, Karpaten, nördl. Balkanhalbinsel.

1
2
3
4
5
6
7
8

Schnecken

Gastropoda

1 Faltenlose Schließmundschnecke

Balea perversa

H 7-11 mm, B 2-2,2 mm. U 10; Mdg. zahnlos bis auf die Oberlamelle; Mds. weißlippig. ■ Moose, Algen, Flechten und Cyanobakterien (»Blaualgen«). ● Verkriecht sich bei Trockenheit tief in eine Felsspalte. Zur Lebensweise s. S. 277. ▼ An Felsen. ▲ West- und Mitteleuropa, bis 2000 m.

2 Feingerippte Schließmundschnecke

Clausilia dubia

H 10-13 mm, B 2,4-3,2 mm. U 10-12; Mds. weißlippig; sehr variable Art. ● Zieht sich bei Trockenheit in Felsspalten zurück. ▼ An feuchten, schattigen Kalkfelsen, bemoosten Baumstämmen. ▲ Europa, in den Alpen mit mehreren regionalen Unterarten; bis 2400 m.

3 Feingefältelte Schließmundschnecke

Iphigena plicatula

H 10-14 mm, B 2,5-3 mm. U 10-12; breiter, bräunlich weißer Mds. ▼ An Mauern, bemoosten Felsen, modrigem Holz. ▲ Alpen, bis 2400 m.

4 Seidige Haarschnecke

Trichia sericea

H 5,5 mm, B 7-7,5 mm. U 5; Geh. fein gestreift, mit kurzen, dichten Haaren; Haare bei leeren Gehäusen oft fehlend. Sehr artenreiche Gattung. ▼ Lichte Wälder, Halbtrockenrasen. ▲ Alpen, westdeutsche Mittelgebirge, Pyrenäen, England; bis 2400 m.

5 Genabelte Maskenschnecke

Isognomostoma holosericum

H 5 mm, B 9-12 mm. U 5; Mdg. innen durch unteren und seitlichen Höcker dreifach ausgebuchtet; Geh. dicht mit kurzen Haaren besetzt. ▼ Feuchte Nadelwälder, modriges Holz, steinige Grashänge. ▲ Alpen, Schweizer Jura, Mittelgebirge, Hohe Tatra, Karpaten; 1000-2000 m, in der Schweiz bis 2800 m.

6 Gefleckte Schnirkelschnecke, Baumschnegel

Helicigona (Arianta) arbustorum

H 12-23 mm, B 15-25 mm. U 5-6; Geh. kastanienbraun mit strohgelben Flecken, sehr variabel. ▼ Laubwälder, Almwiesen, humose Felsspalten. ▲ Nordwest- und Mitteleuropa, Alpen, Karpaten, Ost-Pyrenäen; bis 2800 m.

7 Berg-Bänderschnecke

Cepaea sylvatica

H 12-16 mm, B 18-25 mm. U 5; Geh. gelblich weiß mit braunem Bandmuster. ▼ Feuchte Wälder, schattige Felsen. ▲ West- und südliche Zentralalpen; bis über 2400 m.

1
2
3
4
5
6
7

Gliederfüßer *(Arthropoda)*

Einführung

Im Gegensatz zu den Wirbeltieren mit einem Innenskelett aus Knochen haben die Gliederfüßer ein Außenskelett aus Chitin, sie sind somit mit einer Ritterrüstung gepanzert. So einfach das Prinzip des Bauplanes dieser Tiere ist, so mannigfaltig ist die Ausführung in der Natur. Im Lauf von Jahrmillionen hat sie zu einer unüberschaubaren Formenvielfalt geführt. Mehr als drei Viertel aller Tierarten sind Gliederfüßer. Den Artenreichtum zu sichten und die einzelnen Arten zu bestimmen, bereitet auch den Spezialisten große Schwierigkeiten. Hier kann nur in einem »Schnupperkurs« ein winziger Einblick in die immense Vielfalt gegeben werden und dies nur anhand von Gruppen, die im Alpenraum vorkommen.

Ein kurzer, vereinfachter Überblick in die systematische Ordnung der Gliederfüßer ist vielleicht als Orientierungshilfe in diesem »Evolutions-Chaos« hilfreich.

Die Gliederfüßer werden ihrer Verwandtschaft nach in 4 Klassen eingeteilt:
1. Spinnentiere *(Arachnida)*
2. Krebse *(Crustacea)*
3. Tausendfüßer *(Myriapoda)*
4. Insekten *(Insecta)*

Krebse wie Flusskrebse, Flohkrebse, Wasserflöhe und Asseln werden hier nicht behandelt.

Spinnen und **Weberknechte** haben als einfachstes Merkmal 4 Beinpaare. Erwähnenswert ist noch das 1. Gliedmaßenpaar, das zu einer Art Schere umgewandelt ist, mit der die Spinne ihre Beute packt oder ihre Fäden zerschneidet.

Tausendfüßer bestehen aus einem Kopf und einem gleichartig gegliederten Hinterleib mit einer unterschiedlichen Zahl an Beinpaaren.

Die **Insekten** mit weltweit fast einer Million Arten bilden den Löwenanteil der Gliederfüßer. Sie stehen auf 6 Beinen, wobei bei manchen Schmetterlingen das vordere Beinpaar zurückgebildet oder umfunktioniert ist. Der Insektenkörper gliedert sich in:
1. Kopf meist mit 2 großen Facettenaugen und langen Fühlern,
2. Brust (mit Vorder-, Mittel- und Hinterbrust) mit 3 Beinpaaren und den Flügeln und
3. Hinterleib, der in eine Anzahl von Ringen gegliedert ist.

Insekten sind (wie auch Spinnen) Luftatmer. Ein Röhrensystem aus Chitin, genannt Tracheen, bringt die Luft an die einzelnen Organe. Zu einem Adernetz wie die Wirbeltiere haben es die Insekten noch nicht gebracht. Ihr Herz pumpt das Blut durch den Körper (offenes Blutgefäßsystem). Schließlich sind die Insekten ein sehr alter Tierstamm. Die ältesten fossilen Funde sind etwa 400 Millionen Jahre alt.

Die hier aufgeführten Insektenarten lassen sich in folgender, vereinfachter Klassifizierung ordnen:
Flügellose *(Apterigota)* wie Schneeflöhe und Gletscherflöhe

Geflügelte Insekten *(Pterigota)*
- Gruppen mit unvollkommener Verwandlung (s. S. 285)
  - Eintagsfliegen
  - Libellen
  - Steinfliegen
  - Ohrwürmer
  - Laubheuschrecken, Grillen und Feldheuschrecken
  - Wanzen

- Gruppen mit vollkommener Verwandlung (siehe unten)
  - Käfer
  - Hautflügler
    - Taillenwespen
    - Bienen und Hummeln
  - Schmetterlinge
  - Zweiflügler
    - Mücken
    - Fliegen

Biologie und Lebensweise der *Arthropoda* (Spinnentiere, Tausendfüßer, Insekten)

Die Entwicklung vom Ei zum fertigen (adulten) Insekt

Die Insekten durchlaufen vom Ei bis zum Vollinsekt mehrere Stadien. Aus den befruchteten Eiern schlüpfen die Larven. Sie fressen, wachsen und von Zeit zu Zeit häuten sie sich. Arten mit *unvollkommener Verwandlung* (hemimetabole Arten) werden dabei den erwachsenen Tieren (Imagines) immer ähnlicher. Bei den fortgeschrittenen Arten mit *vollkommener Verwandlung* (holometabole Arten) ist nach dem Larvenstadium noch ein Puppenstadium als Verwandlungsstadium dazwischengeschaltet. Das Larvengewebe wird eingeschmolzen und zum Gewebe des fertigen Vollinsektes (Imago) umgebaut. Häutung und Verwandlung sind hormonell gesteuert.

Wärmeregulierung

Insekten sind, wie alle Gliederfüßer, wechselwarme Tiere. Ihre Körpertemperatur ist nicht konstant, sondern passt sich der Umgebungstemperatur an. Voll aktiv sind die Insekten jedoch nur bei einer Körpertemperatur von mindestens 32–35 °C. Bei geringer Lufttemperatur bevorzugen sie daher besonnte Plätze und nutzen die Strahlungswärme der Sonne, die den Boden auch bei niedriger Lufttemperatur stark erwärmt. Als Kälteschutz dient manchen Arten, wie den Hummeln, ein Pelzmantel aus dichter Behaarung. Libellen haben statt einer Behaarung Luftsäcke unter dem Chitinpanzer, die ebenfalls isolierend wirken. Trotz eisiger Kälte sind manche Arten, vor allem die alpinen, nicht tot zu kriegen. Selbst bei einer Temperatur von -20 °C friert das Blut bei ihnen nicht ein. In vielen Fällen wird der Gefrierpunkt durch Glyzerin und Zucker gesenkt.

Kreuzspinne
Araneus diadematus stellatus
Die Paarung findet im August statt, dabei werden häufig die ♂ vom ♀ gefressen. Im Herbst legt das ♀ ihre Eier in einem Kokon aus besonders fein gesponnenen Fäden ab und stirbt. Die Eier überwintern; im April oder Mai schlüpfen die Jungtiere, die erneut überwintern und erst im darauffolgenden Jahr geschlechtsreif werden.

Die Kreuzspinne baut feingesponnene Radnetze, in denen sich die Insekten verfangen. Die Tiere werden durch den Biss der Spinne getötet. Dabei gibt sie auch ein Enzym ab, das das Innere der Beute zersetzt.

Schneefloh *Entomobrya (Desoria) nivalis*
Die winzigen Tiere ernähren sich im Winter von winzigen Grünalgen, die ihnen Antigefrier-Eiweiße liefern und somit die Frostresistenz erhöhen. Gegen Feinde produzieren sie eine polychlorierte Wehrsubstanz (Sigillin), die sie ungenießbar macht.

Gletscherfloh *Desoria saltans*
Um den Gefrierpunkt im Körper zu senken, reichert der Gletscherfloh seine Körperflüssigkeit mit verschiedenen Zuckerarten als Frostschutzmittel an. Zudem produziert er spezielle Eiweißmoleküle, die den Gefriervorgang im Körper blockieren. Somit kann der Gletscherfloh Temperaturen von -15 °C überleben. Seine optimale

Umgebungstemperatur liegt bei 0 °C. Eine Temperatur von über +12 °C ist für die Tiere tödlich. Das für die Atmung auf tiefe Temperaturen angepasste Enzymsystem kommt dabei an seine Leistungsgrenze und die Tiere geraten in Atemnot.

Wenn das Eis schmilzt, gehen die Tiere an die Oberfläche, um sich vor dem Ertrinken zu retten und treten dann in Massen auf. Es gibt eine Reihe von ähnlichen Arten in der nivalen Zone der Alpen. Wenig ist über Verbreitung der Gletscherflöhe der Alpen bekannt, erst recht nicht über Vorkommen dieser Tiergruppe in anderen europäischen Hochgebirgen.

Im Herbst legt das ♂ etwa 30 Samenpakete auf dem Eis ab, die vom ♀ in ihre Genitalöffnung aufgenommen werden. Die orangefarbenen Eier werden dann in winzigen Eisspalten verstreut. Nach etwa 4 Monaten schlüpfen die Jungen, die sich etwa einmal im Monat häuten, bis sie erwachsen sind; danach können sie noch 2 Jahre leben.

Eintagsfliegen *Ephemeroptera*

Die Larven leben etwa 1 Jahr in sauberen, langsam fließenden Bächen oder in Stillgewässern. Als Räuber besitzen sie kräftige Mundwerkzeuge, nämlich spitze, gezackte Mandibeln (Kauladen) und einen dolchförmigen Unterkieferlappen. Die Larven häuten sich 20- bis 40-mal und die Flügelanlagen werden während des Larvenstadiums ständig größer. Bei der vorletzten Häutung entsteht bereits ein flugfähiges Subimago (vorläufiges Insekt). Bei der letzten Häutung wird die Subimaginalhülle abgestreift. Das Tier geht an Land und ist erwachsen – der Hochzeitsflug beginnt. Die Paarung findet in der Luft statt. Kurz darauf (etwa nach 1–2 Tagen) sterben die Tiere. Eine Nahrungsaufnahme findet nicht statt, denn die Mundwerkzeuge sind verkümmert. Bis zu 5000 Eier werden vom ♀ ins Wasser abgegeben.

Steinfliegen *Plecoptera*

Die Gruppe der Steinfliegen ist sehr artenreich; in Deutschland gibt es über 100 Arten, in Europa über 500. Die Larven leben in klaren, schnell fließenden Alpenbächen auf der Unterseite von Steinen bis in einer Höhe von etwa 2000 m. Als Räuber haben sie kräftige Mundwerkzeuge, nämlich spitze, gezackte Mandibeln (Kauladen) und einen dolchförmigen Unterkieferlappen. Sie erbeuten kleine Insekten und Larven der Eintagsfliegen. Kurz nach der letzten Häutung findet die Paarung statt. Die Eier werden vom ♀ mit einem Drüsensekret zu kleinen Klumpen aus etwa 100 Eiern zusammengekittet und über dem Wasser fliegend ins Wasser abgegeben. Die Larvenentwicklung mit 30 Häutungen dauert etwa 2–3 Jahre. Hauptzeit des Wachstums ist der Winter. Sommerliche Wassertemperaturen hemmen das Wachstum. Im zeitigen Frühjahr beginnt die Flugzeit des fertigen Insektes (Imago). Die Imagines nehmen trotz reduzierter Mundwerkzeuge Nahrung auf wie Algenüberzüge.

Libellen *Odonata*

Die Libellen sind räuberische Gesellen. Die erwachsenen Tiere machen als ausgezeichnete Flieger Jagd auf ihre Beute in der Luft. Mit ihren Beinen, die mit Dornen und Borsten ausgestattet sind, können sie die Beute ergreifen. Ihre mit Zähnen bewehrten Ober- und Unterkiefer können locker den Chitinpanzer anderer Insekten knacken. Libellen haben aufgrund ihrer riesigen Komplex- oder Facettenaugen, die aus 10.000 bis 30.000 Einzelaugen bienenwabenartig zusammengesetzt sind, ein ausgezeichnetes Sehvermögen. Im Gegensatz zum Wirbeltierauge, das in der Lage ist, seine Augen auf nahe oder entfernte Gegenstände einzustellen, ist eine Fokussierung auf Nah oder Fern mit einem Insektenauge nicht möglich. Diesen Mangel haben die weiter entwickelten Großlibellen, als Erfinder der Gleitsichtbrille, dadurch gelöst, dass die oberen

Natürlicher Lauf eines Bergbaches. Durch die Verwirbelung des Wassers wird Sauerstoff eingetragen. Die unterschiedliche Struktur der Bachsohle bedingt ein Mosaik an verschiedenartigen Lebensräumen, die diverse Insektenlarven besiedeln.

und seitlichen Facetten der kugelrunden Augen für die Weitsicht (bis zu 8 m), also jagdtauglich, ausgebildet sind. Die unteren Bereiche des Auges sind auf Nah eingestellt. Sie können somit gut sehen, was auf ihrem »Speiseteller« vor ihnen liegt.

Die Libellen gehören wie die Eintags- und Steinfliegen zu den Insekten mit unvollkommener Verwandlung. Das Stadium der Verpuppung fehlt. Bei jeder Häutung der Larve (etwa 7- bis 15-mal) werden die Tiere dem fertigen Insekt immer ähnlicher.

Auch die Libellenlarven sind reine Wassertiere und leben räuberisch. Zum Nahrungserwerb ist die Unterlippe als Fangmaske ausgebildet. Zum Fangen einer Beute schnellt diese Greifzange in Bruchteilen einer Sekunde vor. Die Greifzangen sind mit messerscharfen Dolchen ausgestattet oder besitzen an den Rändern Sägezähne. Der Speiseplan der Larven ist sehr reichhaltig. Alles, was ihnen vor die Augen kommt, wird angegriffen: Ringelwürmer, Wasserasseln, Mückenlarven, Schnecken und auch Kaulquappen. Selbst Tiere, die so groß sind wie sie, werden angegriffen.

Torf-Mosaikjungfer *Aeshna juncea* als Beispiel einer Großlibelle (in Deutschland gibt es 53 Arten der Großlibellen)
Sie kommt vor allem in den Hochlagen der Alpen in Seen mit Seggen und Binsen vor. In den Alpen kann man erst ab Juli fliegende Tiere beobachten. Nach der Paarung stechen die ♀ je ein Ei in die Blätter von Wasserpflanzen. Die Eier entwickeln sich erst im nächsten Jahr. Nach 3–4 Jahren und nach 12 Häutungen schlüpfen die flugfertigen Libellen (Imagines).

Binsenjungfer *Lestes sponsa* als Beispiel einer Kleinlibelle (mit 29 Arten in Deutschland): Die Art ist in ganz Mitteleuropa an Gewässern mit vertikal wachsenden Wasserpflanzen wie Binsen, Simsen oder Seggen häufig. Die Eiablage erfolgt an senkrecht im Wasser stehenden Pflanzen. Dabei sägt das ♀ kleine Schlitze in die Pflanze und legt 2 Eier in das Gewebe; weitere Schlitze werden wenige Zentimeter abwärts in die Pflanzenhalme gesägt und mit Eiern beschickt. Diese bleiben bis zum nächsten Frühjahr in der Pflanze. Ab April schlüpfen die Larven. Sie häuten sich 9-mal bis zum flugfähigen Insekt.

Ohrwürmer

Nah verwandt mit dem **Alpenohrwurm** *Chelidura aptera* ist der **Gewöhnliche Ohrwurm** *Forficula auriculata*, der auch in den Alpen bis in 2000 m vorkommt, sofern die Durchschnittstemperatur im Januar nicht unter 2,2 °C sinkt und im Juli nicht über 18 °C steigt. Bei den meisten Ohrwürmern findet eine hoch entwickelte Brutpflege statt. Das ♀ gräbt ein Erdloch, darin legt sie die Eier ab, die sie bis zum Schlüpfen der Larven und bis zu deren 2. Häutung beschützt. Die Eier werden regelmäßig gewendet und beleckt und dadurch vor Austrocknung und Verschimmeln bewahrt. Die Larvenentwicklung dauert etwa 5-6 Monate. Bei jeder Häutung werden die Larven dem Imago ähnlicher.

Wanzen *Heteroptera*

Wie der Anblick einer Spinne, so löst auch das Wort »Wanze« bei vielen Menschen eine Phobie aus. Die artenreiche und vielgestaltige Gruppe der Wanzen, die in Deutschland rund 1000 Arten, in Europa etwa 3000 Arten zählt, ist wegen einer einzigen Art, der lästigen Bettwanze, in Verruf geraten. Die ersten Fossilfunde dieser Tiergruppe wurden bereits im Perm, also vor rund 300 Millionen Jahren, entdeckt. Im Oberen Jura, vor etwa 150 Millionen Jahren, waren alle heute lebenden Familien mit ihren Spezialisierungen ausgebildet. Die Tiere haben keine Kau- und Beißwerkzeuge, sondern einen Stechrüssel. Die meisten Arten saugen an Pflanzen. Der Rüssel hat sowohl Stech- als auch Saugfunktion. Mittels einer Speichelpumpe wird Speichel in das Pflanzengewebe gepumpt und die flüssige Nahrung eingesogen. Räuberische Arten stechen Insekten an, spritzen Verdauungsenzyme ein und saugen den Nahrungsbrei ein. In Ruhe wird der Rüssel unter den Körper geklappt.

Der Körper ist meist stark abgeflacht. Er besitzt 6 Beine und 2 Flügelpaare. Wanzen sind gute Flieger. Im Frühjahr, wenn die Temperatur über +10 °C steigt, werden die Tiere aktiv. Sie suchen nach geeigneten Nahrungspflanzen. Nach mehreren

Unverbaute Flüsse und Bäche mit offenen Schotterflächen und spärlicher Vegetation sind ideale Lebensräume vieler Heuschrecken und anderer Insekten. Durch Kiesentnahme und Freizeitnutzung sind diese Biotope stark gefährdet.

Wochen beginnt die Eiablage. Nach wenigen Tagen schlüpfen die winzigen Nymphen (Larven), die nach 5 Häutungen zu erwachsenen (adulten) Individuen herangewachsen sind. Ein Puppenstadium gibt es bei der Gruppe der Wanzen nicht.

Laubheuschrecken *Ensifera*
Die Fühler sind länger als ihr Körper; die ♀ haben am Hinterende des Körpers eine lange Legeröhre, die ♂ 2 oder mehr Fortsätze. Der Gesang wird erzeugt, indem die mit kleinen Zähnen besetzte Schrillleiste des linken Vorderflügels über die Schrillkante des rechten Vorderflügels gestrichen wird. Die Gehörorgane liegen in den Unterschenkeln der Vorderbeine. Dieses »Ohr« ist mit einem Trommelfell ausgerüstet. Die Tiere können ihre Artgenossen orten. Der Gesang ist artspezifisch und dient zur Anlockung der ♀ und zur Revierverteidigung.

Feldheuschrecken *Caelifera*
Die Fühler der Feldheuschrecken sind meist wesentlich kürzer als ihr Körper. Die Tiere sind reine Pflanzenfresser. In Mitteleuropa gibt es etwa 70 Arten. Zur Erzeugung des Gesanges streichen sie ihre Hinterschenkel, die mit einer gezähnten Leiste ausgerüstet sind, über die hervortretenden Adern der Flügel. Nur bei den Gebirgsschrecken werden die Laute durch Reiben der Mundwerkzeuge erzeugt.

Laufkäfer *Carabidae*
Die meisten Laufkäfer-Arten sind räuberisch und jagen nachts Insekten, Regenwürmer und Schnecken. Auf die Beute wird Verdauungssaft gespuckt, der Verdauungsenzyme enthält. Der vorverdaute Saft wird dann eingesogen. Auch Räuber haben Feinde. Um sich davor zu schützen, haben Laufkäfer wirksame Abwehrmechanismen entwickelt. Bei Gefahr können sie stinkende Wehrsekrete aus hoch entwickelten Abwehrdrüsen gezielt bis zu einem Meter auf einen Feind spritzen.

Die Gefleckte Schnarrheuschrecke *(Bryodemella tuberculata)* lebt auf spärlich bewachsenen Kiesbänken in unverbauten Gebirgsflüssen. Die Art ist bei uns vom Aussterben bedroht.

Goldglänzender Laufkäfer *Carabus auronitens*: Im Frühjahr erfolgt die Paarung. Das ♀ legt die Eier in eine Erdhöhle. Die Larven verpuppen sich nach 3 Häutungen. Anfang Herbst schlüpfen die erwachsenen Käfer, die unter Rindenmulch und Baumstümpfen überwintern.

Berg-Sandlaufkäfer *Cicindela sylvicola*: Aufgrund der großen Augen hat der Berg-Sandlaufkäfer ein ausgezeichnetes Sehvermögen. Er ist ein geschickter Räuber, der blitzschnell seine Beute ergreift. Mit seinen sichelförmigen, dolchartigen Kieferzangen (Mandibeln) knackt er auch mühelos den harten Chitinpanzer eines Käfers. Die Beute wird mit den Mundwerkzeugen zerkleinert, außerhalb des Körpers vorverdaut und eingesogen. Auch die Larven leben räuberisch. Sie graben eine senkrechte Röhre in den sandigen Boden, verstecken sich dort, nur der Kopf schaut heraus. Ein vorbeimarschierendes Insekt wird blitzschnell erfasst und in die Röhre gezogen.

Vermehrung: Zur Eiablage bohrt das ♀ mit dem Hinterleib und dem Legeapparat eine Vertiefung in den sandigen, lehmigen Boden. Es wird jeweils ein Ei abgelegt und die Vertiefung wieder zugescharrt. Nach

2–4 Wochen schlüpfen die Larven und graben eine senkrechte Röhre. Dort findet auch die Verpuppung statt. Die Entwicklung vom Ei bis zum fertigen Käfer dauert etwa 2–3 Jahre. Der Käfer schlüpft im Herbst und zieht sich zur Überwinterung in die Röhre zurück.

Schwimmkäfer *Dytiscidae*
In Deutschland leben etwa 150 Arten. Die Hinterbeine der Schwimmkäfer sind optimal an das Wasserleben angepasst; sie sind abgeflacht und an den Fußgliedern mit Borsten besetzt, die sich beim Ruderschlag abspreizen und somit für die Vorwärtsbewegung größtmöglichen Widerstand leisten. Holt das Tier zum nächsten Schlag aus, werden die Fußglieder gedreht, die Borsten liegen flach. Die Schwimmbeine werden gleichsinnig, also nicht alternierend bewegt.

Die meisten Schwimmkäfer sind gute Flieger und können bei Bedarf ihren Ort wechseln und neue Gewässer besiedeln. Den kleinen Tieren reicht der Sauerstoff, der von den Wasserpflanzen abgegeben wird. Sie können über Wochen unter Wasser bleiben, ohne an der Wasseroberfläche Frischluft zu tanken.

Ernährung: Die Schwimmkäfer sind räuberische Tiere; sie fressen Kaulquappen, Insektenlarven und kleine Tiere. Dagegen können die Larven weder kauen noch schlucken. Die scharfen, zangenartigen Mandibeln besitzen einen feinen Kanal, der an der Spitze endet. Durch diesen injizieren die Larven Verdauungsenzyme in das erbeutete Tier, was zur Lähmung und Vorverdauung führt. Der Körperinhalt der Beute wird dann eingesogen.

Schnellkäfer *Elaterideae*
Der Name »Schnellkäfer« kommt nicht von »schnell«, sondern von »schnellen«. Auf der Unterseite der Käfer befindet sich an der Vorderbrust ein spitzer Fortsatz oder Dorn. Am mittleren Brustsegment befindet sich ein Widerlager und eine Grube. Um den Sprung auszulösen, wird mit hoher Muskelkraft der Widerstand überwunden und der Dorn rastet blitzschnell in die Grube. Durch die plötzliche Schwerpunktverlagerung schnellt der Käfer bis zu 30 cm und mehr in die Luft und kann sich somit aus der Bauchlage befreien oder Fressfeinden entkommen.

Großer Dungkäfer *Aphodius fossor*: Er gehört zu den größten der 85 mitteleuropäischen Arten. Die ♀ legen etwa 25 Eier in Kuhdung; nach 10 Tage schlüpfen die jungen Larven und fressen sich kreuz und quer durch den Kuhfladen. Nach 4–5 Wochen verpuppen sie sich, dazu vergraben sie sich in Erdlöchern. Nach weiteren 2 Wochen schlüpfen die fertigen Käfer und bleiben zur Härtung und Ausfärbung noch einige Tage im Boden.

Scheinbockkäfer *Oedemeridae*
Ähnlich Bockkäfer mit lang gestrecktem Körper, aber weich, nicht so stark chitinisiert; über die Lebensweise ist wenig bekannt. In Mitteleuropa gibt es 30 Arten.

Bockkäfer *Cerambycidae*
In Mitteleuropa gibt es etwa 250 Arten. Charakteristisch für die Bockkäfer sind die langen, gegliederten Fühler, die oft länger sind als der übrige Körper. Die Larven leben in toten oder lebenden Pflanzen, von denen sie sich ernähren. Als Nahrung der erwachsenen Tiere (Imago) dienen Pollen, Blütenteile, Baumsäfte. Viele holzbewohnende Larven leben in Symbiose mit Hefepilzen, die für den Abbau der Zellulose mit verantwortlich sind. Die Entwicklung der Larven dauert meist 2–3 Jahre, in trockenem Holz sogar länger.

Langhornbock *Monochamus sutor*: Die ♀ legen ihre Eier in die Rinde gefällter Fichten (auch Tanne); die Larven (Raupen) entwickeln sich unter der Rinde, dringen nach und nach tief in das Holz ein und erreichen nach mindestens 3 Jahren eine Länge von 40 mm. Die Käfer erscheinen von Juli bis September; sie fliegen im Sonnenschein.

Alpenbock *Rosalia alpina*: Der Alpenbock gehört zu den größeren heimischen Bockkäfern. Die hell- bis dunkelblauen oder grauen Partien entstehen durch eine dichte und feine Behaarung. Die übrigen Körperteile sind schwarz. Die Fühlergelenke erscheinen durch schwarze Haarbüschel verdickt.

Vermehrung: Das ♂ wird von frisch geschlagenem Buchenholz angelockt und überprüft es für die Eignung als Brutholz. Noch frisch absterbende Buchenstämme in sonnigen Lagen werden bevorzugt. Das ♂ verteidigt den Brutplatz heftig gegen Rivalen und wartet auf ein ♀ und »hofft«, dass es die richtige Wahl getroffen hat. Nach der Paarung legt das ♀ die Eier in die Ritzen der Rinde oder des Holzes ab. Die Larven fressen sich tiefer in das Holz, nach etwa 3 Jahren nähert sich der Fraßgang bis fast an die Oberfläche des Holzes. Die Larve baut eine Puppenwiege; vorher nagt sie den Ausgang ins Freie. Zum Schutz des Puppenstadiums wird das vorbereitete ovale Loch verstopft, aus dem sich dann der fertige Käfer herauszwängt.

Der Alpenbock ist in Mitteleuropa stark gefährdet und daher geschützt; er ist in großen Teilen fast ausgestorben. Grund sind die intensive Nutzung der Buchenwälder; alte, absterbende Buchen werden als Brennholz gefällt, Buchenscheite am Lagerplatz, in denen sich der Alpenbock eingenistet hat, werden abtransportiert. Auch Sammeltätigkeit der »Käferliebhaber« haben die Bestände dezimiert. Empfohlen wird, Buchenstämme mit einer Stärke von 25–30 cm und einer Länge von 2–3 m an sonnigen, lichten Stellen senkrecht in einem potenziellen Bockkäfer-Revier aufzustellen.

Blattkäfer *Chrysomelidae*
Körper hochgewölbt, häufig metallisch glänzend, bunt; Fühler fadenförmig; in Mitteleuropa gibt es 600 Arten.

Die farbenprächtige und artenreiche Gruppe der Blattkäfer (in Deutschland mit 470 Arten) besteht meistens aus Gebirgs- und Hochgebirgsarten. Bei den im Gebirge lebenden Arten der Gattung *Chrysochloa (Oreina)* schlüpfen die Larven kurz nach der Eiablage. Die Käfer (Imagines) und die Larven leben auf der gleichen Pflanze. Sie überwintern unter Baumrinde oder in den Hochlagen unter Steinen. Die Lebensräume der meisten Arten sind feuchte Wiesen und Bergmatten, häufig entlang der Gebirgsbäche.

Rüsselkäfer *Curculionidae*
Diese Familie ist außerordentlich artenreich. In Mitteleuropa gibt es etwa 1200, in Deutschland etwa 950 Arten. Charakteristisch ist die schnabelförmige Verlängerung des Kopfes (Rüssel), an dessen Ende sich die geknieten Fühler befinden. Das erste Fühlerglied ist stark verlängert. Die Mundwerkzeuge befinden sich an der Spitze des Rüssels. Mitte Mai legen die ♀ die Eier in den Erdboden. Die schlüpfenden Larven machen sich über die Wurzeln meist von jungen Fichten oder anderen Bäumen her und fressen und schälen die zarte Rinde ab. Mitte Juli graben sich die Larven eine Höhlung in den Erdboden und verpuppen sich. Nach einigen Wochen schlüpfen die fertigen Käfer, überwintern in der »Puppenwiege« und erscheinen erst im nächsten Frühjahr. Bei manchen Arten überwintern auch die Larven oder Puppen im Erdboden. Die Käfer ernähren sich hauptsächlich von Blättern, Knospen und jungen Trieben der Pflanzen. Bei Gefahr lassen sich die Käfer zu Boden fallen, um sich zu verstecken.

Brauner Rüsselkäfer *Hylobius abietis*:
Die Käfer verlassen Ende April die Winter-

verstecke. Nach der Paarung nagt das ♀ kleine Löcher in die Rinde absterbender Wurzelstöcke und legt jeweils 1–5 Eier ab. Nach 2–3 Wochen schlüpfen die Larven und ernähren sich von der Bastschicht des Holzes. Später dringen sie auch in das Splintholz ein. Der Larvenfraß an den abgestorbenen Wurzeln ist bedeutungslos. Noch im gleichen Jahr oder erst im nächsten Jahr höhlen sich die reifen Larven eine Kammer aus und verpuppen sich dort. Nach 2–3 Wochen schlüpfen die fertigen Käfer und nagen sich ein Loch ins Freie. Nun erst beginnt die eigentliche Schadwirkung durch die Käfer. Diese befallen junge Nadelbäume, benagen vom Wurzelhals bis zum Gipfeltrieb die dünne Rinde bis zum Kambium und erzeugen dabei das charakteristische Bild des Pockennarbenfraßes. Wenn die runden, trichterförmigen Fraßstellen um das gesamte Stämmchen reichen, wird der Saftstrom unterbrochen und der Baum stirbt in der Folge ab. Während einer Vegetationsperiode legt das ♀ 80–150 Eier.

Latschen- oder **Arvenborkenkäfer** *Pityogenes alpinus*: Im Mai oder Juni schwärmen die fertigen Käfer aus ihren Geburtsstätten auf der Suche nach bruttauglichen Latschen oder Zirben aus. Das ♂ nagt unter der Borke eine Kammer, die Rammelkammer; dort findet die Paarung mit 3–5 ♀ statt. Von der Kammer aus bohrt jedes ♀ ihren eigenen, langen Brutgang, dadurch entsteht eine sternförmige Figur im Splintholz. Von jedem Brutgang gehen in regelmäßigen Abständen kleine Nebenäste ab, in denen je ein Ei abgelegt wird. Die Käfer leben an Latschen und Moorspirken in den Mooren des nördlichen Alpenvorlandes und an Latschen und Zirben in den Alpen.

Hautflügler *Hymenoptera*

Echte Blattwespen *Tenthredinidae*

Sie haben zwischen Brust und Hinterteil keine Wespentaille; besitzen keinen Stachel. In Deutschland gibt es ca. 100 Arten.

Zottelbiene *Panurgus banksiana*: Die Nester der solitär lebenden Art befinden sich im Boden in Kolonien nebeneinander. Das ♀ gräbt einen Hauptgang in die Erde bis in eine Tiefe von 5–15 cm, der sich waagerecht in mehrere Seitengänge verzweigt, an deren Enden die Brutzellen sind. Das ♀ versorgt die Brut mit Pollen und Nektar von Korbblütlern *(Asteraceae)*.

Knautien-Sandbiene *Andrena hattorfiana*: Die Bienen leben solitär, also jeweils einzeln in einem kleinen Nest; diese liegen nebeneinander in kleinen Kolonien wie in »Reihenhäusern«. Die Nester werden in den Boden gegraben. Ein unauffälliges Loch bildet den Haupteingang, der sich in mehrere Seitengänge teilt, an deren Enden sich die Brutzellen befinden. Dort werden die Pollen der Acker-Witwenblume *(Knautia arvensis)* und der Tauben-Skabiose *(Scabiosa columbaria)* als Nahrung für die Larven deponiert. In Deutschland gibt es über 100 Arten an Sandbienen.

Hummeln und Bienen *Apidae*

Hummeln gehören mit den Bienen zur Familie der *Apidae*. Weibliche Hummeln besitzen einen Giftstachel. Im Gegensatz zur Honigbiene hat dieser keinen Widerhaken. Hummeln sind auch staatenbildend und gründen ihren Staat jedes Jahr neu. Im Herbst sterben alle Individuen eines Volkes. Nur die befruchtete Königin überlebt den Winter unter der Erde. Im Frühjahr verlässt sie ihr Winterquartier und sucht sich zur Eiablage einen geeigneten Nistplatz, wie Graspolster, verlassene Mäusenester oder bei alpinen Arten auch Felsspalten. Dort fertigt sie aus Wachs tonnenförmige Zellen und legt darin mehrere Eier ab. Nach wenigen Tagen schlüpfen die Larven, die sich wiederum nach etwa 10 Tagen verpuppen. Nach weiteren 2–3 Wochen schlüpfen die jungen, weiblichen und fertigen Hummeln aus. Die ♀ haben durch Pheromonabgabe der Königin verkümmerte Ovarien (Eierstöcke) und sind die Arbeiterinnen des Hummelstaates. Die Fütterung und Brutpflege der ersten Brut muss die Königin selbst erledigen. Diese Aufgabe übernehmen dann die Arbeiterinnen der folgenden Brut. Die Königin beschränkt sich auf das Eierlegen. Ab Juli sondert die Königin keine Pheromone ab und legt weibliche Eier, die sich zu Jungköniginnen entwickeln. Sie bringt auch unbefruchtete Eier zur Welt, die sich zu ♂ Drohnen entwickeln. Bald darauf schlüpfen auch Jungköniginnen; sie sind weiblich und haben entwickelte Ovarien. Mit diesen fertilen ♀ paaren sich die ♂ Drohnen. Die alte Königin wird meistens dann vertrieben und stirbt. Auch das alte Volk beginnt abzusterben. Die neue, befruchtete Königin gräbt sich zur Überwinterung in die Erde ein und der Zyklus beginnt von Neuem. Während des Winterschlafes zehrt die Königin von ihren Fettreserven. Davon sind im Frühjahr nur noch 20 Prozent vorhanden. Diese müssen ausreichen für die ersten Flüge zur Futtersuche und Erkundung eines Nistplatzes.

Pollen und Nektar der Eisenhut-Arten (*Aconitum* spec.) sind die fast alleinige Nahrung der Eisenhuthummel *(Bombus gerstaeckeri)*.

Berglandhummel *Bombus (lapponicus) monticola*: Die Berglandhummel ist eine kälteresistente nordische Art, die in Nordeuropa bis in die Arktis vordringt. Der Staat der Berglandhummel besteht aus 50–120 Tieren. Im mittleren Europa besiedelt sie nur die Hochlagen der Gebirge wie die Alpen, Pyrenäen, Balkanhalbinsel, Apennin, Abruzzen. Während der Eiszeit(en) hatte diese Art in Europa ihre größte Verbreitung in einem mehr oder weniger zusammenhängenden Areal. Infolge der Erwärmung im Postglazial zog sich die Berglandhummel in den hohen Norden und in die Hochlagen der Gebirge zurück. Durch die Isolation in Teilareale entwickelten sich mehrere geografisch begrenzte Unterarten.

Eisenhuthummel *Bombus gerstaeckeri*: Die Eisenhuthummel ernährt sich fast ausschließlich von Nektar und Pollen der Eisenhut-Arten *(Aconitum)*. Mit ihrem extrem langen Rüssel mit einer Länge von etwa 23 mm kann sie bis zum Grund der Blüte gelangen. In Notzeiten, in denen sie blühenden Eisenhut noch nicht oder nicht mehr findet, weicht sie zwangsweise auf andere Blüten wie Großen Fingerhut, Silberdistel oder Klebrigen Salbei aus. Auch schattseitige, noch blühende Bestände des Eisenhutes in tieferen Schluchten und

Tobeln werden aufgesucht. Die Entwicklung der Eier über Larven- und Puppenstadium bis zur fertigen Hummel dauert 17–26 Tage. Ihre Nester baut die Königin in verlassene Mäusenester und auch in Felsspalten.

Honigbiene *Apis melifera*: Die Honigbiene (nicht abgebildet) kennt fast jeder. Nicht umsonst hat man die Honigbiene gezielt und erfolgreich als Zugpferd für das Volksbegehren »Rettet die Bienen« eingespannt, um auf die Bedrohung und Gefährdung unserer gesamten Insektenwelt aufmerksam zu machen und um Verständnis für Schutzmaßnahmen zu werben. Allgemein bekannt ist die Biene als wichtiger Bestäuber der Blütenpflanzen, aber auch das Heer der übrigen Insekten hat sowohl als Bestäuber als auch mit sonstigen Funktionen einen wichtigen Platz im Gefüge der Natur. Gering ist sicherlich das allgemeine Wissen über die komplexe und rätselhafte Biologie unseres »Haustierchens«. Eine gezielte Haltung der Honigbiene begann in Zentralanatolien vor etwa 7000 Jahren.

Im Gegensatz zu den Hummeln überwintert der ganze Bienenstaat mit etwa 10.000 weiblichen Arbeiterinnen oder Winterbienen mit der Königin im Stock – dicht gedrängt zu einer Traube. Nur die Drohnen, die ♂ Tiere, werden vorher ausgemustert. Im Inneren der Traube herrscht eine Temperatur von 20–25 °C. Durch Muskelzittern verschaffen sie sich die nötige Wärme. Es findet ein ständiger Austausch zwischen den am Rand und den im Zentrum der Traube befindlichen Bienen statt.

Im Frühjahr beginnt die Königin mit der Eiablage, je ein Ei in eine Wabenzelle, etwa 1000–1500 pro Tag. Dabei gibt sie wahllos aus ihrer Samenblase Spermien hinzu, die sie beim Hochzeitsflug von den Drohnen erhalten hat. Aus den befruchteten Eiern entstehen weibliche Arbeiterbienen. Eier, die nicht mit Spermien belegt werden, entwickeln sich zu Drohnen. Diese sind haploid, sie haben nur einen einfachen Chromosomensatz. Nach wenigen Tagen schlüpfen die Larven und werden von den Winterbienen versorgt. Diese führen alle Tätigkeiten aus wie Füttern, Putzen und auch Sammeln von Nektar und Pollen. Nach etwa 21 Tagen schlüpfen die Jungbienen und die Winterbienen sterben. Der Arbeitsablauf und die Aufgabenteilung der Jungbienen ist streng geregelt und beginnt mit dem Innendienst. In den ersten Tagen füttern sie die jungen Larven der kommenden Generationen mit einem Futtersaft, der aus ihren Futterdrüsen kommt. Ältere Larven werden mit Pollen und Nektar versorgt. Ab dem 12. Tag werden die Arbeiterinnen zum Wabenbau abgeordnet. Ab dem 17. Tag fungieren sie als Wächterbienen zur Verteidigung des Stockes. Ab dem 20. Tag beginnt der Außendienst mit Sammeltätigkeit.

Zunächst machen die Sammlerinnen nur kurze Ausflüge, um sich zu orientieren und Landmarken einzuprägen. Bald erweitern sie ihren Orientierungshorizont und entfernen sich bis zu 5 km vom Stock. Sie orientieren sich nach dem Sonnenstand und nach dem Polarisationsmuster des Tageslichtes am Himmel, auch wenn die Sonne von Wolken verhangen ist. Die Orientierungsgabe der Honigbiene ist sehr komplex und vielfach noch sehr rätselhaft.

Die Königin, auch Weisel genannt, gibt ständig Weiselpheromone ab und steuert damit den Bienenstaat. Sie bewirken den Zusammenhalt der Arbeiterbienen, hemmen die Entwicklung der Ovarien (Eierstöcke) und regen die Lust zum Wabenbau an. Schließlich lockt die Königin mit ihrem Duft die Drohnen beim Paarungsflug an. Sollte es einer Arbeiterin gelingen, ein Ei abzulegen, so wird sie von den Kolleginnen aus dem Verkehr gezogen und »satzungsgemäß« getötet.

Im Lauf des Sommers wächst der Bienenstaat bis auf 40.000 Bewohner an. Es wird eng im Stock. Die Ammenbienen legen im Stock eigene Weiselzellen an und füttern die Larven mit einem speziellen Futtersaft, dem Gelée royale, der in ihren Kopfdrüsen erzeugt wird. Nach 16 Tagen schlüpft die neue Königin. Zuvor aber zieht die alte Königin mit etwa der Hälfte der Besatzung als großer Bienenschwarm aus und sucht sich eine neue »Behausung«. (Meistens fängt der Imker diesen Schwarm ein und setzt ihn in einen neuen Kasten.) Die junge Königin fliegt mehrmals am Tag zum Hochzeitsflug aus und paart sich mit etwa 20 Drohnen anderer Staaten in der Luft. Dabei wird ihre Samenblase mit 5-7 Millionen Spermien aufgefüllt, die für das ganze Leben von 2-5 Jahren ausreichen. Die Drohnen sterben meist schon nach der Kopulation. Der verbleibende Rest der Drohnen wird aus dem Stock vertrieben.

Im Herbst schlüpfen im alten, nun verkleinerten Stock die sogenannten Winterbienen. Sie führen kaum Brutpflege und Sammeltätigkeit aus, sondern legen sich ein Fett-Eiweiß-Polster an als Reserve für den Winter und für das Frühjahr, wo sie für die erste Generation Sammelflüge und die anfängliche Brutpflege übernehmen müssen.

Zweiflügler *Diptera*

Zweiflügler besitzen nur 2 Vorderflügel; die Hinterflügel sind zu Schwingkölbchen umgewandelt und dienen als Stabilisator beim Schwirrflug.

Schwebfliegen *Syrphidae*

Sie sind bei flüchtiger Betrachtung Bienen, Wespen oder Hummeln ähnlich. Sie täuschen gegenüber ihren Fressfeinden Gefährlichkeit vor (Mimikry). Weltweit gibt es 6000 Arten. In Deutschland sind etwa 460 Arten bekannt. Schwebfliegen sind ausgezeichnete Flieger. Mit bis zu 300 Flügelschlägen in der Sekunde (Schwirrflug) können sie wie ein Hubschrauber in der Luft stehen und ruckartig zum Vorwärts- oder Rückwärtsflug ansetzen.

Zahlreiche Arten gehören zu den Wanderinsekten. So fliegt die **Mistbiene** *(Eristalis tenax*, s. S. 320) im Herbst wie viele Zugvogelarten über die Alpen nach Süden in die Mittelmeerregion. Sie wartet dabei günstige Windbewegungen ab. Bei Rückenwind hat man noch in 1000-1400 m Höhe über Grund Individuen geortet. Im Frühjahr treten sie wieder den Rückzug nach Norden an. Die etwa 20 mm langen, in schlammigen Tümpeln lebenden Larven der Mistbiene besitzen ein Atemrohr, das sie bis zu 4 cm ausfahren können. Damit holen sie Luft von der Wasseroberfläche, daher auch die Bezeichnung Rattenschwanzlarve.

Andere Arten pendeln jährlich ohne Visa zwischen den Britischen Inseln und dem europäischen Festland. Nach ihrer Ankunft in Großbritannien vermehren sich die Schwebfliegen recht erfolgreich. Während der kurzen Lebenszeit von 4 Wochen legt das ♀ bis zu 400 Eier. Als tüchtige Vertilger von Blattläusen befreien in den Sommermonaten 1 bis 4 Milliarden Larven der Schwebfliegen Großbritannien von einer Unzahl schädlicher Blattläuse. Nach dieser Dienstleistung kehren sie im Herbst wieder zum Festland zurück. Anhand spezieller Radargeräte konnten Flughöhen der Tiere bis zu 1000 m über Grund ermittelt werden. Trotz der Verluste durch Fressfeinde kehren im Herbst mehr Individuen zum Festland zurück, als im Frühjahr nach Großbritannien flogen.

Während der Speiseplan der verschiedenen Larvenarten recht unterschiedlich ist (Blattläuse, Pflanzenreste, Fliegen und andere Insektenlarven), ernähren sich die erwachsenen Tiere ausschließlich von Pollen und Nektar. Schwebfliegen gehören neben den Bienen zu den wichtigsten Bestäubern.

Winterhaft oder **Gletschergast**
Boreus hiemalis
Die Tiere sind winteraktiv. Sie kriechen und springen über den Schnee noch bei Minustemperaturen bis - 5 °C. Auch die Paarung erfolgt auf dem Schnee. Das ♀ legt in der ganzen Winterzeit die Eier am Grund von Moospflänzchen ab. Die Larven schlüpfen etwa Ende April und graben sich bei Wärme und Trockenheit bis zu 15 cm in den Boden ein. Die Larven fressen Moose und deren Rhizoide (Würzelchen). Auch zur Verpuppung ziehen sie sich in Erdlöcher zurück. Die Imagines leben von toten, sich zersetzenden Insekten und zarten Moosen, die sie anstechen und aussaugen. Für die Entwicklung zum ausgewachsenen Tier brauchen sie 2 Jahre. Ihre Vorfahren gab es bereits vor etwa 300 Millionen Jahren..

Schmetterlinge *Lepidoptera*
Distelfalter *Vanessa cardui*: Der Distelfalter ist ein weit gereister Wanderfalter. Getrieben nach der Suche guter Futterpflanzen, sowohl als Nektarquelle für die adulten Tiere als auch als Nahrungsgrundlage für die Raupen, spürt er Regionen der jahreszeitlich bedingten Hauptblühzeiten auf. Im Sommer findet er in Mitteleuropa einen reich gedeckten Tisch von Futterpflanzen in ausreichender Menge. Die Raupen sind nämlich wenig wählerisch. Rund 25 Pflanzenfamilien kennt man, die den Raupen als Nahrung dienen.

Die bodenständigen Herkunftsgebiete des Distelfalters sind Nordafrika und die Kanarischen Inseln. An Wärme gewöhnt, verträgt er keinen Frost und kann einen Winter in Mitteleuropa nicht überleben. Ab Ende September treten die Falter ihren Flug nach Nordafrika an. Manche Exemplare machen in Südeuropa noch einen Zwischenstopp, wo sie noch für Nachkommen sorgen, von denen einige das Mittelmeer und auch noch die Sahara überqueren, um dort die kurze Blühphase in der Sahelzone zu nutzen.
Andere Exemplare steuern von Mitteleuropa ausgehend im Nonstop-Flug gleich Nordafrika an, immer nach der Suche von günstigen Lebensbedingungen. 3000 bis 4000 km Flugleistung haben sie dann hinter sich gebracht.

Im Spätwinter des nächsten Jahres, wenn die Futterpflanzen zu vertrocknen beginnen, fliegt die 1. Generation des Falters in Richtung Norden über das Mittelmeer und pflanzt sich dort erneut fort. Die nachkommende Generation setzt dann den Weiterflug über die Alpen fort und kommt von Mai bis Juni in Mitteleuropa an, wo sie meist 2 Generationen bildet. Manche Exemplare lassen sich vom Wind getragen noch bis Schottland und sogar bis Skandinavien treiben.

Die Entwicklung vom Ei bis zum fertigen (adulten) Falter ist temperaturabhängig und schwankt zwischen 5 und 8 Wochen. Ein Falter hat eine Lebenserwartung von 1–2 Monaten. Langstreckenflieger, die in einer einzigen Generation 4000 km schaffen, müssen diese Strecke in 1–2 Wochen überwinden. Die Falter steigen in große Flughöhen, um günstige Luftströme auszunutzen.

In der Regel erfolgt der Fernverkehr als Staffellauf, indem der Falter der nächsten Generation die Reise fortsetzt. Für die Überwindung der Distanz von Skandinavien bis Afrika bedarf es 4 Generationen. Die Zugrichtung ist genetisch fixiert.
Über das Zugverhalten ist zwar noch vieles im Unklaren, aber mittels moderner Radartechnik und anderer Methoden gibt es Karten der wichtigen Zugstraßen des Dis-

Der Alpen-Weißling *(Pontia callidice)* – hier eine Kopula – lebt in Zwergstrauchheiden und Rasengesellschaften der Hochlagen.

telfalters. Populationen, die den Winter im östlichen Teil Nordafrikas verbrachten, fliegen über das östliche Mittelmeer nach Mitteleuropa. Populationen, die sich in den westlichen Gebieten Afrikas aufhielten, kehren nach Europa über Spanien und Frankreich zurück. Waren die Lebensbedingungen in den Winterquartieren besonders günstig, kommt es in Mitteleuropa zu einer Invasion großer Massen des Falters.

Eros-Bläuling *Polyommatus eros*: Im Herbst legen die ♀ ihre Eier einzeln am Grund von Schmetterlingsblütlern ab (häufig an Hufeisenklee), die für die Larven als Nahrung dienen. Die Eier überwintern. Im Frühjahr schlüpfen die Larven. Sie leben meist in Symbiose mit Ameisen. Die Raupen sondern Lockstoffe ab, die die Ameisen anlocken. Zudem sondern die Larven ein zuckerhaltiges Sekret ab, das die Ameisen auflecken. Die Ameisen bieten den Raupen Schutz vor Fressfeinden.

Eulenfalter *Noctuidae, Erebidae, Nolidae*

Die Eulenfalter gehören mit weltweit rund 35.000 beschriebenen Arten zur artenreichsten Schmetterlingsfamilie. In Mitteleuropa gibt es etwa 650 Arten. Die Musterung der Flügel der Eulenfalter ist sehr variabel. Typisch sind jedoch die Zeichnungen der Vorderflügel, bestehend meist aus wellenförmigen oder gezackten Querbinden und Flecken (Makeln) im Mittelfeld. Die Hinterflügel sind einfarbig, nicht oder kaum gezeichnet. Eulenfalter haben dicht behaarte dicke Körper. Die Fühler sind bei den ♀ fadenförmig, bei den ♂ gezähnt oder gekämmt. Zu den größten Fressfeinden der Nachtfalter gehören die Fledermäuse, die ihre Beute in der Luft mithilfe von Ultraschallwellen orten. Die Eulen, und auch andere Nachtfalter, besitzen eine sehr sensible Hörfähigkeit im Ultraschallbereich. Sie können die Peilrufe der Fledermäuse bis zu einer Frequenz von 70.000 Hertz wahrnehmen.

Für eine sichere Artbestimmung reicht die Bildmethode nicht aus, oft sind anatomische Untersuchungen nötig – daher auf Seite 332 nur 3 Arten als Beispiele.

Widderchen *Zygaenidae*

Die Zygaenen sind tagaktiv und fliegen nur an den heißesten Stunden. Ihre auffällige, schwarz-rote Warnfarbe der Flügel signalisiert, dass sie giftig und für Fressfeinde ungenießbar sind, denn sie produzieren blausäurehaltige Glykoside.

Tausendfüßer
Myriapoda

1 Gebirgs-Schnurfüßer
Hypsojulus alpivagus

L 2–4 cm. Meist schwarz, mit 75–91 Beinpaaren. ■ Tote Pflanzenteile und Reste toter Tiere. ▼ Unter Steinen und Laub. ▲ In den Alpen 2000–2750 m. Ein Vertreter der Doppelfüßer *(Diplopoda)* mit 700 Arten in Mitteleuropa.

2 Steinläufer, Steinkriecher
Lithobius lucifugus

L 2–3 cm. Mit 15 Beinpaaren und kräftigen Kiefern. ● Nachtaktive, flinke Räuber, töten Insekten durch ein hochwirksames Gift. ▼ Von der Ebene bis ins Hochgebirge an feuchten Stellen unter Steinen, morschem Holz oder Laubstreu. Der Steinläufer ist ein Vertreter der Hundertfüßer. In Deutschland gibt es etwa 30 Arten.

Spinnen
Arachnida

3 Garten-Kreuzspinne
Araneus diadematus stellatus

L ♀ etwa 18 mm, ♂ meist nur 10 mm. ■ Insekten. ▼ Wiesen, Streuobstwiesen, Heiden, Waldränder. Zur Biologie s. S. 285. ▲ Schwerpunkt Mitteleuropa, in den Alpen bis 1500 m. Die Unterart *stellatus* (oder auch nur als Ökophänotyp aufgefasst) kommt in den Alpen zwischen 1800 und 2500 m vor. Die weißen Zeichnungen des braunschwarzen Körpers sind klarer abgegrenzt. Ein Vertreter der artenreichen Radnetzspinnen.

4 Berg-Wolfspinne, Magerrasen-Wolfspinne
Pardosa (Lycosa) monticola)

L 4–7 mm. Vorderkörper dunkelbraun mit hellem Mittelstreifen und breiten Seitenstreifen; Hinterleib dunkel- bis gelbbraun behaart, mit unregelmäßigen Zeichnungen. ● Baut keine Netze, schleicht die Beute an und überwältigt sie im Sprung. Die Eikokons werden an den Spinnwarzen festgesponnen und mit herumgetragen; auch die Jungspinnen werden einige Zeit am Hinterleib getragen. ▼ Offene Böden mit karger Vegetation. ▲ Hauptsächlich West- und Mitteleuropa, in den Alpen bis fast 2000 m.

5 Gemeiner Weberknecht
Phalangium opilio

L 4–7 mm. Sehr langbeinig. ● Die Eier werden in Paketen mit je 100–200 Stück verklumpt in Erdritzen gelegt. ■ Lebt räuberisch, die Beute wird nicht durch Gift getötet, sondern lebendig verspeist. ▼ Bevorzugt offene, steinige Rasen, auch lichte subalpine Lärchen-Zirbenwälder. ▲ Mitteleuropa; von der Ebene bis in die untere subalpine Stufe.

Urinsekten oder Flügellose Insekten
Apterigota

6 Schneefloh
Entomobrya (Desoria) nivalis

L etwa 2 mm. Hellgelb, stark behaart, mit purpurroter Zeichnung. ■ Grünalgen. Zur Biologie s. S. 285. ▼ Waldränder, in Moospolstern, in Schneefeldern. ▲ Bis 3200 m. Vertreter der zahlreichen Springschwänze.

7 Gletscherfloh
Isotoma (Desoria) saltans

L 1,5–2,5 mm. Tiefschwarz gefärbt. ■ Eingewehter Blütenstaub und winzige Grünalgen. Zur Biologie s. S. 285. ▼ Lebt ganzjährig auf Gletscher- und Schneefeldern in Ritzen und winzigen Spalten. ▲ Hochalpen.

5
3
4
1
2
7
6

Urinsekten
oder **Flügellose Insekten**

Apterigota

1 Felsenspringer

Machilis spec.

L 9–18 mm. Körper spindelförmig, mit 3 langen borstenförmigen Schwanzanhängen sowie sehr großen Komplexaugen, die in der Mitte des Kopfes fast zusammenstoßen. ● Machen bei Gefahr Sprünge bis zu 10 cm weit und bis zu 5 cm hoch. ■ Weiden Algen und Flechten ab. ▼ In Moospolstern, auf Steinen und in Felsspalten, Larven in Bergbächen bis 1000 m. ▲ Alpen und Mittelgebirge bis 3000 m. 15 Arten in Mitteleuropa, Pyrenäen.

Eintagsfliegen

Ephemeroptera

2 Eintagsfliege

Centroptilum luteolum

L 5–7 mm (ohne Schwanzfäden). Körper gelblich mit auffällig großen, glashellen Flügeln und stark vergrößerten Augen (»Turbanaugen«). Larven mit 3 Schwanzanhängen und Tracheenkiemenblättchen am Hinterleib. ● Leben in Bächen von Algenüberzügen. Zur Biologie s. S. 286. ▼ Alpenbäche. In Mitteleuropa gibt es über 100 Arten von Eintagsfliegen.

Steinfliegen

Plecoptera

3 Steinfliege

Perla maxima

L 23–28 mm, ♀ 33–37 mm; Larve etwa 30 mm. Flügel durchsichtig, schwach bräunlich mit dunklen Adern. Larven schlank, abgeplattet; Kopf gelbbraun mit schwarzen Zeichnungen; ähnlich gemustert sind die 3 Segmente des Thorax (Brust); Hinterleib schwarz mit gelben Flecken und 2 Schwanzfäden sowie Tracheenbüscheln zur Atmung. ● Die Larve lebt räuberisch in schnell fließenden Bächen. Zur Biologie s. S. 286. ▼ Alpenbäche. ▲ Mitteleuropa bis in 2000 m Höhe.

Libellen

Odonata

4 Torf-Mosaikjungfer

Aeshna juncea

L 60–70 mm, Sp. 85–100 mm. Flügel gelblich, Kopf schwarz mit je einem gelben Fleck hinter dem Auge; Hinterleib schwärzlich mit blauen Flecken; ♀ Brust und Hinterleib braun und gelb, Kopfhinterrand mit 2 gelben Flecken. Zur Biologie s. S. 287. ▼ In Seen mit Seggen und Binsen. ▲ Mittel- und Nordeuropa, bis in die Subarktis; vor allem in den Hochlagen der Alpen bis 2800 m (Schweiz).

5 Binsenjungfer

Lestes sponsa

L 26–31 mm, Sp. 40–50 mm. ♂ Augen intensiv blau, Brust und Hinterleib oberseits metallisch grün; ♀ Oberseite kupferfarben glänzend, unten violettgrau. Zur Biologie s. S. 287. ▼ An Gewässern mit vertikal wachsenden Wasserpflanzen wie Binsen, Simsen oder Seggen. ▲ Häufig in ganz Mitteleuropa; in den Alpen bis etwa 2200 m; N-Spanien, N-Italien, bis Mittelnorwegen und Finnland.

1
2
3
4
5 ♂
5 ♀

Ohrwürmer

Dermaptera

1 Alpenohrwurm

Chelidura aptera

L 11–14 mm. ■ Allesfresser (zarte Pflanzenteile, Moose, Pilze, aber auch kleine Insekten). ● Nachtaktiv; gräbt sich zur Überwinterung bis 15 cm lange Röhren in den Boden. Zur Biologie s. S. 288. ▼ Unter Steinen und Rinde in der subalpinen und alpinen Stufe. ▲ Südtirol und Schweiz.

Wanzen

Heteroptera

Zu Merkmalen und Biologie s. S. 288

2 Nördliche Fruchtwanze, Brauner Enak

Campocoris melanocereus

L 12–14 mm. Sehr variabel gefärbt. ■ Vor allem Doldenblütler und Korbblütengewächse; die Verdauung bewerkstelligen symbiotische Bakterien, die im Mitteldarm der Tiere leben. ■ Vor allem in Skandinavien und in den Gebirgen Europas, in den Alpen bis etwa 1800 m.

3 Gebirgs-Gemüsewanze

Eurydema rotundicollis

L 9–11 mm. Halsschild metallisch grün, rot umrandet, übriger Rumpf (Thorax) metallisch grün mit roten Zeichnungen. ● Lebt vor allem auf Brillenschötchen. ▼ Charakterart der (montanen) subalpinen und alpinen Kalkmagerrasen. ▲ Zwischen 1100 und 2600 m.

4 Blauschwarze Erdwanze

Sehirus (Canthophorus) dubius

L 6–8 mm. Metallisch glänzend schwarz, oft mit blauem, grünem oder violettem Schimmer; die Vorderbeine sind zu Grabschaufeln umgebildet. ■ Arten des Leinblattes *(Thesium)*, saugt an den oberirdischen Teilen der Pflanzen und auch an den Wurzelhälsen. ▼ Sonnige Kalkmagerrasen. ▲ Alpen bis 2000 m.

Laubheuschrecken

Ensifera

Zu Biologie und Merkmalen s. S. 289

5 Zwitscherschrecke

Tettigonia cantans

L ♀ 27–42 mm, ♂ 26–34 mm. Körper überwiegend grün, auf der Rückenseite verläuft ein gelbes bis rotbraunes Band. ■ Insekten, auch Pflanzen. ● Die Art gehört zu den aggressivsten Laubheuschrecken. Das ♀ legt die Eier in den feuchten Boden. Diese überwintern mindestens 2-mal, bis die Larven schlüpfen; bis zum fertigen Insekt häuten sie sich 6-mal. ▼ Feuchtwiesen, Hochstaudenfluren. ▲ Alpen bis 2500 m; Pyrenäen, Jura, Mitteleuropa, Balkan.

6 Warzenbeißer

Decticus verrucivorus

L ♀ mit der nach oben gebogenen Legeröhre 26–45 mm, ♂ 25–36 mm. Färbung des Körpers variiert zwischen Grün, Gelbbraun und Schwarzbraun; Flügel mit dunkelbraunen Würfelflecken. ■ ⅔ Insekten und ⅓ Pflanzen. ● ♂ singen nur bei Sonnenschein. ▼ Magere Wiesen, Moore. ▲ Mitteleuropa, Portugal, Spanien, Skandinavien bis zum Polarkreis; in den Alpen 500–2500 m.

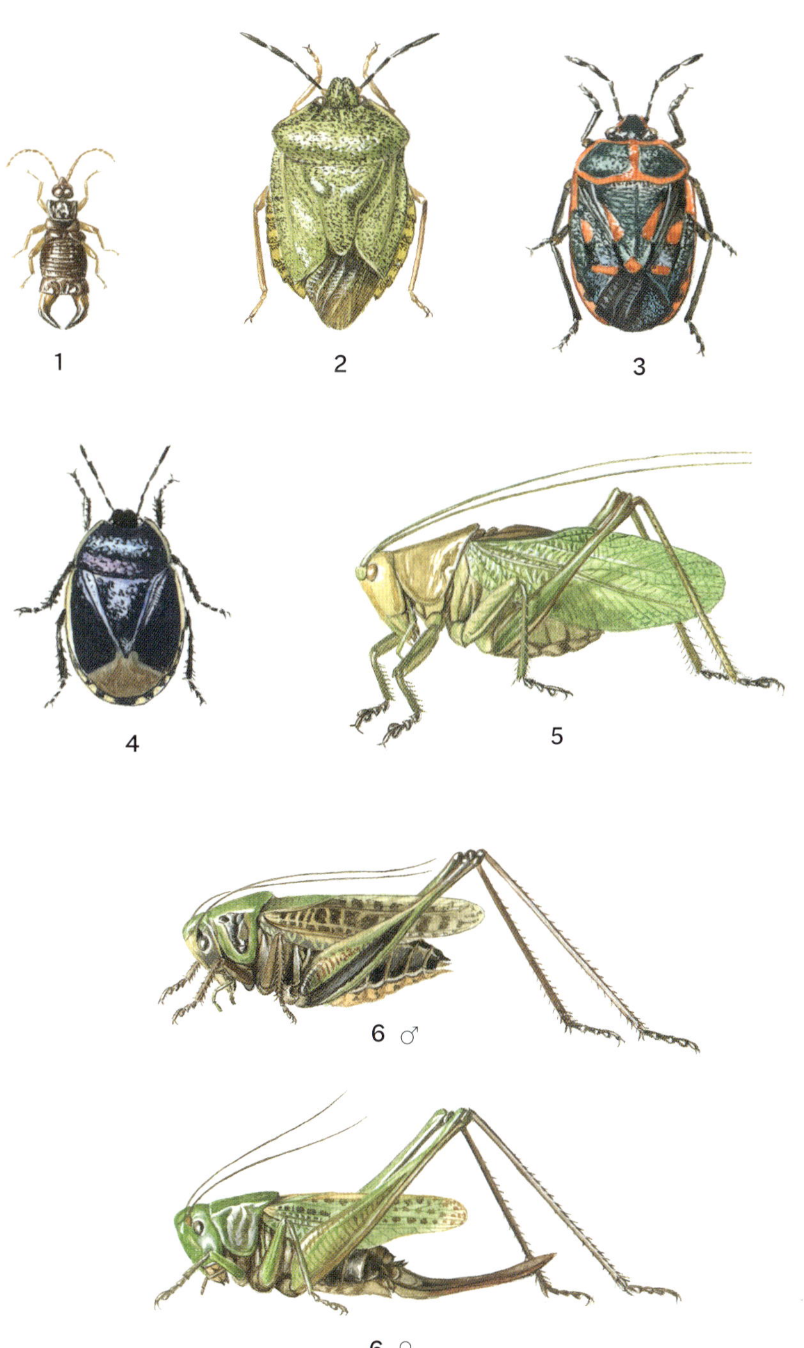

1
2
3
4
5
6 ♂
6 ♀

Feldheuschrecken

Caelifera

Zu Biologie und Merkmalen s. S. 289

1 Gefleckte Schnarrheuschrecke

Bryodema (Bryodemella) tuberculata

L ♀ 28–37 mm, ♂ 24–30 mm. Körper grau bis schwarz; im Flug werden die rosaroten Flügel sichtbar. ● Erzeugen im Flug mit den Hinterflügeln einen schnarrenden Ton. ▼ Kiesbänke alpiner und voralpiner Flüsse ab Mitte Juni bis Oktober; durch Flussregulierungen und Kiesentnahmen sind die meisten Lebensräume zerstört. Vom Aussterben bedroht. ▲ Mitteleuropa, Schweden, Finnland, Baltikum.

2 Sibirische Keulenschrecke

Gomphocerus sibiricus

L 18–25 mm. Körperfärbung eine Mischung aus Braun-, Grün- und Grautönen; Fühlerspitzen keulenförmig verdickt, Halsschild bucklig gewölbt; ♂ mit blasenförmigen Vorderschienen. ▼ Südexponierte, steinige Rasen und Zwergstrauchheiden. ▲ Pyrenäen, Mitteleuropa, Karpaten; in Mittel- und Südeuropa ist die Art auf die Hochgebirge beschränkt; 1000–3000 m; Hauptverbreitung in Deutschland im Oberallgäu.

3 Bunter Alpengrashüpfer

Stenobothrus rubicundus

L ♀ 17–25 mm, ♂ 18–20 mm. Hinterleib auffallend intensiv orange gefärbt, Hinterbeine rötlich, Flügel breit und dunkelbraun, übriger Körper braun, grau oder grünlich. ● Schnarrt beim Auffliegen. ▼ Trockene, steinige Hänge, Zwergstrauchheiden. ▲ Apuanische Alpen, Apennin, Alpen, Balkanhalbinsel bis Griechenland, 1000–3000 m.

4 Alpen-Gebirgsschrecke

Miramella alpina

L ♀ 22–31 mm, ♂ 16–23 mm. Grundfarbe glänzend grün mit variabler schwarzer Musterung, beim ♂ kontrastreicher; Schenkel der Hinterbeine an der Unterseite beim ♂ rot, beim ♀ gelblich; hinter dem Auge setzt ein schwarzes Band an, das beim ♀ bis zum hinteren Rand des Halsschildes, beim ♂ bis zum Hinterleibsende führt. ■ Gräser, Moose, Flechten und Beeren. ● Gebirgsschrecken haben verkürzte Flügeldecken. Mit den Mundwerkzeugen erzeugen sie leise Knarrlaute. ▼ Feuchte Wiesen, Niedermoore, lichte Wälder. ▲ Beschränkt auf die Gebirge Mittel- und Südeuropas, Pyrenäen, Zentralmassiv, Alpen, Vogesen, Schwarzwald, Karpaten; 1000–2800 m.

5 Nordische Gebirgsschrecke

Bohemanella frigida

L ♀ 22–27 mm, ♂ 18–21 mm. Körper behaart, Grundfärbung sehr variabel, gelblich, graugrün, violett bis rötlich braun, an den Flanken eine glänzend schwarze und weiße Scheckung; Unterseite der Schenkel leuchtend rot. ● Verträgt starke Fröste. ▼ Matten und Schuttfluren. ▲ Nördliches Skandinavien, Hochlagen der Alpen, 2000–3000 m; fehlt in den deutschen Alpen, in der zentralen und südlichen Schweiz häufig. Eiszeitrelikt.

1
2 ♂
3 ♂
4 ♂
5 ♂

Laufkäfer

Carabidae

1 Berg-Sandlaufkäfer

Cicindela sylvicola

L 12–17 mm. Deckflügel grünlich kupferfarben, mit weißen oder gelben Zackenbinden oder Flecken; Augen groß und rund. Zur Biologie s. S. 289. ▼ Sonnige Waldwege, vegetationsarme Böschungen und Geröllhalden. ▲ Mitteleuropa bis Mittelitalien, Südost-Europa; vor allem im Bergland; in den Alpen zwischen 600 und 1600 m (gelegentlich bis 1900 m).

2 Goldglänzender Laufkäfer

Carabus auronitens

L 18–32 mm. Meist goldgrün, Deckflügel mit je 2 kräftigen Längsrippen; Fühler schwarz, nur das 1. Glied ist rot. Zur Biologie s. S. 289. ▼ In feuchten, kühlen Wäldern. ▲ Alpenvorland und Alpen, auch in höheren Lagen bis maximal 2500 m.

3 Hainlaufkäfer

Carabus nemoralis

L 18–22 mm. Deckflügel fein gerippt, glänzend bronzebraun oder schwarzgrün; das Halsschild ist violett bis blau. ■ Vor allem Schmetterlingsraupen. ● Der Käfer erscheint im zeitigen Frühjahr bis Ende Mai, legt im Sommer eine Ruhepause ein und taucht dann wieder im August auf. ▼ Im Flachland und in den Alpen bis etwa 2000 m. ▲ Mitteleuropa, Nordeuropa fast bis zum Polarkreis.

4 Brauner Berg-Dammläufer

Oreonebria castanea ssp. *picea*

L 7–11,5 mm. Körper schwärzlich braun, aber Färbung stark variierend; Flügeldecken tief und stark punktiert; mehrere Randborsten am Halsschild; Fühler und Beine braunrot. ● Hochalpine, kälteliebende und feuchtigkeitsliebende Art. ▼ Unter Steinen, in Schneetälchen, auf alpinen Grasheiden, besonders am Rand von Schneefeldern. ▲ Selten; Schweiz, randlich bis Vorarlberg, Nordtirol; 2000–3000 m. Abgrenzung von der Hauptart unklar, diese Gebirge Mitteleuropas, Alpen, Pyrenäen.

5 Schneckenfresser, Schaufelkäfer

Cychrus angustatus

L 12–20 mm. Kopf zugespitzt, Halsschild schmal; somit vermag der Käfer als Schneckenfresser tief in die Gehäuse von Schnecken einzudringen. Zum Schutz vor dem Schleim der Schnecken sind die Atemöffnungen durch die Flügeldecken verdeckt. ▼ Nadelwälder, alpine Rasen. ▲ Alpen 1500–2500 m; Nord- und Mitteleuropa, Pyrenäen, Karpaten.

6 Metallfarbener Grabkäfer

Pterostichus metallicus

L 12–14 mm. Deckflügel fast glatt, glänzend kupfrig, bläulich oder rötlich. ▼ In Laubwäldern der Alpen und der Mittelgebirge einer der häufigsten Laufkäfer. ▲ Mitteleuropa, Karpaten.

7 Panzers Grabkäfer

Pterostichus panzeri

L 13–15 mm. Körper flach, schwarz, glänzend; Flügeldecken gestreift, mit kleinen Punkten. ▼ Steinige Rasen mit Latschen, Blockschutthalden, in den Nordalpen, besonders in Gipfelnähe, häufig. ▲ Vor allem nördliche Kalkalpen, Jura, Beskiden, Karpaten; 1400–2600 m. Die artenreiche Gattung ist sehr schwierig zu bestimmen.

8 Ovaler Breitkäfer

Abax ovalis

L 11–15 mm. Körper eiförmig, glänzend schwarz; Flügeldecken tief gestreift. ■ Lebt räuberisch, frisst auch frisches Aas. ▼ Bergwälder, meistens unter Steinen. ▲ Alpen, Mittel- und Südost-Europa; 1100–1300 m.

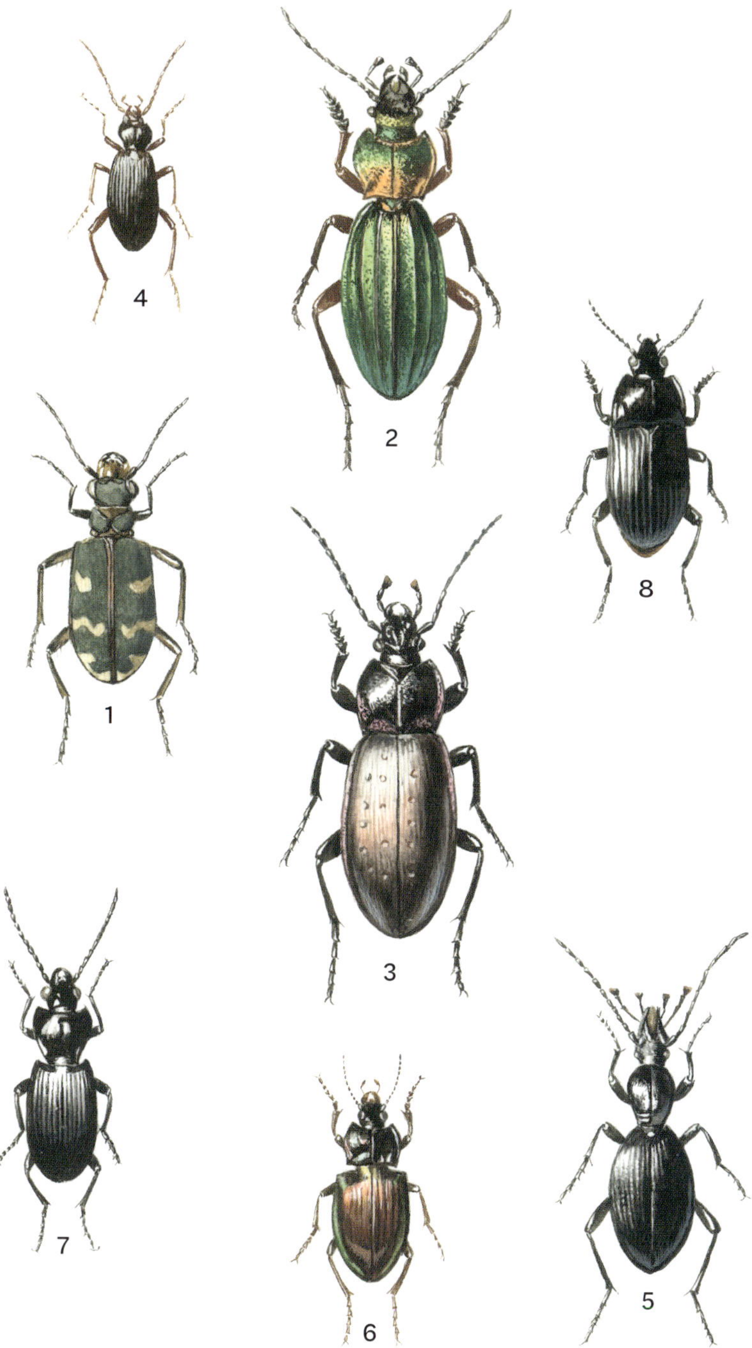
4
2
8
1
3
7
6
5

Echte Schwimmkäfer

Dytiscidae

Zur Biologie s. S. 290.

1 Furchenwasserkäfer

Helophorus nivalis

L 3,2–3,8 mm. Kopf und Halsschild dunkel, metallisch glänzend; Flügeldecken metallisch, braun oder gelbbraun. ▼ In Schmelzwassertümpeln von 1300–2600 m. ▲ Alpen, Sudeten, Beskiden.

2 Zwergschwimmer

Hydroporus foveolatus

L 3,5–3,8 mm. Eiförmig, glänzend schwarz, dicht punktiert. ▼ Schmelzwassertümpel und Gebirgsseen in 1800 m und höher. ▲ Alpen, Pyrenäen, Hohe Tatra, Balkan. Ein Vertreter der hochalpinen Schwimmkäfer.

3 Schnellschwimmer

Agabus solieri

L 8–11 mm. Schwarzbraun, mit roten, fadenförmigen Fühlern. ■ Käfer erbeuten v.a. Mückenlarven. ▼ Lebt in Gebirgsseen oberhalb 1500 m. ▲ Alpen, Pyrenäen, Nordeuropa, Fennoskandien, Slowakei.

Schnellkäfer

Elaterideae

4 Metallglänzender Rindenschnellkäfer

Ctenicera (Corymbites) pectinicornis

L 15–18 mm. ♂ mit kammförmigen Fühlern, ♀ mit gesägten Fühlern. ■ Käfer: Blüten und Gräser; Larven: Pflanzenwurzeln. ▼ Waldwiesen, Waldränder, feuchte Wiesen, Magerrasen. ▲ Alpen, Ebene bis 2500 m.

5 Kupferfarbener Kammhorn-Schnellkäfer

Ctenicera cuprea

L 12–18 mm. Kupfrig glänzend; Fühler von ♂ und ♀ wie beim Metallglänzenden Rindenschnellkäfer. ▼ Im Hochsommer auf sonnigen Waldwiesen und Sträuchern – durch seine kupfrig glänzende Färbung erkennbar. ▼ Waldränder, Magerrasen. ▲ Alpen, 1000–2500 m.

Aaskäfer

Silphidae

6 Schwarzer Schneckenjäger, Schwarzer Aaskäfer

Phosphuga atrata

L 10–15 mm. Deckflügel schwarz mit je 3 Längsrippen, die Flächen dazwischen sind runzelig, Rand der Deckflügel ist etwas nach oben gebogen. ■ Schnecken, der Käfer kriecht in deren Gehäuse und tötet sie mit einem Giftbiss. ● Stellt sich beim Ergreifen tot. ▼ Ein sehr häufiger Aaskäfer unter modernder Rinde; Totholz. ▲ Alpen, Ebene bis 1700 m; Europa bis zum Polarkreis.

Kurzflügler

Staphilionidae

In Mitteleuropa gibt es 2000 Arten.

7 *Ocypus brevipennis*

L 12–16 mm. Kurze, schwarze Deckflügel; die häutigen Hinterflügel werden zum Fliegen benutzt und in Ruhe in einem komplizierten Vorgang gefaltet und unter die dunklen Deckflügel gesteckt. ■ Kleine Schnecken und Insekten. ▼ Weit verbreitet; subalpine Wiesen und Zwergstrauchheiden. ▲ Ost- und Zentralalpen.

8 *Anthophagus alpinus*

L 3,6–4 mm. Kopf und Halsschild schwarz oder schwarzbraun, Kopf mit 2 dornförmigen Stirnfortsätzen; Deckflügel bräunlich gelb, punktiert, fein und spärlich behaart, doppelt so lang wie der Halsschild; Hinterleib schwarz. ▼ Alpine Grasheiden, Zwergstrauch- und Flechtenheiden. ▲ Alpen zwischen 1900 und 2600 m; Nord- und Mitteleuropa, Jura, Sudeten, Karpaten.

1
3
2
4
5
6
7
8

Rotdeckenkäfer

Lycidae

1 Rüssel-Rotdeckenkäfer

Lygistopterus sanguineus

L 7-12 mm. Deckflügel ziegelrot, Fühler schwarz, gezähnt. ■ Käfer: vor allem Pollen von Doldenblütlern und Korbblütengewächsen, Larven: Insekten. ● Die schwarzen Larven benötigen für ihre Entwicklung mehrere Jahre in morschem Holz von Laubhölzern. ▼ Waldränder, Wälder. ▲ Alpen, 600-1600 m; Europa bis Sibirien.

Marienkäfer

Coccinellidae

2 Zehnpunktmarienkäfer

Adalia decempunctata

L 4-6 mm. Färbung und Verteilung der schwarzen Flecken und Punkte auf rotem Grund **(2a)** sehr variabel. Es gibt fast schwarze Formen **(2b)**. ■ Käfer und Larven ernähren sich von Blattläusen. ● Überwintert in der Bodenstreu. ▼ Wiesen, Waldränder. ▲ In den Alpen meist unter 1500 m, gelegentlich bis 2200 m; Europa.

3 Alpen-Marienkäfer

Semiadalia alpina

L 3,5-4,5 mm. Kopf schwarz, Deckflügel rot mit schwarzen Flecken. ▼ Almwiesen. ▲ Selten; Westalpen zwischen 800 und 2200 m; westliches Südtirol, Allgäu, Karpaten, Tatra.

Mistkäfer

Geotrupidae

4 Alpenmistkäfer

Geotrupes alpinus

L 10-14 mm. Deckflügel glänzend schwarz, dicht und fein punktiert. ● Die Eier werden in selbst gegrabenen Gängen abgelegt. ■ Käfer leben im Kot von Pflanzenfressern; die Larven ernähren sich von Mist. ▲ Die Art ist hauptsächlich in den Ost- und Zentralalpen verbreitet, meist oberhalb der Baumgrenze bis 2500 m; Alpen, Mittel- und Nordeuropa.

Blatthornkäfer

Scarabaeidae

5 Großer Dungkäfer

Aphodius fossor

L 8-12 mm. Flügeldecken schwarz, manchmal braunrot, mit 10 fein punktierten Streifen, Halsschild sehr groß. Zur Biologie s. S. 290. ▼ In waldreichen, gebirgigen Gegenden. ▲ Nord- und Mitteleuropa.

6 Gemeiner Dungkäfer

Aphodius fimetarius

L 5-8 mm. Halsschild schwarz, Vorderecken meist rot; Deckflügel rotbraun, die alpine ssp. *monticola* ist auf dem Halsschild und den Deckflügeln kräftiger punktiert. ● Nach der Paarung legen die ♀ die Eier in den Kot von Rindern und Pferden, die Larven ernähren sich vom Kot. ▲ Alpen bis in die alpine Stufe, in Norwegen bis zum 70. Breitengrad.

7 Gebänderter Pinselkäfer

Trichius fasciatus

L 9-12 mm. Flügeldecken gelb bis kräftig rot mit 3 schwarzen Querbändern, die in der Mitte unterbrochen sind. ■ Blütenpollen, ist auf Doldenblütlern häufig anzutreffen; die Larven leben im modernden Holz von Laubbäumen. ▼ Waldlichtungen. ▲ In den Alpen bis 1000 m; Mittelgebirge Mitteleuropas, Skandinavien.

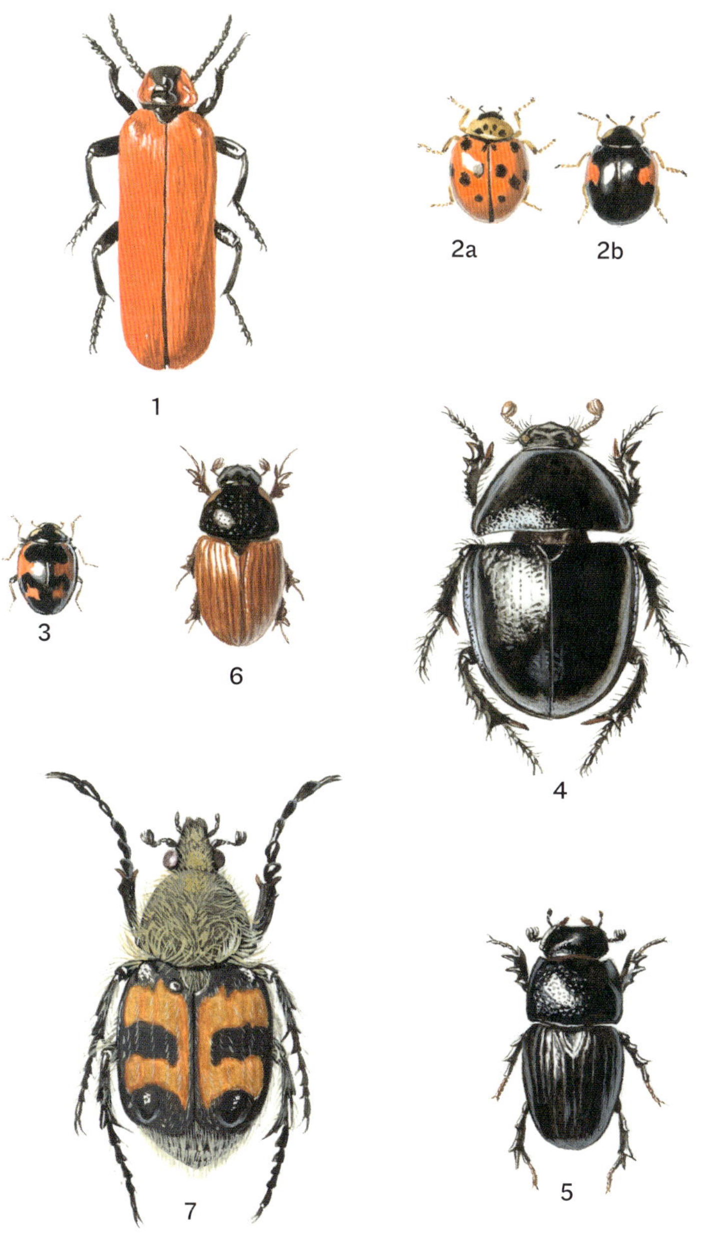
1
2a
2b
3
6
4
7
5

Scheinbockkäfer
Oedemeridae

1 Pfriemen-Scheinbock
Oedemera subulata

L 8–10 mm. Kopf und Halsschild schwarz; Deckflügel ockerfarben bis hellbraun, an den Rändern schwarz, mit 3 Längsrippen; Hinterschenkel stark verdickt; Fühler fadenförmig, wie Beine schwarz. ■ Nektar und Pollen krautiger Pflanzen, häufig auf Doldenblütlern. ▼ Wärmeliebend, bevorzugt Südhänge, trockene Waldsäume, Gebüsche, montan bis subalpin. ▲ Alpen und Mittelgebirge; Mittel- und Südeuropa, Kaukasus.

2 *Nacerda fulvicollis*

L 8–12 mm. Kopf schwarz, Halsschild gelb bis hellbraun; Deckflügel mit 3 Längsrippen, schwarz, oft mit blauem Schimmer, ♀ braun. ● Larven leben in morschem Holz. ▲ Montane Art; Mittel-und Südeuropa.

Bockkäfer
Cerambycidae

3 Schnürhalsbock
Pidonia lurida

L 9–14 mm. Deckflügel bräunlich bis rötlich, Deckflügelkanten fast parallel verlaufend; Kopf und Halsschild meist schwarz, Fühler der ♂ so lang wie der Körper, die der ♀ viel kürzer. ● Die Larven leben in toten oder absterbenden Wurzeln von Fichten und Buchen, sie verpuppen sich im Boden. ▼ Waldwiesen und lockere Wälder, auf Doldenblütlern. ▲ Süd-, Mittel- und Osteuropa; zwischen 600 und 1700 m.

4 Langhornbock, Schneiderbock
Monochamus sutor

L 15–24 mm (ohne Fühler), Fühler der ♂ mindestens doppelt so lang wie der Körper. Deckflügel dunkel mit hellen Haarflecken; Beine lang und kräftig. Zur Biologie s. S. 290. ▼ An Tanne und Fichte. ▲ Alpen, besonders Kalkalpen, 1000–1600 m; Pyrenäen, Skandinavien, Karpaten, Kaukasus.

5 Gelber Vierfleckbock
Pachyta quadrimaculata

L 11–20 mm. Kopf und Halsschild schwarz; Flügeldecken gelb mit je 2 großen, schwarzen Flecken. ● Die Larven entwickeln sich im Wurzelbereich von Fichten, zur Verpuppung gehen sie in den Boden. ▼ An Doldenblütlern. ▲ Alpen, 600–1200 m; Europa, bis Finnland.

6 Gefleckter Schmalbock
Strangalia maculata

L 14–20 mm. Kopf und Halsschild schwarz; Deckflügel gelb, vorn mit schwarzen Flecken, hinten mit schwarzen Querbinden; Fühler und Beine abwechselnd gelb und schwarz gefärbt. ● Die Larve bohrt sich tief in alte morsche Bäume, vor allem Laubhölzer, seltener Nadelhölzer. ■ Pollen und Staubgefäße (meist) von Doldenblütlern. ▲ Alpen, Ebene bis etwa 1700 m; Mitteleuropa, Kaukasus, bis Sibirien.

7 Blutroter Halsbock
Leptura sanguinolenta

L 9–11 mm. Kopf und Halsschild schwarz; Deckflügel fein punktiert, ♂ mit gelbbraunen, ♀ mit roten Deckflügeln. ● Die Larven leben in abgestorbenen Nadelbäumen. ▼ Gebirgswälder. ▲ Alpen bis etwa 1200 m; Europa, Kaukasus, Fennoskandien.

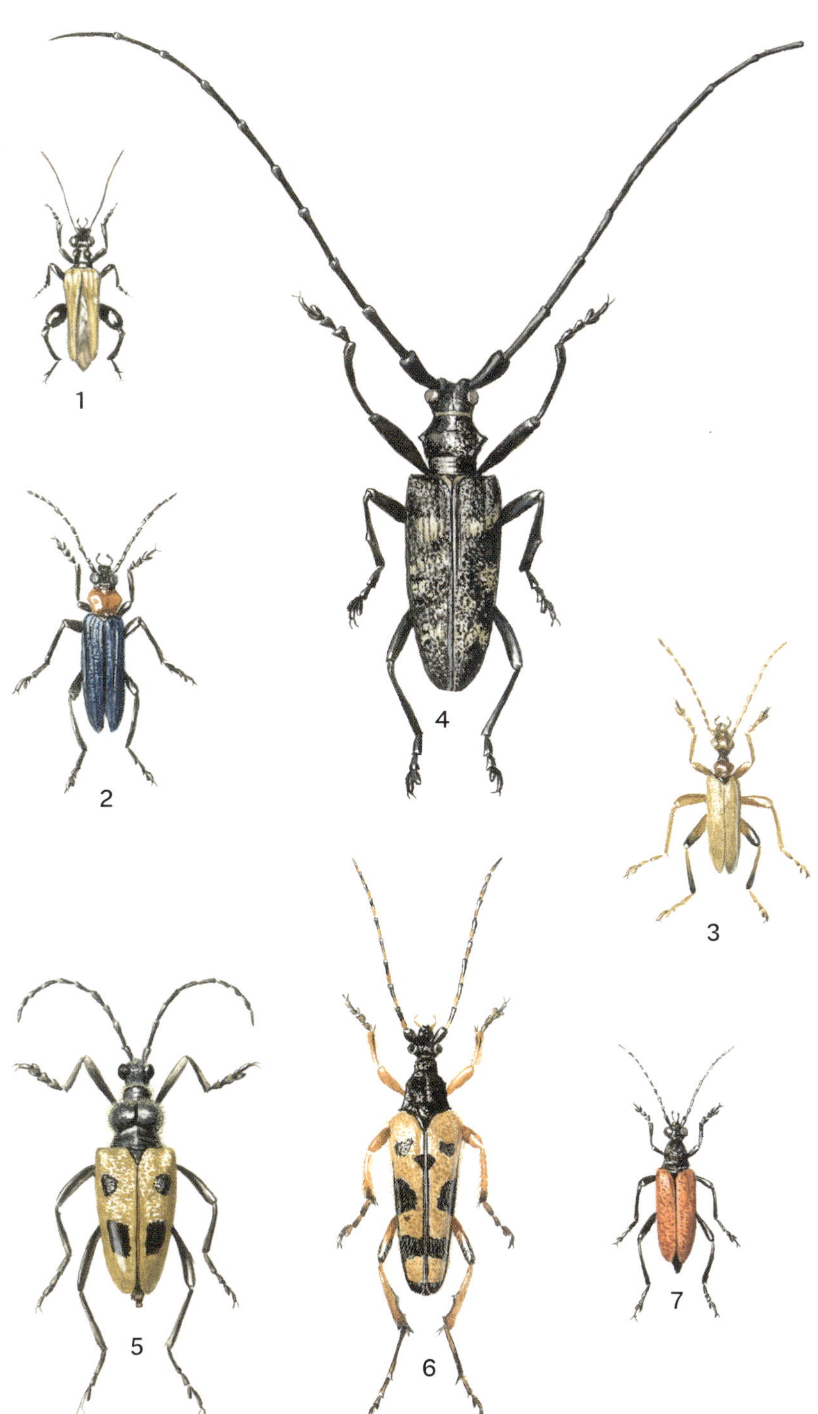
1
2
3
4
5
6
7

Bockkäfer

Cerambycidae

1 Alpenbock

Rosalia alpina

L 18–38 mm, ♂ meist kleiner. Körper mit variablem Muster aus schwarzen Flecken und tiefblauen bis violettblauen oder grauen Partien, verursacht durch eine feine und dichte Behaarung; Fühler so lang oder länger wie der Körper, mit schwarzen Fühlergelenken. Zur Biologie s. S. 291. ▲ Stark gefährdet; Alpen, vor allem nördliche und südliche Kalkalpen und Vorland bis etwa in 1400 m; Mitteleuropa, Kaukasus, Balkan, Karpaten.

2 Blaubock

Gaurotes virginea

L 9–12 mm. Halsschild schwarz oder rostrot oder schwarz mit roten Flecken; Deckflügel glänzend metallisch grün oder violettblau. ● Die Larven fressen in den Wurzeln von Nadelbäumen, zur Verpuppung graben sie sich in die Erde. ▼ Auf Doldenblütlern und Geißbart. ▲ Gebirgswälder zwischen 600 und 1700 mm; in Mitteleuropa verbreitet, in Nordeuropa und Sibirien selten.

Blattkäfer

Chrysomelidae

3 Smaragd-Fallkäfer

Cryptocephalus aureolus

L 6–8 mm. Körper zylindrisch, gedrungen; Halsschild und Deckflügel fein punktiert, metallisch glänzend grün, goldgrün, seltener blau. ● Käfer lässt sich bei Gefahr fallen (Name). ■ Käfer ernähren sich von Nektar und Pollen von Korbblütlern, die Larven fressen deren Blätter. ▼ Rasen, Zwergstrauchheiden. ▲ Alpen, 1200–2600 m; Mitteleuropa, bis Südnorwegen, Mittelschweden.

4 *Phytodecta linnaeana*

L 6–7 mm. Flügeldecken rot, mit feinen Punktstreifen; Kopf schwarz; Fühler rötlich gelb. ▲ In Gebirgsgegenden auf Weiden sehr häufig.

5 *Chrysochloa (Oreina) gloriosa*

L 9–13 mm. Deckflügel metallisch grün oder blau glänzend, sehr variabel. ■ Käfer an Doldenblütlern und Korbblütlern, die Larven zerfressen die Blätter bis auf die Blattrippen. ▲ Alpen bis 2800 m; Pyrenäen, Zentralmassiv, Jura, Vogesen, Apennin.

6 Alpenblattkäfer

Chrysochloa speciosissima

L 6–11 mm. Käfer sind je nach Höhenlage und Region sehr variabel gefärbt, Flügeldecken grün, goldgelb oder messingfarben, auch brennend rot. ■ Käfer meist an Korbblütengewächsen wie Greiskräutern und Alpendost. ▼ Hochstaudenfluren, Blockschutt, bis 2800 m. ▲ Alpen, Pyrenäen, französisches Zentralplateau.

7 Kupfriger Tatzenkäfer, Kleiner Tatzenkäfer

Timarcha metallica

L 5–10 mm. Flügeldecken eiförmig, mit starkem Messingglanz, locker fein punktiert; Halsschild mindestens doppelt so breit wie lang; Fühler und Beine braunrot. ▼ In Gebirgswäldern häufig. ▲ Alpen und Mittelgebirge; in tieferen Lagen verbreitet.

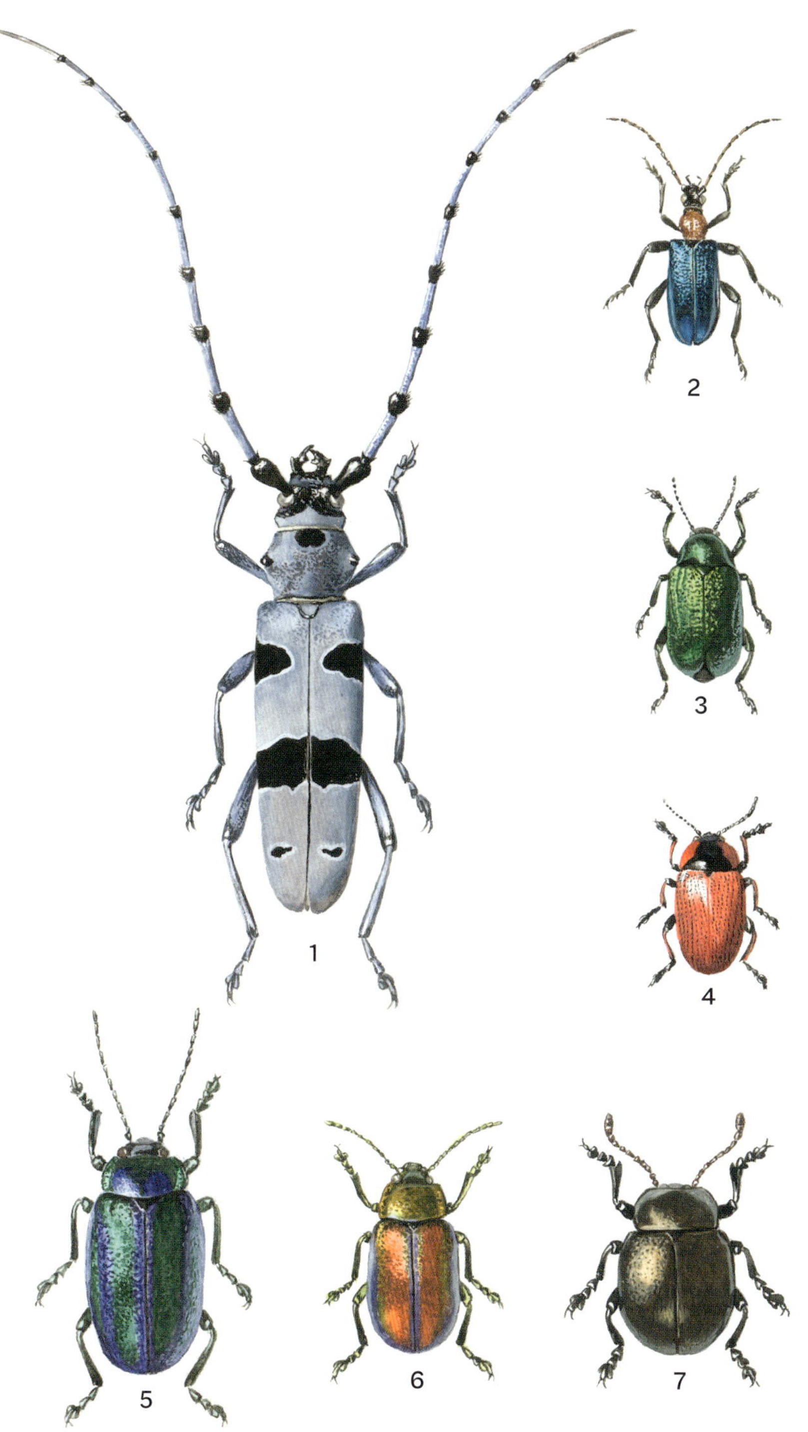
1
2
3
4
5
6
7

Rüsselkäfer

Curculionidae

Zur Biologie s. S. 291.

1 Gefleckter Dickmaulrüssler

Otiorhynchus gemmatus

L 7–12 mm. Körper schwarz; Deckflügel mit kleinen grünlichen oder goldfarbenen Flecken. ▼ Hochstauden, besonders Alpendost. ▲ Alpen, 1000–2000 m; Mittel- und Osteuropa, Karpaten.

2 Schwarzer Rüssler, Schwarzer Fichten-Dickmaulrüssler

Otiorhynchus niger

L 9–14 mm. Körper schwarz; Beine rotbraun mit schwärzlichen Knien; Deckflügel grübchenförmig punktiert, längs gestreift. ■ Die Käfer nagen an den Trieben junger Fichten; die Larven fressen an den Wurzeln. ▲ In den Alpen häufig, bis 2000 m; Mittelgebirge, Mittel- und Südeuropa, Karpaten.

3 Schuppiger Dickmaulrüssler

Otiorhynchus squamosus

L 6–8 mm. Körper schwarz, Halsschild kugelförmig, wie die Deckflügel mit hellen Flecken; Beine rot, mit schwarzen Klauen. ▼ Fichtenwälder, Latschengebüsch. ▲ Alpen, 1000–1700 m, Alpenvorland; Karpaten.

4 Schwarzbeiniger Dickmaulrüssler

Otiorhynchus morio

L 10–15 mm. Körper glänzend schwarz, Flügeldecken mit Punktstreifen; Halsschild fast kugelförmig. ■ Käfer an Korbblütlern. ▼ Beweidete Matten, Hochstaudenfluren. ▲ Alpen, 800–2000 m; Mittelgebirge, Pyrenäen, Jura, Karpaten.

5 Brauner Rüsselkäfer

Hylobius abietis

L 8–17 mm. Flügeldecken schwarz, mit etwa 4 Querstreifen aus feinen, ockergelben Flecken; Halsschild fein punktiert. Zur Biologie s. S. 291. ▼ Nadelwälder, an Nadelholz häufig. ▲ Alpen, bis 2000 m; Europa.

6 Großer Pestwurzrüssler, Trägrüssler

Liparus germanus

L 14–19 mm. Körper schwarz; Halsschild und Flügeldecken mit vielen gelblichen Flecken. ■ Käfer an Blättern von Pestwurzarten; die Larven leben in den Wurzelstöcken von Korbblütlern. ▲ Häufig; in den Alpen bis in 2000 m, in der Ebene fehlend; Gebirge Mittel- und Westeuropas, Pyrenäen, Karpaten bis zur Ukraine.

7 Kiefernknospenstecher

Anthonomus (Phyllocola) varians

L 2,5–3,5 mm. Deckflügel gelbbraun. ■ Käfer benagen Knospen und Staubgefäße der Blüten von Fichten, Kiefern und Latschen, die Larven fressen im Inneren der Knospen und verpuppen sich im Boden. ● Der Käfer überwintert im Boden. ▼ Kalkalpen auf Kiefer, Zentralalpen auf Zirbe. ▲ Europa.

Borkenkäfer

Scolytidae

8 Latschenborkenkäfer, Arvenborkenkäfer

Pityogenes alpinus

L 2,0–2,8 mm. Körper zylinderförmig, schwarzbraun; Fühler und Beine gelb. Zur Biologie s. S. 292. ▲ Alpen bis 2200 m; Mittelgebirge, Pyrenäen, Balkan, Karpaten, Transsylvanische Alpen.

1
2
3
4
6
5
7
8

Echte Blattwespen

Tenthredinidae

1 Echte Blattwespe

Tenthredo olivacea

L 8–14 mm. Körper gelbgrün oder grün; große Komplexaugen; Hinterleib mit schwärzlicher Rückenstrieme; Fühler und Beine schwarz. ■ Pollen und Nektar sowie kleine Insekten. ▼ Lichte Wälder, Matten. ▲ Alpen, 1400–2400 m; Mittel- und Nordeuropa, Spanien, England, Norwegen, östlich bis Sibirien.

Sandbienen

Andrenidae

2 Große Zottelbiene

Panurgus banksianus

L 10–12 mm. Taillenwespe mit Einschnürung zwischen Brust und Hinterleib. Körper schwarz, behaart; ♀ mit gelblichen Beinbürsten zum Sammeln von Pollen; ♂ mit großem, eckigem Kopf. ■ Pollen von Korbblütlern. Zur Biologie s. S. 292. ▼ Waldränder, Gebirgswiesen, sandige Plätze. ▲ Alpen, bis 2000 m; Süd- und Mitteleuropa.

3 Knautien-Sandbiene

Andrena hattorfiana

L 13–16 mm. Kopf und Brust glänzend schwarz; spärlich behaart; Hinterbeine stark behaart; 1. oder 2. Glied des Hinterleibes meist rot, sonst schwarz. Zur Biologie s. S. 292. ▼ Magerrasen, Waldränder, trockene Wiesen mit Tauben-Skabiosen und Acker-Witwenblumen. ▲ Alpen bis 2000 m; weite Teile Europas, aber durch Unkrautbekämpfung vielerorts verschwunden. Ist in der »nationalen Roten Liste gefährdeter Arten« aufgenommen.

4 Heidelbeer-Sandbiene

Andrena lapponica

L ♀ 12–13 mm, ♂ 9–11 mm. Imagines schwarzbraun bis gelbbraun, mit starker brauner Rückenbehaarung. ■ Nestproviant sind Blütenpollen von Heidel-, Preisel-, Rausch- und Moosbeeren. ● Nestbau ähnlich obiger Art. ▼ Waldränder, Moore, Heiden. ▲ Alpen, bis 2200 m; Mitteleuropa mit Norditalien und Nordspanien, Nordeuropa bis zum 70. Breitengrad.

5 Skabiosen-Hosenbiene

Dasypoda argentata

L 14–16 mm. Hinterbeine mit extrem langer und dichter Behaarung (Hosen) zum Sammeln von Pollen. ■ Ausschließlich Pollen von Kardengewächsen. ● ♀ graben langen, fast senkrechten Gang in sandigen Boden, am Ende werden 1–3 Brutzellen angelegt. ▼ Mager- und Trockenrasen. ▲ In Mitteleuropa nur lokal; Österreich: Burgenland, Niederösterreich, niedere Lagen; Italien: Aostatal, bis 800 m; Schweiz: Wallis bis 1300 m; Südeuropa.

1

2

3

4

5

Bienen und Hummeln
Apidae

1 Berghummel
Bombus (mesomelas) elegans
L Königin 20–24 mm, Arbeiterin 13–15 mm, Drohne 14–17 mm. Hinterleib überwiegend rötlich. ▼ Sonnige Südhänge, 800–2200 m. ▲ Schweiz und Österreich, inneralpine Trockentäler (Aostatal, Wallis).

2 Berglandhummel
Bombus monticola (lapponicus)
L Königin 18–23 mm, Arbeiterin 9–14 mm, Drohne 14–15 mm. Hinterleibsende rot. ▼Alpine Rasen, Zwergstrauchheiden. ▲ Nordeuropa, Arktis und Hochgebirge Europas; ein Eiszeitrelikt der Alpen.

3 Eisenhuthummel
Bombus gerstaeckeri
L Königin 20–26 mm, Arbeiterin 15–17 mm, Drohne 16–18 mm. Brust gelblich grau bis braunrötlich, Hinterleib weißlich grau; das Fell ist mehr oder weniger struppig; Rüssel sehr lang. Zur Biologie s. S. 293. ▼ Almweiden, Gebirgswiesen mit Eisenhut-Beständen. ▲ Alpen 1500–2500 m; Pyrenäen, Karpaten, Balkan.

Schwebfliegen
Syrphidae

zur Biologie s. S. 294

4 Mistbiene
Eristalis tenax
L 14–18 mm. Hinterleib dunkelbraun mit gelben, ockerfarbenen oder rötlichen Flecken. Die Art gehört zu den Wanderinsekten. Zur Biologie s. S. 295. ▼ Die Larven leben in Jauchegruben oder im Schlamm von verschmutzten Tümpelrändern. Imago: Waldränder, blumenreiche Rasen. ▲ Alpen, Pyrenäen; fast ganz Europa; Alpen bis 2400 m.

5 Große Torf-Schwebfliege
Sericomya silentis
L 12–14 mm. Hinterleib schwarz mit schmalen, gelben, in der Mitte unterbrochenen Binden. ● Vertreibt Bienen durch lauten Summton während des Fluges. ▼ Die Larven leben in torfigen Tümpeln. Imago: Moorgebiete, feuchte Wälder der Mittelgebirge, Alpen, Ebene bis 1500 m. ▲ Alpen, Pyrenäen, Fennoskandien, Kaukasus.

Fleischfliegen
Sarcophagidae

6 Graue Fleischfliege
Sarcophaga carnaria
L 9–18 mm. Rote Facettenaugen; Vorderkörper schwarz und grau längs gestreift, schachbrettartig gemusterter Hinterleib. ■ Die Fliegen saugen Nektar an Blüten aller Art; die Larven fressen frisches und verwesendes Fleisch. ● Die Larven entwickeln sich in einem Brutsack und werden kurz vor dem Schlüpfen aus den Eiern auf Aas abgelegt. ▲ Häufig; ganz Europa nördlich bis Nordnorwegen und Halbinsel Kola; in den Alpen bis etwa 2000 m.

Bremsen
Tapanidae

7 Schwarze Bremse
Hybomitra aterrima
L 13–16 mm. Körper schwarz; Augen hellgrün, mit 3 rotbraunen Binden. ● ♀ sind lästige Blutsauger an Almvieh und Wild, ♂ ernähren sich von Pflanzensäften. ▼ In der Nähe von Seen und Mooren. ▲ Alpen 1000–2400 m; Nordeuropa, in Mitteleuropa eine Gebirgsart, Pyrenäen, Karpaten.

1
2
3
4
5
6
7

Schnaken oder Stelzmücken

Tipulidae

Von Schnaken, auch Schneider genannt, gibt es weltweit 4000 Arten, in Deutschland leben 140 Arten.

1 Schnake

Tipula excisa

L 15–20 mm. Eine der häufigsten Schnaken der Alpen. Schnaken sind für Menschen völlig ungefährlich und können nicht stechen. Die langen Beine brechen sehr leicht ab. Sie sind mit Sollbruchstellen ausgestattet. ▲ Alpen, 1200–2800 m; Pyrenäen, Balkan, Fennoskandien.

Netz- oder Lidmücken

Blephariceridae

2 Lidmücke, Netzmücke

Liponeura minor

L 5–7 mm. Sehr langbeinig. ■ Imagines: ♀ saugen kleine Insekten aus, ♂ saugen Nektar; die Larven heften sich mit Saugnäpfen an Steinen in Gebirgsbächen fest und weiden feine Algenrasen ab. ▼ Larven: kalte, reißende Gebirgsbäche der Alpen zwischen 800 und 2200 m. ▲ Alpenraum.

Wollschweber

Bombyliidae

Es gibt etwa 100 Arten in Mitteleuropa.

3 Wollschweber

Systoechus sulphureus

L 8–10 mm. Körper pelzartig behaart. ■ Nektarsauger, haben dafür einen langen Rüssel. ● Können ähnlich wie Schwebfliegen in der Luft stehen bleiben. Ihre Larven parasitieren in den Larven anderer Insekten.

Tanzfliegen

Empididae

In Deutschland gibt es etwa 380 Arten. Tanzfliegen haben komplizierte Paarungstänze.

4 Tanzfliege

Rhamphomyia anthracina

L 7–9 mm. Körper schwarz mit dunklen Flügeln und langen, borstigen Beinen. ● ♂ fangen große Insekten als Hochzeitsgabe für das ♀. ▲ In den Alpen häufig, bis 2800 m; Skandinavien.

5 Gewürfelte Tanzfliege

Empis tesselata

L 11–13 mm. Körper grau, Brust oberseits mit 3 schwarzen Streifen; Beine dunkel. ■ Nektarsauger, häufig auf Doldenblütlern. ● Zur Paarungszeit erbeutet das ♂ ein Insekt und übergibt es dem ♀. Dieses saugt das Insekt während der Paarung aus. ▼ Feuchte Wiesen, Waldränder. ▲ Alpen, von der Ebene bis 2000 m.

Schnabelfliegen

Mecoptera

6 Winterhaft, Gletschergast

Boreus hiemalis

L 3–4 mm. Kopf nach unten schnabelförmig verlängert; ♀ mit säbelartig gebogenem Rohr am Hinterende für die Eiablage. Zur Biologie s. S. 296. ▼ Moospolster. ▲ Alpen, von der Ebene bis 2500 m; Mitteleuropa, Hohe Tatra.

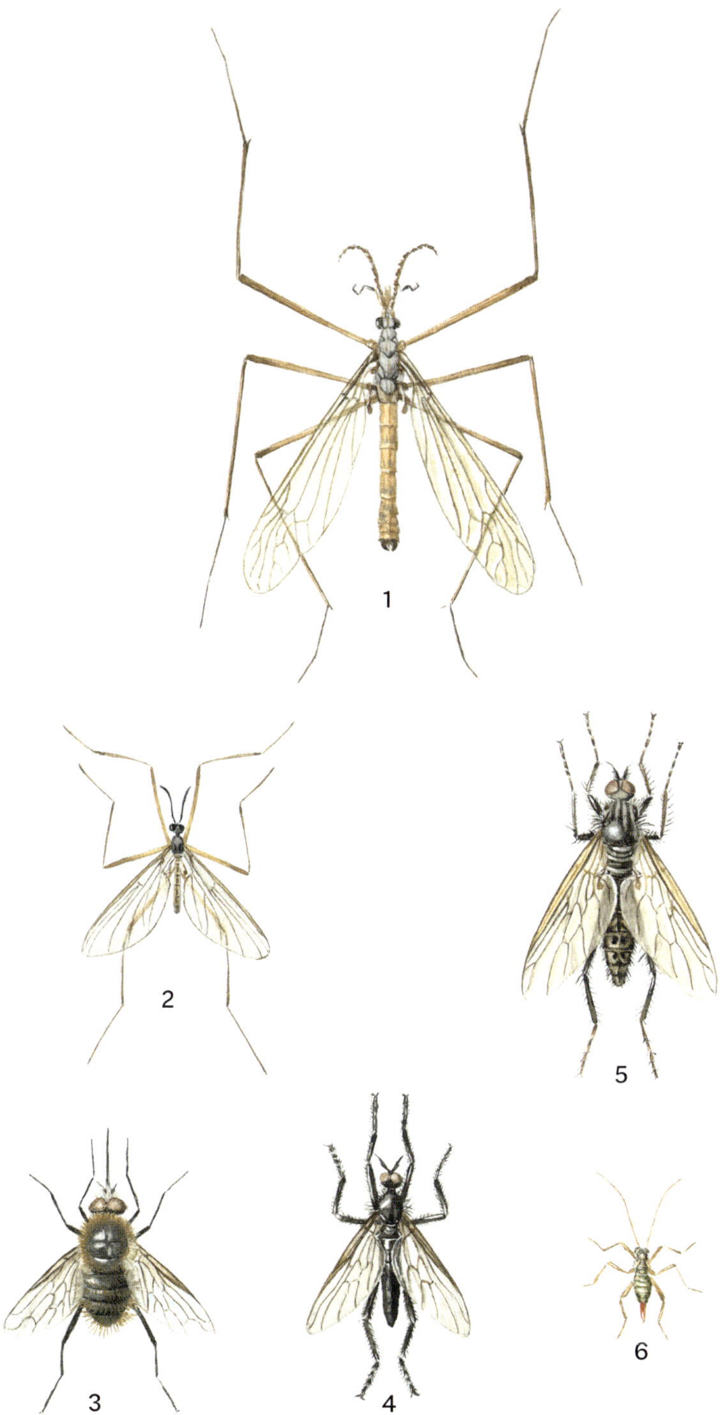
1
2
5
3
4
6

Fleckenfalter
Nymphalidae

1 Distelfalter
Vanessa cardui

Sp. 45–58 mm, Fz. 5–10. Grundfarbe der Flügel orange, Vorderflügel an der Spitze schwarz mit weißen Flecken, Hinterflügel mit schwarzen Flecken. ■ Falter saugen Nektar an Disteln und Schmetterlingsblütlern, Raupen fressen an Disteln und Brennnesseln. Zur Biologie s. S. 296. ▼ Trockene Magerrasen, in den Alpen steinige Matten bis 3000 m. ▲ Europa.

2 Hochalpen-Perlmutterfalter
Boloria pales

Sp. 32–40 mm, Fz. 6–8. Oberseite der Flügel orange, an der Basis dunkler, mit typischen schwarzen Flecken; Unterseite der Hinterflügel orangegelb, mit weißen Flecken; Raupe schwarzbraun mit dunkleren Punkten und gelblicher, braun geteilter Rückenlinie sowie tiefschwarzen, gelb eingefassten Fleckenreihen. ■ Raupen an Veilchen-Arten. ▼ Blumenreiche Matten von 1500–2800 m. ▲ Kantabrisches Gebirge, Pyrenäen, Apennin, Süd-Karpaten, Dinarische Alpen, Karpaten.

3 Alpen-Perlmutterfalter, Bergwald-Perlmutterfalter
Boloria (Clossiana) thore

Sp. 38–46 mm, Fz. 7–8. Flügel hellbraun bis orangebraun mit etwas verschwommenen Flecken; Unterseite der Hinterflügel mit schwefelgelbem Mittelband; Raupe schwarz mit fleischfarbenen oder braungelben Längsstreifen und grauen oder trübgelben Dornen. ■ Raupen an vielen Veilchen-Arten. ● Überwintert als Raupe, deren Entwicklung dauert vermutlich fast 2 Jahre, deshalb nur alle 2 Jahre ein häufigeres Auftreten. ▼ Hochstaudenfluren, blumenreiche Lawinenrunsen, lichte, feuchte Wälder von 700–2000 m. ▲ Ostalpen, Fennoskandien.

4 Veilchen-Scheckenfalter
Euphydrias cynthia

Sp. 32–42 mm, Fz. 5–8. Flügel weiß mit schwarzen Flecken, am Rand der Flügel rotbraune Flecken mit schwarzen Punkten. ■ Falter an Thymian, Alpen-Steinquendel, Teufelskralle, Disteln; Raupe an Alpen-Wegerich, Langspornigem Veilchen. ● Raupen überwintern in einem gemeinsamen Gespinst. ▼ Bergweiden, steinige Matten, 1600–2800 m. ▲ Alpen.

Augenfalter
Unterfam. *Satyrinae*

5 Eis-Mohrenfalter
Erebia pluto

Sp. 40–50 mm, Fz. 6–8. Düster gefärbt mit Augenflecken am Vorderrand der vorderen Flügel; Vorderbeine verkümmert; Raupe spindelförmig, mit Schwanzgabel. ■ Raupe an Gräsern. ▼ Schutthalden, Moränen, bevorzugt auf Kalk, 2000–3000 m. ▲ Alpen. Es gibt viele lokale Unterarten.

6 Seidenglanz-Mohrenfalter
Erebia gorge

Sp. 34–40 mm, Fz. 6–8. Mehrere regionale Unterarten; meist 2 dunkle Augenflecken mit weißen Kernen; Unterseite der Vorderflügel rötlich braun, Hinterflügel dunkler bis fast schwarz, weißlich grau marmoriert; Raupen grünlich oder bräunlich, mit schwärzlichen Linien. ■ Raupe an Gräsern. ▼ Schutthalden, Moränen, 1700–3000 m. ▲ Alpen, Pyrenäen.

7 Graubrauner Mohrenfalter
Erebia pandrose

Sp. 40–48 mm, Fz. 6–8. Vorderflügel mit breiter, rostbrauner Binde und 4 (5) schwarzen Punkten, Hinterflügel mit 4 rotbraunen Flecken; Raupe grün mit feinen Borsten und schwarzer Rückenlinie sowie mit dunklen Seitenstreifen. ■ Raupe an Gräsern. ▼ Blumenreiche Bergwiesen, kurzrasige, steinige Matten, 1600–3000 m. ▲ Alpen, Pyrenäen, Apennin, Karpaten.

1
2
4
3
5
7
6

Ritterfalter
Papilionidae

In den Alpen kommen 8 Arten vor.

1 Schwalbenschwanz
Papilio machaon

Sp. 60-80 mm, Fz. 4-10. Oberseite gelb, mit schwarzen Adern und schwarzen Zeichnungen; Hinterflügel mit blauer Binde und roten Augen; Raupe hellgrün, mit schwarzen und gelben Streifen sowie orangefarbenen Punkten. ■ Raupe an Doldenblütlern. ● Überwintern als Puppe. ▼ Sonnige, blumenreiche Bergwiesen, Magerrasen, lichte Wälder, von der Ebene bis 3000 m. ▲ Europa, mit mehreren Unterarten.

2 Apollofalter
Parnassius apollo

Sp. 65-80 mm, Fz. 6-9. Hinterflügel weiß mit roten, schwarz umrandeten Flecken; Raupe schwarz, orangerot gepunktet. ■ Raupe an Hauswurz und Weißem Mauerpfeffer. ▼ Sonnige Hänge, Geröllhalden, Waldlichtungen bis 2000 m. ▲ Mittel- und Hochgebirge Europas, Fennoskandien, Sizilien, Sierra Nevada. - Ähnlich ist der **Alpen-Apollo,** *Parnassius phoebus*, Sp. 55-70 mm, Fz. 6-8. Vorderflügel am Vorderrand mit je einem roten Mal. ■ Raupe an Steinbrech-Mauerpfeffer und Hauswurz-Arten. ▼ Feuchte Bergwiesen, in der Nähe von Wasserläufen. ▲ Hauptsächlich in den Zentralalpen über 2000 m.

3 Schwarzer Apollo
Parnassius mnemosyne

Sp. 52-62 mm, Fz. 5-8. Vorder- und Hinterflügel mit schwarzen Flecken und deutlichen schwarzen Adern, Vorderflügel mit grauen Spitzen; rote Flecken fehlen; Raupe schwarz, mit orangefarbenen Punkten. ■ Raupe an Lerchensporn. ▼ Waldlichtungen, Feuchtwiesen. ▲ In den Alpen bis 2000 m. Mittelgebirge, Pyrenäen, Zentralmassiv, Karpaten, Balkan, Norwegen bis zum 65. Breitengrad. Mehrere Unterarten.

Weißlinge
Pieridae

In den Alpen kommen 24 Arten vor.

4 Alpen-Weißling
Pontia callidice

Sp. 40-50 mm, Fz. 6-8. Flügel weiß, Unterseite mit grünlichem Netzmuster, Vorderflügel mit schwarzen Flecken. ■ Raupe auf Kreuzblütlern. ▼ Alpine Rasen, Zwergstrauchheiden, Schuttfluren. ▲ Alpen (fehlt in den Nordost-Alpen), 1700-3400 m; Gebirge der Nordhalbkugel.

5 Grünlicher Heufalter, Alpen-Gelbling
Colias phicomone

Sp. 40-50 mm, Fz. 6-8. ♂ grünlich gelb, ♀ weißgrün; Vorderflügel mit je einem schwarzen Fleck, Hinterflügel mit je einem hellen, gelben bis orangefarbenen Fleck; Raupe dick, dunkelgrün, fein schwarz punktiert, mit weißlichem seitlichem Längsstreifen. ■ Raupe an Schmetterlingsblütlern. ▼ Alpenmatten mit artenreicher Vegetation, 900-2500 m. ▲ Kantabrisches Gebirge, Pyrenäen, Alpen, Karpaten.

1

2

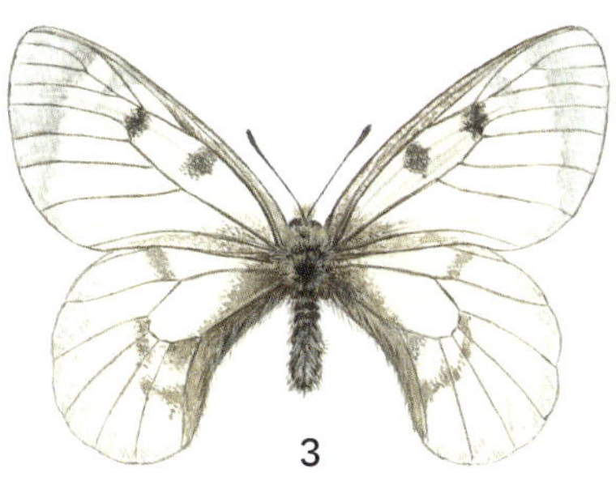

3

4

5

Bläulinge
Lycaenidae

Kleine Falter, ♂ meist bläulich (auch rot oder grün), ♀ bräunlich.

1 Heller Alpenbläuling
Plebejus orbitulus

Sp. 24–28 mm, Fz. 6–8. ♂ leuchtend hellblauviolett, mit schwarzem Saum und weißen Fransen; Unterseite der ♂ grau mit weißen Flecken, die der ♀ bräunlich mit weißen Flecken. ■ Raupe auf Alpen-Tragant. ▼ Kurzrasige Alpenmatten, 1700–3000 m. ▲ Disjunkte Verbreitung: Skandinavien und Alpen.

2 Dunkler Alpenbläuling
Plebejus (Agriades) glandon

Sp. 20–30 mm, Fz. 6–8. Flügeloberseite der ♂ silberblau, gegen den Rand dunkler, mit schwärzlichen Flecken an beiden Flügeln; ♀ oberseits mit brauner Tönung und dunklen Flecken; Unterseite der Vorderflügel bei ♂ und ♀ blass graubraun, mit weiß umrandeten schwarzen Punkten, die der Hinterflügel mit weißen Flecken. ■ Raupe an Mannsschild- und Steinbrech-Arten. ▼ Kurzrasige Bergwiesen und steinige Matten von 1800–2800 m. ▲ Alpen, Skandinavien.

3 Eros-Bläuling
Polyommatus eros

Sp. 26–28 mm, Fz. 6–8. Oberseite der ♂ leuchtend silber-türkisblau, ♀ oberseits graubraun; Unterseite der ♂ graubraun mit dunklen Flecken, die der ♀ mokkabraun; Raupe grün, Rücken mit dunkelgrünem Streif, von 2 gelben Streifen eingefasst. ■ Raupe an Schmetterlingsblütlern, besonders Hufeisenklee. Zur Biologie s. S. 297. ▼ Blütenreiche Kalkmagerrasen meist oberhalb 1800 m.

Glucken
Lasiocapidae

Dickleibige Nachtfalter mit breiten Flügeln, Fühler gekämmt; Raupen stark behaart.

4 Alpen-Ringelspinner
Malacosoma alpicola

Sp. 18–32 mm, Fz. 7–8. ♂ dunkel graubraun mit gelblichen Querlinien; ♀ rotbraun mit schwachen Querlinien. ▼ Feuchte, alpine Matten und steinige Magerrasen von 1600–2500 m. ▲ Zentral- und Südalpen, selten in den Bayerischen Alpen.

5 Alpen-Eichenspinner
Lasiocampa quercus ssp. *alpina*

Sp. 45–75 mm, Fz. 7–8. Flügel der ♂ kastanienbraun mit einem gelben Querband, die der ♀ ockergelb oder hellbraun, gelbe Binde undeutlich; Raupe bis 80 mm. ■ Raupe an Weidenarten, Heidekraut, Heidel- und Rauschbeere. ▲ Alpen und Mittelgebirge, 1200–2000 m.

6 Alpen-Kiefernspinner
Dendrolimus pini montana

Sp. 45–75 mm, Fz. 6–8. Alpine Form vom Kiefernspinner, ist dunkler und bunter gefärbt. Vorderflügel graubraun mit gezackten, rotbraunen oder dunkelbraunen Querbinden und weißlichen Zeichnungen, Hinterflügel bräunlich, Färbung sehr variabel. ■ Raupe an Kiefern, selten an Fichten oder Tannen. ▲ Hauptart, fast ganz Europa von 600–1500 m.

1
2
3
4
6
5

Dickkopffalter

Hesperidae

Kleine Falter mit sehr breitem Kopf; 26 Arten in den Alpen.

1 Würfelfalter, Alpen-Würfeldickkopf

Pyrgus cacaliae

Sp. 26–30 mm, Fz. 6–7. Flügel graubraun, Vorderflügel mit weißen Punkten. ■ Raupe an Fingerkrautarten. ▼ Feuchte Wiesen und Alpenmatten zwischen 1800 und 2800 m. ▲ Alpen, Pyrenäen, Südkarpaten, Balkan.

Bärenspinner

Arctidae

Auffallend gefärbte, dickleibige Falter. Raupe stark behaart.

2 Engadiner Bär, Gelber Bär

Arctia flavia

Sp. 50–70 mm, Fz. 7–8. Vorderflügel mit großen, weiß umrandeten schwarzen Flecken, Hinterflügel ockergelb, mit kleinen schwarzen Flecken; Kopfbereich mit schwarzem Pelz; Hinterleib mit roten und schwarzen Flecken, Schwanzspitze schwarz. ■ Raupe alles fressend. ● Fliegt nachts noch bei Temperaturen nahe dem Gefrierpunkt. ▼ Alpine Matten und Geröllhalden, bevorzugt auf Silikatgestein, von 1700–3000 m. ▲ Alpen, Rila-Gebirge, Sibirien.

3 Gelber Alpen-Flechtenbär

Setina (Endrosa) aurita ramosa

Sp. 25–32 mm, Fz. je nach Höhenlage 4–10. Vorderflügel weißlich gelb bis orangegelb, mit tiefschwarzen Längsstreifen, Musterung der Flügelzeichnung höhenabhängig. ■ Raupe ernährt sich von Flechten, vor allem von der Gelbflechte *Xanthoria parietina*. ● Der Falter gibt während des Flugs Geräusche im Ultraschallbereich als Werbesignale ab. ▼ Alpine Matten, Felsfluren von 2000–3300 m. ▲ Alpen.

Spanner

Geometridae

Mit tagfalterähnlichen, aber wesentlich weniger gezeichneten Flügeln; diese sind in Ruhe meist ausgebreitet. Raupe nackt mit nur 2 Beinpaaren, deshalb die »spannende« Fortbewegung.

4 Braungrauer Zwergspanner

Pygmaena fusca

Sp. 14–18 mm, Fz. 6–8. Flügel braungrau bis schwarzgrau, mit undeutlichen dunklen Querlinien und Flecken. ● ♂ fliegen im Sonnenschein auf der Suche nach einem ♀; diese sitzen am Boden, sind fast flugunfähig, fliegen höchstens sehr kurze Strecken. ▼ Alpine Matten, Zwergstrauchheiden, Schuttfluren von 2000–3000 m. ▲ Alpen, Fennoskandien, Arktis.

5 Labkraut-Alpenspanner

Colostygia turbata

Sp. 24–30 mm, Fz. 5–8. Vorderflügel abwechselnd mit braunweißen, weißen und schwarzweißen gezackten Querbinden, Hinterflügel seidig weiß, am Rand mit dunkelbraunem Band. ■ Raupe an Blättern von Labkraut-Arten. ▼ Feuchtwiesen, lichte Nadelwälder von 1000–2500 m. ▲ Alpen, Pyrenäen, Hohe Tatra, Balkan, subarktisches Sibirien.

1

2

3

4

5

Spanner

Geometridae

1 Steinbrech-Spanner

Cidaria (Entephria) flavicinctata

Sp. 27–39 mm, Fz. 6–8. Grundfarbe der Vorderflügel hellgrau, die bräunlichen, gezackten Querbinden sind gelb durchsetzt, Hinterflügel blassweiß. ■ Raupe an Steinbrech- und Mauerpfeffer-Arten. ▼ Feuchte Geröllhalden und Fels von 1000–2500 m. ▲ Alpen, Pyrenäen, Vogesen, Norwegen, Rila-Gebirge.

2 Gewöhnlicher Gletscherspanner

Psodos alpinata

Sp. 20–26 mm, Fz. 7–9. Vorderflügel schwarzbraun, leicht schimmernd, mit schwarzen Flecken und undeutlichen Querlinien, Hinterflügel mit verwaschenen Zeichnungen; Rand der Flügel mit schwarzen Fransen. ▼ Geröllfelder, steinige Wiesen, Hochlagen der Alpen, 2000–2800 m, in Deutschland nur in den Bayerischen Alpen. ▲ Alpen, Pyrenäen, Jura, Vogesen, Hohe Tatra, Balkan.

Widderchen

Zygaenidae

3 Alpen-Widderchen

Zygaena exulans

Sp. 27–30 mm, Fz. 6–9. Flügel pergamentartig grau, Vorderflügel mit roten keilförmigen und weiteren 4 roten Flecken, Hinterflügel rot mit grauem Rand und schwarzen Fransen. ■ Raupe lebt an Sonnenröschen, Wundklee, Silberwurz, Alpen-Azalee, Stängellosem Leimkraut. Zur Biologie s. S. 297. ▼ Hochstaudenfluren, alpine Matten, Zwergstrauchheiden, Geröllhalden von 1800 bis über 3000 m. ▲ Alpen, Pyrenäen, Abruzzen, Karpaten, Südserbien, Fennoskandien; in Bayern nur im Wetterstein und im Allgäu. Einzige Widderchen-Art der Hochalpen.

Eulen

Noctuidae

Zu Biologie und Merkmalen s. S. 297.

4 Alpen-Silbereule, Habichtskraut-Silbereule

Autographa aemula

Sp. 40–42 mm, Fz. 6–8. Vorderflügel sehr kontrastreich gefärbt, dunkelbraun bis hellbraun, mit silberweiß schimmerndem, tropfenförmigem Fleck, darunter ein dunkelbrauner Fleck, ebenso an der Flügelspitze; Hinterflügel hellbraun. ■ Raupen an Habichtskraut-Arten, auch an Wegerich und Klee. ▼ Wiesen und Weiden von 1000–2000 m. ▲ Alpen, Jura, Pyrenäen, Kaukasus.

5 Simplon-Erdeule

Agrotis simplonia

Sp. 32–40 mm, Fz. 5–8 (9). Grundfärbung der Vorderflügel aschgrau bis blaugrau, mit dunklen, gezackten Querlinien, Hinterflügel graubraun, ohne Zeichnungen. ● Falter sind nachtaktiv, sitzen am Tag an Steinen und Felsen und sind durch ihre Tarnfärbung vor Fressfeinden gut geschützt. ▼ Kurzrasige, alpine Bergmatten, Steinrasen von 1200–3000 m. ▲ Alpen, Pyrenäen, Apennin.

6 Schwarzbraune Alpeneule

Chersotis alpina

Sp. 24–28 mm, Fz. 7–8. Grundfärbung der Vorderflügel dunkelbraun bis schwarzgrau, mit weißen Linien und Zeichnungen, Hinterflügel einfarbig tief dunkelbraun; Haarbüschel an der Hinterleibsspitze beim ♂ gelblich bis rötlich braun. ● Falter fliegen am Tag. ▼ Alpine Magerrasen, Steinrasen von 1500–2500 m. ▲ Alpen.

1
2
3
4
5
6

Fische *(Pisces)*

Lebensraum der Fische in den Alpen

Alpine Wildbäche sind ein sehr rauer Lebensraum für Fische. Niedrige Temperaturen, die auch im Sommer kaum über 10 °C steigen, starke Schwankungen der Wasserführung und der Strömungsgeschwindigkeit auf engem Raum gehören zum Alltag der Fische in diesem Lebensraum. Mal trocknet das Bachbett fast aus, mal wird das Gewässer zu einem reißenden Wildbach, bringt tonnenweise Geschiebematerial aus Steinen und Verwitterungsschutt mit sich. Hoher Anteil an Schwebstoffen aus Ton und Schluff, stammend aus Hangrutschungen und Muren, verstopfen die Kiemen, das sind die Lungen der Fische. Schwer überwindbare Barrieren aus Felsblöcken erschweren die Wanderbewegungen der Fische bachaufwärts.

Diesen extremen Situationen sind nur wenige Spezialisten, meist kleinwüchsige Arten wie Elritzen, Bartgrundeln, Dorngrundeln und Groppen gewachsen.
Die Elritze ist eine ausgezeichnete Schwimmerin, die sich an die unterschiedlichsten Strömungen anpassen kann.
Die Koppe oder Groppe ist dagegen eine geschickte »Unterwasserkletterin«.
Kaum eine querliegende Felsbarriere ist ihr zu steil. Langsam, aber stetig arbeitet sie sich an den Boden gepresst bachaufwärts. Nicht zu vergessen ist die Bachforelle, die auch von Fischern sehr begehrt ist. In diesen kalten Bächen mit vergleichsweise geringem Nahrungsangebot bringt die quicklebendige Forelle nur wenig auf die Waage.

Besonders kritisch werden die Wintermonate. In dieser Zeit verharren die Fische in einem Dämmerzustand und nehmen kaum Nahrung auf. Im Frühling oder Frühsommer erscheinen sie mit klapperdürren Körpern und scheinbar großen Köpfen.

Unverbaute Bergbäche und Wildbäche sind die Lebensräume für Elritzen, Bartgrundeln, Dorngrundeln und Groppen.

Hochalpine Bergseen sind von Natur aus fischfrei. Durch Besatzmaßnahmen mit Fischen wird ihre eigenständige Fauna aus Kleinkrebsen und Wasserflöhen empfindlich gestört.

Die Fischbestände der **Hochalpenseen** gehen fast ausnahmslos auf Besatzmaßnahmen zurück, die bereits im Mittelalter durchgeführt wurden. Heute werden, oft per Hubschrauber, von Hobbyanglern begehrte »Edelfische« wie Regenbogenforelle, Bachsaibling und Kanadischer Saibling, alle drei Arten aus Nordamerika stammend, und auch Saibling-Hybriden in das »Fischbecken« Hochalpensee eingesetzt. Touristenverbände werben eifrig für die Möglichkeiten des »naturnahen« Anglersportes in ihrer Region. Kaum ein alpiner See in den Hochlagen ist von Besatzmaßnahmen verschont geblieben. In Mitleidenschaft gezogen werden dabei vor allem die ursprünglichen, standorttypischen Zooplankton-Gesellschaften aus Kleinkrebsen und Wasserflöhen, die dem Fressdruck der Setzlinge nicht gewachsen sind. Auch die Bergmolche verschwinden nach und nach, deren Eier und Larven von den meist räuberischen Fischen gefressen werden. Diese Faunenverfälschung durch die Besatzmaßnahmen findet auch in österreichischen und schweizerischen Nationalparken statt!

Lebensweise und Biologie einiger Fischarten

Bachforelle ***Salmo trutta fario***
Die Bachforelle ist ein Standfisch, der sein Revier verteidigt und nur zur Laichzeit, je nach Verbreitungsgebiet von Oktober bis Februar, stark durchströmte Nebenbäche mit sandig-kiesigen Flachwasserbereichen aufsucht. Das ♀ schafft durch Schwanzschläge eine Laichgrube in den

Kies der Bachsohle, legt die Eier ab, die oft von einem, meist dominanten ♂ besamt werden. Daraufhin schaufelt das ♀ die Grube mit Bachsedimenten zum Schutz vor Fressfeinden und vor Abdrift wieder zu. Vom ♀ werden mehrere Laichgruben angelegt. Insgesamt werden 1000–1500 gelbliche bis orangefarbene, 4–5 mm große Eier abgelegt. Nach 2–4 Monaten, je nach Wassertemperatur, schlüpfen die Jungfische. Die lichtscheue Fischbrut zieht sich, noch nicht schwimmfähig, schlängelnd in das Kieslückensystem des Baches zurück und lebt dort noch 6–8 Wochen aus dem Dottersack. Dann erst steigen die Jungfische aus dem Kiesbett, ernähren sich aktiv und bilden Territorien, die sie hartnäckig verteidigen. Nach 3–4 Jahren ist die Bachforelle geschlechtsreif, sie erreicht ein maximales Alter von 10 Jahren.

In hoch gelegenen Bächen und Seen ist das Nahrungsangebot für die Fische sehr bescheiden – Gewicht und Körperlänge dieser auch als Steinforellen bezeichneten Fische sind sehr gering.

Gefährdung: Die natürlichen Lebensräume der Bachforelle sind durch wasserbauliche Maßnahmen von Flüssen und Bächen stark verändert. Staustufen an Flüssen, Abstürze und Wehre an Bächen versperren den Fischen den Weg zu ihren Laichplätzen. Nach Untersuchungen sind nur noch etwa 10 Prozent der ursprünglich naturnahen Lebensräume der Bachforelle erhalten. Hinzu kommt der Besatz von nicht heimischen Arten wie der Regenbogenforelle, die am Ende des 19.Jahrhunderts aus Amerika eingeführt wurde und oft zur Verdrängung der Bachforelle führt.

Seesaibling *Salvinus alpinus*
Zur Laichzeit, meist September bis Januar, schlägt das ♀ mit den Flossen eine Laichgrube, legt die Eier ab und deckt das Gelege, nachdem es durch das ♂ besamt wurde, mit Sand und Kies wieder zu.

In den Hochgebirgsseen ist der Seesaibling wohl nicht ursprünglich und heimisch und auch nicht standortgerecht. Durch Besatz hat man diese alpinen Gewässer einer fischereilichen Nutzung zugeführt. Dies ist aus naturschutzfachlicher Sicht problematisch. Dadurch sind die ursprünglich charakteristischen und eigenständigen Populationen wie wasserlebende Käfer und Köcherfliegen in diesen meist noch naturnahen Biotopen stark gefährdet.

Seeforelle *Salmo trutta lacustris*
Die Seeforelle verbringt den größten Teil ihres Lebens in sauerstoffreichen, tiefen Seen der Voralpen und Alpen in 1800 m Höhe. Zwischen September und Dezember wandert die Seeforelle in den Oberlauf der Seezuflüsse und deren Nebengewässer. Querverbauungen, die die Seeforellen nicht überwinden können, gefährden allerdings ihren Fortbestand. Nach geglückter Wanderung schafft das ♀ ähnliche Laichgruben wie die Bachforelle im Kiesbett der Bäche (siehe dort). Die Jungfische verbleiben 1–2 Jahre in ihrem Geburtsgewässer. Dann wandern sie in den See und halten sich dort mehr in den oberen Wasserschichten auf, während sich die Altfische bis in Wassertiefen von bis zu 70 m vorwagen. Die ♂ werden im 3. bis 4., die ♀ im 4. bis 5. Lebensjahr geschlechtsreif.

Elritze *Phoxinus phoxinus*
Das ♀ legt die 1–1,3 mm großen, leicht klebrigen Eier am Grund des Gewässers ab. Diese bleiben an den Steinen haften. Die Fischlarven schlüpfen nach 5–10 Tagen und verstecken sich anfangs unter den Steinen im Kiesbett. Sie ernähren sich vom Plankton, wenn sie nach 1–2 Tagen den Dottersack aufgebraucht haben.

Die Elritze ist ein **beliebtes Forschungsobjekt** wegen ihrer differenzierten Hörfähigkeit. Sie vermag Tonintervalle bis zu einem Halbton zu unterscheiden und hat ein feines Empfinden für die absolute Ton-

Klassische Wildbachsperre. Diese Barriere können selbst die sprungtüchtigsten Fische bei ihren Wanderungen nicht mehr überwinden.

höhe (Schwingungszahl). In Dressurversuchen lernt sie sogar, einzelne Großbuchstaben zu unterscheiden. Zudem verfügt sie über ein gutes farbliches Sehvermögen, das auch noch im ultravioletten Bereich funktioniert.

Untersuchungen zum Schwarmverhalten haben ergeben, dass chemische Reize den Zusammenhalt der Artgenossen auch im Dunklen garantieren. Chemische Reize lösen auch Schreckreaktionen aus, wenn ein Tier von einem Räuber angegriffen und verletzt wird. Der Schwarm meidet die chemisch wahrgenommene Unfallstelle des Artgenossen für die nächste Zeit. Diese Schreckstoffe (vermutlich purin- oder pterinähnliche Substanzen) befinden sich in der Haut.

Rutte oder **Qappe** ***Lota lota***
Die Laichzeit der Rutte dauert von September bis März bei einer Wassertemperatur von maximal 4 °C.Die Fische schwimmen stromaufwärts in kleinere Flüsse. Dort legt ein ♀, je nach Größe und Lebensraum, bis zu eine Million etwa 1 mm große Eier ab, die eine große Ölkugel enthalten und frei im Wasser schweben. Nach 4–6 Wochen schlüpfen die 3 mm langen Larven und ernähren sich vom Plankton.

Groppe oder **Koppe** ***Cottus gobio***
Die Groppe ist eine der wenigen Fischarten, die keine Schwimmblase besitzt. Das erleichtert ihr die bodennahe Lebensweise. Eine weitere Anpassung an das Bodenleben sind die Augen, die sich mehr auf der Kopfoberseite befinden. Zur Laichzeit, die meist von März bis Mai dauert, bereitet das ♂ unter Steinen eine Laichgrube, in die das ♀ 100–200 Eier ablegt. Nach der Besamung bleiben diese als Laichklumpen an der Unterseite der Steine kleben. Das ♂ betreibt Brutpflege, indem es das Nest bewacht. Die Jungfische schlüpfen nach etwa 5 Wochen.

Lachsfische

Salmonidae

1 Bachforelle

Salmo trutta fario

L 25–40 cm, in kalten nahrungsarmen Gebirgsbächen oft nur 15–25 cm (»Steinforellen«). Körper lang gestreckt, Mundspalte bis hinter die Augen, Schwanzflosse mit fast geradem Hinterrand, bei Jungfischen leicht eingebuchtet; Färbung sehr variabel, Rücken meist grüngelb bis braun, Flanken heller, gelb- oder goldglänzend, mit schwarzen und roten, hell umrandeten Punkten, Bauch weiß oder gelblich. ■ Insekten, Insektenlarven, Schnecken und kleine Fische. In hoch gelegenen Bächen und Seen ist das Nahrungsangebot für die Fische sehr bescheiden – Gewicht und Körperlänge dieser auch als Steinforellen bezeichneten Fische sind sehr gering. Zu Lebensweise und Gefährdung s. S. 335. ▼ Klare, sauerstoffreiche, nährstoffarme und kalte Gebirgsbäche und Seen. ▲ Bis 2500 m.

2 Seeforelle

Salmo trutta lacustris

L 40–80 cm, selten bis 140 cm. Körper lang gestreckt; Mundspalte bis hinter die Augen; Schwanzflosse mit fast geradem Hinterrand, bei Jungfischen leicht eingebuchtet; Färbung variabel, Rücken meist blaugrün oder braungrau, Flanken hell glänzend mit schwarzen Flecken und Kreuzen; zur Laichzeit verfärben sich die Fische zu gelblich rotbraunen Brauntönen; im Jugendstadium haben sie rote Flecken und sind von der Bachforelle nicht zu unterscheiden. ■ Kleintiere, später auch Fische. Zu Lebensweise, Lebensraum und Verbreitung s. S. 336.

3 Seesaibling

Salvinus alpinus

L 25–40 cm, Hungerformen 15–25 cm. Körper forellenartig lang gestreckt; Rücken blau- bis graugrün oder braun, Flanken heller, Bauch weißlich oder gelblich, Flanken und Bauch beim ♂ während der Laichzeit hellrot und orange, Rücken mit hellen runden Punkten, Brust-, Bauch- und Afterflossen rötlich, mit weißem Vordersaum, Rücken- und Schwanzflosse meist dunkel. ■ Insekten, Larven, Zooplankton, kleine Fische wie Elritzen. ● Zur Lebensweise s. S. 336. ▼ Sauerstoffreiche Seen. ▲ In den Alpen bis 2600 m.

4 Bachsaibling

Salvelinus fontinalis

L 20–40 cm, Wachstum stark vom Aufenthaltsort abhängig. Hinterrand der Schwanzflosse deutlich eingebuchtet; Rücken braun bis dunkelolivgrün mit helleren Marmorierungen, Flanken mit gelben, grünen oder roten, meist heller umrandeten Punkten, Bauch gelblich weiß oder rötlich; Rücken- und Schwanzflosse mit dunkleren Querbändern, Brust-, Bauch- und Afterflosse am Vorderrand mit weiß-schwarzem Saum. ■ Würmer, Insekten, Weichtiere, auch Kleinfische. ● Laichzeit Oktober–März; Geschlechtsreife beim ♂ Ende des 2., beim ♀ Ende des 3. Lebensjahres. ▲ Heimisch im Nordosten der USA und Kanada; Importfisch seit 1884, anfangs in Teichwirtschaften gezüchtet, heute auch freilebend; aufgrund seiner Kälteresistenz auch in Hochgebirgsseen vorkommend. Problematik wie beim Seesaibling.

1

2

3

4

Karpfenfische
Cyprinidae

1 Elritze
Phoxinus phoxinus

L 7–10 cm, ♀ bis 14 cm. Körper im Querschnitt fast drehrund; Rücken meist braun- bis graugrün; Flanken gold- oder silberglänzend mit dunklen Querbinden bis unter die Flankenmitte und mit einem goldglänzenden Längsband. ■ Kleintiere, Insekten. ● Laichzeit April–Juni. Zu Biologie und Lebensweise s. S. 336. ▼ Klare, sauerstoffreiche Seen und Bäche mit Sand- oder Kiesgrund. ▲ Bis 2500 m.

Schmerlen
Cobitoidea

2 Schmerle, Bartgrundel
Noemacheilus barbatus

L 8–12 (–16) cm. Körper vorn walzenförmig, hinten seitlich abgeflacht; Kopf mit 6 Bartfäden; Schuppen sehr klein und dünn, auf dem Vorderrücken und der Brust fehlend; Rücken graubraun bis olivgrün, mit dunkler Marmorierung, Flanken und Bauch heller; Seitenlinie als heller Streifen. ■ Kleinkrebse, Insektenlarven. ● Laichzeit April–Juni; das ♀ legt die klebrigen Eier portionsweise ab, die an Steinen und Pflanzen haften; das ♂ bewacht die Brut, die Larven schlüpfen nach 14–16 Tagen. ▼ Standorttreuer, nachtaktiver Grundfisch in Bächen und Seen. ▲ Bis 2000 m.

3 Steinbeißer, Dorngrundel
Cobitis taenia

L 8–12 cm. Körper seitlich stark zusammengedrückt; Kopf mit 6 sehr kurzen Bartfäden, unter den Augen ein zweispitziger Dorn (Name); Rücken und Flanken sandfarben oder weißlich mit dunkler Marmorierung; auf den Flanken 10–20 braune, hell umrandete Flecken. ■ Kaut auf der Suche nach Kleinlebewesen und organischem Material den Sand durch; stößt den Sand dann durch die Kiemen wieder aus. ● ♀ legen 300–1500 Eier portionsweise in Bodennähe ab, die vom ♂ besamt werden; die Larven schlüpfen nach 4–6 Tagen; keine Brutpflege. ▲ Standorttreuer nachtaktiver Grundfisch in Bächen und Seen.

Quappen
Lotidae

4 Rutte, Quappe
Lota lota

L 30–60 (–100) cm. Körper vorn walzenförmig, hinten seitlich zusammengedrückt; Nasenlöcher mit Bartfäden, am Unterkiefer ein langer Bartfaden; Schwanzflossen abgerundet, Afterflosse und 2. Rückenflosse sehr lang gestreckt; Färbung braun oder grünlich, mit dunkler, undeutlicher Marmorierung. ■ Als Jungfische Würmer, Insektenlarven, später Fischlaich, Fischbrut und überwiegend kleine Fische. ● Zur Lebensweise s. S. 337. ▼ Nachtaktiver Bodenfisch kühler, klarer Gewässer. ▲ Bis 2000 m.

Groppen
Cotidae

5 Groppe, Koppe
Cottus gobio

L 10–15 (–18) cm. Kopf groß und breit; Vorkiemendeckel mit kräftigem, hakenförmigem Stachel; vorderer Teil der Rückenflosse mit Stacheln; Körper schleimig und schuppenlos, nur die Seitenlinie ist mit kleinen Schuppen bedeckt; Färbung: braun bis grau, mit dunkleren Flecken und Bändern, passen sich an die Umgebung an. ■ Insektenlarven, Bachflohkrebse. ● Nachtaktiv; lebt versteckt und stationär am Boden, dringt bei der Nahrungssuche zwischen Steine und in Hohlräume zwischen Geröll ein. Zur Lebensweise s. S. 337. ▼ Kühle, sauerstoffreiche Bäche und Seen. ▲ In den Alpen bis 2000 m.

1
2
3
4
5

Lurche oder Amphibien *(Amphibia)*

Einführung und Stammesgeschichte

Lurche oder Amphibien waren die ersten Wirbeltiere, die vor etwa 350 Millionen Jahren aus dem Meer an Land gegangen sind. Sie sind die ältesten Landwirbeltiere, deren Jugendphase oder Jugendentwicklung als kiementragende Larven oder geschwänzte Kaulquappen noch heute an das Wasserleben gebunden ist. Erst nach einer Umwandlung in Schwanzlurche, wie der Alpensalamander, der Feuersalamander, der Bergmolch und der Alpen-Kammmolch, und in Froschlurche, wie die Gelbbauchunke, die Erdkröte und die Frösche, beginnt für sie das Landleben. Allerdings können sie sich nicht faul in die Sonne legen, das ist nur den Reptilien mit ihrem Schuppenkleid gegönnt. Die Lurche sind, mit wenigen Ausnahmen, immer noch abhängig von hoher Luftfeuchtigkeit, um ihre Haut, die von Schleimdrüsen feucht gehalten wird, vor Austrocknung zu schützen.

Von den altertümlichen Lurchen ging die Weiterentwicklung zu den Vorfahren der Kriechtiere, der Vögel und der Säuger aus. An Land atmen die Lurche mit der Lunge, aber die Hautatmung ist für sie immer noch von großer Bedeutung. Lurche, wie auch die Reptilien oder Kriechtiere, sind von der Umgebungstemperatur abhängig. Sie sind wechselwarme Tiere oder Wechselblüter. Sinkt die Temperatur stark ab, so sinkt auch ihre Aktivität stark ab und sie fallen in eine Winterruhe, bei der nur die wichtigsten Lebensfunktionen, wie Herzschlag und Atmung, in abgeschwächter Form erhalten bleiben.

Aktiv werden die Amphibien wieder im Frühjahr. Sie wandern dann aus ihrem Winterquartier an die Laichgewässer, um sich dort zu paaren. Bei den Schwanzlurchen findet eine innere Befruchtung statt. Das ♂ setzt ein Samenpaket (Spermatophore) ab, das vom ♀ in ihre Kloake aufgenommen wird. Bei den Froschlurchen spritzt das ♂ seinen Samen über die Eier, die vom ♀ ins Wasser abgegeben werden. Die Eier werden oft in großer Anzahl als gallertige Schnüre oder Klumpen in das Gewässer abgelegt. Als erste Froschlurche laichen die Grasfrösche nach der Schneeschmelze ab. An warmen Tagen im März wandern auch die Kröten ans Laichgewässer. Etwas später beginnen die übrigen Froschlurche ebenfalls aktiv zu werden, so Spring-, Laub-, See- und Teichfrosch und schließlich die Gelbbauchunke.

Soweit zum »friedlichen« Ablauf des Froschlebens, das erst durch den Menschen massiv gestört wurde und oft zu drastischem Rückgang der Lurche führt. Hierzu zählen Lebensraumverlust durch Trockenlegung von Feuchtgebieten, massiver Fischbesatz in den Gewässern zur Freude der Angler und Einbringen von zahlreichen Schadstoffen wie das gebräuchliche Herbizid »Roundup« oder Glyphosat.

Lebensweise und Biologie einiger Froschlurche *(Anura)*

Gelbbauchunke *Bombina variegata*
Im Sommer lebt die Unke im Wasser, vorzugsweise in Kleingewässern mit schlammigem Grund, wo sie sich verstecken kann; im Winter (ab Ende September) geht sie an Land in Nähe der Gewässer, wo sie unter Wurzelstöcken, Steinhaufen, in Erdlöchern und Erdspalten in 10–70 cm Tiefe, vorzugsweise in Wäldern, überwintert. Paarung von April–August; die Tiere sind im 3. Jahr fortpflanzungsfähig (nur 5 Prozent erreichen dieses Alter). Das ♀ legt 10–30 Eier in Klümpchen ab, die an Wasserpflanzen geheftet werden. Die Ent-

wicklung vom Ei zur Kaulquappe dauert 3-7 Tage. Nach weiteren 40-70 Tagen (je nach Wassertemperatur) sind die Vorderbeine der Jungunken ausgebildet und die 12-20 mm großen Tiere können an Land gehen. Inzwischen hat sich auch der Bauch gelb gefärbt.

Die Gelbbauchunke ist eine konkurrenzschwache Pionierart, sie lebt in flachen temporären Gewässern mit einer geringen Dichte an Fressfeinden wie Molchen, Fischen oder Libellenlarven. Bei Gefahr legt sich die Gelbbauchunke auf den Rücken (Totstellung) und zeigt ihren intensiv gelb gefärbten Bauch als Warnsignal vor dem Hautgift, das sie dabei absondert. Für Menschen ist das Gift ungefährlich, aber es reizt die Schleimhäute.

Erdkröte *Bufo bufo*
Im März und April wandern die Erdkröten, meist nachts und in großen Massen, vom Winterquartier zu ihren Laichgewässern. Zur Paarung besteigt das ♂ ein ♀ und lässt sich von diesem huckepack ins Wasser tragen. Da die ♂ meist in der Überzahl sind, versuchen sie ihre Konkurrenten vom Rücken des ♀ zu schubsen. Nach der Befruchtung legt das ♀ etwa 3000-6000 Eier in 2-4 m langen Laichschnüren ab. Die schwarzen Eier sind meist in zweireihigen Ketten innerhalb der Gallerte angeordnet. Nach mehreren Tagen schlüpfen die schwarzen, kiemenatmenden Kaulquappen mit Ruderschwänzen. Sie bleiben etwa 10-12 Wochen im Wasser. Nach der Umwandlung in vierbeinige, lungenatmende Tiere, zunächst nur 7-12 mm lang, krabbeln sie an Land. Die Kröten häuten sich in regelmäßigen Abständen. Dabei wird die äußere, aufplatzende Haut abgestreift. Nach 3-5 Jahren werden sie geschlechtsreif. Zur Fortpflanzung kehren die »heimatverbundenen« Erdkröten meist ein Leben lang in ihre Geburtsgewässer zurück. In freier Natur wird eine Erdkröte kaum älter als 10-12 Jahre.

Springfrosch *Rana dalmatina*
Zur Laichzeit von März bis April legt das ♀ Laichballen mit 450-1500 Eier im Wasser ab, die an Ästen oder Wasserpflanzen angeheftet werden. Nach 3-4 Monaten gehen die Jungfrösche an Land. Überwinterung an Land, meist in Gewässernähe.

Teichfrosch *Rana esculenta* oder ***Pelophylax esculentus***
Der Teichfrosch ist keine biologische Art im klassischen Sinn, sondern eine Hybridart, also das Ergebnis aus der Kreuzung des Kleinen Wasserfrosches *(Rana) Pelophylax lessonae)* mit dem größeren Seefrosch *(Rana) Pelophylax ridibundus).* Hybridarten sind normalerweise nicht fortpflanzungsfähig (Beispiel Esel x Pferd = Maulesel oder Maultier). Um sich weiter zu vermehren, muss sich der Teichfrosch mit einem Elternteil, entweder mit dem Kleinen Wasserfrosch oder mit einem Seefrosch, paaren (Rückkreuzung). In Westeuropa kommt es meistens zur Paarung mit dem Wasserfrosch. Das Kreuzungsprodukt ist wieder der Teichfrosch in der kleineren »Variante« mit etwa 6-9 cm Körpergröße. Eine Rückkreuzung mit dem größeren Seefrosch ist in Osteuropa die Regel. Dabei entsteht die größere »Variante« des Teichfrosches mit etwa 9-12 cm. Sonstige äußere Merkmale wie Färbung oder Zeichnung können intermediär zwischen denen der jeweiligen Elternarten liegen. Es können aber auch Merkmale des einen oder anderen Kreuzungspartners dominieren. Die Variabilität ist daher sehr groß und eine genaue Zuordnung einzelner Exemplare sehr schwierig. Um die genetische Komplexität noch zu erweitern, gibt es auch triploide (mit dreifachem Chromosomensatz) Exemplare des Teichfrosches. Diese Tiere enthalten den vollständigen Chromosomensatz eines der Elternteile und einen halben Satz des anderen Elternteils. Diese Exemplare können sich langfristig vermehren,

auch wenn keines der Elterntiere (mehr) zur Rückkreuzung im Gewässer lebt. Diese Vielfalt der komplexen genetischen Ausstattung ist das Erfolgskonzept des Teichfrosches.

Laubfrosch *Hyla arborea*
Während der Laichzeit von April bis Mai werden etwa 10–30 walnussgroße Laichballen mit je 30–50 Eiern an Unterwasserpflanzen geklebt. Überwinterung in Laubhaufen und Erdhöhlen. Der Laubfrosch kann seine normale grasgrüne Färbung wechseln. Bei hellem Licht, bei hoher Temperatur und Trockenheit überwiegen die hellen Farbzustände, bei Kälte und während der Winterphase sind die Tiere meist braun oder schwärzlich grau. Die Gründe für den Farbwechsel sind jedoch noch wenig bekannt.

Der Laubfrosch ist ein Kletterkünstler. Die Finger- und Zehenenden sind zu Haftscheiben mit mikroskopischer Feinstruktur verbreitert. Somit vermag er senkrechte, glatte Mauern und sogar Glasscheiben zu erklimmen.

Grasfrosch *Rana temporaria*
Laichzeit Ende Februar bis März, in höheren Lagen April bis Mai. Das ♀ legt 1(–2) große Laichballen mit 1000–4000 Eiern, die frei im Wasser schwimmen. Trotz der großen Eizahl gelingt der Durchbruch zum fertigen Frosch nur einem geringen Prozentsatz. Viele Fressfeinde (Enten, Ringelnattern, Fische, Wasserkäfer) erfreuen sich an dem »Kaviar« und an den geschlüpften Larven. Trotzdem ist die Population des Grasfrosches gesichert, es sei denn, die natürlichen Lebensräume, die in den Alpen noch halbwegs erhalten sind, werden zerstört.Erst nach 3–5 Jahren wird der Grasfrosch geschlechtsreif. Zum Ablaichen kehrt er in seine Geburtsgewässer zurück. Den Winter verbringt er meistens am Grund der Gewässer. Maximal wird er 12 Jahre alt.

Lebensweise und Biologie einiger Schwanzlurche *(Urodela)*

Alpensalamander *Salamandra atra*
Als einziger mitteleuropäischer Lurch hat sich der Alpensalamander von offenen Gewässern unabhängig gemacht. Die Tiere paaren sich an Land, Embryonal- und Larvenentwicklung findet im Mutterleib statt. Von den 50 Eiern werden nur 1–2 befruchtet. Nach dem Schlüpfen der Larven im Bauch des ♀ fressen diese zunächst die restlichen Eier auf; dann ernähren sie sich von einer zellulären Substanz, die vom ♀ produziert wird. Nach einer Tragzeit von 2–4 Jahren (je nach Höhenlage) kommen die jungen, fertigen und selbstständigen Tiere mit einer Länge von 4–5 cm zur Welt. Der Alpensalamander hat die längste Tragzeit unter allen Wirbeltieren. Im gleichen Jahr kann die Mutter nicht mehr befruchtet werden. Der Alpensalamander wird mit 2–4 Jahren geschlechtsreif und wird etwa 15 Jahre alt (selten bis 20). Er ist sehr ortstreu.

Feuersalamander
Salamandra salamandra
Der Feuersalamander tritt in Mitteleuropa in 2 Unterarten auf. Die gestreifte oder gebänderte Unterart mit 2 gelben unterbrochenen Linien am Rücken ist in Mittel- und Westeuropa verbreitet, die gefleckte Unterart mit unregelmäßiger Musterung ist in Mittel- und Osteuropa vertreten. In Deutschland überschneiden sich die Areale beider Unterarten. Die Feuersalamander paaren sich nur an Land von März bis September; Hauptpaarungszeit ist der Juli. Die Tragzeit dauert 8–9 Monate. Im Frühjahr geben die ♀ etwa 20–40 kiementragende Larven ins Wasser, meist kleine Quelltümpel, ab. Die dunkel gefärbten Larven mit einer Länge von 25–35 mm brauchen je nach Wassertemperatur und Nahrungsangebot etwa 3–6 Monate, bis sie als lungenatmende, fertige Jungsalamander mit einer

Größe von 5–7 cm an Land gehen. Dort überwintern sie auch. Später abgesetzte Larven oder Larven mit einer längeren Entwicklungsdauer bis zum adulten Tier überwintern im Wasser. Während der Überwinterung von November bis Februar oder März fallen die Tiere in eine Winterstarre. Der Stoffwechsel wird auf ein Minimum heruntergefahren; in dieser Zeit wird auch keine Nahrung aufgenommen. Der Feuersalamander wird erst mit 4–6 Jahren geschlechtsreif. In freier Natur hat er eine Lebenserwartung von etwa 20 Jahren. Von Zeit zu Zeit muss sich der Feuersalamander häuten, was für ihn eine mühsame Prozedur ist. Er lebt meist versteckt unter Totholz, Steinen und Felsblöcken.

Berg- oder Alpenmolch
Triturus alpestris

Der Alpenmolch ist ein Bewohner gewässerreicher Bergwälder und geht in den Alpen bis auf 2800 m. Außerhalb der Laichzeit ist er ein nachtaktives Landtier und ernährt sich von Käfern, Würmern und Schnecken. Nach der Winterstarre an Land unter Steinen oder Altholz sucht er im Frühjahr zum Laichen kleine, meist fischfreie Gewässer auf. Während der Paarungszeit von März bis Ende Mai legt das ♀ 100–200 Eier ins Wasser ab, die sie einzeln an die Blätter von Wasserpflanzen anheftet, indem sie mit den Hinterbeinen eine Tasche formt. Nach 2–4 Wochen schlüpfen die jungen Larven, die sich von Wasserasseln, Wasserflöhen oder Bachflohkrebsen ernähren. Nach weiteren 3–5 Monaten verlassen die fertigen, etwa 50 mm langen Jungtiere das Wasser oder sie verbleiben im Larvenstadium zur Überwinterung im Wasser und gehen erst im Frühjahr als fertige Jungtiere an Land.

Alpen- oder Italienischer Kammmolch
Triturus carnifex

Die Kammmolche sind ein Artenkomplex, der nach bisheriger Ansicht aus vielen Unterarten besteht; heute werden diese aufgrund genetischer Untersuchungen in den Artrang gehoben. Verbreitungsgebiete des **Alpen-Kammmolches** *(T. carnifex)* sind südliche Teile der Schweiz (dort bis 1200 m), Österreich (außer Vorarlberg), Südost-Alpen (Slowenien), Italien (Apulien, Kalabrien, dort bis 1400 m). Der **Nördliche Kammmolch** *(T. triturus)*, die größte Molchart in Mitteleuropa mit einer Länge von bis zu 18 cm und mit einem sehr hohen, unregelmäßig gezackten Kamm, ist in ganz Mitteleuropa (von Südskandinavien bis zum nördlichen Hauptkamm der Alpen und nördlichen Balkan verbreitet. Als dritte mitteleuropäische Art ist der **Donau-Kammmolch** *(T. dobrogicus)* zu erwähnen. Dieser kommt im Raum Salzburg, Niederösterreich, Burgenland und in Südosteuropa (Ungarn) vor. Ursprungsgebiet des Artenkomplexes Kammmolch ist die Balkanhalbinsel. Im Mittelmiozän (vor 14–13 Millionen Jahren) war das Gebiet eine zusammenhängende Landmasse, auf der sich der »Vor-« oder »Ur-Kammmolch« ausbreitete. Etwa 2 Millionen Jahre später wurden die Landmassen durch mehrere Seestraßen getrennt. Es kam zu Eigenentwicklungen der abgetrennten Populationen. Vor etwa 8 Millionen Jahren wurden die Landmassen wieder vereint und die inzwischen entstandenen »Kleinarten« oder »Unterarten« hatten wieder Kontakt miteinander. Weitere Arten aus dem Formenkreis des Kammmolches werden für SO-Europa aufgeführt. Eine sehr verworrene Entwicklungsgeschichte. Wo sich die Verbreitungsgrenzen (Areale) überschneiden (wie im Land Salzburg), kommt es zu Bastardierungen, deren Nachkommen meist nur geringe Lebenserwartung haben. **Paarung** und **Entwicklung** vom Ei zum Jungtier ist ähnlich wie beim Alpenmolch. Allerdings verbleiben die Alttiere nach der Paarungszeit noch einige Zeit im Wasser, um sich Fettreserven anzufressen. Mitte Juli bis Mitte September gehen sie dann an Land und ziehen im Spätherbst ins Winterquartier.

Kriechtiere oder Reptilien *(Reptilia)*

Einführung und Stammesgeschichte

Die ersten Fossilfunde altertümlicher Reptilien stammen aus dem frühen Oberkarbon vor etwa 320 Millionen Jahren. Sie entwickelten sich aus amphibischen Vorfahren. Bereits zu dieser Zeit kam es zu einer Aufspaltung in stammesgeschichtlich zwei Linien. Die eine Linie, genannt Sauropsiden, führte zu den Vögeln. Die andere Linie, genannt Synapsiden, führte zu den Säugetieren. Die Synapsiden, früher auch säugetierähnliche Reptilien genannt, waren vor 300 bis 250 Millionen Jahren die größten Landwirbeltiere. Alle fossilen Reptilien, die aus dieser Linie stammten, sind heute ausgestorben. Die heutigen Säugetiere sind die Reste der Synapsiden.

Vor 250 Millionen Jahren (Grenze Perm/Trias) gab es ein Massensterben, bei dem 75 Prozent der Landlebewesen und 95 Prozent der Meereslebewesen ausstarben. Ursache des größten Massensterbens in der Erdgeschichte war eine gigantische Vulkantätigkeit im heutigen Sibirien. Dabei kam es zu gewaltigen Ausstößen an Kohlendioxid und Schwefeldioxid. Versauerung der Ozeane, Rückgang des Sauerstoffs in der Luft und im Wasser waren unter anderem die Folgen. Die Erholungsphase dauerte viele Millionen Jahre. Die Sauropsiden hatten im Mesozoikum vor etwa 250 Millionen Jahren bis etwa vor 65 Millionen Jahren ihre Blütezeit und beherrschten die damalige Tierwelt (Zeitalter der Reptilien).

Die meisten Reptilien sind mit Ausnahme einiger Seeschlangen oder Meeresechsen reine Landtiere. Als wechselwarme Tiere sind sie, wie auch die Lurche, von der Umgebungstemperatur abhängig. Im Gegensatz zu den Lurchen oder Amphibien ist ihre Haut nicht nackt und feucht. Ein Schuppenpanzer schützt sie weitgehend vor Austrocknung und auch vor Verletzungen. So können sich die Reptilien sorglos in die Sonne legen, um wieder Körperwärme aufzutanken. Während des Wachstums und der Zunahme der Körpergröße wird ihnen allerdings der Hornpanzer unangenehm eng. Daher müssen sie sich von Zeit zu Zeit häuten, das heißt, sie fahren aus der Haut. Dabei streifen die Schlangen ihre Haut als Ganzes ab, die Innenseite nach außen. Gelegentlich kann man diese sogenannten Natternhemden im Gelände finden. Die Haut der Echsen und der Blindschleiche gehen in Fetzen und kleinen Stücken ab.

Der Geruchssinn der Eidechsen und Schlangen ist sehr gut entwickelt. Mit ihrer gespaltenen, feuchten Zunge nehmen sie beim »Züngeln« die Geruchsstoffe der Luft auf und bringen die Zungenspitze in die Riechgruben am Gaumendach im Mundinneren. Diese Grube ist mit einem Geruchsepithel ausgekleidet und dient als Geruchsorgan. Während Eidechsen sehr gut hören, sind Schlangen taub. Diese dagegen sind gegenüber Erschütterungen sehr sensibel. Nähert man sich einer Schlange, so flüchtet sie - außer sie fühlt sich bedroht und in die Enge getrieben, dann geht sie zumindest in Angriffsstellung über.

Bei allen Kriechtieren findet eine innere Befruchtung statt. Die meisten Arten sind eierlegend, manche, vor allem Gebirgsbewohner, sind lebendgebärend, genauer gesagt, sie sind ovovivipar. Bei den lebendgebärenden oder ovoviviparen Eidechsen und Schlangen werden die Eier im Mutterleib ausgebrütet. Die Jungtiere verlassen die Eihülle noch im Körper der Mutter oder kurz nach der Eiablage. Diese

Form der Brutpflege erlaubt es den Tieren, in klimatisch ungünstige Bereiche der Hochlagen der Alpen vorzudringen. Eine Reifung der Eier außerhalb des Körpers der Mutter wäre in den Hochlagen gefährdet und somit auch der Fortbestand der Population.

Lebensweise und Biologie einiger Echsenarten *(Sauria)*

Zauneidechse *Lacerta agilis*
Sie bewohnt Steinmauern, sonnige Grasplätze, Waldränder, bis 1000 m, seltener bis 1500 m auf trockenen Weiden. Paarung Mai bis Juni; das ♀ gräbt Löcher in den Boden und legt dort 5–14 weichschalige Eier; nach etwa 2 Monaten schlüpfen die 5–6 cm langen Jungtiere.

Mauereidechse *(Podarcis) Lacerta muralis*
Die Mauereidechse ist sehr flink; sie vermag auch senkrechte Felsen rauf und runter zu klettern. Die wärmeliebenden Tiere bevorzugen sonnige Steinhaufen, Felsen, Burgruinen. Im Frühjahr besetzt und verteidigt das ♂ das Revier, das eine Fläche von etwa 25 m^2 umfasst. Das ♀ legt 2–10 Eier in das lockere Erdreich oder unter Steine. Bei günstigen Lebensbedingung sind 2–3 Gelege im Jahr möglich. Nach 2–3 Monaten schlüpfen die etwa 6 cm langen Jungtiere. In den Nordalpen steigt die Art bis etwa 1400 m, in den Südalpen besiedelt sie noch südexponierte Blockhalden und Felsfluren bis auf 2200 m Höhe. Im Alpenraum lassen sich mehrere Unterarten oder Populationsgruppen unterscheiden, die man sich durch nacheiszeitliche Einwanderung aus unterschiedlichen Regionen südlich des Alpenkammes erklärt.

Bergeidechse *Lacerta (Zootoca) vivipara*
Die Berg- oder Waldeidechse, gelegentlich auch Mooreidechse genannt, ist lebendgebärend. Nach einer Tragzeit von etwa 2 Monaten bringt das ♀ 2–8 Jungtiere zur Welt. Dies hat den Vorteil, dass die Bergeidechse auch Hochlagen in den Alpen besiedeln kann und nicht nur auf warme, sonnige Plätze zur Reifung der Eier angewiesen ist. Aufgrund eines erhöhten Zuckergehaltes im Blut, der während der Wintermonate ansteigt, kann die Bergeidechse geringe Minustemperaturen über mehrere Wochen überdauern. Selbst in die Subarktis bis zum 70. Breitengrad in

Die Berg- oder Waldeidechse *(Lacerta vivipara)* ist als einzige Eidechse bis in die arktische Tundra über den Polarkreis vorgedrungen.

Sibirien ist die Art vorgedrungen. Am südlichen Alpenrand und weiter südlich gibt es Unterarten, die eierlegend sind.

Blindschleiche *Anguis fragilis*
Die Tiere sind nicht blind, der Name bezieht sich auf die althochdeutsche Bezeichnung »plintslicho« mit der Bedeutung blendende oder glänzende Schleiche. An den Lebensraum stellt die Blindschleiche wenig Ansprüche. Sie besiedelt Wälder, Wiesen, Moore, Heiden. Verbreitet ist sie von der Ebene bis ins Hochgebirge bei 2400 m. Der Speisezettel der Blindschleiche besteht aus Nacktschnecken, Regenwürmern, unbehaarten Raupen, Käfern. Die kalte Jahreszeit überdauern die Tiere in Kältestarre, dazu bohren sie sich unterirdische Gänge, in denen sie meist gesellig zu 5–50 Individuen den Winter verbringen. Ende April bis Juni paaren sich die Tiere. Nach einer Tragzeit von 11–14 Monaten werden 8–12 Jungtiere abgesetzt. Viele ♀ werden nur alle 2 Jahre trächtig. Nur bei sehr kräftigen ♀ kommt es zu einer jährlichen Fortpflanzung.
Die Blindschleichen können an mehreren Sollbruchstellen ihren Schwanz abwerfen. Im Gegensatz zu den Eidechsen wächst dieser nicht mehr nach.

Lebensweise und Biologie einiger Schlangenarten *(Serpentes)*

Ringelnatter *Natrix natrix*
Die Ringelnatter bevorzugt Feuchtwiesen in Gewässernähe. Sie kommt in den Alpen in Höhenlagen bis 1600 m und gelegentlich bis über 2000 m vor. Ihre Nahrung besteht aus Fröschen und anderen Lurchen und im Wasser auch aus Fischen. Sie ist eine ausgezeichnete Schwimmerin und kann, besonders bei Gefahr, bis zu 20 Minuten unter Wasser ausharren. Dafür hat sie ein sackförmiges Reservoir im hinteren Teil der Lunge.
Die Paarungszeit ist Ende April bis Mai. Ende Juni bis Anfang August legt das ♀ 10–30 Eier in der Größe von Taubeneiern. Nach 1–2 Monaten, oft auch erst später, schlüpfen die 12 cm langen, bleistiftdicken Jungtiere. Zur Überwinterung finden sich meist mehrere Tiere in Komposthaufen oder unter Baumstümpfen zusammen.
Die Ringelnatter hat keine Giftzähne mit einem Giftkanal. Sie hat aber dennoch Giftdrüsen. Beim Biss wird das Gift mit dem Speichel vermischt und dient zur Vorverdauung der Beute. Das Gift ist jedoch für den Menschen ungefährlich.

Nach neueren genetischen und morphologischen Untersuchungen unterscheidet man 2 eng verwandte Arten (früher Unterarten): Die **Nördliche Ringelnatter** *(Natrix natrix)* ist in fast ganz Mittel- und Osteuropa verbreitet, während die **Barren-Ringelnatter** (*Natrix helvetica*) westlich des Rheins, in der Südschweiz und in Norditalien vorkommt. In der typischen Ausprägung ist die Barren-Ringelnatter durch die schwarzen, barrenartigen Streifen an den Körperflanken charakterisiert. Jedoch variieren und vermischen sich die morphologischen Merkmale sehr stark, sodass man zu den genetischen Kriterien greifen muss. Neuerdings hat man die Barren-Ringelnatter auch an der Isar bei Mittenwald und am Inn bei Kiefersfelden und an weiteren Orten am bayerischen Alpenrand entdeckt. Diese nur aus den Südalpen bekannte Art hat wohl nach der Eiszeit die Alpenpässe überquert.

Schling- oder **Glattnatter**
Coronella austriaca
Die trockenheits- und wärmeliebende Art bevorzugt lichtes, trockenes Gelände, Waldränder, Magerwiesen, Heiden entlang der Voralpenflüsse. In den Hochlagen der Alpen kommt sie nur an Südflanken bis etwa 2000 m vor. Als Nahrung dienen Eidechsen, Blindschleichen, Mäuse; die Beute wird mit den Kiefern gepackt und

mit 2–3 Körperschlingen erwürgt. Das ♀ legt keine Eier; die Tragzeit dauert 4–5 Monate. Bei der Geburt befinden sich die 3–15 Jungtiere noch in einer dünnen Eihülle, die durchstoßen wird. Die Schlingnatter pflanzt sich nur alle zwei Jahre fort. Die Schlange ist ungiftig, aber bissig.

Äskulapnatter *Zamenis longissimus (Elaphe longissima)*
Die wärmeliebende Art ist hauptsächlich in Südeuropa und in den Südalpen verbreitet. Isolierte Vorkommen in Deutschland sind im Rheingau, südlichen Odenwald, an der unteren Salzach und an der Donau bei Passau; in Österreich in der West- und Oststeiermark unterhalb 1000 m und im Ennstal; in der Schweiz vor allem an der Südflanke der Alpen und im Wallis. Die Äskulapnatter hat vermutlich die Eiszeit im Balkan überdauert und hat den Alpenraum nach der Eiszeit wieder besiedelt. Paarung im Mai, nach 4–6 Wochen legt das ♀ 5–10 Eier unter Steinen oder alten Baumstrünken ab. Nach 2 Monaten schlüpfen die 25 cm langen Jungtiere. Die Schlangen überwintern oft zu mehreren in frostfreien Felsspalten und Erdhöhlen. Populationen der Nordalpen verbringen etwa 6–8 Monate in Kältestarre. Die Äskulapnatter ist eine geschickte Kletterschlange. Sie kann mithilfe der gekielten Bauchschuppen auf Bäume klettern.

Kreuzotter *Vipera berus*
Nach der Kältestarre, die in den höheren Lagen 6–7 Monate dauern kann, beginnt die Paarung. Die Kreuzotter legt keine Eier, diese werden im Körper des ♀ ausgebrütet. Bei der Geburt wird die dünne Eischale von den 5–18 Jungtieren durchstoßen. Giftschlange. Die Kreuzotter ist die Giftschlange mit der weitesten Verbreitung in Europa. In den Westalpen wird sie von der Aspisviper vertreten. Unter den europäischen Schlangen hat aber die Hornotter *(Vipera ammodytes)* die stärksten Gifte.

Die Kreuzotter *(Vipera berus)* ist an sonnigen Grashängen und in Schutthalden bis in großen Höhen anzutreffen.

Die Äskulapnatter *(Elaphe longissima)* bevorzugt warme, sonnige Hänge in den südlichen Teilen der Alpen meist bis 1000 m Höhe.

Aspisviper *Vipera aspis*
Wie die Kreuzotter kann die Aspisviper in den Alpen in einer dunklen bis schwarzen Grundfarbe auftreten (Melanismus).
Die Paarung findet im Frühjahr, meist im Mai statt. Bis zur Befruchtung vergehen aber noch etwa 5 Wochen. Nach einer Tragzeit von 2–4 Monaten schlüpfen die 4–14 Jungtiere bei oder kurz nach der Geburt aus ihren dünnen Eihüllen (ovovipar). Die Jungschlagen sind ca. 20 cm lang. Giftschlange, die Giftwirkung ist etwas stärker als die der Kreuzotter.
Die Art fehlt in Österreich, in Deutschland kommt sie in 2 Tälern des südlichen Schwarzwaldes vor.

Scheibenzüngler
Discoglossidae

1 Gelbbauchunke
Bombina variegata
L 4–5 cm. Oberseite olivbraun bis gelbbraun, Bauch gelb mit schwärzlichen Flecken; Finger- und Zehenspitzen gelb; Pupille rundlich bis herzförmig. Ruft zur Revierabgrenzung dumpf, aber melodiös uh-uh. Zur Lebensweise s. S. 342. ■ Raupen, Mückenlarven. ▼ Berg- und Hügelland. ▲ In den Alpen bis 1800 m.

Kröten
Bufonidae

2 Erdkröte
Bufo bufo
L ♂ 8–9 cm, ♀ 10–13 cm. Oberseite rot-, grau- oder schwarzbraun, mit vielen Warzen, Unterseite schmutzig weiß und grauschwarz gesprenkelt; Haut trocken. Pupille waagerecht, Iris gold- oder kupferrot. Am Kopf über der Ohrgegend 2 bohnenförmige Drüsen, die Hautgifte zur Abwehr von Fressfeinden absondern. ■ Würmer, Insekten, Schnecken. Zur Lebensweise s. S. 343. ▼ Unter Steinen, Totholz, Erdlöchern, in Stillgewässern. ▲ In den Alpen bis 2000 m.

Echte Frösche
Ranidae

3 Springfrosch
Rana dalmatina
L ♂ bis 6 cm, ♀ bis 9 cm. Oberseite hellbraun, spärlich dunkel gefleckt, großer dunkler Fleck in der Ohrgegend, Bauch weißlich bis gelblich; keine Schallblasen; springt bis 1 m hoch und bis 2 m weit. ■ Käfer, Schnecken, Würmer. ▼ Wassergräben, fischfreie Tümpel in warmen Buchen- und Mischwäldern, oft mit Laubfrosch, Kamm- und Teichmolch. ▲ Alpennordseite bis 650 m, Alpensüdseite bis 1100 m.

4 Teichfrosch
(Rana) Pelophylax esculenta
Oberseite grasgrün oder grünlich braun, meist mit hellem Längsstreifen auf dem Rücken und wenigen dunklen Flecken; Färbung und Größe variabel; Ruf des ♂ ärr-ärr oder oek-oek, dabei wird aus jedem Mundwinkel eine große Schallblase ausgestülpt. Zur Lebensweise s. S. 343. ■ Insekten, Schnecken, kleine Wirbeltiere. ▼ Stehende Gewässer, überwintert meist am Gewässergrund. ▲ In den Alpen kaum über 1200 m.

5 Grasfrosch
Rana temporaria
L 7–11 cm. Oberseite gelb-, rot- bis schwarzbraun, meist dunkel gefleckt; Unterseite der ♂ weißlich grau und ungefleckt, die der ♀ gelb und rötlich marmoriert; keine Schallblase; die ♂ locken die ♀ durch knurrende oder grunzende Laute an. ■ Insekten, Asseln, Würmer, Nacktschnecken. Zur Lebensweise s. S. 344. ▼ Feucht- und Nasswiesen, feuchte Wälder, zur Laichzeit flache Teiche, Bergseen. ▲ Von der Ebene bis in die Hochlagen, Nordalpen bis 2300 m, Südalpen bis 2800 m.

Laubfrösche
Hylidae

6 Laubfrosch
Hyla arborea
L 4–5 cm. Oberseite grasgrün mit glatter, glänzender Haut; Bauch weiß, durch eine schwarze, oft weißlich gesäumte Binde von der Oberseite abgegrenzt; ♂ ruft weithin hörbar äpp-äpp-äpp oder gäck-gäck-gäck, mit einer großen kugeligen Schallblase. ■ Insekten, schnappt nach allem, was sich bewegt und ergreift es mit der klebrigen Zunge. Zur Lebensweise s. S. 344. ▼ Im Larvenstadium fischfreie, besonnte Kleingewässer; als adulte Frösche Feucht- und Nasswiesen, Auen. ▲ In den Alpen bis 1000 m, selten bis fast 2000 m.

1
6
3
4
2
5

Salamander und Molche

Salamandridae

1 Alpensalamander

Salamandra atra

L 10–15 cm. Glänzend schwarz; am Kopf neben den Augen hervortretende Ohrdrüsen; Rücken und Flanken mit warzigen Drüsenausgängen, die bei Gefahr oder Reizung der Tiere ätzende Sekrete zum Schutz vor Fressfeinden aussondern. Zur Lebensweise s. S. 344. ■ Insekten, Schnecken, Würmer. ▼ Feuchte Bergwälder, Blockhalden, Almwiesen. ▲ Alpen von 600–3000 m.

2 Feuersalamander

Salamandra salamandra

L 16–24 cm. Rücken tief schwarz, unterbrochen von gelben oder orangefarbenen Flecken, Punkten oder Linien (Färbung sehr variabel); Giftdrüsen zur Abwehr von Fressfeinden, aber auch zum Schutz vor schädlichen Pilzen und Bakterien auf der feuchten Haut. Zu Biologie und Lebensweise s. S. 344. ■ Insekten und deren Larven, Nacktschnecken, Regenwürmer. ▼ Laub- und Mischwälder ▲ In den Alpen von 600–1500 m.

3 Bergmolch, Alpenmolch

Triturus alpestris

♂ 8 cm, ♀ bis 11 cm. ♂ zur Paarungs- oder Laichzeit in der »Wassertracht«: Rücken dunkelblau bis blaugrau, mit einem 2 mm hohen, ganzrandigen, abwechselnd schwarzgelb getupften Kamm, Flanken hell mit schwarzen Flecken marmoriert, Bauch und Kehle leuchtend orangerot; ♀ graublau oder bräunlich mit dunkler Marmorierung, Bauch orangerot; intensive Färbung nur in der Laichzeit. Zu Lebensweise, Lebensraum und Verbreitung s. S. 345.

4 Alpen-Kammmolch, Italienischer Kammmolch

Triturus carnifex

L 10–16 cm. Oberseite oliv- oder graubraun mit großen dunklen Flecken (Färbung stark variierend), Bauch intensiv gelb oder orange mit großen verwaschenen Flecken, Kehle gelb mit schwarzen Flecken und weiß gepunktet; ♂ zur Laichzeit mit fein gefurchtem Kamm, dieser verläuft vom Kopf bis zur Schwanzspitze, mit einer großen Unterbrechung an der Schwanzwurzel; nach der Paarungszeit verschwindet der Kamm; Jungtiere und ♀ dunkel bis schwarz, mit gelbem oder orangefarbenem Rückenstreifen. Zu Lebensweise, Lebensraum und Verbreitung s. S. 345.

Echte Eidechsen

Lacertidae

5 Zauneidechse

Lacerta agilis

L 20–24 cm. ♂ zur Paarungszeit mit leuchtend grünen Flanken und grüner Kehle, Rücken mit breitem dunklem Längsband mit schwärzlichen, weißgetüpfelten Flecken; ♀ graubraun. Zu Lebensweise, Lebensraum und Verbreitung s. S. 347.

6 Mauereidechse

Lacerta (Podarcis) muralis

L bis 20 cm. Rücken rötlich braun bis grau, mit dunklen Flecken, Flanken mit dunklem Längsband, oben und unten begrenzt von einer weißlichen Linie; Bauch weißlich, gelblich, rötlich bis ziegelrot; Färbung sehr variabel. Zu Lebensweise, Lebensraum und Verbreitung s. S. 347.

7 Bergeidechse

Lacerta (Zootoca) vivipara

L 16–18 cm. Oberseite braun mit oft unterbrochenem Mittelstreifen und gelblichen oder schwarzen Punkten; ♂ Unterseite orangegelb bis ziegelrot mit schwarzer Fleckung; ♀ weißlich, ungefleckt. Zu Biologie und Lebensweise s. S. 347. ▼ Waldränder, feuchte Wiesen, Moore, Quellbäche, Geröllhalden. ▲ In den Alpen bis 3000 m.

1
2
3
4
7
6
5

Schleichen
Anguidae

1 Blindschleiche
Anguis fragilis

L 35–45 (–50) cm. Oberseite grau bis braun, Unterseite graublau; schlangenähnlich, ohne Beine. Zur Lebensweise s. S. 348. ▼ Unterholzreiche Laub- und Mischwälder mit Farnen, Moosen und Fallholz. ▼ In den Alpen und auf dem Balkan bis in 2400 m.

Nattern
Colubridae

2 Ringelnatter
Natrix natrix

L ♂ bis 1 m, ♀ bis 150 cm. Oberseite graubraun, schwarzbraun oder graublau, Unterseite mit schachbrettartigem Schwarz-Weiß-Muster, oft mit 4–6 Längsreihen aus dunklen Flecken; am Hinterkopf weißgelbe Halbmondflecken. Zu Lebensweise, Lebensraum und Verbreitung s. S. 348.

3 Schling- oder Glattnatter
Coronella austriaca

L 60–75 cm. Zierliche Schlange; Oberseite grau, graubraun oder rötlich braun mit 2–4 dunklen Fleckenreihen; an den Kopfseiten je ein dunkelbrauner Streifen vom Nasenloch über das Auge bis zum Mundwinkel; Schuppen ungekielt. Zu Lebensweise, Lebensraum und Verbreitung s. S. 348.

4 Äskulapnatter
Zamenis longissimus (Elaphe longissima)

L 140–200 cm. Längste Schlange der Alpen; Oberseite glatt, glänzend, gelblich braun, graubraun bis grauschwarz, Bauch hell oder grünlich gelb; am Ende des Kopfes ein gelber, oft nur gering ausgeprägter Mondfleck. ■ Eidechsen, Mäuse, Vögel, auch Maulwürfe, Wiesel. Zu Lebensweise, Lebensraum und Verbreitung s. S. 349.

Vipern
Viperidae

Alle Arten sind giftig.

5 Hornotter
Vipera ammodytes

L 70–90 cm. Oberseite grau bis braun, mit dunklem Zickzackband auf dem Rücken, Hörnchen auf der Schnauzenspitze. Paarung April bis Mai, nach 3–4 Monaten werden 14–18 Jungschlangen geboren. ▼ Sonnige Felshänge, Steinmauern, lichte Wälder. ▲ In den Alpen bis 2000 m.

6 Kreuzotter
Vipera berus

L 60–70 cm. Oberseite ♂ aschgrau bis graubraun, ♀ braun bis gelbbraun, beide mit schwarzem Zickzackband; gelegentlich einfarbig rostrot oder schwarz; Fortpflanzung s. S. 349. ■ Mäuse, Eidechsen, Vögel. ▼ Waldränder, Moore, steinige Hänge, Felshänge. ▲ In den Alpen bis ca. 3000 m.

7 Aspisviper
Vipera aspis

L 60–85 cm. Oberseite grau bis braunrot mit 2 versetzten dunklen Querbinden (»Barren«), Flanken mit weiteren Fleckenreihen; Kopf dreieckig, deutlich abgesetzt, Schnauzenspitze aufgewölbt (aber kein Hörnchen wie bei der Hornotter). ▼ Sonnige Geröllhalden, Steinbrüche, lichte Wälder. ▲ In den Französischen, Italienischen und Schweizer Alpen bis 2500 m.

8 Wiesenotter
Vipera ursinii

L 50–60 cm. Oberseite hellgrau bis hellbraun mit dunklem, wellenförmigem Zickzackband, das seitlich hell begrenzt ist; Kopf eiförmig mit V-Zeichen. ■ Heuschrecken, Eidechsen, Frösche. ● Tragzeit 2–3 Monate; meist 4–10 Junge schlüpfen im Mutterleib oder sofort nach der Geburt aus den Eihüllen. ▲ Französische und Italienische Alpen bis 2400 m.

2
1
8
7
3
6
5
4

Vögel *(Aves)*

Einführung und Stammesgeschichte

Die stammesgeschichtliche Entwicklung der Vögel geht auf die Urformen der Reptilien zurück, nämlich auf die stammesgeschichtliche Linie der Sauropsiden (s. S. 346). Bis es zu den »echten« Vögeln kam, war es noch ein langer Weg. Als Bindeglied oder besser als Übergangsform gilt der »Urvogel« Archaeopteryx, von dem inzwischen mindestens 7 Fossilfunde bekannt sind. Er lebte vor etwa 150 Millionen Jahren, hatte die Größe einer Krähe und zeichnete sich durch Merkmale der Dinosaurier wie auch der Vögel aus. Er besaß bereits ein Federkleid, das allerdings aerodynamisch noch nicht zum Fliegen taugte, sondern als Wärmeschutz und der Zurschaustellung (Imponiergehabe) diente.

Nach gängiger Meinung gelten die Vögel als direkte Nachkommen der Dinosaurier. Allerdings gibt es auch Hinweise nach neuen Fossilfunden aus China, dass sich die Dinosaurier und die Vorfahren der Vogelartigen aus älteren Saurierformen entwickelten. Vogelmerkmale, wie dünne, hohle Knochen, gefüllt mit Luftsäcken, die zumindest einen kurzen Gleitflug ermöglichten, tauchten bei verschiedenen Formen der Saurier und der etwas späteren Dinosaurier auf. Wirkliche Flugfähigkeit erlangten die Vögel oder deren Vorfahren wohl erst vor 100 Millionen Jahren.

Vor 65,5 Millionen Jahren bereitete der Einsturz eines etwa 10 km großen Asteroiden ein jähes Ende der Dinosaurier. Betroffen waren vor allem die Nichtvogel-Dinosaurier. Rund drei Viertel der damaligen Tierwelt starben an den Folgen des Einsturzes, wie extreme Klimaverschlechterung, hoher Gehalt an schwefelhaltigen Aerosolen in der Atmosphäre, die das Sonnenlicht abschirmten und damit die Fotosynthese stark einschränkten. Überlebt haben unter anderem einige »echte« Vogelgruppen, die schon etliche Millionen Jahre vor dem Einsturz lebten. Nach dem Massensterben entwickelte sich eine Vielzahl der »modernen« Vogelarten. Heute gibt es weltweit mindestens 10.000 Arten.

Die Vögel gehören wie auch die Säugetiere zu den Warmblütern. Ihre Körpertemperatur ist weitgehend unabhängig von der Außentemperatur. Die Vögel, zumindest die heutigen, haben eine recht hohe Körpertemperatur von 42 °C. Die Entwicklung der Warmblütigkeit war für die Vögel sicherlich ein evolutionäres Erfolgskonzept, das auch eine perfekte Flugfähigkeit ermöglichte. Allerdings erforderte diese »Erfindung« einen weit höheren Energiebedarf. Auch den Dinosauriern, wie Tyranosaurus Rex, schreibt man anhand von neuesten Untersuchungen Warmblütigkeit zu. Dass diese Monster bei der sicherlich extremen Klimaverschlechterung nach dem Asteroideneinsturz den hohen Energiebedarf nicht mehr decken konnten, allein um die Körpertemperatur zu erhalten, dürfte auch ein Kriterium sein, warum diese und viele andere Tierarten ausstarben (der Kälteeinbruch dauerte wohl über mehrere Jahrzehnte, dann erfolgte eine enorme Klimaerwärmung).

Herkunft der Vögel der Alpen

Darüber hat man nur ungenaue Vorstellungen. Ein Teil ist aus den innerasiatischen Gebirgen über den Kaukasus eingewandert, wie Schneefink, Wasserpieper, Mauerläufer, Ringdrossel, Alpenbraunelle und Alpendohle. Während der Eiszeit kam es, wie bei den Pflanzen, zu einer Vermischung der arktischen und alpinen

Tierwelt. Besonders häufig waren damals, wie Reste aus eiszeitlichen Ablagerungen vermuten lassen, Sperbereule, Schneeammer, Ohrenlerche, Moorschneehuhn und Alpenschneehuhn. Zurück blieben in den Alpen als Eiszeitrelikt Alpenschneehuhn, Alpenbirkenzeisig und der extrem seltene Mornellregenpfeifer, während Wasserpieper und Ringdrossel teilweise nach Norden zogen und heute dort in einer nordischen Unterart vorkommen. Reine Felsvögel wie Alpenbraunelle, Schneefink, Mauerläufer oder Alpendohle blieben auf die Alpen beschränkt und zogen nicht über die riesige Tundrenzone des damaligen Mitteleuropa, bis sie wieder in den skandinavischen Gebirgen ihnen zusagende Lebensräume gefunden hätten.

Die Zahl der ausgesprochen alpinen Vögel, die über der Waldgrenze brüten und nur in sehr schneereichen Wintermonaten tiefer ziehen, ist sehr gering. Alpendohle, Alpenschneehuhn, Steinhuhn, Mauerläufer, Alpenbraunelle, Wasserpieper und Schneefink gehören dazu. Für einige Arten sind die Alpen ein Rückzugsgebiet, wie für den Kolkraben oder die Raufußhühner Auer-, Birk- und Haselhuhn. Auch der Steinadler ist kein reiner Alpenvogel. Heute ist sein Vorkommen im Wesentlichen auf Felswände der Gebirgszüge und Felsklippen der Meeresküsten beschränkt.

Den größten Artenreichtum haben die Bergwälder, die noch viele Arten des Flachlandes aufweisen. Es können daher nur Arten dargestellt werden, die sich hauptsächlich auf die Gebirgswälder beschränken, wie Dreizehenspecht, Weißrückenspecht, Schwarzspecht oder Berglaubsänger sowie die Bewohner der subalpinen Zone im Bereich der Waldgrenze, wie Tannenhäher, Ringdrossel, Zitronengirlitz und Alpenbirkenzeisig. Zur Zugzeit im Frühjahr und im Herbst kann man allerdings noch in großen Höhen auch »Flachlandarten« antreffen.

Alpenschneehuhn *(Lagurus mutus)* im Sommerkleid. Im Winter ist es durch sein weißes Gefieder im Schnee gut getarnt - doch durch die Klimaerwärmung (fehlender Schnee) stark gefährdet.

Der Kolkrabe *(Corvus corax)* wurde in weiten Teilen Mitteleuropas fast ausgerottet. Durch Schutzmaßnahmen ist der Bestand heute nicht mehr gefährdet.

Lebensweise der Wasseramsel

Die Wasseramsel (*Cinclus cinclus*) ist der einzige Singvogel, der schwimmen und tauchen kann. Als Anpassung an das Wasserleben hat sie ein dichtes Gefieder als Kälteschutz, eine große Bürzeldrüse, mit deren Sekret das Gefieder imprägniert wird, sowie relativ schwere Knochen, die nicht hohl (wie bei den meisten Vögeln), sondern mit Mark gefüllt sind, um das Abtauchen zu erleichtern und den Auftrieb zu verringern.

Habichtverwandte
Accipitridae

1 Gänsegeier, Weißkopfgeier
Gyps fulvus

L 97-104 cm, Sp. 250 cm. Flügel sehr lang und breit, mit gespreizten Handschwingen; Schwanz kurz; Körper sandfarben, Flügel im Flug zweifarbig, vorn hellbraun, hinterer Teil schwarzbraun; Kopf und Hals mit weißen Dunen **(1a)**, Halskrause weißlich. Stimme: krächzende und pfeifende Rufe nur zur Brutzeit. ● Nistet in Höhlen und Felsnischen. ■ Abgestürzte, tote Tiere und Aas. ▲ Brutvogel in den Balkanländern. In den Alpen nur als Sommergast von Mai bis September.

2 Bartgeier
Gypaetus barbatus

L 102-114 cm, Sp. 250-290 cm. Größter Vogel der Alpen. Flügel ziemlich schmal, Unterseite grauschwarz, Schwanz dunkel, keilförmig, bei gespreizten Federn rundlich; Gefieder oberseits grauschwarz mit weißen Strichen, Unterseite hell, rotgelblich, an der Brust rostfarben; Kopf rost- bis rahmfarben, mit langem »Ziegenbart« **(2a)**. Stimme wie Gänsegeier. ■ Aas; zu 80 Prozent Knochen von verendeten Hirschen, Schafen und Ziegen; wirft größere Knochen aus einer Höhe von etwa 80 m auf eine horizontale Felsplatte, bis sie durch den Aufprall zersplittern; die Magensäure, mit der die Knochen aufgelöst werden, ist besonders hoch (etwa pH 0,7). ● Nest in unzugänglichen Felsnischen in hohen Wänden zwischen 1400 und 2400 m; Jungvögel sind nach 4 Monaten flügge und streifen umher; geschlechtsreif mit 5-7 Jahren. ▲ Pyrenäen, Korsika, Kreta, Kaukasus. Wurde bis Ende des 19. Jh. als Lämmerfresser und Kindsräuber verfolgt, es gab sogar Abschussprämien. Anfang des 20. Jh. war er in den Alpen ausgerottet. Ab 1980 wurde er im Alpenraum wieder angesiedelt mit Tieren aus Nachzuchten von Zoos und Tierparks der Schweiz; bis 2019 wurden 230 Bartgeier ausgewildert. Auch in Österreich (Nationalpark Hohe Tauern) und Frankreich (Nationalparke Vanoise und Mercantour) wurden Jungtiere wieder angesiedelt. 2021 erfolgte die spektakuläre Auswilderung von 2 Jungtieren im Nationalpark Berchtesgaden, die man auch visuell im Internet verfolgen konnte. Ziel ist es, den Bartgeier in seinem ehemaligen Verbreitungsgebiet von Marokko über Frankreich und den gesamten Alpenbogen bis zum Balkan wieder heimisch zu machen.

3 Steinadler
Aquila chrysaetos

L 75-88 cm, Sp. 2 m. Gefieder dunkelbraun, Scheitel und Nacken gelbbraun; relativ langer Schwanz; im Jugendkleid mit weißen Flecken in den gespreizten Flügeln und weißer Schwanzbasis, Schwanz mit dunkler Endbinde; das Weiß nimmt mit zunehmendem Alter ab. Stimme: kläffende kjä- oder pfeifende Rufe. ● Gleitet und segelt mit gelegentlichen Flügelschlägen. Baut große Horste auf Vorsprüngen und in Nischen steiler Felswände, meist unterhalb der Waldgrenze. Oft werden mehrere Horste angelegt und abwechselnd benutzt. ■ Hasen, Murmeltiere, Reh- und Gamskitze, Füchse, Eichhörnchen, Mäuse und Insekten. Jagt dicht über dem Boden fliegend, um das Beutetier zu überraschen und zu schlagen. ▲ Alpen und Meeresklippen, in den meisten Teilen des europäischen Tieflandes ausgerottet.

1a
1

2
2a

3

Glatt- und Raufußhühner

Phasianidae

1 Alpenschneehuhn

Lagurus mutus

L 36 cm. Im Sommerkleid ♂ mit schwarzbraun, ♀ mit gelbbraun gefärbtem Gefieder, im Winterkleid ♂ und ♀ ganz weiß bis auf den schwarzen Schwanz, ♂ noch mit schwarzen Streifen vom Schnabel durchs Auge; Flügel und Bauch ganzjährig weiß; Füße mit »Schneereifen« aus Federn, wodurch sie im Schnee nur wenig einsinken. Stimme: tiefes raues Krächzen, bei Gefahr knarrende Laute. ● Baut Schneehöhlen, in denen die Temperatur kaum unter 0 °C fällt. Nistet in Bodenvertiefungen, unter Steinen und Zwergsträuchern; die Jungen verlassen am 1. Tag das Nest und können nach 2 Wochen fliegen. ■ Knospen, Blätter, Insekten, im Winter auch Fichtennadelspitzen. ▼ Steinige Berghänge, Blockfelder über der Baumgrenze. ▲ In den Alpen und Pyrenäen in 2000–3400 m, im Winter kaum tiefer.

2 Birkhuhn

Lagurus tetrix

L ♂ 53 cm, ♀ 41 cm. Hahn mit blauschwarzem Gefieder, leierförmigem Schwanz und weißen Flügelbinden; Henne mit braunem Gefieder, Gabelschwanz und schmalen, hellen Flügelbinden. Stimme: ♂ zur Balzzeit ein hohltönendes Kollern und zischende Laute wie tschu-schwih. ● Nistet am Boden. ■ Beeren, Blatt- und Blütenknospen, Samen, Jungvögel fressen viele Insekten; im Winter Blätter und Teile von Zwergsträuchern. ▼ Krummholzbestände und Zwergstrauchheiden nahe der Baumgrenze; im Winter etwas tiefer. ▲ In den Alpen im Bereich der Waldgrenze.

3 Auerhuhn

Tetrao urogallus

L ♂ 86 cm, ♀ 61 cm. Schwerfälliger Vogel, fliegt mit polterndem Geräusch auf. ♂ mit dunklem Gefieder, blaugrün glänzender Brust, roter Haut über den Augen, Schwanz schwarz, weiß gebändert; wird bei der Balz halbkreisförmig gefächert. ♀ mit breitem, rotbraunem, unten hell eingefasstem Schild auf der Brust. Stimme: ♂ zur Balzzeit ein rhythmisches, hölzernes Knappen, etwa tekak-tekak, darauf folgt ein wetzendes Schleifen. Ruf des ♀ fasanenähnlich. ● Nistet in Bodenvertiefungen, am Fuß von Bäumen oder zwischen Zwergsträuchern. ■ Beeren, auch Würmer, Schnecken, Insekten; im Winter Knospen von Zwergsträuchern, Koniferennadeln. ▼ Bergwälder, besonders Nadelwälder. ▲ In den Alpen in der montanen und unteren subalpinen Stufe.

4 Haselhuhn

Tetraste bonasia

L 36 cm. Gefieder grau- oder rostbraun, braun und schwarz gefleckt und gebändert, mit weißen Schulterstreifen. Im Flug mit weiß gesäumter schwarzer Schwanzendbinde. ♂ mit schwarzem, weiß umrandetem Kehlfleck, ♀ mit weißlicher Kehle. Stimme: hohes, pfeifendes Tsissi-tseri-tsui. ● Nistet in Bodenmulden; sitzt außerhalb der Brutzeit gern auf Bäumen. ■ Beeren, Insekten, Schnecken, im Winter Knospen, Tannennadeln und Kätzchen von Hasel, Weide und Erle. ▼ Bergwälder mit reichem Unterholz. ▲ In den Alpen bis etwa 1600 m.

5 Steinhuhn

Alectoris graeca

L 35 cm. Oberseite graublau bis graubraun, Kehle weiß, nach unten scharf schwarz begrenzt; Unterseite rotbraun, die Seiten stark gebändert; Schnabel und Füße rot. Stimme: witt-witt, bei Gefahr pitschi-i. ● Nistet am Boden zwischen Steinen oder Zwergsträuchern. ■ Beeren, Samen, Knospen, Insekten, Schnecken. ▼ Sonnige, früh ausapernde Blockfelder und Felsen. ▲ Subalpine und alpine Stufe der S-Alpen.

4
5
3
1
2

Spechte

Picidae

1 Dreizehenspecht

Picoides tridactylus

L 22 cm (etwa Buntspechtgröße). ♂ mit gelbem, ♀ mit schwarzem Scheitel und weißlicher Stirn; Wangen schwarz mit 2 weißen Streifen; Schwingen schwarzbraun, weiß gebänderter Rücken mit breitem weißlichem Streifen vom Nacken bis zum Bürzel; Unterseite weiß; Füße nur mit 3 Zehen (1 Hinterzehe fehlt); Jungvögel dunkelbraun bis schiefergrau, mit undeutlichem Weiß. Stimme: kjök oder ke-ke-ke oder leise grü-grü-grü; trommelt langsam. ● Nistet in Baumhöhlen. ■ Kerbtiere. ▼ Alte totholzreiche Nadelwälder bis zur Waldgrenze. ▲ In den Alpen bis über 2000 m.

2 Weißrückenspecht

Dendrocopos leucotos

L 23 cm. Rücken und Schulter schwarz, Bürzel reinweiß, Flügel schwarz-weiß gebändert; Unterseite weiß bis rosa, schwarz längs gestreift; Unterschwanzdecken rot; ♂ mit rotem, ♀ mit schwarzem Scheitel. Stimme ähnlich wie Buntspecht, aber weicher. ▼ Urwaldartige Bergmischwälder der Montanzone. ▲ Alpen, Pyrenäen, Karpatenbogen. - Ähnlich ist der **Buntspecht** *(Dendrocopos major)* **2a** L 23 cm. ♂ und ♀ mit schwarzem Scheitel, ♂ noch mit rotem Nackenfleck; Rücken schwarz mit 2 großen, weißen Schulterflecken; Unterseite weiß, Unterschwanzdecken rot; Jungvögel (♂ und ♀) mit rotem Scheitel. Stimme hart »kick«. ▼ Laub- und Nadelwälder. ▲ Von der Ebene bis 1700 m.

3 Schwarzspecht

Dryocopus martius

L 46 cm. Größter heimischer Specht. Flug schwerfällig, nicht wellenförmig wie die übrigen Spechte. Gefieder schwarz, ♂ mit roter Kopfplatte, ♀ nur mit rotem Nackenfleck. Stimme: laut kliöh oder kliäj, im Flug kri-kri-kri. ● Legt große Nisthöhlen an, oft mehrere, die später als Schlafhöhlen genutzt werden. ■ Insekten, Larven, Ameisen. ▼ Bergwälder bis zur Waldgrenze. ▲ Alpen, in der Schweiz bis über 2000 m.

Segler

Apodidae

4 Alpensegler

Apus melba

L 21 cm; Sp. 52–58 cm. Viel größer als der Mauersegler. Oberseite bräunlich, Unterseite weiß mit braunem Brustband; Schwanz gegabelt. Stimme: auf- und absteigende Triller im Flug. ● Nistet in Kolonien in Felsspalten und steilen Felswänden, auch in Meeresklippen und alten Gebäuden oder Kirchtürmen; macht Jagdausflüge auf Insekten bis in 3000 m Höhe, erreicht Fluggeschwindigkeiten bis zu 250 km/h. ■ Insekten, Spinnen, Libellen. ▼ Zerklüftete Felswände. ▲ Südliches Mitteleuropa, meist bis 1500 m.

1 ♀
2a
2
3
4

Krähenverwandte

Corvidae

1 Tannenhäher

Nucifraga caryocatactes

L 32 cm. Gefieder dunkelbraun bis schwarz, mit dichter weißer Fleckung; im Flug auffällige weiße Schwanzendbinde; Schnabel schwärzlich, lang und kräftig. Stimme: schnarrend garrr, rätsch oder krorr. ● Nistet auf Nadelbäumen. ■ Nüsse, Eicheln, Samen von Nadelbäumen; im Sommer und Herbst legt der Tannenhäher einen Wintervorrat aus Zirbelnüssen im Boden an, die er im Winter auch bei hoher Schneedecke zu 80 Prozent wiederfindet. Die restlichen Nüsse tragen zur Verbreitung der Zirbe bei. ▼ Nadelwälder. ▲ In den Alpen bis 2500 m. – Gelegentlich taucht im Winter aus der sibirischen Taiga der **Sibirische Tannenhäher** (*Nucifraga caryocatactes macrorhynchos*) auf, oft in großer Zahl; diese Unterart zeichnet sich durch einen dünneren Schnabel und eine breitere Schwanzendbinde aus.

2 Kolkrabe

Corvus corax

L 64 cm. Gefieder glänzend schwarz, auch Füße schwarz; Schnabel sehr kräftig. Im Flug mit keilförmigem Schwanz. Stimme: tiefes Korrrk, Korrr oder Klong. ● Nistet in unzugänglichen Felsnischen in der subalpinen Stufe, im Vorland auch auf Bäumen. ■ Fallwild, Aas, Insekten, Früchte, Abfälle. ▲ Früher in allen waldreichen Gebieten. Der Kolkrabe wurde bis 1940 in Deutschland fast ausgerottet. Dank Unterschutzstellung hat er sich wieder ausgebreitet und kommt inzwischen in Deutschland neben den Alpen in vielen Mittelgebirgen und auch in Schleswig-Holstein vor.

3 Alpenkrähe

Pyrrhocorax pyrrhocorax

L 40 cm. Gefieder schwarz; Flügel und Schwanz mit metallischem, grünem Glanz, übriges Gefieder mit stahlblauem Glanz; Schnabel gebogen, rot wie auch die Füße. Stimme: dohlenartiges Kja oder möwenartiges Kuak-ak-ak. ■ Würmer, Insekten, Samen. ▼ Nistet in Felsspalten, Klippen und Ruinen an der Küste und im Gebirge. ▲ Westalpen, in der Schweiz nur noch im Wallis, gelegentlich als unregelmäßiger Gast auch in den Ostalpen.

4 Alpendohle

Pyrrhocorax graculus

L 38 cm. Gefieder glänzend schwarz; Schnabel gelb, gerade; Füße hellrot. Geschickter Flieger, erreicht im Sturzflug Geschwindigkeiten bis zu 200 km/h. Stimme: trillerndes, helles Skri und pfeifendes Zje oder Tschjup. ■ Insekten, Würmer, Schnecken, Beeren, Abfälle. ▼ Nistet in steilen Felsspalten in der alpinen Stufe. ▲ Über der Waldgrenze bis zu den höchsten Alpengipfeln, im Winter tiefer; in der Schweiz bis 3800 m. Kulturfolger.

Drosseln

Turdidae

5 Ringdrossel

Turdus torquatus alpestris

L 24 cm. ♂ mit mattschwarzem Gefieder und weißem, halbmondförmigem Brustschild; ♀ braun, mit schmälerem, matterem Schild; Jungvögel stark gefleckt, ohne Brustschild. ● Bodenvogel, hüpft in großen Sprüngen, zuckt dabei mit den Flügeln und dem Schwanz; nistet auf Nadelbäumen oder fast am Boden in Zwergsträuchern; überwintert in Südeuropa und Nordafrika. Stimme: schnarrend tack-tack; Gesang aus 2- oder 3-fachen Rufen wie tschere, tschiwie, iräket, jerp, schilp. ■ Würmer, Insekten, Beeren. ▼ Felsige Hänge und Nadelwälder, Blocksteinhalden. ▲ In den Alpen subalpine Stufe und Zwergstrauchgürtel.

1

3

2

Schwalben

Hirundinidae

1 Felsenschwalbe

Ptyonoprogne rupestris

L 15 cm. Oberseite graubraun, Unterseite schmutzig weiß, graubraun an Bauch und Unterschwanzdecken, Schwanz mit weißen Flecken, nur bei gespreiztem Schwanz sichtbar. Stimme: leise tschitsch oder tschri. ● Brütet in Kolonien zu 2–5 Paaren in Felswänden, auch in alten Gebäuden und Kirchtürmen. ■ Insekten. ▼ Sonnige Felswände. ▲ In den bayerischen Alpen selten über 1250 m; in der Schweiz bis 2500 m. Entwickelt sich zum Kulturfolger.

Mauerläufer

Tichodromidae

2 Mauerläufer

Tichodroma muraria

L 16,5 cm. Flügel leuchtend rot und schwarz, mit weißen Flecken an den Rändern; ♂ im Sommer mit schwarzer, im Winter wie ♀ mit weißlicher Kehle; Schnabel lang, dünn und gebogen. Stimme: dünn tih oder tiü; Gesang wohltönend zizizitüi. ● Nistet in tiefen Felsspalten; bewegt sich schmetterlingsartig flatternd senkrechte Wände hinauf. ■ Insekten, Asseln, Spinnen. ▼ Schluchten und Felswände. ▲ Alpine Stufe bis etwa 2500 m, im Winter tiefer.

Wasseramseln

Cinclidae

3 Wasseramsel

Cinclus cinclus

L 18 cm. Dunkelgrauer, kurzschwänziger, ständig knicksender Vogel am Wasser mit weißem Brustlatz. Stimme: zit-zit oder im Flug zrrrb; Gesang pfeifend, schwatzend, zwitschernd, singt auch im Winter. ● Baut kugelige Nester, häufig in Felsspalten oder Erdlöchern unter Wasserfällen; Brutbeginn ab Mitte Februar, in höheren Lagen April bis Mai. Biologie siehe S. 357. ■ Insektenlarven, Asseln, Krebse, auch kleine Fische werden schwimmend oder tauchend vom Gewässergrund erbeutet. ▼ Schnellfließende Gebirgsbäche. ▲ Fast nur in höheren Lagen, in der Schweiz bis 2500 m. Standvogel, bleibt das ganze Jahr über am gleichen Bachabschnitt und verlässt ihn erst, wenn der Bach zufriert.

Stelzenverwandte

Motacillidae

4 Gebirgsstelze

Motacilla cinerea

L 18 cm. Langer, schwarzer Schwanz mit weißen Außenkanten; Oberseite blaugrau, am Bürzel grüngelb; Unterseite leuchtend gelb, im Winter gelbbräunlich; ♂ mit weißem Augenstreif, im Sommer mit schwarzem, im Winter mit weißem Kehlfleck; ♀ oben grünlich, im Sommer und Winter mit weißlicher Kehle. Stimme: metallisch zittzitt oder zezezeze. ● Nistet in Mauer- und Erdlöchern; überwintert im Mittelmeerraum. ■ Insekten, Larven, meist aus dem Wasser. ▼ An schnell fließenden Bergbächen. ▲ Alpen, bis über 2000 m.

Sperlinge

Passeridae

5 Schneesperling, Schneefink

Montifringilla nivalis

L 18 cm. Kopf und Nacken grau, Kehle schwarz, Rücken braun, Flügel und Schwanz schwarz und weiß, Unterseite rahmweiß; im Flug auffällige schwarz-weiße Flügelzeichnung. Stimme: rasch tri-gri-gri-gri oder rau zuihk. Singt im Balzflug und im Sitzen wiederholt sittitsche-sittitsche. ● Nistet in Felsspalten und unter Dächern von Schutzhütten. ■ Samen und Insekten. ▼ Alpine Rasen und Schutthalden, Felsen. ▲ Alpen, Pyrenäen; 1800–3200 m, im Winter tiefer.

1
2
3
4
5

Laubsänger

Phylloscopidae

1 Berglaubsänger

Phylloscopus bonelli

L 11,5 cm. Scheitel und Oberseite olivgrün; schwacher, rahmfarbener Überaugenstreif; Bürzel gelblich; Kehle und Unterseite reinweiß (beim ähnlichen Waldlaubsänger sind Kehle und Brust gelblich, der Überaugenstreif ist breit, gelb). Stimme: sanftes, zweisilbiges Ho-ihd; Gesang ein langsamer, gleichbleibender Triller auf demselben Ton und ohne Beschleunigung wie beim Waldlaubsänger. ● Nistet am Boden. ■ Fluginsekten. ▼ Lichte Bergwälder ▲ In den Alpen bis 1800 m.

Braunellen

Prunellidae

2 Alpenbraunelle

Prunella collaris

L 18 cm. Kinn und Kehle weiß und schwarz punktiert, Flanken rostbraun gestreift, 2 weiße Flügelbinden, Oberseite graubraun. Stimme: singt trillernd trr-li, trrüi, ähnlich der Feldlerche. ● Nistet in Felslöchern und unter Steinen. Schnell hüpfend, häufiges Schwanzwippen. ■ Insekten, Würmer, Samen und Beeren. ▼ Blockfelder, Fels- und Grasbänder bis zur Schneegrenze, im Winter tiefer. ▲ Oberhalb der Waldgrenze.

Stelzenverwandte

Motacillidae

3 Bergpieper

Anthus spinoletta

L 16,5 cm. Oberseite graubraun, Schwanz mit weißen Außenkanten, weißlicher Überaugenstreif, Unterseite hell, im Herbst und Winter gestreift, zur Brutzeit ungestreift und mit rosa Anflug. Stimme: zip, djihp, zihp-ihp oder sst; Gesang im Flug aus 1- oder 2-silbigen Lauten wie tsitsi, sisi, zip oder djib. ● Nistet am Boden. ■ Insekten, kleine Schnecken, Samen. ▼ Felsige Wiesen und Matten von der Krummholzzone bis zur Schneegrenze, im Winter tiefer. ▲ Alpen, Pyrenäen.

Finken

Fringillidae

4 Alpenbirkenzeisig

Acanthis cabaret

L 12 cm. Kopf mit roter Stirn und schwarzer Kehle, Oberseite und Flügel bräunlich schwarz mit breiten, rostbräunlichen und weißlichen Federsäumen, Bauch trüb weiß mit bräunlichen Längsstreifen; ♂ mit rötlicher Brust. Stimme: metallische Flugrufe, rollendes Irrr oder dschädsch-ädsch-ädsch oder klagend zuit. Gesang aus ähnlichen Lauten und Trillern. ● Nistet in Latschen und Zwergsträuchern. ■ Samen und Insekten. ▼ Aufgelockerte Nadelwälder bis nahe der Waldgrenze. ▲ Alpen und Mittelgebirge, immer häufiger auch im Tiefland.

5 Zitronenzeisig

Carduelis (Serinus) citrinella

L 12 cm. Schnabel kurz, kegelförmig, spitz; Nacken und Halsseiten grau, Rücken dunkel gelbgrün, Gesicht und Unterseite gelbgrün bis zitronengelb, Flügel schwärzlich mit 2 grüngelben Binden, Bürzel oliv-grünlich. Stimme: metallisch dit-dit oder näselnd zih. Gesang aus klirrenden und zwitschernden Lauten. ● Nistet hoch auf Nadelbäumen; überwintert in Südwesteuropa. ■ Samen von Nadelhölzern, auch von Klee, Korbblütlern, vor allem Disteln. ▼ Lockere, ältere Nadelwälder. ▲ Alpen, bis zur Baumgrenze.

1
4
3
2
5

Säugetiere *(Mammalia)*

Herkunft der Säugetiere

Vor etwa 270 Millionen Jahren lebten die ersten säugetierähnlichen Reptilien, die auch Merkmale der Säugetiere besaßen, wie Körperbehaarung, ein vergrößertes Gehirn und wohl auch eine konstante Körpertemperatur. Bei dem Massensterben an der Grenze Perm/Trias vor 250 Millionen Jahren blieben nur wenige Gruppen übrig. Zu diesen Überlebenden gehörten die *Cynodontia* oder Hundszahnsaurier, die als die Vorfahren der Säugetiere gelten. Diese entwickelten unter anderem eine sekundäre Gaumenplatte, also eine Trennung des Rachenraumes und des Nasenraumes. Damit konnten die Tiere gleichzeitig atmen und fressen. Mindestens vor 120 Millionen Jahren traten die eierlegenden Kloakentiere auf, zu denen die heute lebenden Schnabeltiere und der Ameisenigel gehören. Bald darauf oder gleichzeitig traten auch die frühen Formen der Höheren Säuger auf, von denen sich noch die Beuteltiere, wie Beutelratte, Beutelwolf, Opossum und die Kängurus mit heute etwa 65 Arten abspalteten.

Herkunft der Säugetiere der Alpen
Nach diesem kurzen Ausflug in die Urzeit der Säugetiervorfahren mit vielen Fragezeichen wenden wir uns den Säugetieren der Alpen zu. In Mitteleuropa gibt es etwa 85 Säugetierarten, von denen rund 60 Arten auch in den Alpen vorkommen. Allerdings sind nur 7 Arten mehr oder weniger ausgesprochene Hochgebirgstiere. Dazu zählen Alpenspitzmaus, Alpenfledermaus, Schneehase, Murmeltier, Schneemaus, Steinbock und Gämse.

Die Alpenfledermaus ist ein Tier der Mittel- und Hochgebirge und erreicht in den Alpen ihre Nordgrenze. Das Murmeltier war ursprünglich ein Bewohner der kalten Steppen Asiens. Während der Eiszeit lebte es im europäischen Tiefland und zog sich dann in die Hochlagen der Alpen zurück. Der Schneehase hat sich wie auch das Alpenschneehuhn während der Eiszeit an das kalte Klima der Hochgebirge angepasst. Heute sind die Hochlagen der Alpen ihre Lebensräume. Durch die fortschreitende Klimaerwärmung, verbunden mit einer Verlagerung der Höhenstufen nach oben, kommt es zwangsweise zu einer Verkleinerung der Rückzugsgebiete und zu einer Isolierung der Lebensräume. Auch die Gämse verlagerte ihren Lebensraum in die höheren Lagen der Alpen. Ursachen sind Nahrungskonkurrenz durch Reh und Rothirsch und schließlich die Bejagung.

Das klassische Hochalpentier ist der Alpensteinbock. Seine Vorfahren wanderten vor der Würmeiszeit aus den asiatischen Gebirgen und Kältesteppen nach Europa ein und entwickelten sich zur heutigen Art. Der Alpensteinbock gehört zur Gattung der Ziegen (lat. *capra* = die Ziege). Es werden mehrere Steinbock-Arten (teilweise nur als Unterarten) unterschieden, so der Äthiopische Steinbock in Zentral-Äthiopien, der Iberiensteinbock auf der Iberischen Halbinsel, der Nubische Steinbock auf der Arabischen Halbinsel und im nordöstlichen Afrika, der Ostkaukasische Steinbock im Ost-Kaukasus, der Westkaukasische Steinbock im West-Kaukasus und der Sibirische oder Asiatische Steinbock in den asiatischen Gebirgsregionen.

Lebensweise und Biologie einiger Säugetierarten

Alpensteinbock *Capra ibex*
Der Alpensteinbock oder kurz Steinbock war schon immer ein begehrtes jagdbares

Der Steinbock *(Capra ibex)* war durch Bejagung fast ausgerottet. Heute leben durch starken Schutz und Wiedereinbürgerung in den Alpen wieder über 40.000 Tiere.

Tier. Bereits in der Altsteinzeit und Jungsteinzeit stellten die damaligen Menschen dem Steinbock nach. So richtig los ging die Jagd auf ihn im Mittelalter und in den folgenden Jahrhunderten, denn er galt damals als lebende oder kletternde Apotheke. Neben der üblichen Fleischverwertung waren alle Teile des Steinbocks, wie Herz, Blut, Fell, Haut, Horn und Hoden, zur Zubereitung von Arzneien mit angeblich heilkräftiger und magischer Wirkung gegen Krankheiten aller Art begehrt. Eine besondere Mystik haftete den Magensteinen oder Bezoarsteinen an (»Bezoar« leitet sich vom persischen Wort »padzahr« ab und bedeutet Gegengift). Diese Steine entstehen im Magen von Wiederkäuern und bestehen aus unverdaulichen Resten wie Haaren oder Fellstücken, die durch Ablecken in den Magen gelangen. Nach längerem Aufenthalt im Magen sind sie von einer harten Kruste überzogen und werden Bezoarsteine genannt. Sie galten als Mittel gegen Gift oder Pest. Nach der Signaturenlehre (Lehre von den Zeichen in der Natur) wurden sie auch genutzt, um Schwindelfreiheit am Fels zu erlangen.

Der Steinbock wurde so intensiv bejagt, dass er im Alpenraum fast ausgerottet war. Um 1820 gab es im Gebiet des Gran Paradiso nur noch 50 bis 100 Tiere. 1821 stellte König Viktor Emanuel II., der selbst ein begeisterter Jäger war, den Steinbock unter strengen Schutz. Dazu stellte er eine große Zahl an Wildhütern an. Innerhalb kurzer Zeit wuchs der Bestand auf 600 bis 800 Tiere an.

Gegen Ende des 19. Jahrhunderts wollte die Schweiz dem italienischen König einige Steinböcke zur Wiedereinbürgerung in ihrem Land abkaufen. Doch endlose Verhandlungen fruchteten nicht. So verschaffte man sich auf illegalem Weg die Tiere. Der legendäre italienische Wilderer Joseph Bernard wurde beauftragt, das zu erledigen, was auf legalem Verhandlungsweg nicht gelang. 1906 kamen so die ersten Steinböcke in den Wildpark in St. Gallen auf Schweizer Boden. In den folgenden Jahren wurden über die Berge weitere Tiere für die Züchtung geschmuggelt. 1911 entließ man die ersten Steinböcke in die freie Wildbahn. In Österreich siedelte man 1924 die ersten Steinböcke an. In Deutschland wurden auf Erlass von Reichsjägermeister Hermann Göring einige Steinböcke in Berchtesgaden ausgesetzt. Die Tiere wurden in einer abenteuerlichen Aktion in der Röth am Fuß der Teufelshörner freigelassen.

Heute leben im Alpenraum über 40.000 Steinböcke. Ein großartiger Erfolg der Wiedereinbürgerung einer fast ausgestorbenen Tierart. Dennoch ist das Ganze nicht unproblematisch. Sämtliche Steinböcke gehen auf die kleine Restpopulation von kaum 100 Tieren aus dem Gran Paradiso zurück. Die heutigen Steinböcke zeichnen sich durch eine geringe genetische Vielfalt aus. So kommt es bei der Vermehrung immer wieder zu Schwierigkeiten. Untersuchungen an 3000 bis 9000 Jahre alten Knochenfunden des Steinbockes aus Höhlen des Schweizer Mittellandes erbrachten eine weit größere genetische Vielfalt als bei den heute lebenden Steinböcken. Das heißt, die genetische Vielfalt der einstigen Populationen ist unwiederbringlich verloren.

Lebensweise: Die Geißen leben mit den weiblichen Jungtieren in Herden von 10–20 Tieren. Die männliche Jugend bildet Junggesellenherden. Der Bock erreicht im 2. Jahr die Geschlechtsreife, aber frühestens ab dem 6. Lebensjahr erlangt er die Stärke, um in heftigen Revierkämpfen einen Harem zu gründen. Die Paarung erfolgt im Januar. Über den Winter bleibt der Bock bei der Herde. Nach einer Tragzeit von 5–6 Monaten kommt im Mai/Juni das Kitz zur Welt, das ab dem ersten Tag laufen und klettern kann. Es wird von der Mutter etwa ein Jahr lang gesäugt. Dann beginnt die vegetarische Ernährung aus Gräsern, Kräutern, Nadeln und Flechten.

Gämse *Rupicapra rupicapra*

Die Gams ist ein Gebirgstier, das nicht nur in den Alpen, sondern in Europa auch in den Abruzzen, Pyrenäen und im Kaukasus in verschiedenen Unterarten vorkommt. Als Urahn aller Gamsartigen wird die Pachygazelle angesehen, die im Himalaja lebte. Bereits vor 300.000 Jahren während der Riss-Eiszeit wanderte die Gämse in Europa ein. Eine zweite Einwanderungswelle erfolgte vor ca. 100.000 bis 50.000 Jahren während der Würm-Eiszeit. In Europa haben sich durch Isolation der Lebensräume 9 Unterarten entwickelt.

Die Paarung erfolgt Ende November und im Dezember. Nach einer Tragzeit von 6 Monaten kommen meist 1, selten 2 Kitze zur Welt. Die Jungen werden 6 Monate gesäugt; sie folgen der Mutter 1 Jahr lang. Die Geißen und die Jungtiere leben in Rudeln bis zu 30 Tieren. Die Böcke sind Einzelgänger und suchen erst im Spätherbst die Herde auf. Dann finden auch die Austragungskämpfe der rivalisierenden Böcke statt.

Die Gämse – ein Hochleistungstier: Die Gams überwindet oft im steilen Felsgelände mit großen Sprüngen auch bergwärts große Höhenunterschiede mit großer Geschwindigkeit. Bei dem geringeren Sauerstoffgehalt in den großen Höhen verlangt die Leistung eine besondere Anpassung. Zum einen hat die Gämse weit mehr rote Blutkörperchen für den Sauerstofftransport (ähnlich wie die Bewohner der Anden und des Himalaja), zum anderen hat sie ein sehr großes Herz mit dickeren, muskulöseren Herzkammern als etwa ein Reh. Eine Pulsfrequenz von 200/Minute bei einem Felsensprint gehört für die Gams zur alltäglichen Übung.

Schneehase oder Alpenschneehase
Lepus timidus varronis

Der Schneehase reguliert seinen Blutkreislauf und damit seinen Wärmehaushalt mithilfe der Ohren. Der Wechsel vom Sommer- zum Winterfell wird durch die Tageslänge und durch die Temperatur beeinflusst. Bedrohlich wirkt sich die Klimaerwärmung aus. Apern die Hänge in den höheren Lagen zu früh aus, so nützt dem Schneehasen sein weißes Tarnkleid als Schutz vor Greifvögeln nur wenig. Bei einer Verlagerung der Höhenstufen nach oben wird sein Lebensraum verkleinert und in kleine isolierte Teilbiotope zerstückelt. Damit wird der Genaustausch erschwert.

Alpenmurmetier
Marmota marmota

Die meiste Zeit ihres Lebens verbringen die Murmeltiere unter Tag in ihren Erdbauten. An heißen Tagen bleiben diese Pelztiere, die schnell an Überhitzung leiden, viele Stunden in ihrem Bau. Dort steigt die Temperatur auch im Hochsommer kaum über 13 °C an. Um den Bau anzulegen, brauchen sie tiefgründigen Boden, bevorzugt in südlichen Lagen, da. diese im Frühjahr eher ausapern und die Vegetationszeit länger andauert. Ein Murmeltierbau ist ein recht kompliziertes, meist verzweigtes Röhrensystem. An dem Bau ist die ganze

Das Alpenmurmeltier *(Marmota marmota)* verbrachte die Eiszeiten im Tiefland Mitteleuropas. Heute lebt es in den Hochlagen der Alpen.

Sippe während des Jahres beschäftigt und oft ist er das Ergebnis mehrerer Generationen. Er besteht aus mehreren Eingängen mit Fluchtröhren, Tunneln und Kammern. In der oberen Kammer kommen die Jungen zur Welt und werden dort 6 Wochen lang gesäugt. Eine weitere Kammer, die bis zu 7 m unter der Erdoberfläche liegt, dient als Höhle für den Winterschlaf.

Im Oktober ziehen sich die Tiere zum Winterschlaf in ihren Bau zurück. Vorher wird noch reichlich Heu zur Polsterung und Isolierung der Kammern eingebracht. Die Ausgänge werden mit einem 2 m langen Pfropfen aus Gras, Erde und Stein verschlossen.

Im Winterschlaf fahren die Tiere ihre Körperfunktionen auf Sparflamme, sie verfallen in einen sogenannten Torpor. Die Körpertemperatur sinkt bis auf 2,6 °C und der Puls auf 3–4 Schläge pro Minute. Allerdings verbringen die Murmeltiere nicht 6–7 Monate durchgehend im Tiefschlaf. In regelmäßigen Abständen erfolgt eine kurze Aufwachphase, bei der sie die Körpertemperatur durch Muskelzittern auf etwa 34,5 °C hochfahren. Nahrung wird in diesen kurzen Wachphasen nicht aufgenommen. Sie zehren von den Fettreserven und verlieren bis zum Frühjahr etwa ⅓ ihres Körpergewichts. Der Grund für die regelmäßigen Aufwachphasen ist noch ungeklärt. Zur Reduktion des Energieverbrauchs kuscheln sich bis zu 20 Tiere in der Schlafhöhle eng aneinander, die Jungtiere in der Mitte. Damit verliert jedes Tier in der kalten Umgebung weniger Wärme.

Nach 6–7 Monaten beenden die Murmeltiere, von einer inneren Uhr gesteuert, den Winterschlaf, auch wenn in der finsteren Höhle die Umgebungstemperatur noch nicht angestiegen ist und an der Oberfläche oft noch Schnee liegt. Bald darauf, etwa April bis Mai, beginnt die Paarung. Nach 33 Tagen bringt das ♀ 2–4 (maximal 6) 30 Gramm schwere, nackte, blinde und zahnlose Junge im Bau zur Welt. Sie werden 6 Wochen lang gesäugt und verlassen dann den Bau. Das Murmeltier pflanzt sich nicht jedes Jahr fort. Zwischen 2 Schwangerschaften wird oft eine Pause bis zu 4 Jahren eingelegt. Die Fähigkeit zur Fortpflanzung hängt vom Körpergewicht des Muttertieres ab.

Rothirsch *Cervus elaphus*

Der Rothirsch, oft auf häuslichen Wandteppichen oder Ziertellern dargestellt, ist heute weitgehend auf die Alpen beschränkt und dort in den Bergwäldern stark verbreitet. Im Winter kann man die Tiere in Schaufütterungen aus der Nähe bewundern. Jedoch sollen zur früheren und heutigen Lebensweise des »Königs« der Bergwälder einige Erläuterungen gebracht werden.

Die Geschlechter des Rothirsches sind außer zur Paarungszeit im September bis Oktober nach Geschlechtern getrennt. Nach einer Tragzeit von 34 Wochen kommt ein Jungtier zur Welt. Die Hirschkühe bilden mit ihrer Nachkommenschaft ein Kahlwildrudel. Die ♂ bilden ein Hirschrudel. Im August verlässt das ♂ das Rudel, begibt sich auf die Suche nach einem ♀ und liefert sich harte Kämpfe um ein ♀ mit einem Rivalen.

Früher, vor etwa 150 bis 200 Jahren, zogen die Hirsche aus ihrer alpinen Sommerresidenz entlang der Alpenflüsse ins Alpenvorland und bis zur Donau. In den ausgedehnten Auen der von den nacheiszeitlichen Schmelzwässern geschaffenen breiten Täler verbrachten sie den Winter. Im Frühjahr kehrten sie wieder in ihre sommerliche Heimat, das Gebirge, zurück. Auf der Strecke vom Winterquartier zum Sommerquartier oder umgekehrt blieb so mancher Hirsch zur Bereicherung des Speisezettels der Unterländer auf

Eine Rotbuche, etwa 50 Jahre alt, durch Wildverbiss zu einem verkrüppelten Strauch zurechtgestutzt. Der Bergwald leidet vor allem im Winter unter dem Verbissdruck von Rot- und Rehwild.

der Strecke. Das ergrimmte die Bauern und auch die Jägerschaft und die Damen und Herren der Hofjagd. Aus Neid auf Wildbret und Trophäe der entgangenen Beute, weniger aus Tierliebe, köderte man die Hirsche mit Winterfütterungen im Gebirge, um die Hirsche ganzjährig im Alpenraum zu halten.

Heute wären diese Tierwanderungen bei dem dichten Straßennetz und dem Autoverkehr ohnehin nicht mehr möglich. Zudem sind die ehemaligen Auenlandschaften zu kläglichen Resten geschrumpft, bestehend aus einem regulierten Flussschlauch und einem einer Galerie ähnlichen Waldstreifen, genannt Aue. Die übrigen Flächen der breiten Täler nehmen Siedlungen ein, die Auenbestände sind größtenteils in Maisäcker oder Rübenäcker umgewandelt, für das Rotwild kein geeigneter Wintereinstand.

Im Herbst beginnt nicht nur die Brunftzeit der Hirsche, sondern auch die hohe Zeit der hohen Jagdherren. Früher vor etwa 200 Jahren regulierten in den Alpen Bär, Luchs und auch der Wolf den Bestand der edlen Tiere. Heute versucht der Mensch als Ersatzregulierer diese Tätigkeit zu übernehmen. Eine wichtige Nahrungsquelle für das Rotwild, aber auch für das Reh, ist – neben Heu und Kraftfutter – ein Raufutter, bestehend aus Trieben, Zweigen der Laubhölzer und der Tanne. Ein Verbiss an Jungwuchs bleibt nicht aus. Darunter leidet besonders die Tanne. Je ärmer die Wälder und auch die Gebirgswälder an Sträuchern und Laubhölzern werden, umso weniger Tiere kann der Wald gesund ernähren. Der Streit oder die Frage der tragbaren Wilddichte im Bergwald bleibt wohl so lange, wie es Jäger und Hirsche gibt.

Schneemaus *Chionomys nivalis*

Die putzige Schneemaus klettert geschickt mithilfe der großen Fußschwielen und des langen Stützschwanzes durch das Spaltenlabyrinth zerklüfteter Felspartien.

Die langen Schnurrhaare an der Schnauze dienen ihr als Tastorgan in den dunklen Felsspalten. In den Hochlagen verbringt die kleine Maus drei Viertel des Jahres in ihrem Bau. Zwischen teilweise mit Humus gefüllten Klüften und Spalten legt sie eine Fresskammer, eine Nestkammer und einen Kotplatz an. Das Nest wird mit trockenem Gras ausgepolstert. Zur Zeit der Schneeschmelze oder bei Starkregen schützt sie ihren Bau, indem sie vor dem Eingang einen bis zu 8 cm hohen Erdwall aufhäuft.

Die Fortpflanzungszeit ist Mai bis September. 1- bis 2-mal im Jahr bringt das ♀ nach einer Tragzeit von etwa 21 Tagen jeweils 3–4 Junge zur Welt. Als Anpassung an den kühlen Lebensraum der Hochlagen haben die Neugeborenen ein hohes Geburtsgewicht. Sie werden fast 40 Tage gesäugt, nehmen aber ab dem 16. Tag bereits selbstständig Nahrung auf. Die Schneemaus hält auch während der kalten Wintermonate keinen Winterschlaf. Sie hat einen sehr geringen Stoffwechselgrundumsatz. Bei niedriger Außentemperatur senkt sie ihre Körpertemperatur auf 32,7 °C ab

Alpenfledermaus
Hypsugo (Pipistrellus) savii
Die Fledermäuse sind heute die einzigen Säugetiere mit einem aktiven Flugvermögen. Die bisher ältesten Fossilfunde stammen aus dem Paläozän vor 70.000 Jahren. Die Fledermäuse, so auch die Alpenfledermaus, beziehen übers Jahr mindestens 2 Quartiere, ein Sommerquartier und ein Winterquartier, die oft weit auseinander liegen können. Dazu gibt es häufig noch ein Zwischen- oder Paarungsquartier.

In Letzterem findet bei der Alpenfledermaus Ende August bis Ende September die Paarung statt (manchmal auch noch im Sommerquartier). Darauf suchen die Tiere für den Winterschlaf ein frostfreies, trockenes Winterquartier auf. Ende März oder im April beziehen die Fledermäuse häufig wieder ihre bekannten Sommerquartiere, wo die ♀, meist 5–10 oder mehr, die Wochenstube für die Nachkommen einrichten. Im Juni bis Juli kommen die Jungen nach einer Tragzeit von 50 Tagen zur Welt. Bereits nach 35-40 Tagen beginnen die Jungtiere mit der Jagd auf Insekten.

Paarung im Spätsommer, Tragzeit und Geburt im darauffolgenden Sommer, ein Rechenfehler? Nein, denn die Spermien überdauern (nach der Paarung) im Geschlechtstrakt des ♀ die Wintermonate. Erst nach dem Winterschlaf kommt es zum Eisprung und zur Befruchtung. Bei Nahrungsknappheit oder bei noch kalter Witterung kann dadurch der Zeitpunkt der Geburt hinausgezögert werden.

Winterschlaf: Um Energie zu sparen, senken alle Fledermäuse während des Winterschlafs ihre Körpertemperatur von etwa 38 °C auf 5–3 °C ab und die Pulsfrequenz von 800 auf etwa 8 Schläge pro Minute ab. Die winterliche »Fastenzeit« bewirkt eine Gewichtsabnahme von etwa 30 Prozent.

Orientierung und Beutefang im Flug: Die Fledermäuse stoßen aus Mund oder Nase Töne im Ultraschallbereich von 30.000 bis über 60.000 Schwingungen pro Sekunde aus, die für den Menschen nicht mehr wahrnehmbar sind. Der Ultraschallschrei wird von einem Gegenstand oder einem fliegenden Insekt reflektiert. Die zeitliche Differenz zwischen abgegebenem Ruf und Rückkehr des Echos zu den Ohren wird blitzartig zur Orientierung und zur Ortung eines fliegenden Insektes beim Beuteflug genutzt. Fledermäuse sind Ohrentiere.

Mauswiesel *Mustela nivalis*
Das Mauswiesel ist weltweit das kleinste Raubtier – besser kleinster Beutegreifer.

Die Alpenfledermaus *(Hypsugo savii)* - wie alle Fledermäuse ein flugfähiges Säugetier - jagt im Flug nachts Insekten. Ihre Quartiere sind Felsspalten.

Es ist meist tagaktiv, aber auch nachts. Die meiste Zeit verbringt es auf Nahrungssuche in den unterirdischen Gängen von Feld- und Wühlmäusen. Sein Grundumsatz ist sehr hoch. Die Vermehrungsrate hängt daher auch von der Mäusedichte seiner Umgebung ab. Die Paarung ist ganzjährig möglich, aber die Hauptpaarungszeiten sind Frühling und Spätsommer. Nach einer Tragzeit von 34–37 Tagen kommen etwa 5–6 Junge zur Welt. Sie wiegen gerade 1,5 Gramm. Nach 2 Monaten werden sie entwöhnt und können sich nach wenigen Monaten wieder vermehren.

Es werden 2 Unterarten oder Farbvarianten unterschieden: Das winterbraune Mauswiesel *Mustela nivalis vulgaris* mit mitteleuropäischer Verbreitung. Es färbt im Winter nicht von Braun auf Weiß um. Das winterweiße Mauswiesel *Mustela nivalis nivalis* mit nordischer Verbreitung und in den Hochgebirgen lebend hat ein weißes Winterfell. In Gebieten, in denen beide Farbvarianten vorkommen, wie in den Nockbergen (Steiermark), überlebt in schneereichen Wintern die weiße Unterart, in schneearmen Winter hat die braune Variante bessere Überlebenschancen. In der Schweiz kommt hauptsächlich das winterbraune Mauswiesel vor.

Hermelin *Mustela erminea*
Die Paarung erfolgt im Spätfrühling oder Sommer. Danach kommt es zur Keimruhe. Die befruchtete Eizelle nistet sich erst im März oder April des nächsten Jahres ein. Nach einer Tragzeit von einem Monat kommen im April oder Mai meist 6–9 Junge zur Welt. Da die Lebensdauer des Hermelins mit 1–2 Jahren recht kurz ist, hat die Art zur Sicherung der Population eine besondere Strategie der Vermehrung entwickelt, nämlich die Säuglingsträchtigkeit. Die weiblichen Jungtiere werden bereits nach 3–4 Wochen geschlechtsreif (die ♂ erst nach einem Jahr). Das ♂ deckt sowohl das säugende Muttertier als auch die weiblichen Junghermeline. Am Ende des Sommers sind alle weiblichen Hermeline trächtig. Die Jungtiere müssen sich ein eigenes Revier suchen. Das flinke, bewegungsaktive Hermelin hat einen hohen Energieverbrauch. Den muss es mit einem täglichen Jagderfolg bis zu 40 Prozent seines Körpergewichtes decken.

Hornträger
Bovidae

1 (Alpen-)Steinbock
Capra ibex

KRL etwa 140 cm, SH 80–100 cm. ♂ bis 100 cm langes säbelförmiges Gehörn, das der ♀ ist schwach gebogen und nur bis 30 cm lang. Fell der ♂ im Sommer dunkelbraun, das der ♀ und Jungtiere graubraun, im Winter sind alle Tiere grau bis dunkelgrau; ♂ mit kurzem Kinnbart. Stimme: meckern, Warnlaut wie Gämse, aber kürzer und schärfer. Zur Lebensweise s. S. 370. ▼ Bevorzugt steile Südhänge, an denen der Schnee häufig abrutscht oder infolge der günstigen Sonneneinstrahlung früher ausapert. ▲ Oberhalb der Waldgrenze bis 3500 m, im Winter etwas tiefer.

2 Gämse
Rupicapra rupicapra

KRL 120 cm, SH 70–80 cm. Gehörn (Krickel) bis 25 cm, beim Bock an der Spitze stärker hakenförmig. Fell im Sommer rotbraun, im Winter dunkelbraun bis schwarzbraun; helles Gesicht mit dunklem Streifen von den Ohren über die Augen bis zur Nase. Stimme: meckern, bei Gefahr pfiffartiges Luftausstoßen durch verengte Nasenlöcher. ■ Gräser, Kräuter, Knospen, Zwergsträucher, Flechten, Nadeln. Zu Biologie und Lebensweise s. S. 372. ▼ Felsiges Gelände. ▲ In den Alpen zwischen 1500 und 2500 m, im Winter tiefer.

Hirsche
Cervidae

3 Rothirsch
Cervus elaphus

KRL 180–250 cm, SH 120 cm, SL 12–15 cm. Nur ♂ mit Stangengeweih; Geweihabwurf Februar bis März; Fegen des neugebildeten Geweihs im August. Stimme: bellartiges Schrecken und Brummen (Warnruf), Blöken (Kälber), blökähnliches Mahnen ♀, röhrende Schreie (♂ zur Paarungszeit). ● Dämmerungs- und Nachttier. ▼ Gräser, Kräuter, Knospen, Zweige, Rinde. Zur Lebensweise s. S. 374. ▲ Wälder bis 2000 m und höher.

Hasen
Leporidae

4 (Alpen-)Schneehase
Lepus timidus varronis

L 52–65 cm. Im Vergleich zum Feldhasen etwas kleiner und gedrungener; Fell im Sommer graubraun, im Winter weiß, die Ohrspitzen sind ganzjährig weiß; stark behaarte Pfoten, um ein Einsinken im Schnee zu reduzieren. ● Baut kleine Schneehöhlen als Unterschlupf. ■ Gräser, Kräuter, Knospen, Rinde. Zur Lebensweise s. S. 373. ▲ Subalpine bis alpine Stufe, 1300–3600 m.

Hörnchen
Sciuridae

5 Alpenmurmeltier
Marmota marmota

KRL 50–59 cm, SL 13–16 cm. Fell hellbraun, rötlich braun oder grau. Stimme: pfiffartiger Warnschrei. Zu Lebensweise und Biologie s. S. 373. ■ Gräser, Kräuter und zellulosearme Blätter und Blüten. ▼ Murmeltiere sind Bewohner kalter Steppen. Das Alpenmurmeltier hatte während der Eiszeiten in den Tieflagen Europas sein größtes Verbreitungsgebiet. Nach dem Rückzug der Gletscher zog sich das Murmeltier in die Alpen zurück und besiedelt heute die alpinen Rasen zwischen 1000 und 3000 m.

1
2
3
4
5

Spitzmäuse
Soricidae

1 Alpenspitzmaus
Sorex alpinus

KRL 6,2–7,5 cm, SL 6,3–7,5 cm. Fell grauschwarz bis schiefergrau, Füße und Schwanzunterseite weißgrau. ● Tag- und nachtaktiv; Nest unter Baumwurzeln oder unter Steinen. Fortpflanzung im Hochgebirge von April bis Oktober. ■ Regenwürmer, Insekten, Asseln, Spinnen, Schnecken, auch Samen, Nüsse und Pflanzenteile; jagt bevorzugt unterirdisch im spaltenreichen Geröll. Hoher Stoffwechselumsatz, daher muss die Alpenspitzmaus pro Tag so viel erbeuten, wie sie wiegt (6–11 Gramm). ▼ Feuchte Wiesen, Matten, häufig im Uferbereich von Bergbächen. ▲ 300–2500 m.

Wühler
Cricetidae

2 Schneemaus
Chionomys nivalis

KRL 11,7–14 cm, SL 5–7,5 cm. Fell dicht und weich, oberseits grau mit bräunlichem Anflug, Fußoberseite und Schwanz weiß behaart; Schnurrhaare über 3,5 cm lang. Zur Lebensweise s. S. 375. ■ Gräser, Kräuter, Zwergsträucher, Zwiebeln, Knollen, auch Moose und Flechten; lagert Heu als Wintervorrat ein. ▼ Geröllhalden, Felsschuttkegel, zwischen Gesteinsblöcken, in bewaldeten Felsfluren. ▲ 1000–3000 m (wurde noch in 4000 m beobachtet).

Glattnasen
Vespertilionidae

3 Alpenfledermaus
Hypsugo (Pipistrellus) savii

KRL 4–5 cm, SL 3–4 cm, Sp. 22 cm, Ohrlänge 10–15 mm. Oberseite gelbbraun bis dunkelbraun, Bauch weißgelb bis grauweiß, Ohren, Gesicht und Schwanz fast schwarz; Flügel dunkelbraun. ● Fliegt schon vor Sonnenuntergang und jagt während der ganzen Nacht nach Insekten im Flug. Zu Biologie und Lebensweise s. S. 376. ▼ Ursprünglich Felsspaltenbewohner; bewohnt auch Gebäude in Städten; erweitert ihr Verbreitungsgebiet (Areal) nach Norden. ▲ Mittelmeergebiet bis in die Alpenregion, dort bis 3000 m, vereinzelt in Bayern.

Marder
Mustelidae

4 Mauswiesel
Mustela nivalis

KRL ♂ 20–23 cm, ♀ 16–19 cm (aber Maße stark variierend), Zwergformen kleiner; SL 3–13 cm. Oberseite braun, Grenze zur weißen Unterseite eine gezackte Linie, Füße und Schwanz braun; färbt im Winter mancherorts um (s. S. 377). Stimme: Meckern, Keckern, scharfer Drohschrei. Zu Lebensweise und Biologie s. S. 376. ■ Fast nur Mäuse, auch Jungvögel und Eier, junge Hasen. ▼ Erdlöcher, Steinhaufen, unter Baumwurzeln, Fels- und Mauerspalten. ▲ Von der Ebene bis über 3000 m.

5 Hermelin
Mustela erminea

KRL ♂ 24–29 cm, ♀ 21–24 cm, SL 6–9 cm. Oberseite rotbraun, Linie zur weißen oder weißgelben Unterseite scharf getrennt (nicht gezackt), Schwanzspitze im Sommer und im Winter schwarz; Winterkleid weiß. ● Lebt bevorzugt in Biotopen mit vielen Scher-, Wühl- und Feldmäusen; Reviergröße etwa 10–50 ha; die Reviergrenzen werden mit dem Sekret der Stinkdrüsen markiert und heftig gegen Rivalen verteidigt. Zur Biologie s. S. 377. ■ Neben Mäusen auch Kaninchen, Ratten und im Gebirge Schneemäuse. ▼ Holz- und Steinhaufen, Erdlöcher, Felsspalten, steinige Bergmatten, auch unbewohnte Sennhütten. ▲ Von den Tallagen bis in 3400 m.

3
4
5
2
1

Register deutsche Pflanzennamen

Register deutsche Tiernamen

Register wissenschaftliche Pflanzennamen

Register wissenschaftliche Tiernamen

Literatur (Auswahl)

(Spezielle Literaturangaben aus Fachzeitschriften und Dissertationen fehlen aus Platzgründen.)

Boschi, Christina/Kappeler, Markus/Tanner, Karl Martin: **Die Schneckenfauna der Schweiz.** Haupt Verlag

Ellenberg, Heinz: **Vegetation Mitteleuropas mit den Alpen in ökologischer, dynamischer und historischer Sicht.** Ulmer Verlag

Gerhardt, Ewald/Gerhardt, Marina: **Insekten.** BLV

Gianluca, Feretti: **Schmetterlinge der Alpen.** Haupt Verlag

Langer, Wolfgang/Sauerbier, Herbert: **Endemische Pflanzen der Alpen.** IHW Verlag

Reisigl, Herbert/Keller Richard: **Alpenpflanzen im Lebensraum.** Gustav Fischer Verlag

Sauerbier, Herbert/Langer, Wolfgang: **Alpenpflanzen-Endemiten von Nizza bis Wien.** IHW Verlag

Schauer, Thomas/Caspari, Stefan: **Überlebenskünstler. 50 außergewöhnliche Alpenpflanzen.** Haupt Verlag

Schauer Thomas/Caspari, Claus/Caspari, Stefan: **Der illustrierte Pflanzenführer.** BLV

Schöller, Heribert: **Flechten. Geschichte, Biologie, Systematik, Ökologie, Naturschutz und kulturelle Bedeutung.** Kleine Senckenberg-Reihe Nr. 27

Schönlaub, Hans Peter: **Die Entstehung der Alpen.** In: Fachbeiträge des Österreichischen Alpenvereins. Alpine Raumordnung Nr. 42

Scholz, Herbert: **Bau und Werden der Allgäuer Landschaft.** Schweizerbart Verlag

Über die Autoren

Dr. Thomas Schauer ist Vegetationskundler und Ingenieurbiologe. Über 35 Jahre war er am Landesamt für Wasserwirtschaft in München tätig. Er hat zahlreiche Arbeiten in verschiedenen Fachzeitschriften zu ökologischen, naturschutzfachlichen sowie vegetationskundlichen Themen veröffentlicht und ist ein profunder Kenner der heimischen Pflanzenwelt.

Claus Caspari, Sohn des renommierten Kunstmalers und Karikaturisten Walther Caspari, arbeitete zunächst als Kunsthändler und Dolmetscher. Ab dem Jahr 1949 konzentrierte er sich mehr und mehr auf die naturalistische Pflanzen- und Tiermalerei, in der er sich autodidaktisch zur Perfektion weiterentwickelte. Seine Pflanzen- und Tierdarstellungen sind einzigartig: filigran, detailgenau, mit plastischer Wirkung. Er starb 1980 in München im Alter von 69 Jahren.

Stefan Caspari ist der Sohn von Claus Caspari und wuchs in dessen künstlerischem Umfeld und Vorbild auf. Nach seinem Jurastudium wandte er sich der Fotografie zu, in der er die Meisterprüfung ablegte. Seit über 30 Jahren arbeitet er als freier Fotograf. Parallel dazu betätigt er sich erfolgreich als Kunstmaler und Illustrator. Stefan Caspari hat zwei Töchter und lebt und arbeitet in München. www.stefancaspari.de

Impressum

BLV ist eine eingetragene Marke der GRÄFE UND UNZER VERLAG GmbH, www.blv.de

ISBN 978-3-96747-060-4

1. Auflage 2022

Projektleitung: Ariane Heger, Sonja Forster
Lektorat und Bildredaktion: Angelika Lang
Herstellung: Petra Roth
Bildredaktion (Cover): Natascha Klebl
Umschlaggestaltung und Layout: kral&kral design, Dießen a. Ammersee
Satz: Anton Walter, Gundelfingen
Repro: Longo AG, Bozen
Druck & Bindung: Livonia Print, SIA

Umwelthinweis:
Nachhaltigkeit ist uns sehr wichtig. Der Rohstoff Papier ist in der Buchproduktion hierfür von entscheidender Bedeutung. Daher ist dieses Buch auf PEFC-zertifiziertem Papier gedruckt. PEFC garantiert, dass ökologische, soziale und ökonomische Aspekte in der Verarbeitungskette unabhängig überwacht werden und lückenlos nachvollziehbar sind.

Bildnachweis

Fotos: Dr. Thomas Schauer
Farbzeichnungen: Claus und Stefan Caspari
Piktogramme/Pflanzen: Nadia Gasmi
Piktogramme/Tiere: Anton Walter, Gundelfingen
Geologische Karte der Alpen, S. 12: Matias Kovacic

Wichtiger Hinweis

Das vorliegende Buch wurde sorgfältig erarbeitet. Dennoch erfolgen alle Angaben ohne Gewähr. Weder die Autoren noch der Verlag können für eventuelle Nachteile oder Schäden, die aus den im Buch vorgestellten Informationen resultieren, eine Haftung übernehmen.

Liebe Leserin und lieber Leser,
wir freuen uns, dass Sie sich für ein BLV-Buch entschieden haben. Mit Ihrem Kauf setzen Sie auf die Qualität, Kompetenz und Aktualität unserer Bücher. Dafür sagen wir Danke! Ihre Meinung ist uns wichtig, daher senden Sie uns bitte Ihre Anregungen, Kritik oder Lob zu unseren Büchern. Haben Sie Fragen oder benötigen Sie weiteren Rat zum Thema?
Wir freuen uns auf Ihre Nachricht!

GRÄFE UND UNZER Verlag
Grillparzerstraße 12
81675 München
www.graefe-und-unzer.de

Ein Unternehmen der
GANSKE VERLAGSGRUPPE